EUL VERLAG

# EINZELSCHRIFTEN

Nikola Halding-Hoppenheit
**Verbot der Drittbestimmung im Erbrecht**
Lohmar – Köln 2003 • 258 S. • € 47,- (D) • ISBN 3-89936-128-8

André Jacques Dicken
**Gewinnermittlungsrecht** – Steuerrechtliches Plädoyer für die Einnahmen-Ausgaben-Rechnung
Lohmar – Köln 2003 • 208 S. • € 45,- (D) • ISBN 3-89936-136-9

Hans-Peter Leßweng
**Einsatz der Internet-Technologie im betrieblichen Berichtswesen** – Eine prozessbezogene Analyse unter besonderer Berücksichtigung der Empfängerorientierung
Lohmar – Köln 2003 • 574 S. • € 66,- (D) • ISBN 3-89936-138-5

Karoline Simonitsch
**Mobile Business** – Geschäftsmodelle und Kooperationen
Lohmar – Köln 2003 • 278 S. • € 38,- (D) • ISBN 3-89936-140-7

Hanifa Jusić
**Analyse von nichtlinearen Fließproduktionssystemen**
Lohmar – Köln 2003 • 210 S. • € 44,- (D) • ISBN 3-89936-143-1

Sascha Uelpenich
**Wissensmanagement in Unternehmensberatungen**
Lohmar – Köln 2003 • 206 S. • € 44,- (D) • ISBN 3-89936-156-3

Stephan Achenbach, Thomas Borghoff und Anja Schulte (Hrsg.)
**Strategische und internationale Perspektiven des Managements** – Festschrift zum 60. Geburtstag von Prof. Dr. Martin K. Welge
Lohmar – Köln 2003 • 384 S. • € 54,- (D) • ISBN 3-89936-157-1

Knut Scherhag
**Destinationsmarken und ihre Bedeutung im touristischen Wettbewerb**
Lohmar – Köln 2003 • 328 S. • € 52,- (D) • ISBN 3-89936-160-1

Dr. Knut Scherhag

# Destinationsmarken und ihre Bedeutung im touristischen Wettbewerb

Mit einem Geleitwort von Prof. Dr. Michael Jäckel, Universität Trier

EUL VERLAG

**Bibliographische Information der Deutschen Bibliothek**

Die Deutsche Bibliothek verzeichnet diese Publikation in der Deutschen Nationalbibliographie; detaillierte bibliographische Daten sind im Internet über <http://dnb.ddb.de> abrufbar.

**Dissertation, Universität Trier, 2003**

ISBN 3-89936-160-1
1. Auflage September 2003



Printed in Germany
Druck: RSP Köln

JOSEF EUL VERLAG GmbH
Brandsberg 6
D-53797 Lohmar
Tel.: +49 (0) 22 05 / 90 10 6-6
Fax: +49 (0) 22 05 / 90 10 6-88
http://www.eul-verlag.de
info@eul-verlag.de

**Bei der Herstellung unserer Bücher möchten wir die Umwelt schonen. Dieses Buch ist daher auf säurefreiem, 100% chlorfrei gebleichtem, alterungsbeständigem Papier nach DIN 6738 gedruckt.**

# Geleitwort

Die vorliegende Arbeit analysiert im weiteren Sinne einen Spezialfall von antagonistischer Kooperation. Antagonistische Kooperation steht in der Soziologie für eine immerwährende Dialektik zwischen dem Egoismus auf der einen und der Solidarität auf der anderen Seite. Das Phänomen kann in sozialhistorischer Hinsicht auf viele Väter verweisen, wird in der Gegenwart häufig aber im Kontext spieltheoretischer Überlegungen diskutiert. Hartmut KLIEMT (1986: 16f.) beschreibt den Grundgedanken wie folgt: „Vorteile des Austausches führen die Menschen zusammen und Anreiz, sich die Tauschvorteile einseitig anzueignen, treiben sie tendenziell auseinander. Dies sind die beiden Grundkräfte menschlicher Vergesellschaftung und damit ... die Wurzeln sozialer Evolution in einem Prozess antagonistischer Kooperation." Für die Zusammenarbeit von Unternehmen gilt dies auch. Einer der prominentesten Vertreter dieser Prozessidee, Adam SMITH, hat bekanntlich mit dem Hinweis auf die *invisible hand* einen entsprechenden Wirkungszusammenhang beschrieben. Die Arbeit von Knut Scherhag verdeutlicht, dass auch der Aufbau von Destinationsmarken im Bereich des Tourismus vergleichbare Probleme zu lösen hat. Zumindest ergibt sich aus den Kernbefunden der vorliegenden Arbeit, dass jene, die die Integration von Einzelanbietern in ein gemeinsames touristisches Marken-Konzept realisieren wollen, Kooperationsbereitschaft nicht als eine freiwillige und freimütige Motivation aller Beteiligten unterstellen dürfen.

Für touristische Reiseziele gilt es daher zu analysieren, ob für diese Destinationen Profile entwickelt werden können, die ihnen aus Konsumentensicht den Status einer Marke bzw. eines Markenartikels zuschreiben. Es geht um eine durch empirische Befunde unterstützte Diskussion des Potentials für Destinationsmarken im Bereich des Tourismus. Dabei werden sowohl die Anbieter als auch die Konsumenten zu Rate gezogen.

Den schönsten Tagen des Jahres können viele Tage der mühsamen Entscheidungsfindung vorausgehen, insbesondere dann, wenn sich die Zielgebiete des Tourismus als ein Markt präsentieren, dem es an hinreichend präzisen Unterscheidungsmerkmalen fehlt. Sollte dies wirklich der Fall sein, dann wäre der „Ferienmensch", von dem KRIPPENDORF bereits 1984 gesprochen hatte, in der Tat vor neue Herausforderungen gestellt. Der Verfasser vertritt in seinen einleitenden Vorbemerkungen die Auffassung, dass es Zielregionen im Bereich des Tourismus bislang nur in wenigen Fällen gelungen sei, „ein einheitliches Vorstellungsbild im Kopf der Konsumenten zu verankern." (S. 4)

Der Aufbau von Destinationsmarken mag also in entscheidungstheoretischer Hinsicht den Konsumenten Entlastung verschaffen, erfordert auf der Seite der regionalen Anbieter aber eine Vielzahl an integrierenden Maßnahmen. Mit anderen Worten: Diese Regionen müssten zentral gesteuert werden und auf die lokale Koordination bzw. Kooperation hoffen. Erschwert wird die Arbeitsweise der Wettbewerbseinheit Destination häufig durch Konflikte zwischen öffentlichen und privaten Akteuren. Fremdenverkehr im Sinne einer Informationsplattform für Touristen ist in vielen Bereichen noch in Fremdenverkehrsämtern bzw. Kurbetrieben organisiert, die als Teil einer kommunalen Behörde betrachtet werden. Marktorientierung aber scheint dem Verfasser ein zentrales Kriterium für den Erfolg des Destinationsmanagements zu sein: „Ohne marktorientiertes Handeln kann eine Destination nicht als Wettbewerbseinheit kommuniziert werden, was auch die Markenwahrnehmung durch den Konsumenten erschwert.“ (S. 20) Die Umsetzung einer identitätsorientierten Markenführung setzt eine konsequente Imagebildung voraus. Daher, so der Verfasser, lässt sich für Konsumgüter und Reiseziele mit David OGILVY feststellen: „A brand is the customer's idea of a product.“

Die Verfolgung des Ziels wird viele Regionen vor große Anstrengungen stellen, während andere bereits auf gelungene Positionierungen verweisen können. Es bleibt die Frage, ob dem Kunden im Zuge der Planung seiner Reiseentscheidung geholfen wird oder letztlich Entscheidungsanomalien in einem neuen Umfeld die Folge sind. Die Arbeit von Knut Scherhag beleuchtet diese Problemfelder detailliert und prüft die Investitionsbereitschaft der beteiligten Akteure. Ebenso entwickelt er ein Modell zum Aufbau von Destinationsmarken.

Insbesondere die Beurteilungen der Anbieter signalisieren keine ungeteilte Zustimmung hinsichtlich der Notwendigkeit von Destinationen im Tourismus. Vorteile werden durchaus gesehen, aber mit einer Destinationsmarke wird offensichtlich auch die Gefahr eines Verlusts von Besonderheit verknüpft. Ähnliche Vorbehalte sind auf Konsumentenseite zu beobachten, wenn touristische Marken mit Individualreisen kontrastiert werden. Die Lösung dieser Interessenskonflikte wird den hier analysierten Markt weiter in Bewegung halten.

Trier, den 05. September 2003

Prof. Dr. Michael Jäckel

# Vorwort

Mit der vorliegenden Arbeit soll etwas Licht in die in der deutschen Tourismuslandschaft intensiv geführte Diskussion über *Destinationsmarken* gebracht werden. Obwohl die (Marken-)Begriffe von den Diskussionsteilnehmern einheitlich verwendet werden, ist das dahinter liegende Verständnis z. T. sehr unterschiedlich. Oftmals werden die Aspekte der Markentechnik völlig außer acht gelassen, gleichzeitig aber das Vorhandensein einer Destinationsmarke bereits kommuniziert. Diese Situation, der ich in meiner beruflichen Tätigkeit als Berater häufig begegnet bin, hat mich zu einer intensiven wissenschaftlichen Auseinandersetzung mit dieser Thematik und ihrer Überprüfung auf Praxisrelevanz angeregt. Es werden die grundlegenden Zusammenhänge der Markentechnik eingangs ausführlich dargestellt, bevor die unterschiedlichen Marktseiten zu Destinationsmarken befragt werden. Es folgt die Entwicklung eines Ablaufmodells zur Gestaltung von Destinationsmarken.

An dieser Stelle möchte ich mich für die Unterstützung meiner Familie, Freunde und Kollegen während der Erstellung dieser Arbeit bedanken. Allen voran ist Frau Anja Wallerius zu nennen, die mir als intensive Diskussionspartnerin, insbesondere im Zusammenhang mit den Marktforschungskapiteln, eine wertvolle Hilfe war. Ebenso danke ich Herrn Norbert Tödter, mit dem ich die strategischen Aspekte und die Probleme der Praxis reflektieren konnte. Nicht unerwähnt lassen möchte ich den Einsatz von Frau Anja Müller, die während der ITB als Interviewerin einen großen Teil der Daten erhob. Weiterer Dank gebührt Frau Annelie Pauly, Frau Simone Müller, Frau Elisabeth Neuland und Herrn Jürgen Laux, die mich mit der sorgfältigen Durchsicht des Manuskripts unterstützt haben.

Danken möchte ich an dieser Stelle auch Herrn Univ.-Prof. Dr. Michael Jäckel (Professur für Soziologie, insbes. Konsum- und Kommunikationsforschung) für die wissenschaftliche Betreuung und, ebenso wie Herrn Univ.-Prof. Dr. Walter Schertler (Betriebswirtschaftslehre, Lehrstuhl Organisation und Strategisches Management), für die Begutachtung der Arbeit. Ein weiterer Dank gebührt dem Europäischen Tourismus Institut, das mich bei der Durchführung der beiden Befragungsmodule (Kapitel 5) unterstützt hat.

Ich hoffe, daß diese Arbeit zu einer zielgerichteten Beschäftigung mit Marken im Destinationsmanagement und zu einer Strukturierung der Diskussion beiträgt.

Trier, im August 2003

Knut Scherhag

# Inhalt

# Abbildungsverzeichnis

# Tabellenverzeichnis

## Verzeichnis der Abkürzungen

| | |
|---|---|
| bspw. | beispielsweise |
| bzgl. | bezüglich |
| bzw. | beziehungsweise |
| ca. | circa |
| CAPI | computer-aided personal interview |
| CATI | computer-aided telephone interview |
| d. h. | das heißt |
| DeHoGa | Deutscher Hotel- und Gaststättenverband e. V. |
| DMC | Destination Management Company |
| DMO | Destinationsmanagement-Organisation |
| ETI | Europäisches Tourismus Institut an der Universität Trier GmbH |
| evtl. | eventuell |
| FMCG | Fast Moving Consumer Goods |
| i. a. | im allgemeinen |
| i. S. | im Sinne |
| IDM | Information Display Matrix |
| KKV | Komparativer Konkurrenzvorteil |
| KMK | Kaiser-Meyer-Olkin-Kriterium |
| MSA | measure of sampling adequacy |
| o. ä. | oder ähnliches |
| o. S. | ohne Seite |
| o. V. | ohne Verfasser |
| S. | Seite |
| S-C-P-Paradigma | Structure-Conduct-Performance-Paradigma |
| usw. | und so weiter |
| vgl. | vergleiche |
| vs. | versus |
| z. B. | zum Beispiel |
| z. T. | zum Teil |

# 1 Destinationsmarken als Herausforderung im touristischen Wettbewerb

Der Wettbewerb um den Gast, den Touristen, nimmt immer mehr zu. Trotz weltweiter Krisen und der Verteuerung der Mobilitätskosten kann für die Tourismusbranche nach wie vor ein kontinuierliches Wachstum festgestellt werden. Allerdings hat dieses Wachstum Grenzen erreicht. Ein Indiz dafür ist, daß auch in der Tourismusbranche – seien es Fluggesellschaften, Reiseveranstalter, Hotelbetriebe oder auch Destinationen – Fusionen und Unternehmenszusammenschlüsse stark zunehmen. Im Bereich der Destinationen bzw. Zielgebiete drückt sich das Zusammenwachsen der Märkte dadurch aus, daß immer mehr Destinationen namentlich auf den Markt drängen. Die Destinationslandschaft wird zunehmend diversifizierter (vgl. STEINECKE 2001: 9). Möchte sich der Konsument für ein neues Reiseziel entscheiden, ist er mit einer ähnlichen Situation konfrontiert, als wenn er im Supermarkt vor einem langen Regal mit ähnlichen und identischen Produkten steht, die für ihn kaum zu überschauen (vgl. BRYSCH 2001: 35), geschweige denn zu beurteilen sind.

Der Reisende sieht sich bei seiner Entscheidungsfindung mit einer Vielzahl von Destinationsangeboten konfrontiert, von denen der größte Teil nicht über ein eigenständiges Profil verfügt und ihm so die Reiseentscheidung nicht erleichtern kann. Gleichzeitig nimmt die Entscheidungsunsicherheit bei den Reisenden zu. Um weiterhin von den Verbrauchern als eigenständige Destination wahrgenommen zu werden, ist ein klar formuliertes Leistungsversprechen mit Produkten zu nachvollziehbaren Preisen notwendig, das gleichzeitig dazu beiträgt, eine positive emotionale Beziehung aufzubauen. Diese Anforderung kann durch Markenbildung erreicht werden, denn Marken bieten eine Orientierungshilfe und beinhalten eine klare (Produkt-)Aussage (vgl. SCHERHAG 1999: 19; STEINECKE 2001: 9f.). Es reicht nicht mehr, „nur" das naturräumliche Potential in Szene zu setzen; der reiseerfahrene Tourist von heute erwartet klar und eindeutig strukturierte Angebote, die in einer Form angeboten werden, die ihm die Reiseentscheidung erleichtert.

Welche Schritte sind notwendig bzw. welche Vorgehensweise trägt dazu bei, einer Destination zu einem eigenständigen Profil zu verhelfen? Ist es überhaupt notwendig, einer Destination zu einem Status zu verhelfen, der dem eines Markenartikels vergleichbar ist? Andererseits stellt sich die Frage, ob es grundsätzlich überhaupt *möglich* ist, eine Destination im Sinne der Markenpolitik zu positionieren. Oder ist es vielmehr notwendig, eine neue Systematik für touristische Destinationen zu entwickeln? Welche Maßnahmen müssen umgesetzt werden bzw. welche Voraussetzungen sind dann für eine erfolgreiche Markenführung notwendig? Diesen Fragestellungen soll im Verlauf der vorliegenden Arbeit nachgegangen werden.

Ausgelöst wurde die intensive Beschäftigung mit dem Thema dieser Dissertation durch die Erfahrungen in der Diskussion mit Entscheidungsträgern im deutschen und internationalen

Fremdenverkehr zum Thema Markenbildung im Tourismus. Während im Konsumgüterbereich Markenpolitik zu den alltäglichen Aufgaben der Marktstrategen und Produktentwickler gehört, hat man im Tourismus, insbesondere im Bereich des Destinationsmanagements, gerade erst damit begonnen. Bevor auf diese Aspekte näher eingegangen wird, sollen zunächst einige grundlegende Gedanken zum Thema Marke in unserem Konsumsystem dargelegt werden.

## 1.1 Vorüberlegungen

Die Markierung von Handelsgütern wird in der Wirtschaft nicht erst seit dem Wandel von Verkäufer- zu Käufermärkten[1] praktiziert. Ausgehend davon, daß man seinen mobilen und immobilen Besitz zu allen Zeiten in beliebiger Art und Weise kennzeichnen und markieren konnte – solange keine anderen Rechte berührt oder verletzt wurden –, ergibt sich daraus zwangsläufig eine sehr große Zahl an unterschiedlichen Erscheinungsformen für Marken bzw. Produktkennzeichnungen (vgl. BEREKOVEN 1992: 27). Bereits in den frühen Hochkulturen war ein Markenwesen weit verbreitet. Dies drängt zu der Annahme, daß ein ausgebildetes Markenwesen als Merkmal eines entwickelten Wirtschaftslebens angesehen werden kann (vgl. LEITHERER 1954/1988: 11). Allerdings hat sich die Funktion des Markenwesens im Laufe der Zeit sehr stark verändert. Auch die Erweiterung des Markenwesens auf Dienstleistungen bedingt eine differenzierte Betrachtung dieser Thematik.

Das klassische Markenverständnis geht davon aus, daß eine Marke ein sichtbares Kennzeichen der Herkunft eines Produktes ist, die dem Konsumenten dessen Herkunft und/oder Produzenten zeigen sollte (vgl. MELLEROWICZ 1963: 39f.). Mit der Marke werden typische Eigenschaftsmerkmale in Verbindung gebracht, die relativ zeitstabil sind und diese prägnant und dauerhaft kennzeichnen. Insbesondere eine dauerhafte Kennzeichnung ist für den Vertrauensaufbau beim Verbraucher ein wesentliches Element, da die Kennzeichnung in erster Linie für die Wiedererkennung des Produktes verantwortlich ist. Wird die äußerliche Erscheinung verändert, greift der Konsument zu anderen, dem Produzenten oftmals verborgenen Vergleichsmerkmalen, um zu einer Kaufentscheidung zu gelangen (vgl. DOMIZLAFF 1982: 92f.). Gegen eine solche merkmalsbezogene Markendefinition spricht heute, daß auch Vorprodukte und insbesondere Dienstleistungen als Markenware angesehen werden (vgl. ESCH/ WICKE 2001: 9f.).

Im Mittelalter wurden Produkte und Gegenstände einerseits markiert oder gekennzeichnet, um mit dieser Marke das Eigentum anzeigen zu können. Gingen Güter beispielsweise bei den

1 Die Bezeichnung *Käufermarkt* beschreibt eine Marktsituation, in der die Anbieter miteinander um die Gunst der Konsumenten konkurrieren. Das Leistungs- und Güterangebot ist größer als die Nachfrage, so daß die Konsumenten mit einem relativ großen Entscheidungsspielraum auswählen können. Der Anbieter muß sich an den Wünschen und Bedürfnissen der Konsumenten orientieren und sein Angebot entsprechend anpassen. (vgl. KUß/TOMCZAK 2000: 16) Im Gegensatz dazu ist auf Verkäufermärkten die Nachfrage größer als das Angebot.

häufigen Grenzüberschreitungen in den Ländern und Herzogtümern des mittelalterlichen Europas verloren oder wurden beschlagnahmt, konnten die Besitzer aufgrund der Markierung die Herausgabe ihres Eigentums verlangen (vgl. LEITHERER 1954/1988: 10). Andererseits war es ein Anliegen der mittelalterlichen Wirtschaftsordnung, den Verbraucher vor Betrug und Ausbeutung zu schützen. Die Markierung der handwerklichen Produkte wurde dazu als Qualitätsnachweis herangezogen. Gleichzeitig ermöglichte die Markierung auch einen Vertrieb außerhalb des angestammten Absatzgebietes (Stadt, Herzogtum ... – vgl. LEITHERER 1954/1988: 15). Neben Privatpersonen, die ihr Eigentum kennzeichnen wollten, waren die *Zeichengeber* in erster Linie Erzeuger, Manufakturen/Fabriken sowie Handwerksbetriebe.[2]

Bereits im 19. Jahrhundert wurde ein Name als schützenswertes Gut angesehen; im Jahr 1890 existierten schon in vielen Ländern Warenzeichengesetze. Infolge des Ausbaues der Verkehrswege und der damit verbundenen raschen Ausdehnung der relevanten Märkte produzierender Unternehmen, wurde es immer wichtiger, neuen Produkten einprägsame, charakteristische Namen zu geben, um sie gegenüber lokalen Erzeugnissen unterscheiden und hervorheben zu können (vgl. o. V. 1988: 93). Seit dieser Zeit haben sich die stärksten Marken von der reinen Kennzeichnung zu Synonymen für Produktgruppen entwickelt; sie sind zum Gattungsbegriff avanciert. Ist es einer Marke gelungen, sich im Laufe der Zeit immer mehr vom Hersteller zu lösen und als Gattungsbegriff, Warenbezeichnung oder Standard wahrgenommen zu werden, hat sie das letzte Stadium der Markenentwicklung erreicht (vgl. FINDEISEN 1924: 33). „Wenn ein Produkt, ein Markenartikel, eine Sache schlechthin zu einem Standard wird, muß zuvor etwas Entscheidendes geschehen sein: eine Mehrheit muß sich ohne Absprache darauf geeinigt haben, daß diese Sache als pars pro toto anzusehen ist, als Teil also, das für die Sache selbst stehen kann. Ein solcher Prozeß kann bisweilen Jahrzehnte dauern.... es ist außergewöhnlich schwer, ihn z.B. durch eine gezielte Marketingstrategie zu beschleunigen. ... unmöglich dürfte es sein, ein Produkt oder ein Objekt von vornherein als Standard zu inszenieren." (KRICHBAUM 1997: 12)

Als Beispiele für die Verwendung eines Markennamens als Standard, als Begriff für das Ganze, können genannt werden (vgl. KRICHBAUM 1997):

- TEMPO für das Papiertaschentuch,
- DUDEN für das (deutsche) Wörterbuch,
- TIPP EX für das Korrekturfluid,
- ASPIRIN für die Kopfschmerztablette,
- TESAFILM für den Klarsichtklebefilm.

Diese Liste läßt sich noch mit einigen Markenartikeln fortsetzen. Versucht man aber ähnliche Marken für den Bereich des Tourismus zu finden, werden von den bei KRICHBAUM vorgestellten 200 deutschen Standards lediglich vier Marken genannt: *Lufthansa* für die Fluggesell-

2 Ausführlich zur Geschichte des Markenwesens vgl. LEITHERER 1954/1988 und die dort angegeben Quellen.

schaft, *Baedecker* für den Reiseführer, *Hymer* für das Reisemobil (Wohnmobil) sowie *Sylt* für die deutsche Insel. Hier wird bereits deutlich, daß erfolgreiche Markenpolitik im Sinne einer Standardisierung der Marke als Begriff für das Ganze im Tourismus noch nicht Fuß gefaßt hat. Lediglich für einzelne Segmente innerhalb der Tourismusbranche haben sich einige wenige Anbieter etabliert. Allerdings stehen diese Namen nicht immer in einem positiven Zusammenhang. So wurde der Begriff *„Neckermänner“* als abfällige Bezeichnung für deutsche Pauschalreisetouristen verwendet. Vergleicht man deren Zahl aber mit der Gesamtzahl der Anbieter in dem jeweiligen Branchensegment, wird die vorstehende Annahme bestätigt. Man kann lediglich ca. 1 % der Reiseveranstalter in Deutschland zugestehen, im Sinne der Markenpolitik einen Status als Markenanbieter erreicht zu haben.

Touristischen Destinationen (oder allgemeiner Reisezielen) ist es bisher nur in Ausnahmefällen gelungen, ein einheitliches Vorstellungsbild im Kopf der Konsumenten zu verankern. Die Konsumenten haben in der Regel von ihrem Urlaub und den damit verbundenen Komponenten (Unterkunft, Freizeitangebote, evtl. Transportunternehmen und Reiseveranstalter ...) unterschiedliche Bilder, die in enger Verbindung mit den individuellen Ansprüchen an den Urlaub stehen. Hinzu kommt, daß die einzelnen Anbieter in einer Destination oftmals unterschiedliche strategische Ziele verfolgen. Es fehlt dann oft eine Destinationsmanagement-Organisation oder die existierende ist mit zu geringen Befugnissen ausgestattet, um einen einheitlichen und abgestimmten Marktauftritt der Anbieter – und somit der Destination als Ganzes – erreichen zu können[3].

Unter dem zunehmenden Wettbewerb der Anbieter auf gesättigten Märkten um die Gunst der – im Verhältnis zum Angebot – wenigen Kunden wird die Markierung von Produkten, Unternehmen und auch Dienstleistungen immer wichtiger. Die Marketingfachleute außerhalb der Konsumgüterindustrie erkennen zunehmend den Wert von Marken und damit verbunden der Umsetzung von Markenstrategien, um den Konsumenten direkt anzusprechen und ihm individuelle Problemlösungen anbieten zu können. Dieser Tatsache zollte *THE ECONOMIST* Tribut und erklärte das Jahr 1988 zum Jahr der Marke: „What has made 1988 the year of the brand is the sudden discovery of the brand and brand-skills as things of capital worth. Until recently, few businessmen outside the big consumer-goods companies got excited about brands. They were a technique that businessmen close to the consumer had to know about, just as a banker had to know about book-keeping.“ (o. V.: 1988: 93f.)

## 1.2 Der tourismusspezifische Kontext

Auch für die Anbieter touristischer Leistungen wird die Wahrnehmung als Marke durch den Kunden zu einer wettbewerbsbeeinflussenden Größe. Im Bereich der Pauschalreisen werden

3 Ausführlich wird dieses Themenfeld in Abschnitt 2.1 ab Seite 11 behandelt.

die Angebote in den Katalogen immer uniformer und ähnlicher. Häufig kommt es vor, daß Reisende in demselben Charterflugzeug sitzen, im selben Hotel in der Urlaubsregion absteigen, aber mit verschiedenen Reiseveranstaltern gereist sind. Demzufolge ist in der Regel auch ein unterschiedlicher Reisepreis gezahlt worden. Für die Reisenden, die den höheren Preis gezahlt haben, wird die damit verbundene Mehrleistung oftmals nicht transparent, was letztendlich zu Unzufriedenheit mit dem eigenen Anbieter führen kann. Allerdings kann ein unterschiedlicher Reisepreis durchaus auch mit unterschiedlichen Buchungszeitpunkten (Frühbucher, Last Minute ...) zusammenhängen. In diesem Fall ist der Kunde dann bereit, sich für einen günstigeren Preis frühzeitig auf Reisezeitraum und -ziel festzulegen bzw. das Risiko einzugehen, sein Wunschziel nicht mehr buchen zu können. Aus Konsumentensicht ist es daher naheliegend, die Wahl des Reiseveranstalters aufgrund des Preises zu treffen, wenn zwischen den buchbaren Leistungen verschiedener Anbieter ansonsten keine nennenswerten Unterschiede wahrnehmbar sind. Aufgrund der zum Teil sehr geringen Preisspielräume ist es für Reiseveranstalter aber notwendig, den Konsumenten über den Preis hinausgehende Differenzierungsmerkmale anzubieten.

Die Profilierung als Markenanbieter erscheint als notwendiger Schritt, um aus der Angebotskonformität herauszukommen. Ein erster, wenn auch wenig erfolgversprechender Schritt in diese Richtung ist die zunehmend individuellere Kundenansprache der Verbraucher durch die Reiseveranstalter mit Hilfe von zielgruppengenauen Katalogen. Nahezu alle Veranstalter haben die Anzahl der Kataloge erhöht, lediglich die TUI hat sich aus diesem Wettbewerb herausgehalten. Allerdings war sie mit 55 Katalogen (ohne Sonderkataloge wie beispielsweise der Behindertenkatalog oder innerdeutsche Zielgebietskataloge) für die Sommersaison bereits an der oberen Grenze des Möglichen angekommen (vgl. LETTL-SCHRÖDER/SPIELBERGER 2000: 9). Auf Grund dieser Informationsüberflutung erscheint eine Markenprofilierung insbesondere für kleine Reiseveranstalter ein notwendiger Schritt zu sein, um im Wettbewerb bestehen zu können. Bisher lassen aber nur wenige Konsumenten ein markenbewußtes Verhalten erkennen, wenn es darum geht, eine Pauschalreise zu buchen. Nach wie vor ist das Preisbewußtsein stärker ausgeprägt (vgl. JAHRFELD 1999: 28ff.).

Ähnlich sieht die Situation der touristischen Zielgebiete – der Destinationen – aus: eindeutige Profilierungen fehlen meist. Betrachtet man beispielsweise Wintersportorte in den Alpen, so bieten diese vom ursprünglichen touristischen Angebot[4] her austauschbare Komponenten an.

---

4 Unter dem ursprünglichen touristischen Angebot versteht man die Angebotsfaktoren, die in keinem direkten Bezug zum Tourismus stehen, in einer Destination demnach auch ohne Tourismus vorhanden sind. Grundsätzlich kann nach folgenden Aspekten unterteilt werden (siehe auch Tabelle 2, S. 18): natürliche Gegebenheiten (Landschaft, Flora und Fauna, Klima), Kultur, Tradition und Brauchtum, Mentalität der Bevölkerung, allgemeine Infrastruktur (Kommunikation, Verkehrswesen, Ver- und Entsorgung). Mit zunehmender Tourismusintensität kann es allerdings notwendig sein, daß einige der ursprünglichen Angebotsfaktoren ausgebaut und erweitert werden müssen. In Ergänzung zu diesen Elementen wird das abgeleitete Angebot verstanden, welches in erster Linie zur Förderung des Tourismus in der Destination geschaffen wurde. Ein großer Teil dieser Angebotselemente kann von den Einwohnern zur Freizeitgestaltung genutzt werden. Zum abgeleiteten touristischen Angebot zählen: touristische Infrastruktur (z. B. Ausflugsschiffe, überbetriebliche Tourismusorganisationen, Kur- und Bäderwesen), Freizeitinfrastruktur (inklusive Sportgeräteverleih und Kursangebote für Einsteiger) sowie ein (erweitertes) Veranstaltungsangebot (z. B. Events, Messen, Ausstellungen).
Vgl. zum ursprünglichen und abgeleiteten Angebot in Destinationen ausführlich KASPAR 1996: 65ff., FREYER 2001: 290ff. sowie die Ausführungen ab Seite 18.

Auf Grund dieser Merkmale kann der Konsument keine Kaufentscheidung mehr treffen. Es sind weitere Informationen und Merkmale für eine Angebotsdifferenzierung notwendig. Erfolgversprechend erscheint hier eine zielgruppengerechte Positionierung zu sein, da nicht jede Region in gleichem Ausmaß für unterschiedliche Kundengruppen oder Individuen in gleicher Weise attraktiv sein kann (vgl. NIEDNER 1994: 1648). Jede Destination muß sich ein eigenständiges Profil geben, welches die natürlichen Angebotsfaktoren berücksichtigt und in der Lage ist, für ausgewählte Zielgruppen in einer spezifischen Form attraktiv zu erscheinen. OTTE vertritt den Standpunkt, daß grundsätzlich eine Markenbildung und Markenprofilierung für jede Destination möglich ist. Sie muß allerdings auf einem schlüssigen Konzept basieren, das den Gesetzmäßigkeiten und Entwicklungsprozessen der Marke höchste Priorität verleiht. Als Prämisse für jede erfolgreiche Marke postuliert er: auf sich selbst besinnen, sich selbst erkennen, das besondere finden (vgl. OTTE 1998: 30).

Vor diesem Hintergrund wird die Positionierung von touristischen Destinationsmarken als Allheilmittel im Wettbewerb der Destinationen gesehen. So ist es auch nicht verwunderlich, daß nahezu 95 % der Entscheidungsverantwortlichen in deutschen Tourismusregionen der Meinung sind, daß touristische Dachmarken notwendig sind, um den Gästen die Entscheidung für ein Reiseziel zu erleichtern (siehe Abbildung 1). Allerdings wird die Umsetzung der Prämisse – sich selbst erkennen, das besondere in der eigenen Destination finden und herausstellen – oftmals zugunsten aktueller Trends und kurzlebiger Attraktionen vernachlässigt. Events und Festivals treten an die Stelle der Inwertsetzung ursprünglicher Landschaften und traditionsreicher kultureller Überlieferungen, welche aber gerade die natürliche Basis für die Ein-

**Abbildung 1: Die Bedeutung von touristischen Dachmarken aus der Sicht von Entscheidungsträgern in deutschen Tourismusregionen**

(Stimmen Sie dem folgenden Statement zu: „Touristische Dachmarken sind notwendig, um den Gästen die Entscheidung für ein Reiseziel zu erleichtern.")
(Quelle: SCHERHAG 2000a: 153)[5]

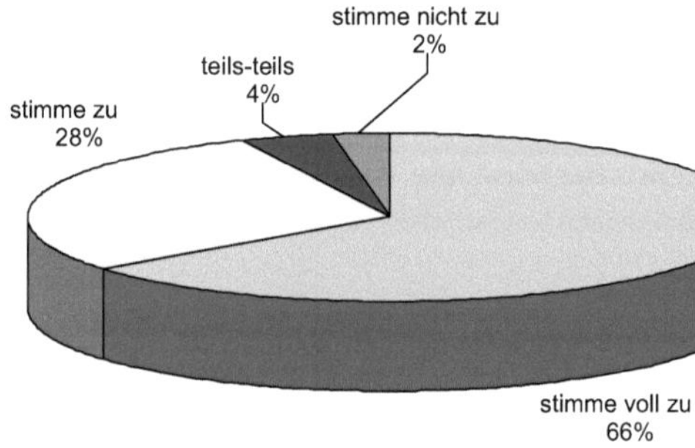


5 Das *Europäische Tourismus an der Universität Trier Institut GmbH* führte im Frühjahr 1999 eine Befragung bei Verantwortlichen von insgesamt 110 regionalen Tourismusorganisationen in Deutschland zur Organisation ihrer Tourismusorganisation, der Ressourcenausstattung, den konkreten Aufgabenbereichen und zukünftigen Entwicklungsperspektiven durch (siehe auch ETI 1999).

zigartigkeit einer touristischen Destination bilden. Diese Elemente ließen sich von Wettbewerbern nur schwer bis überhaupt nicht kopieren.

Betrachtet man die Situation auf den touristischen Märkten, so sind diese Überlegungen durchaus begründet, denn die Angebotsprospekte vieler Badeorte an der Nord- oder Ostsee unterscheiden sich nur in Nuancen voneinander. Ebenso verhält es sich mit den Wintersportorten in den Alpen. Aus den Darstellungen in den Ortsprospekten alleine kann der potentielle Gast kaum auf das eigenständige Profil des Ortes schließen, da die Basisleistungen bereits einen austauschbaren Standard darstellen. Hierzu zählen beispielsweise die Einteilung der Hotelbetriebe nach Sternekategorien oder Qualitätsstufen (Schweiz) oder die vergleichbare Ausstattung der einzelnen Beherbergungsbetriebe (Farb-TV, Bad mit Dusche, Swimmingpool und Sauna ...). Die Forderung nach der Ausprägung von Destinationsmarken als Basis einer Differenzierung konkurrierender Tourismusorte und -regionen erscheint somit als logische Konsequenz aus der Entwicklung des Wettbewerbsumfeldes begründbar zu sein. Berücksichtigt man die rückläufige Kundentreue trotz Zufriedenheit mit der in Anspruch genommenen Leistung (vgl. MEFFERT/BURMANN 2002: 470), wird der Wettbewerb um Neukunden zunehmend an Bedeutung gewinnen und das langfristige Erhalten der Wettbewerbsposition bestimmen.

Einigen Regionen wird bereits heute zugebilligt, daß sie den Charakter von Markenartikeln besitzen: so werden mit Italien, dem Schwarzwald, Rügen oder den karibischen Inseln ganz spezifische Merkmale verbunden (vgl. DETTMER ET AL.: 1999: 41). Allerdings scheint die Einordnung als Marke eher auf der Seite der Anbieter als auf der Seite der Nachfrager zu erfolgen. Denn gerade bei der Auswahl touristischer Leistungen, aber auch bei der Beurteilung des Markencharakters von Destinationen kann bei Reisenden nur eine geringe Markenorientierung festgestellt werden (vgl. SCHERHAG 1999: 21ff.).[6]

Berücksichtigt man, daß sich die Zahl der zur Verfügung stehenden Informationen zu den unterschiedlichsten Themenbereichen innerhalb von fünf Jahren verdoppelt, wird es zunehmend wichtiger, den Konsumenten Signale mit eingeschlossener Begründung zu liefern, warum sie sich für oder gegen ein Produkt oder eine Dienstleistung entscheiden sollen. Solche Signale können Marken und Markenzeichen sein (vgl. SIMON 1991: 340f.). Betrachtet man die schnelle Entwicklung der elektronischen Informationsmedien in den letzen Jahren, ist davon auszugehen, daß die Zeiträume bis zur Verdoppelung der Informationsmengen stetig kürzer werden. Die Notwendigkeit für den Konsumenten, auf entscheidungsunterstützende Hilfen, wie beispielsweise Markennamen, zurückgreifen zu können, wird für den Wettbewerb immer deutlicher. Ein Bild oder Zeichen wird vom Betrachter viel schneller und zuverlässiger mit Begriffen oder Aussagen gekoppelt, als dies mit einer textlichen Beschreibung möglich ist (vgl. DOMIZLAFF 1982: 120f.).

6 Vgl. hierzu ausführlich die Darstellung der empirischen Ergebnisse in Kapitel 4.2 ab S. 146.

Nachfolgend soll die Bedeutung und der Einfluß von touristischen Marken auf das Konsumsystem der Reisenden untersucht werden. Dabei wird insbesondere darauf eingegangen, welche Merkmale eine touristische Destination in die Kommunikation einer Marke integrieren sollte, damit sie in den Augen des Konsumenten eine attraktive Entscheidungsalternative darstellt. Ebenso wird der Frage nachgegangen, ob es bereits touristische Destinationsmarken gibt und welche Merkmale diese Marken aufweisen, um den Konsumenten Entscheidungshilfen zu liefern.

## 1.3 Überblick über den Aufbau des Buches

Die vorliegende Arbeit gliedert sich in drei Teile. Der erste Teil wird durch die Kapitel 2 und 3 repräsentiert und diskutiert auf einer eher allgemeinen Basis die theoretischen Grundlagen. Es wird einleitend ein Überblick über Destinationen und Destinationsmanagement gegeben, da eine Abgrenzung notwendig ist, um eine einheitliche Diskussionsgrundlage zu erstellen. Anschließend werden Marke und Markenführung sowie die Dienstleistung dargestellt. Die Ausführungen in diesen Bereichen sind ein Kompromiß zwischen einer knappen definitorischen Abgrenzung und der Darlegung des aktuellen Standes der wissenschaftlichen Diskussion. Es folgt die Auseinandersetzung mit den Elementen der Reiseentscheidung und dem Einfluß des Images.

Der zweite Teil wird durch Kapitel 4 und 5 repräsentiert und stellt ausgewählte Marktforschungsergebnisse vor, die für die Fragestellung dieser Arbeit relevante und interpretierbare Daten liefern. Zunächst werden einige Untersuchungsergebnisse dargestellt, die Ergebnisse im Sinne der Themenstellung liefern (Kapitel 4.2). Im Anschluß daran folgt die Analyse zweier Marktforschungsuntersuchungen, die im Rahmen dieser Arbeit vom Verfasser im Frühjahr 2002 durchgeführt wurden. Es wurden sowohl touristische Entscheidungsträger in deutschen Destinationen zur Bedeutung von Destinationsmarken im Wettbewerb der Destinationen (Kapitel 5.2) als auch Endverbraucher in einer Untersuchung zu Kriterien bei der Destinationswahl (Kapitel 5.3) mit standardisierten Erhebungsinstrumenten befragt.

Die daraus gewonnen Erkenntnisse fließen in Kapitel 6 in die Modellierung eines Ansatzes zur Markenführung für touristische Destinationen ein. Ebenso werden Gestaltungshinweise für ein effizientes Markenmanagement gegeben. Dabei werden unterschiedliche Aspekte zum Aufbau von Destinationsmarken diskutiert.

Ziel der Arbeit ist es, basierend auf den Anforderungen der Konsumenten einen Gestaltungsrahmen zur Entwicklung eines Markensystems für touristische Destinationen zu erarbeiten. Dabei sollen sowohl die Erfordernisse des Marktes als auch der internen Organisation des Tourismus in Destinationen berücksichtigt werden. Da die organisatorischen, gesellschaftlich-politischen und wirtschaftlichen Strukturen in Destinationen in der Regel stark voneinander abweichen, kann dieses Modell nur einen empfehlenden Charakter erreichen. Diese Empfehlungen sollen aber möglichst umfassend ausfallen, so daß ein wissenschaftlich begründeter Handlungsrahmen dargestellt werden kann.

Ziel dieser Arbeit ist es nicht, den aktuellen Stand der Markendiskussion in der Literatur wiederzugeben, da dies einerseits in anderen Publikationen bereits ausführlich erfolgt ist, andererseits der Rahmen der vorliegenden Arbeit dadurch deutlich gesprengt werden würde. Es werden lediglich die für die Themenstellung als relevant erachteten Ansätze vorgestellt.

In der nachfolgenden Abbildung 2 ist der Aufbau der Arbeit noch einmal graphisch zusammengefaßt.

**Abbildung 2** Übersicht über den Aufbau der Arbeit
(Quelle: eigene Erstellung)

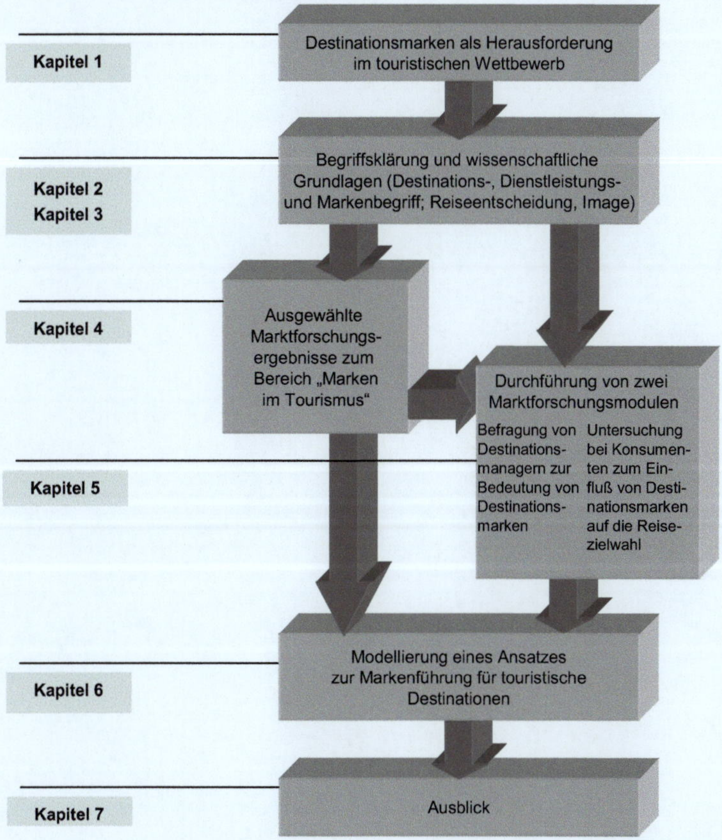

# 2 Begriffsklärung und wissenschaftliche Grundlagen

Für eine intensive Auseinandersetzung mit dem Thema *Destinationsmarke* ist es zunächst notwendig, einige Begriffe zu erläutern und eine Basis für deren weitere Verwendung zu legen. Daher werden die Begriffe Destination und Destinationsmanagement, Marke und Dienstleistungsmarke sowie die Bedeutung der Marke im Konsumsystem nachfolgend erläutert. In einem zusammenfassenden Kapitel 2.5 (S. 98) wird auf den Bezug zur Gestaltung eines Markensystems für touristische Destinationen eingegangen.

## 2.1 Destination und Destinationsmanagement

Das Wort *Destination* stammt aus dem Lateinischen und kann mit *Bestimmung* übersetzt werden. Im Zusammenhang mit der Reise läßt er sich als *Bestimmung(sziel) der Reise* interpretieren.

In der deutschsprachigen tourismuswissenschaftlichen Literatur wird die Destination – das Reiseziel – als die wichtigste Einheit im Gefüge der Tourismuswirtschaft angesehen (vgl. BIEGER 2002a: 56). Die Destination als selbständige Wettbewerbseinheit wird allerdings noch nicht sehr lange in der Literatur thematisiert. Intensiver ist bisher die Betrachtung der Leistungsträger (Reiseveranstalter, Beherbergungsbetriebe, Verkehrsunternehmen) ausgefallen. Ein Grund für diese Schwerpunktlegung mag zunächst darin liegen, daß es sich bei diesen Betriebsformen um am wirtschaftlichen Erfolg ausgerichtete Unternehmen handelt, die vermarktbare Leistungen anbieten. Daher wird dieser Bereich häufig als der Bereich der industriellen Tourismusunternehmen bezeichnet. Bei touristischen Destinationen ist man in der Regel mit einem Leistungsbündel konfrontiert, das erst in seiner Gesamtheit das Bild einer Destination und somit eine marktfähige Einheit ergibt (vgl. SCHERHAG/SCHNEIDER 1998: 81). Die Ausbildung einer solchen Gesamtheit ist ein langwieriger und umfangreicher Prozeß innerhalb der Destination, da die Interessen einer Vielzahl an der Tourismusproduktion beteiligter Einzelbetriebe und Interessengruppen berücksichtigt werden müssen. Darüber hinaus wird das wirtschaftliche Handeln in Destinationen sehr häufig noch von (kommunal-)politischen Restriktionen beeinflußt, die eine marktorientierte Arbeit erschweren und die z. T. verhindern, daß eine Destination mit den erfolgsorientierten Methoden der Unternehmensführung gelenkt werden kann.

Ähnlich wie der Markenbegriff wird der Begriff *Destination* in der Literatur unterschiedlich abgegrenzt: häufig erfolgt eine Abgrenzung nach geographischen Räumen oder administrativen Verwaltungseinheiten. Nach dem ersten Kriterium lassen sich insbesondere Inseln unproblematisch und eindeutig abgrenzen. Auch wenn teilweise die Namen der Inselgruppen im allgemeinen Sprachgebrauch verwendet werden (Balearen, Kanarische Inseln, Ostfriesische Inseln ...), finden die einzelnen Inselnamen Zugang in das Bewußtsein der Konsumenten. Bei Regionen im (deutschen) Binnenland ist die Abgrenzung in der Regel weitaus komplizierter, da die räumliche Einheit in der Wahrnehmung der Konsumenten uneinheitlich erfolgt, von der individuellen Reiseerfahrung und der Entfernung zwischen Wohnort und Destination geprägt wird.

Hinzu kommt, daß die Kommunikation nach außen meist durch politische Verwaltungseinheiten (Bundesländer, Verwaltungsbezirke ...) und somit durch unterschiedliche politische Zuständigkeiten in der Tourismuspolitik zerstückelt ist. Beispielsweise gehört der Harz politisch zu drei Bundesländern, der Bodensee liegt in einem Dreiländereck, die Eifel wird von zwei Ländern (Deutschland, Belgien) und zwei Bundesländern (Rheinland-Pfalz, Nordrhein-Westfalen) vermarktet.[7] Am Bodensee hat die Vermarktung durch die jeweiligen Landesorganisationen und der daraus resultierenden Kooperationen auf unterschiedlichen Ebenen dazu geführt, daß eine internationale Bodenseemarketinggesellschaft gegründet wurde, um so einen internationalen Auftritt der Region mit einer einheitlichen und abgestimmten Vermarktung gewährleisten zu können. Auch im Harz wurde eine länderübergreifende Tourismusorganisation – der *Harzer Verkehrsverband e.V.* (HVV) – gegründet, um ein harzweites Marketing und eine Bündelung der Ressourcen zu erreichen. Unter der Führung des HVV werden gemeinsam mit den touristischen Akteuren und Leistungsträgern die Stärken und Schwächen des Angebotes herausgearbeitet und geeignete Produkte, Angebote und Vermarktungsstrategien entwickelt, die in ein harzweites Marketingkonzept einfließen (vgl. LÜCKE 2001: 13ff.).

Insbesondere ein einheitliches Management und die einheitliche Vermarktung einer nach administrativen Kriterien definierten Destination erweisen sich oftmals als schwierig, da die Zuständigkeit der institutionellen Organisationseinheiten nicht mit der Wahrnehmung durch die Konsumenten übereinstimmt. Der Reisende orientiert sich in der Regel nicht an der administrativen Abgrenzung, sondern an seiner naturräumlichen Wahrnehmung während des Aufenthaltes oder an seinem imaginären Vorstellungsbild, welches er bereits vor Reiseantritt von seiner Zieldestination hatte.

Das Statistische Bundesamt unterteilt Deutschland zur Zeit in 138 Reisegebiete (vgl. Abbildung 3 und Tabelle 1), deren Grenzen aber nicht immer mit der Wahrnehmung der Konsumenten von einem Reiseziel übereinstimmen. Aus Sicht der Reisenden werden aneinander angrenzende Reisegebiete, die als administratorische Einheiten durch das Statistische Bundesamtes vorgegeben sind, teilweise als ein zusammengehörendes Gebiet wahrgenommen, obwohl sie formal als zwei (oder mehr) statistische Erhebungsräume betrachtet werden. Beispielsweise teilen sich die Lüneburger Heide, die Rhön oder der Schwarzwald in mehrere statistische Erhebungsräume auf. Andererseits werden einzeln wahrgenommene Teilregionen

7 Die *Eifel Tourismus GmbH* in Prüm, bisher zuständig für die Vermarktung der rheinland-pfälzischen Teile der Eifel, hat zum 1. Januar 2003 mit der *Eifel-Touristik Agentur NRW e. V.* fusioniert. Die Marketing-Aufgaben sowie die Organisation des Tourismus werden seitdem von einer Organisation wahrgenommen. Die *Eifel-Touristik Agentur NRW e. V.* bleibt zunächst weiterhin als Trägerverein für die bisherigen Mitglieder bestehen.

zu einer größeren Einheit zusammengefaßt – z. B. werden die Ostfriesischen Inseln von den Reisenden als sieben einzelne Inseln betrachtet und nicht als ein zusammenhängendes touristisches Zielgebiet (vgl. Nr. 6 in Abbildung 3). Ebenso wird unter dem Reisegebietsnamen *Nordsee* sowohl die schleswig-holsteinische Nordseeküste mit den nordfriesischen Inseln zusammengefaßt. Dies wird vom Reisenden durchaus differenzierter gesehen. So reist er beispielsweise auf die Insel Sylt oder auf die Insel Amrum und wird bei diesen Reisezielen nicht allgemein von der Nordsee sprechen. Insgesamt umfaßt die Nordsee neben der schleswig-holsteinischen Küste und den nordfriesischen Inseln (Nr. 1 in Abbildung 3) die Reisegebiete 6 (Ostfriesische Inseln), 7 (ostfriesische Küste) und Teile des Reisegebietes 12 (Cuxhaven Küste – Unterelbe). Allerdings kann zu dieser Einteilung angemerkt werden, daß für die meisten in dieser Form abgegrenzten Gebiete keine zugehörige touristische Organisationseinheit besteht, die so abgegrenzten Reisegebiete also nur formal bestehen und nicht am Markt mit diesen Grenzen kommuniziert werden. D. h., aus organisatorischer und vermarktungstechnischer Sicht betrachtet, werden die jeweiligen Räume unter der Zuhilfenahme anderer Kriterien unterteilt. Die niedersächsischen Nordseeküstenbadeorte und die Ostfriesischen Inseln haben sich zu einer Marketinggesellschaft *„Die Nordsee GmbH – 7-Insel-1-Küste"* zusammengeschlossen, um eine gemeinsame Kundenansprache zu gewährleisten. Neben gemeinsamen Messeauftritten gehören eine eigene Homepage, eine gemeinsame Call Center-Adresse sowie gemeinsame Werbeaktivitäten zu den Aufgaben dieser Organisation.

Nach BLEILE werben zur Zeit ca. 350 regionale Tourismusorganisationen in deutschen Regionen um den Gast. Weitere ca. 4000 touristische Organisationen kommen auf der lokalen/ kommunalen Ebene hinzu, die ebenfalls mit der Vermarktung ihres Zuständigkeitsbereiches beauftragt sind (vgl. BLEILE 2001: 3). Die Arbeit der einzelnen Organisationseinheiten erfolgt dabei weitestgehend unkoordiniert und ist nicht aufeinander abgestimmt. Doppelarbeit und Ressourcenverschwendung sind so vorprogrammiert. Um zukunfts- und wettbewerbsfähig sein zu können, sollte diese Vielzahl an Vermarktungseinheiten, insbesondere vor dem Hintergrund einer internationalen Wettbewerbsfähigkeit, auf 35 bis 40 große Destinationen reduziert werden (vgl. BLEILE 2001: 21), die auf der Basis naturräumlicher Grenzen basieren sollten. So kann die verwirrende Destinationenvielfalt beseitigt werden und dem Gast ein übersichtliches Angebot an touristischen Regionen geboten werden, welches sich an der Kundenwahrnehmung orientiert und mit den entsprechenden Angeboten aufwartet.

Allerdings muß hier kritisch angemerkt werden, daß es einerseits enorm schwer sein wird, diese Reduktion auch faktisch umzusetzen, da sehr viele Akteure auf ihren Status und ihre Position im Wettbewerb verzichten müssen. Andererseits wird diese Reduktion zwangsläufig dazu führen, daß einige Regionen nicht mehr vermarktet werden, da sie nicht zu den neu strukturierten Einheiten passen oder sich die gemeinsame Vermarktung nicht leisten können.

**Abbildung 3: Lage der Reisegebiete in Deutschland auf Basis der Abgrenzung durch das Statistische Bundesamt**

(zur namentlichen Zuordnung der Reisegebiete siehe Tabelle 1)
(Quelle: vgl. HÖCKLIN 1999: 250)

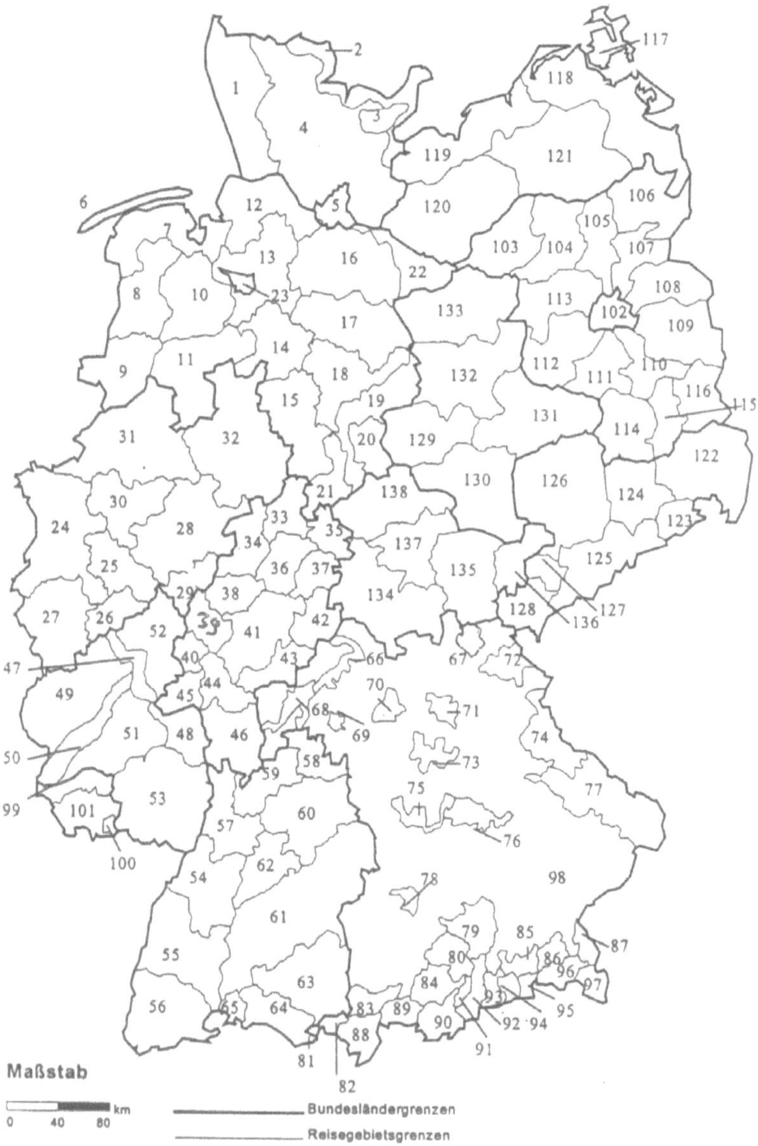

**Tabelle 1: Legende zu Abbildung 3**
(Quelle: vgl. Höcklin 1999: 251)

| Nr. | Gebiet |
|---|---|
| | **Schleswig Holstein** |
| 1 | Nordsee |
| 2 | Ostsee |
| 3 | Holsteinische Schweiz |
| 4 | Übriges Schleswig-Holstein |
| 5 | **Hamburg** |
| | **Niedersachsen** |
| 6 | Ostfriesische Inseln |
| 7 | Ostfriesische Küste |
| 8 | Ems-Hümmling |
| 9 | Emsland - Grafschaft Bentheim |
| 10 | Oldenburger Land |
| 11 | Osnabrücker Bäderland - Dümmer |
| 12 | Cuxhaven Küste - Unterelbe |
| 13 | Bremer Umland |
| 14 | Steinhuder Meer |
| 15 | Weserbergland - Solling |
| 16 | Nördliche Lüneburger Heide |
| 17 | Südliche Lüneburger Heide |
| 18 | Hannover - Hildesheim - Braunschweig |
| 19 | Harzvorland - Elm - Lappwald |
| 20 | Harz |
| 21 | Südniedersachsen |
| 22 | Elbufer - Drawehn |
| 23 | **Bremen** |
| | **Nordrhein-Westfalen** |
| 24 | Niederrhein - Ruhrland |
| 25 | Bergisches Land |
| 26 | Siebengebirge |
| 27 | Eifel |
| 28 | Sauerland |
| 29 | Siegerland |
| 30 | Westfälisches Industriegebiet |
| 31 | Münsterland |
| 32 | Teutoburger Land |
| | **Hessen** |
| 33 | Kassel Land |
| 34 | Waldecker Land |
| 35 | Werra - Meissner - Land |
| 36 | Kurhessisches Bergland |
| 37 | Waldhessen (Hersfeld Rotenburg) |
| 38 | Marburg - Biedenkopf |
| 39 | Lahn-Dill |
| 40 | Westerwald - Lahn, Taunus |
| 41 | Vogelsberg und Wetterau |
| 42 | Rhön |
| 43 | Spessart - Kinzigtal - Vogelsberg |
| 44 | Main und Taunus |
| 45 | Rheingau - Taunus |
| 46 | Odenwald - Bergstraße - Neckartal |
| | **Rheinland-Pfalz** |
| 47 | Rheintal |
| 48 | Rheinhessen |
| 49 | Eifel - Ahr |
| 50 | Mosel - Saar |
| 51 | Hunsrück, Nahe, Glan |
| 52 | Westerwald, Lahn, Taunus |
| 53 | Pfalz |
| | **Baden-Württemberg** |
| 54 | Nördlicher Schwarzwald |
| 55 | Südlicher Schwarzwald |
| 56 | Mittlerer Schwarzwald |
| 57 | Weinland zwischen Rhein und Neckar |
| 58 | Neckartal - Odenwald - Madonnenländchen |
| 59 | Taubertal |
| 60 | Neckar - Hohenlohe - Schwäbischer Wald |
| 61 | Schwäbische Alb |
| 62 | Mittlerer Neckar |
| 63 | Württembergisches Allgäu - Oberschwaben |
| 64 | Bodensee |
| 65 | Hegau |
| | **Bayern** |
| 66 | Rhön |
| 67 | Frankenwald |
| 68 | Spessart |
| 69 | Würzburg mit Umgebung |
| 70 | Steigerwald |
| 71 | Fränkische Schweiz |
| 72 | Fichtelgebirge mit Steinwald |
| 73 | Nürnberg mit Umgebung |
| 74 | Oberpfälzer Wald |
| 75 | Oberes Altmühltal |
| 76 | Unteres Altmühltal |
| 77 | Bayerischer Wald |
| 78 | Augsburg mit Umgebung |
| 79 | München mit Umgebung |
| 80 | Ammersee, Würmseegebiet |
| 81 | Bodenseegebiet |
| 82 | Westallgäu |
| 83 | Allgäuer Alpenvorland |
| 84 | Staffelsee mit Ammerhügelland |
| 85 | Inn-, Mangfallgebiet |
| 86 | Chiemsee mit Umgebung |
| 87 | Salzach - Hügelland |
| 88 | Oberallgäu |
| 89 | Ostallgäu |
| 90 | Werdenfelser Land mit Ammergau |
| 91 | Kochel- und Walchensee mit Umgebung |
| 92 | Isarwinkel |
| 93 | Tegernsee-Gebiet |
| 94 | Schliersee-Gebiet |
| 95 | Ober-Inntal |
| 96 | Chiemgauer Alpen |
| 97 | Berchtesgadener Alpen mit Reichenhaller Land |
| 98 | übriges Bayern |
| | **Saarland** |
| 99 | Nordsaarland |
| 100 | Bliesgau |
| 101 | übriges Saarland |
| 102 | **Berlin** |
| | **Brandenburg** |
| 103 | Prignitz |
| 104 | Ostprignitz - Ruppin |
| 105 | Oberhavel |
| 106 | Uckermark |
| 107 | Barnim |
| 108 | Märkisch - Oderland |
| 109 | Oder - Spree |
| 110 | Dahme - Spreewald |
| 111 | Teltow - Fläming |
| 112 | Potsdam - Mittelmark |
| 113 | Havelland |
| 114 | Elbe - Elster |
| 115 | Oberspreewald - Lausitz |
| 116 | Spree - Neiße |
| | **Mecklenburg-Vorpommern** |
| 117 | Rügen, Hiddensee |
| 118 | Vorpommern |
| 119 | Mecklenburgische Ostseeküste |
| 120 | Westmecklenburg |
| 121 | Mecklenburgische Schweiz und Seenplatte |
| | **Sachsen** |
| 122 | Oberlausitz - Niederschlesien |
| 123 | Sächsische Schweiz |
| 124 | Sächsisches Elbland |
| 125 | Erzgebirge |
| 126 | Sächsisches Burgen- und Heideland |
| 127 | Westsachsen |
| 128 | Vogtland |
| | **Sachsen-Anhalt** |
| 129 | Harz und Harzvorland |
| 130 | Halle, Saale, Unstrut |
| 131 | Anhalt-Wittenberg |
| 132 | Magdeburg, Elbe - Börde - Heide |
| 133 | Altmark |
| | **Thüringen** |
| 134 | Thüringer Wald |
| 135 | Saaleland |
| 136 | Ostthüringen |
| 137 | Thüringer Kernland |
| 138 | Nordthüringen |

In der Regel läuft die Diskussion aber darauf hinaus, daß eine Abgrenzung marktfähiger Destinationen sinnvollerweise aus Kundensicht erfolgen sollte. Auch in der von der WORLD

TOURISM ORGANIZATION (WTO) formulierten Definition werden der Reisende und seine Reisebedürfnisse als zentrales Element berücksichtigt:

> „The location of a cluster of attractions and related tourist facilities and services which a tourist or tour group selects to visit or which providers choose to promote." (MCINTYRE/HETHERINGTON/INSKEEP 1993: 22).

Diese Definition läßt eine weite Interpretation des Destinationsbegriffs zu: Freizeitparks, Clubanlagen, Kreuzfahrtschiffe sowie Hotels können unter Berufung auf diese Definition in Abhängigkeit von den Ansprüchen des Reisenden als Destination bezeichnet werden. Ein Geschäftsreisender, der zu einer Tagung in ein Hotel gereist ist, kann dieses als seine Zieldestination bezeichnen, da sein Reisezweck im Besuch der Tagung liegt und er alle notwendigen ergänzenden Leistungen (Verpflegung, Übernachtung, z. T. Freizeitmöglichkeiten) in diesem Hotel bekommt. Allerdings wird der landschaftliche Bezug in dieser Definition nicht eindeutig formuliert.

Der explizit fehlende landschaftliche Bezug kann unter dem Begriff *attractions* eingeordnet werden, denn an anderer Stelle heißt es: „Natural resources such as... vegetation and wildlife..., marine areas of reefs and sealife..., caves..., mountains... are attracting... tourists." (MCINTYRE/HETHERINGTON/INSKEEP 1993: 21). Weiter wird zum Ausdruck gebracht, daß die natürliche Ausstattung der Destination zur Differenzierung der Angebote zukünftig in weitaus höherem Maße die touristische Reiseentscheidung beeinflussen wird als dies die Pauschalreiseangebote der letzten fast 30 Jahre erreichen konnten. Als wesentliche Ergänzung zu den gebräuchlichen definitorischen Abgrenzungen einer Destination wird hier die Vermarktbarkeit der Destination durch Leistungsträger, Reiseveranstalter oder Destinationsorganisationen als Kriterium mitberücksichtigt. Die einzelnen Anbieter ergänzen sich mit ihren zum Teil eigenständigen Leistungen zu einer Vermarktungseinheit, der Destination.

In einer etwas abgewandelten Definition, die in der Literatur im allgemeinen akzeptiert wird, wird der landschaftliche Kontext explizit mit einbezogen:

> Eine Destination wird definiert als geographischer Raum, den der jeweilige Gast als Reiseziel auswählt. Sie enthält sämtliche für einen Aufenthalt notwendigen Einrichtungen für Beherbergung, Verpflegung, Unterhaltung/Beschäftigung (vgl. BIEGER 2002a: 56).

Unter *Beschäftigung* sind in diesem Zusammenhang die Aktivitäten des Reisenden zu verstehen, denen dieser während seines Aufenthaltes nachgeht.

Weitere Aspekte, die das mögliche Bild einer Destination in der Vorstellung des Konsumenten beeinflussen können, sind seine Reiseerfahrungen sowie die Entfernung der Destination von seinem Wohnort. Je weiter entfernt er von der Destination lebt, desto größer wird diese in der Regel abgegrenzt (bspw. spricht ein Japaner von Europa und nicht von der Nordsee). Mit zunehmender Reiseerfahrung ist der Konsument aber in der Lage, die Destination präziser einzugrenzen und mit seinen Reise-/Urlaubsbedürfnissen abzugleichen.

Die Offenheit der beiden vorstehenden Definitionen verdeutlicht, daß der Destinationsbegriff relativ vage ist, denn unterschiedliche Zielgruppen können jeweils einen anderen Raum als Zielgebiet betrachten. Auch können unterschiedliche Nutzenkalküle der Reiseentscheidung zugrundeliegen, was wiederum eine unterschiedliche Abgrenzung der Destination, des Reiseziels, zur Folge haben kann. Dies erschwert die Produktgestaltung sowohl für die Destination selbst, als auch für die Reiseveranstalter, zeigt aber auch Chancen zur Differenzierung des Angebotes, einer speziellen Zielgruppenansprache sowie der Entwicklung von Markenstrategien auf (vgl. SCHERHAG/SCHNEIDER 1998: 82). Die für eine tragbare Markenpolitik von touristischen Destinationen notwendigen Voraussetzungen werden an anderer Stelle noch ausführlich dargestellt werden (siehe die Ausführungen ab Seite 233).

Neben dieser allgemeinen definitorischen Abgrenzung wird das touristische Angebot von Destinationen in natürliche und abgeleitete Angebotsfaktoren unterteilt (siehe Tabelle 2). Das natürliche Angebot repräsentiert die Gesamtheit aller Angebotsfaktoren, die in keinem direkten Bezug zum Tourismus stehen (vgl. KASPAR 1996: 65). Hierzu gehören Landschaft, Flora und Fauna sowie Klima, die Mentalität der Bewohner, deren Kultur und Tradition sowie die allgemeine Infrastruktur. Ergänzt werden diese Angebotsfaktoren durch das abgeleitete Angebot, zu dem alle Faktoren gezählt werden, die zur Förderung des Tourismus in der Destination geschaffen wurden (baulicher Aspekt) beziehungsweise betrieben werden (Dienstleistungsaspekt). Zu nennen sind hier unter anderem die touristische Infrastruktur (Beherbergungsbetriebe, überbetriebliche Tourismusorganisationen, Informationsstellen ...), explizite touristische Angebote, insbesondere Events sowie das Kur- und Bäderwesen. Ergänzt werden diese Angebotsfaktoren durch die Freizeitinfrastruktur, die auch von den Bewohnern der Region genutzt wird und somit in der Regel dazu beiträgt, daß der Lebensstandard ansteigt.

Tabelle 2 verdeutlicht, daß an der Erstellung des touristischen Produktes eine Vielzahl von Interessengruppen, Unternehmen und Betrieben sowie Einzelpersonen beteiligt sind. Soll eine Destination als ein Produkt oder eine Marke vermarktet werden, ist es notwendig, die Interessen aller Leistungsanbieter zu koordinieren und aufeinander abzustimmen. Um diese Koordination und kooperative Zusammenarbeit der einzelnen Interessengruppen zu erreichen, ist eine übergeordnete Organisation notwendig, die destinationsweit agiert und von allen Unternehmen und Leistungsträgern unterstützt wird (vgl. SCHERHAG/SCHNEIDER 1999: 10f.). Die Arbeit einer solchen Destinationsmanagement-Organisation kann aber nur dann erfolgreich sein, wenn die einzelnen touristischen Akteure sich darüber im klaren sind, daß ein Destinationsauftritt mit Markencharakter zentral gesteuert und koordiniert werden muß. Die strategischen Inhalte eines solchen Destinationsauftrittes sollten sich in den individuellen Strategien der Einzelunternehmer wiederfinden, da diese mit den Gästen im direkten Kontakt stehen – beispielsweise als Vermieter – und somit für die *Einlösung des Marketingversprechens* wichtige Partner sind. In ihrem Verhalten spiegelt sich zu einem großen Teil das touristische Erscheinungsbild und somit der Markencharakter der Destination wieder.

**Tabelle 2: Das touristische Angebot**
(Quelle: vgl. FREYER 2001: 291)

| Touristisches Angebot | |
|---|---|
| **Ursprüngliches Angebot** | **Abgeleitetes Angebot** |
| • **Natürliches Angebot**<br>• Landschaft, Topographie<br>• Flora und Fauna<br>• Klima, Wetter<br>• Naturdenkmäler<br>• **Sozio-kulturelles Angebot**<br>(durch die Bewohner geprägte Faktoren)<br>• Kultur, Tradition, Brauchtum<br>• Mentalität der Bevölkerung, Gastfreundschaft<br>• Denkmäler<br>• **Allgemeine Infrastruktur**<br>• Politik, Soziales, Bildung<br>• Ver- und Entsorgung<br>• Kommunikationswesen<br>• Verkehrswesen | • **Touristische Infrastruktur**<br>• Reiseberatung, -organisation<br>• touristisches Transportwesen<br>• überbetriebliche Tourismusorganisation (Kooperationen, Verwaltungen ...)<br>• **Freizeitinfrastruktur**<br>• Freizeitwesen: Sport, Kultur (eher baulicher Art)<br>• Attraktionen (Veranstaltungen sportlicher oder kultureller Art; sowohl zur aktiven als auch passiven Teilnahme)<br>• Wander- und Radwege, Skipisten<br>• Verleihstationen für Sport- und Freizeitgeräte<br>• **Spezielle touristische Angebote**<br>• Kur- und Bäderwesen<br>• Messen, Tagungen, Ausstellungen<br>• Events |

Diesen Organisationen und Betrieben in einer Destination stehen eine Reihe externer Einflußfaktoren gegenüber. In erster Linie sind dies die Bedürfnisse und Wünsche der Nachfrager an die Destinationsleistungen, also an die einzelnen Angebotskomponenten. Diese Nachfrager sind einerseits potentielle Gäste, die in der Destination nach Leistungen suchen, die ihren Urlaubsbedürfnissen entsprechen. Andererseits handelt es sich um destinationsfremde Unternehmen (z. B. Reiseveranstalter), die im Destinationsangebot nach Leistungselementen suchen, die ihre eigene unternehmerische Zielsetzung unterstützen (z. B. Gestaltung von Pauschalreisen oder Ausflügen). Hinzu kommen politische, gesellschaftliche und auch ökonomische Umfeldfaktoren, die das Wettbewerbsverhalten der Akteure innerhalb und außerhalb der Destination ebenfalls beeinflussen (vgl. Abbildung 4). Das Destinationsangebot setzt sich aus einzelnen Leistungen der touristischen Akteure für zum Teil unterschiedliche Zielgruppen zu einem Gesamtprodukt zusammen. Aus diesem nimmt der Gast, neben den für ihn persönlich sehr wichtigen Angebotselementen, die Leistungen sowie die Servicequalität und -bereitschaft der touristischen Akteure einer Destination als Gesamtleistung wahr. Der Gesamteindruck, den ein Gast von seinem Aufenthalt, den Leistungsträgern insgesamt und dem Grad der Erfüllung seiner Erwartungen an den Aufenthalt gewinnt, beeinflußt entscheidend seine Urlaubszufriedenheit. Bei dieser Beurteilung spielen neben den gebuchten Leistungen bzw. Leistungspaketen insbesondere die Empfindungen des Gastes hinsichtlich seiner individuellen Erlebniswerte eine wichtige Rolle (vgl. BRAUN 1993d: 309).

**Abbildung 4: Die Destination als Wettbewerbseinheit**

(Quelle: vgl. BIEGER 2002a: 61)

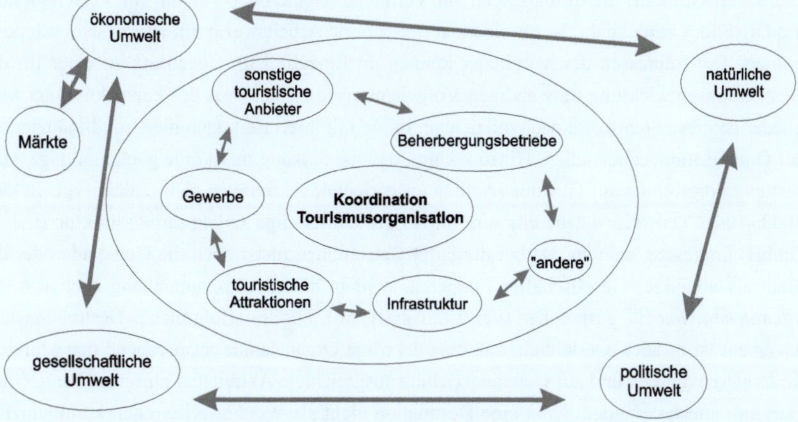


Im Rahmen eines erfolgreichen Destinationsmanagements ist es notwendig, die Koordination der Einzelaktivitäten innerhalb der Destination sowie deren Vermarktung und Kommunikation nach außen durch eine zentrale Tourismusorganisation durchführen zu lassen. Diese zentrale Tourismusorganisation oder auch Destinationsmanagement-Organisation (DMO) bindet die Aktivitäten der einzelnen Unternehmen und Organisationen innerhalb der Destination, aber auch von Unternehmen und Organisationen, die mit der Destination oder ihrer Mitglieder (z. B. einzelne Hotelbetriebe) geschäftlich in Verbindung stehen, in den Gesamtkontext und das Zielsystem der Destination ein. BIEGER spricht in diesem Zusammenhang von der Leitbildfunktion der Tourismusorganisation als Voraussetzung für einen gemeinsamen Marktauftritt (vgl. BIEGER 2002a: 71). Vom Grundgedanken her gibt es derartige Organisationen im deutschen Tourismusumfeld bereits seit langem. Allerdings ist ihre Struktur noch überwiegend öffentlich geprägt. So werden Fremdenverkehrsämter und Kurbetriebe vielerorts noch als kommunale Wirtschaftsbetriebe, somit als Teil der kommunalen Verwaltung geführt (Eigenbetrieb[8] oder Amt[9]), oder es wurde eine Vereinsstruktur gewählt. Als Teil der öffentlichen Verwaltung orientiert sich die Handlungsweise der touristischen Organisation

8 Der kommunale *Eigenbetrieb* wird i. d. R. als Organisationsform gewählt, wenn ein Geschäftsbereich – hier der Tourismus- und/oder Kurbereich – finanzwirtschaftlich als Sondervermögen der Trägerkörperschaft (Stadt oder Gemeinde) getrennt verwaltet werden soll. Die Selbständigkeit beschränkt sich dabei allerdings auf ihre vermögensrechtliche Stellung, rechtlich ist der Eigenbetrieb unselbständig. Er verfügt über ein von der Gemeinde oder der Stadt bereitgestelltes Stammkapital, zu dem auch die touristischen und kurörtlichen Einrichtungen gehören können, und unterliegt einer kaufmännisch-wirtschaftlichen Betriebsführung mit einem eigenen Wirtschaftsplan. Die juristische Grundlage des Eigenbetriebs ist die Betriebssatzung, die Gemeindeordnung (GO) und die Eigenbetriebsverordnung (EigVO). Der Eigenbetrieb verfügt i. d. R. über folgende Organe: *Werkleitung,* meist der Kurdirektor als ausführendes Organ; den *Werksausschuß* als Planungs- und Gestaltungsorgan, hier der Tourismus- oder Kur- und Bäderausschuß sowie als beschließendes Organ die *Stadt- oder Gemeindevertretung.* (vgl. LUFT 2001: 91ff.)

9 Ein Tourismus- oder Verkehrs*amt* ist eine Abteilung der öffentlichen Verwaltung und somit rechtlich und wirtschaftlich unselbständig. Diese Form einer unmittelbaren Organisationseinheit der Stadt oder Gemeinde wird auch als reiner

Verwaltung orientiert sich die Handlungsweise der touristischen Organisation allerdings in der Regel am Haushaltsplan und der politischen Ausrichtung der jeweils stärksten Fraktion. Die Vereinsstruktur, die oftmals noch auf Vermietervereine oder Vereine zur Verschönerung des Ortsbildes zurückgeht, ist für eine marktorientierte Arbeitsweise oftmals zu schwach positioniert. Die Interessen der Mitglieder können im Einzelfall im Gegensatz zu einer für die Destinationsentwicklung notwendigen Vorgehensweise stehen. Aus der Perspektive der Mitglieder ist diese Sichtweise nachvollziehbar, da sie mit ihren Beiträgen die Grundfinanzierung der Organisation sicherstellen. Hinzu kommt, daß die Satzung meist eine gemeinnützige Ausrichtung vorgibt, die auf Gewinnerzielung ausgerichtete Aktivitäten nicht zuläßt (vgl. BLEILE 2000: 104). Teilweise ist bereits eine juristisch selbständige Organisationsstruktur (i. d. R. GmbH) umgesetzt worden. Da bei diesen Organisationen meist noch die Gemeinde oder die Stadt als alleiniger Gesellschafter fungieren, wird in diesem Zusammenhang auch von der *öffentlichen GmbH*[10] gesprochen (vgl. LUFT 2001: 86). Für ein erfolgreiches Destinationsmanagement ist es aber unerläßlich, daß eine derartige Organisation entsprechend den Markterfordernissen agieren und auf Gewinnerzielung ausgerichtete Aktivitäten umsetzen kann. Ohne marktorientiertes Handeln kann eine Destination nicht als Wettbewerbseinheit kommuniziert werden, was auch die Markenwahrnehmung durch den Konsumenten erschwert.

Die Führung und Vermarktung einer touristischen Destination ist aufgrund der Vielzahl an eigenständigen Akteuren, die an der Leistungsproduktion beteiligt sind, eine schwierige Aufgabe, die eines hohen internen Koordinations- und Abstimmungsaufwandes bedarf. Es wird deutlich, daß diese Problematik bei der Entwicklung einer Destinationsmarke ein wesentlicher Faktor ist, der den Prozeß einerseits stark verzögern und behindern kann, andererseits aber eine Grundvoraussetzung für die erfolgreiche Umsetzung darstellt.

Bei den bisherigen Kriterien der Destinationsabgrenzung wurde in erster Linie die Angebotsseite und somit die Wahrnehmung der Gäste berücksichtigt. Allerdings kann für die Abgrenzung, insbesondere vor dem Hintergrund der Entwicklung eines Markensystems für touristische Destinationen, die Wettbewerbsfähigkeit des Zielgebietes herangezogen werden. In diesem Zusammenhang hat die Arbeitsgruppe *Neue Strukturen im Schweizer Tourismus* des Verbandes Schweizer Tourismusdirektoren (VSTD) unter Berücksichtigung unterschiedlicher Reichweiten Kriterien erarbeitet, die als Mindestvoraussetzung für eine Durchsetzung in den jeweiligen Märkten gesehen werden (vgl. Tabelle 3). Demnach wird für eine Destination, die sich im internationalen Wettbewerb vermarkten möchte, ein Minimum von 1 Mio. Übernachtungen gefordert. Vor dem Hintergrund einer radikalen Reduzierung der Anzahl touristischer

*Regiebetrieb* bezeichnet. Er ist in den jeweiligen Haushaltsplan eingebunden und unterliegt der kameralistischen Buchführung. Darüber hinaus unterliegen Entscheidung dem Primat der Politik (vgl. LUFT 2001: 87ff.).

10 Der Ausdruck *öffentliche GmbH* verdeutlicht, daß es sich zwar formal um eine rechtlich und wirtschaftlich selbständige Organisation handelt. Da die Stadt oder Gemeinde in diesem Fall aber als alleiniger Gesellschafter auftritt, ist der politische Einfluß nach wie vor vorhanden. Grundsätzlich ist es notwendig, daß privatwirtschaftliche Unternehmen sich an einer solchen Tourismus- oder Kurbetriebs-GmbH beteiligen können, da sie einen erheblichen Anteil an der touristischen Struktur und dem touristischen Angebot in der jeweiligen Stadt/Gemeinde besitzen. Faktisch besteht oft kein nennenswerter Unterschied zwischen der GmbH-Struktur und dem Eigenbetrieb, aus dem diese GmbH hervorgegangen ist (vgl. LUFT 2001: 101ff.).

Destinationen in Deutschland werden mindestens 5 Mio. Übernachtungen für eine wettbewerbsfähige Destination gefordert (vgl. BLEILE 2001: 7f.).

**Tabelle 3: Kriterien für Destinationsmarken bei Berücksichtigung unterschiedlicher Reichweiten am Markt**

(Quelle: AG NEUE STRUKTUREN IM SCHWEIZER TOURISMUS DES VSTD 1998: 25)

| Reichweite | Mittel | Übernachtungen bzw. Wertschöpfung der Destination[11] |
|---|---|---|
| **National** die gesamte Schweiz bzw. ausgewählte Segmente (Zielgruppen) in der Schweiz | Gemeinsam koordinierte Marketingmittel, Marketingbudget mindestens 500.000 Franken, verfügbares Gesamtbudget 1 Mio. Franken | 300.000 Übernachtungen |
| **International** Schweiz und ausgewählte Zielmärkte im näheren Ausland (Europa) | Gemeinsam koordinierte Marketingmittel, Marketingbudget mindestens 1 Mio. Franken, verfügbares Gesamtbudget 2 Mio. Franken | 600.000 Übernachtungen |
| **Global** einzelne Märkte auf anderen Kontinenten | Gemeinsam koordinierte Marketingmittel, Marketingbudget mindestens 2 Mio. Franken, verfügbares Gesamtbudget 4 Mio. Franken | 1 Mio. Übernachtungen |

Die Erfüllung der in Tabelle 3 aufgelisteten Kriterien kann auch durch Kooperationen erreicht werden. Eine Kooperation kann in diesem Sinne bereits die gemeinsame Vermarktung mehrerer Tourismusorte unter einem gemeinsamen Namen sein, wodurch die Präsenz am Markt deutlich erhöht werden kann. Neben diesen wirtschaftlichen Kriterien werden ebenfalls die bereits in der vorstehenden Definition genannten Merkmale als Bestandteil der Abgrenzung angesehen. Ergänzt werden die Abgrenzungskriterien durch die Forderung nach einer selbständigen Marke, die für die Gestaltung einer Destination und vor allem deren Vermarktung als notwendig angesehen wird. Offen bleibt zunächst, wie ein solches Markensystem strukturiert sein soll. Als Ansatzpunkte für eine Markenentwicklung werden z. B. überregional bekannte Sehenswürdigkeiten oder spezielle landwirtschaftliche Produkte angesehen (vgl. AG *NEUE STRUKTUREN IM SCHWEIZER TOURISMUS* DES VSTD 1998: 24). Beispielsweise werden landwirtschaftliche Produkte des österreichischen Bundeslandes Tirol in Zusammenhang mit dem Tirolschriftzug vermarktet. Allerdings scheint der Erfolg dieser Produkte eher eine Nebenwirkung der touristischen Attraktivität von Tirol zu sein. Es läßt sich zumindest empirisch nicht belegen, daß die Reiseentscheidung (für einen Erstbesuch) auf Grund von Produkten getroffen wurden, die das Tirol-Logo tragen.

Ein weiterer Ansatz zur Destinationsabgrenzung basiert auf den von den Destinationen angesprochenen Quellmärkten (vgl. BECKER 2003: o. S.). Mit diesem Ansatz könnte gleichzeitig

11 Als Wertschöpfung der Destination werden von den Autoren Einnahmen aus touristischen Aktivitäten gerechnet, die dem Volumen der jeweiligen Übernachtungszahlen entsprechen. Diese Einnahmen können bspw. aus dem Tagestourismus generiert werden.

auch die Reichweite der jeweiligen Marketingaktivitäten festgelegt werden. Für die Abgrenzung der Reichweite, die bei der AG *NEUE STRUKTUREN IM SCHWEIZER TOURISMUS* eher vage ausfällt, schlägt BECKER vor, daß bei kleinen Destinationen ca. 90 % der Gäste aus einem Radius von bis zu 400 km Distanz, bei mittleren Destination aus bis zu 1.000 km kommen. Große Destinationen beziehen mehr als 10 % ihrer Gäste aus einer größeren Entfernung.

## 2.2 Die Charakteristik der Dienstleistung

Das Destinationsmanagement ist ein Anwendungsfeld für das Dienstleistungs- oder Servicemanagement. Die Komplexität der Destinationsleistung verdeutlich, daß es sich nicht um ein leicht zu handhabendes Anwendungsfeld handelt. Nachfolgend sollen zunächst die Besonderheiten der Dienstleistung sowie die Implikationen für ein angepaßtes Qualitätsmanagement für das Destinationsprodukt dargestellt werden. Diese machen insbesondere bei der Marktkommunikation im Vergleich zu Sachgütern eine angepaßte Vorgehensweise notwendig. Da es in der wissenschaftlichen Literatur bei der Abgrenzung bzw. der Definition des Dienstleistungsbegriffs ebenfalls noch keinen Konsens gibt, wird nachfolgend ein knapper Überblick über diese Problematik gegeben. Dabei ist der Verfasser bestrebt, die Ausführungen auf wesentliche Aussagen zu beschränken, die im Zusammenhang mit der vorliegenden Arbeit als relevant angesehen werden. Für eine vertiefende Betrachtung wird auf die zitierte Literatur verwiesen, in der zum Teil eine umfassende Würdigung der unterschiedlichen Facetten des Dienstleistungsbegriffs erfolgt.

### 2.2.1 Der Dienstleistungsbegriff

Der Begriff der Dienstleistung ist heute zu einem alltäglichen Begriff im Sprachgebrauch geworden, wenn auch mit ihm häufig unterschiedliche Inhalte verbunden werden. In der wirtschaftswissenschaftlichen Literatur finden sich eine Vielzahl von Definitionen und Definitionsansätzen (vgl. z. B. BIEGER 2000a: 5ff., MEFFERT/BRUHN 2000: 22ff.; BIEBERSTEIN 2001: 25ff.; Corsten 2001: 21ff.; SCHEUCH 2002: 12ff.). Von einer intensiven Auseinandersetzung mit dieser Thematik kann man seit etwa Mitte der 60er Jahre sprechen, davor wurde der Dienstleistungsbereich eher als Wirtschaftszweig zweiter Klasse bezeichnet. GRAUMANN sieht dabei einen Zusammenhang mit der wirtschaftlichen Bedeutung der einzelnen Wirtschaftsbereiche, denn es standen im historischen Rückblick mit einer geringen zeitlichen Verzögerung jeweils die Wirtschaftsbereiche im Interesse der Wissenschaftler und Praktiker, denen zum jeweiligen Zeitpunkt eine dominierende Rolle in der Volkswirtschaft zufiel (vgl. GRAUMANN 1983: 27). Da die Dienstleistungswirtschaft erst in der jüngsten Vergangenheit an wirtschaftlicher Bedeutung gewonnen hat, entbehrt diese Argumentation nicht einer gewissen Logik. Ihr folgend ist es nachvollziehbar, daß sowohl die wissenschaftliche Auseinandersetzung[12] als auch die zunehmende Diskussion in der Wirtschaft zum Thema Markierung von Dienstleistungen und der Generierung von Dienstleistungsmarken stark zugenommen haben. Durch die Marktsättigung in vielen Branchen dieses Wirtschaftssektors ist der Druck auf die einzelnen Anbieter ebenfalls stärker geworden. Da keine neuen Märkte erschlossen werden können, hat dies einen Verdrängungswettbewerb zur Folge.

Mit einer ähnlichen Wettbewerbssituation sehen sich zunehmend touristische Anbieter konfrontiert. Im Bereich der *industriellen* Tourismusunternehmen[13] zeigt sich diese Wettbewerbsverschärfung in den umfangreichen Akquisitions- und Kooperationsbestrebungen der jeweiligen Anbieter. Um eine größere Markttiefe zu erreichen, werden Unternehmen auf der vor- und nachgelagerten Produktionsstufe aufgekauft oder zumindest mit einer Mehrheitsbeteiligung an das eigene Unternehmen gebunden. Beispielsweise kaufen Reiseveranstalter Anteile an Hotelbetrieben/-ketten in Zielgebieten, um so einen Einfluß auf die Leistungsgestaltung vor Ort haben zu können. Die Akquisitionsbestrebungen der großen Reiseveranstalter gehen aber ebenso in die Breite: insbesondere der Markteintritt in ausländische Quellmärkte ist schneller und sicherer zu realisieren, indem ein am jeweiligen Markt eingeführtes Unternehmen mit funktionierenden Vertriebswegen übernommen wird, statt die Marktstrukturen erst mühselig aufzubauen. Beispielsweise bezeichnet sich die TUI AG als integrierte Touristikgruppe, deren Unternehmen – die auf allen Stufen der touristischen Wertschöpfungskette tätig sind – in der Lage sind, die Qualitätsstandards der gesamten Urlaubsreise von A bis Z zu gestalten (vgl. PREUSSAG AG 2001: 2f.)

Im Bereich der Luftfahrtunternehmen ist es auf dem europäischen Markt im vergangenen Jahr zu einer deutlichen Wettbewerbsverschärfung durch preisaggressive neue Marktteilnehmer gekommen, die bestrebt sind, den etablierten Unternehmen Marktanteile abzunehmen. Beispiele hierfür sind die sogenannten Low-Budget-Airlines, wie *Ryanair*, *Easy Jet* oder *Germania*, die den großen Airlines durch Niedrigpreisangebote Marktanteile auf dem europäischen Markt streitig machen. Durch Niedrigpreistickets werden neben den preissensiblen Kunden der etablierten Fluggesellschaften auch neue Zielgruppen angesprochen, was die Verlagerung des Verkehrs vom Boden in die Luft zur Folge hat (vgl. STERZENBACH 1999: 294). Gleichzeitig muß hier aber auch festgestellt werden, daß es sich nur um teilweise vergleichbare Lei-

12 Die erste Lehrveranstaltung an einer deutschen Universität zum Themenbereich *Marketing für Dienstleistungen* wurde im Jahr 1974 an der Universität Augsburg angeboten. An der Harvard Business School wurde 1980 zum ersten Mal ein MBA-Kurs *Marketing of Services* angeboten (vgl. MEYER 1984: 197).

13 Als *industrielle* Tourismusunternehmen werden Wirtschaftsunternehmen gefaßt, die touristische Leistungen mit der Absicht der Gewinnerzielung anbieten. Zu dieser Kategorie können Reiseveranstalter und -mittler, Beherbergungsbetriebe und Transportunternehmen gezählt werden. In der Literatur wird der Begriff der Tourismusindustrie allerdings nicht einheitlich verwendet, bspw. sprechen DETTMER ET AL. von einer Reiseindustrie (1999: 14f.). Im Gegensatz dazu stehen die touristischen Destinationen, die den Reisenden den Raum für den Urlaub bzw. den Aufenthalt zur Verfügung stellen. Sie nehmen öffentliche Aufgaben wahr, die von ihrer Natur her nicht gewinnorientiert sind. KASPAR (1995: 16) verwendet eine ähnliche Unterscheidung: er differenziert zwischen Tourismusunternehmungen und -organisationen, wobei letztere als eine wesentliche Aufgabe koordinierende und z. T. politische Funktionen wahrnehmen. In diese Kategorie fallen auch die Destinationsmanagementorganisationen. Mit der unterschiedlichen Ausrichtung des Unternehmenszwecks sind auch unterschiedliche strategische Handlungsweisen verbunden.

stungsbündel handelt. Im Beispiel *Ryanair* werden die Tickets nur für eine direkte Verbindung zwischen zwei Flughäfen angeboten, eine Garantie für Anschlußverbindungen wird nicht gegeben. Es werden daher auch keine Umsteigeverbindungen angeboten, die in der Regel mit deutlich höherem organisatorischen Aufwand verbunden sind. Der Kunde muß sich im Bedarfsfall mit mehreren Direktflügen versorgen, hat aber dann keine Gewährleistung, einen versäumten Flug mit einer späteren Verbindung doch noch antreten zu können, da das Ticket in diesem Falle verfällt. Im Gegensatz dazu bieten die großen Fluggesellschaften, die sich in weltweiten Kooperationsnetzwerken befinden, einen deutlich umfangreicheren Service an (vgl. BIEGER 2002b). Der Preisabschlag der Low-Budget-Airlines wird häufig über eine deutliche Einschränkung des begleitenden Services finanziert (z. B. keine Sitzplatzreservierung, kein Gepäcktransfer, keine Umsteigeverbindungen, Getränke nur gegen Bezahlung ...), was aber von den Kunden akzeptiert wird, da es sich anscheinend um ein akzeptables Preis-Leistungsverhältnis handelt. Hinzu kommt, daß hochpreisige Flughäfen in der Regel nicht angeflogen werden, sondern es wird auf kleinere Regionalflughäfen in der Nähe von Ballungszentren ausgewichen[14]. Die Vertriebskosten werden niedrig gehalten, da die Tickets nahezu ausschließlich im Direktvertrieb erhältlich sind. Oftmals setzen die Low-Budget-Airlines nur einen Fluggerätetyp ein, was sich positiv auf die Schulungskosten der Piloten und die Wartungs- und Instandhaltungskosten auswirkt (vgl. STERZENBACH 1999: 294; POMPL 2002: 116ff.).

Bei der Abgrenzung des Dienstleistungsbegriffs wird häufig keine explizite Definition formuliert, sondern es wird versucht, mit Hilfe von Beispielen (enumerative Definition) oder Negativdefinitionen das Wesen der Dienstleistung zu bestimmen (vgl. CORSTEN 1985: 172f.). Ein weiterer Definitionsansatz basiert auf den konstitutiven Merkmalen von Dienstleistungen, mit deren Hilfe eine präzise Abgrenzung des Begriffs ermöglicht werden soll (vgl. MEFFERT/ BRUHN 2000: 22ff.). Da aber über die Zahl dieser konstitutiven Merkmale kein Konsens herrscht, finden sich auch bei den Vertretern dieses Definitionsansatzes unterschiedliche Formulierungen.[15] So können hier auf Basis der konstitutiven Merkmale drei unterschiedliche Ansätze herausgearbeitet werden (vgl. HENTSCHEL 1992: 19ff; CORSTEN 2001: 21ff.):

- Die potentialorientierten Dienstleistungsdefinitionen knüpfen an die Leistungsfähigkeit von Menschen zur Erfüllung von Diensten an (vgl. Meyer 1973: 40ff.). Aufgrund der Fähigkeiten des Anbieters wird mit Hilfe interner Faktoren des Dienstleistungsanbieters – z. B. menschliche oder maschinelle Leistungsfähigkeit – an externen Faktoren[16] – dem Nachfrager selbst beziehungsweise an einem von ihm bereit-

14 So fliegt *Ryanair* bspw. den Flughafen Frankfurt-Hahn im Hunsrück statt Frankfurt-Rhein-Main bzw. London-Stansted statt London-Heathrow an. Für die Fluggäste bedeutet dies in der Regel einen höheren Zeitaufwand, um in die Zentren der jeweiligen Städte bzw. zu den Flughäfen zu gelangen; darüber hinaus sind oftmals weitere Kosten für die notwendige Nutzung des ÖPNV zum Flugpreis hinzuzurechnen.

15 Ausführlich zu dieser Problematik: CORSTEN 1985 (Kapitel 2) und die dort zitierte Literatur.

16 Nach MALERI (1997: 148f.) kann der externe Faktor – das Verrichtungsobjekt des Dienstleistungserstellers – in drei grundsätzliche Ausprägungsformen unterschieden werden: Der Konsument...
- ...beteiligt sich aktiv an der Dienstleistungserstellung (bspw. tritt er eine Reise an).
- ... beteiligt sich passiv an der Leistungserstellung (er ist bspw. anwesend und läßt sich massieren).

gestellten Verfügungsobjekt – eine Leistung erbracht (vgl. Meyer 1984: 198). Demnach sind Dienstleistungen zunächst lediglich ein Leistungsversprechen des Anbieters aufgrund seiner individuellen Leistungsfähigkeit und bedürfen aufgrund ihrer Immaterialität der Mitwirkung des Kunden im Erstellungsprozeß.

- Bei den prozeßorientierten Dienstleistungsdefinitionen stehen der Zeitraumbezug und der Tätigkeitscharakter von Dienstleistungen im Zentrum der Betrachtung. Produktion und Konsum der immateriellen Dienstleistung vollziehen sich simultan. Dienstleistungen werden vor diesem Hintergrund als „der Bedarfsdeckung Dritter dienende Prozesse mit materiellen und/oder immateriellen Wirkungen, deren Vollzug und deren Inanspruchnahme einen synchronen Kontakt zwischen Leistungsgeber und Leistungsnehmer bzw. deren Objekten von der Bedarfsdeckung her erfordert" (Berekoven 1983: 23), definiert.
- Die ergebnisorientierten Dienstleistungsdefinitionen betonen den nicht-stofflichen Charakter des Ergebnisses einer dienstleistenden Tätigkeit. Es wird allerdings zugestanden, daß materielle Trägermedien (Verrichtungsobjekte des Kunden) eine Rolle spielen können.

Betrachtet man diese drei Ansätze zusammenfassend, wird deutlich, daß in jedem plausible Elemente für die Abgrenzung von Dienstleistungen enthalten sind. Daher ist es naheliegend, diese Ansätze nicht im Sinne von Alternativen zu diskutieren, sondern die Dienstleistungserstellung in einem Phasenmodell zu betrachten. Es wird deutlich, daß alle drei Ansätze inhaltlich zu einer phasenorientierten Dienstleistungsdefinition zusammengeschlossen werden können. Diese Phasen können in eine Vorkontakt-, eine Kontakt- und eine Nachkontaktphase, gleichbedeutend mit den drei Ansätzen Potential, Prozeß und Ergebnis, eingeteilt werden (vgl. HENTSCHEL 1992: 21).

Eine häufig verwendete Definition von MEFFERT und BRUHN hat diese drei Phasen berücksichtigt, auch wenn sie die Dienstleistung nicht explizit in diese drei Phasen unterteilt. Zum besseren Verständnis sind Beispiele in der Definition enthalten.

> „Dienstleistungen sind selbständige, marktfähige Leistungen, die mit der Bereitstellung (zum Beispiel Versicherungsleistung) und/oder dem Einsatz von Leistungsfähigkeiten (zum Beispiel Friseurleistung) verbunden sind (*Potentialorientierung*). Interne (zum Beispiel Geschäftsräume, Personal, Ausbildung) und externe Faktoren (also solche, die nicht im Einflußbereich des Dienstleisters liegen) werden im Rahmen des Erstellungsprozesses kombiniert (*Prozeßorientierung*). Die Faktorenkombination des Dienstleistungsanbieters wird mit dem Ziel eingesetzt, an den externen Faktoren, an Menschen (zum Beispiel Kunden) oder deren Objekten (zum Beispiel Auto des Kunden) nutzenstiftende Wirkungen (zum Beispiel Inspektion beim Auto) zu erzielen (*Ergebnisorientierung*)." (MEFFERT/BRUHN 2000: 30)

- ...bringt materielle oder immaterielle Güter von außen in den Leistungserstellungsprozeß ein (bspw. gibt er seinen Koffer am Check-In im Flughafen ab und nimmt ihn nach der Flugreise wieder in Empfang).

Diese Definition zeigt, daß in der betriebswirtschaftlichen Literatur der Dienstleistungsbegriff sehr umfassend und wenig konkret abgegrenzt wird. GRAUMANN hat in Anlehnung an seinen wissenschaftlichen Lehrer BEREKOVEN (1974: 29) den Dienstleistungsbegriff bereits einige Jahre vorher genauer abgegrenzt und dabei die auch heute in der Diskussion nach wie vor benannten konstitutiven Merkmale der *Nicht-Lagerfähigkeit* sowie die *Mitwirkungspflicht des Kunden* und damit die *Synchronität von Produktion und Absatz* (häufig auch als *uno-actu-Prinzip* bezeichnet – vgl. bspw. MEYER/BLÜMELHUBER 1994: 12; CORSTEN 2001: 27)[17] als wesentliche Merkmale berücksichtigt:

> „Dienstleistungen sind im marktlichen Sinne nicht-lagerfähige Güter [i. S. von Leistungen, die auf Vorrat produziert werden und zur Bedürfnisbefriedigung der Konsumenten geeignet sind; K. S.], deren Produktion die unmittelbare raum-zeitliche Integration eines externen Faktors in Form der Person des Leistungsnehmers oder seines Verfügungsobjektes in den Leistungsprozeß erfordert und die daher ausschließlich im Rahmen eines synchronen Kontaktes zwischen Leistungsgeber und Leistungsnehmer bzw. deren Verfügungsobjekt produziert werden können." (GRAUMANN 1983: 41)

Die vorstehenden Definitionen zeigen, daß die *Immaterialität* als ein wesentliches Merkmal der Dienstleistung anzusehen ist. Sie bringt zum Ausdruck, daß die angebotene bzw. nachgefragte Leistung als noch nicht realisierte menschliche Leistungsfähigkeit anzusehen ist. Die Immaterialität kann aber am Ende der Dienstleistungsproduktion zu einem tangiblen Ergebnis führen, wenn beispielsweise an einem Verrichtungsobjekt des Kunden eine erfolgreiche Reparatur durchgeführt wurde. Nach Auffassung von HILKE ist allerdings jedes Ergebnis einer Dienstleistungsproduktion immateriell, da im Ergebnis die Wirkung der Dienstleistung auf den Konsumenten betrachtet werden muß. So wird bspw. durch eine Autoreparatur die Funktionsfähigkeit wieder hergestellt, der Austausch von (materiellen) Teilen ist dabei lediglich Mittel zum Zweck (vgl. HILKE 1989b: 14).

Aus der Immaterialität folgt die Nicht-Lagerfähigkeit und die Nicht-Transportfähigkeit (vgl. BEREKOVEN 1983: 18). Diese beiden Merkmale werden oftmals in der Literatur als akzessorische Merkmale bezeichnet. Des weiteren ergibt sich aus diesen beiden Merkmalen die Gleichzeitigkeit von Konsum und Leistungserstellung im Sinne der Mitwirkungspflicht des Konsumenten.

Für einen Reiseveranstalter bedeutet dies, daß er so lange seine Leistungsbereitschaft und -fähigkeit kommunizieren muß, bis sein Kunde die gebuchte Reise tatsächlich angetreten hat. Erst dann kann er seine Leistung erstellen. Hier wird die Mitwirkungspflicht des Konsumenten in besonderem Maße deutlich, denn ohne seine aktive Mitwirkung kann die Reiseleistung nicht erbracht werden. Gleichzeitig wird der Einfluß des Kunden auf die Qualität der Dienstleistung zum Ausdruck gebracht. Je nach seiner momentanen Stimmungslage und dem Grad

17 Vgl. hierzu ausführlich ROSADA (1990: 16ff.), der einen umfangreichen Literaturüberblick über einzelne Ansätze gibt und deren Inhalte und Merkmale übersichtlich darstellt.

seiner Mitwirkung kann sich ein unterschiedliches Qualitätsempfinden entwickeln (vgl. BIEGER 2000a: 9).

Bei der Erstellung touristischer Leistungen überwiegt insgesamt die bilaterale personenbezogene Dienstleistung. Um den Urlaub durchführen zu können, ist es nach wie vor notwendig, daß der Konsument die Reise auch antritt. Natürlich gibt es Nebenleistungen, die an einem Objekt des Kunden verrichtet werden können (bspw. Gepäckvoraustransport o. ä.) oder die die Einbeziehung von Sachgesamtheiten des Anbieters erfordern (z. B. Bereitstellung des Beherbergungsbetriebes oder des Transportmediums). Das Erleben einer Reise und die damit verbundenen körperlichen Reaktionen (z. B. Erholung, Entspannung ...) können aber nicht über materielle Trägermedien vermittelt werden. Hier ist die Mitwirkung des Konsumenten unabdingbar.

Für die Vermarktung von Dienstleistungen ergeben sich aus den vorgestellten Merkmalen einige Konsequenzen, die für Konsumgüter (bisher) nicht galten. Die Anbieter von Dienstleistungen sehen sich damit konfrontiert, den Konsumenten eine Leistung anbieten zu müssen, die vor der Nutzung nicht betrachtet, nicht auf ihre Qualität und nicht auf die Eignung zur individuellen Bedürfnisbefriedigung hin untersucht werden kann. Es kann demnach lediglich ein Leistungsversprechen an den Kunden kommuniziert werden, wogegen der Konsumgüterhersteller oftmals auf objektive Tests und Vergleiche zur Dokumentation seiner Qualität zurückgreifen kann. Es wird deutlich, daß zur erfolgreichen Vermarktung von Dienstleistungen ein Vertrauensbonus bei den Konsumenten für einen Anbieter vorhanden sein muß, damit dessen Leistungen aus dem Gesamtangebot ausgewählt werden.

Aufgrund der unzureichenden Möglichkeiten des Konsumenten, die Qualität[18] von Dienstleistungen vor der Inanspruchnahme zu beurteilen, wird das *Unternehmensimage* zu einem wesentlichen unterstützenden Element im Kaufentscheidungsprozeß. Als kritischer Faktor stellt sich dabei – insbesondere bei personalintensiver Dienstleistungserstellung mit direktem Kundenkontakt – das Personal des Dienstleisters heraus. Als eine Konsequenz daraus hat CORSTEN formuliert, die Mitarbeiter von Dienstleistungsunternehmen, die im direkten Kontakt zum Konsumenten, also dem externen Faktor, stehen, verkäuferisch zu schulen (vgl. CORSTEN 2001: 369f.). Begründet wird diese Forderung damit, daß das Leistungserlebnis auf Kundenseite in hohem Maße mit der erfahrenen Leistung durch den Mitarbeiter des Dienstleistungsunternehmens zusammenhängt. Somit beeinflußt das Leistungsergebnis wesentlich die Imagebildung auf Seiten des externen Faktors. Diese personalintensive Dienstleistungsproduktion trifft in hohem Maße auf das Produkt touristischer Destinationen zu. In diesem speziellen Fall wird die Qualitätssicherung noch durch den Sachverhalt erschwert, daß es sich bei dem *Destinationsprodukt um ein zusammengesetztes Produkt* handelt, an dessen Gestaltung mehrere Produzenten beteiligt sind, die somit einen Einfluß auf die Leistungsqualität besitzen. Daraus folgt wiederum, daß die Definition und vor allem die Kontrolle von Qualitätskriterien erschwert wird.

---

18 Siehe zur Dienstleistungsqualität die Ausführungen in Kapitel 2.2.2 ab S. 29

Die Materialisierung der immateriellen Dienstleistung ist deshalb aus Marketingsicht erforderlich, damit die Konsumenten in der Lage sind, eine nutzenstiftende Vorstellung mit den jeweiligen Dienstleistungsangeboten aufzubauen. Ohne diese Vorstellung fehlt den Konsumenten in der konkreten Entscheidungssituation ein Differenzierungskriterium für den einen oder anderen Anbieter. Eine Form der Materialisierung von Dienstleistungen bzw. der mit den Dienstleistungen verbundenen Kernaussagen wird bspw. durch das Einschweißen von Besteck in Flugzeugen oder das Verwenden eines Papierbezugs für die Toilettenbrille in Hotels erreicht. Mit diesen Hilfsmitteln versuchen die jeweiligen Unternehmen, dem Konsumenten die Hygiene im Unternehmen zu demonstrieren (vgl. MEFFERT/BRUHN 2000: 52). Häufig werden zur Entscheidungsunterstützung Imageeffekte aufgebaut, die eine Bindung zu dem Dienstleistungsunternehmen erzeugen sollen. Ziel ist es, bei den Nachfragern ein positives Image gegenüber dem Dienstleistungsunternehmen aufzubauen (vgl. Kapitel 3.4 ab Seite 122).

Bei personenbezogenen Dienstleistungen, also auch bei der Mehrzahl der touristischen Dienstleistungen, wird das Ergebnis zwingend durch die Interaktion von Anbieter und Nachfrager bestimmt. Daraus folgt, daß personenbezogene Dienstleistungen ein individuelles Ergebnis mit sich bringen und einmalig sind. Dieser Sachverhalt hat wiederum Einfluß auf die Qualität der Dienstleistung, ebenso wie auf die Marktkommunikation, da beide Kriterien stark von der individuellen Wahrnehmung der Konsumenten geprägt sind (vgl. BIEGER 2000a: 172ff.). Der persönliche Kontakt während der Erstellung der Dienstleistung hat einen erheblichen Einfluß auf die Qualitätsbeurteilung durch den Konsumenten, ebenso wie die Informationen vor der Kaufentscheidung, da zu diesem Zeitpunkt bereits die Erwartungshaltung geprägt wird (vgl. KREILKAMP 1998b: 328).

**Zusammenfassend** ist festzuhalten, daß der Dienstleistungsanbieter grundsätzlich zwei Basisoptionen bei der Ausgestaltung seiner Kommunikationspolitik besitzt. CORSTEN spricht auch davon, daß dieser mit Surrogaten arbeitet, um die Immaterialität seiner Leistungen im Wettbewerb darzustellen (vgl. CORSTEN 2001: 368f.):

- Zum einen wird der *externe Faktor* als Medium zur Informationsvermittlung herangezogen. Wenn die Dienstleistung eine Veränderung bei dem Konsumenten oder dessen Verrichtungsobjekt bedingt, bietet sich beispielsweise eine Vorher-Nachher-Darstellung an, um den Erfolg des Dienstleisters zu demonstrieren. Eine häufige Verwendung in der Kommunikationspolitik finden Referenzen zufriedener Kunden. Seltener, da diese in der Regel teuer zu bezahlen sind, werden Empfehlungen von Prominenten verwendet. Oder es werden Prominente als Transportmedium für die Dienstleistungsidee verwendet (bspw. Rudi Völler für *Neckermann* oder Boris Becker für *AOL*).

  Eine weitere Option besteht in der Visualisierung des Dienstleistungsprozesses, d. h. dem Kunden wird verdeutlicht, welche Leistungen er in welcher Umsetzung erwarten kann.

- Des weiteren können die *unternehmensinternen Faktoren* kommuniziert werden. Hierbei geht es in erster Linie darum, Vertrauen bei den Konsumenten aufzubauen, wie zum Beispiel durch das Hervorheben errungener Preise, Auszeichnungen oder Zertifizierungen (ISO 9002, Dehoga-Sterne zur Hotelklassifizierung).
  Auch können materielle Faktoren des Dienstleistungsunternehmens, wie z. B. Gebäude, Fluggeräte, Ausstattungselemente oder die eigenen Mitarbeiter, dargestellt werden. Gleichzeitig kann so eine emotionale Bindung zu den Mitarbeitern aufgebaut werden.
  Bei einigen Dienstleistungen ist es darüber hinaus möglich, Kurzproben in die Kommunikationspolitik einzubauen (z. B. Trailer von neuen Kinofilmen).

Der Einsatz dieser Möglichkeiten führt in der Kommunikation der Dienstleistung in der Regel dazu, daß die Konsumenten eine Vorstellung von der Leistungsfähigkeit des Dienstleistungsanbieters bekommen und für sich die Entscheidung treffen können, ob die versprochene Leistung ihren spezifischen Bedürfnissen entspricht. Indem vergleichbare Merkmale der Unternehmen kommuniziert werden, wird eine Differenzierung der Dienstleistungsanbieter untereinander bzw. wird der Aufbau von Konkurrenzvorteilen ermöglicht.

Die Merkmale *Immaterialität* und das *uno-actu-Prinzip* sind vor dem Hintergrund der Dienstleistungsproduktion touristischer Destinationen als wesentliche Leistungsmerkmale anzusehen, da sich das Urlaubserlebnis aus einer Vielzahl einzelner Interaktionen mit Anbietern touristischer Dienstleistungen (z. B. Transport, Beherbergung, Gastronomie, Ausflüge, Ausleihen von Sportgeräten, Ski- oder Surfunterricht…) in der Destination zusammensetzt. Es kommt zu einer Vielzahl an Kontakten zwischen einem Gast und mehreren Dienstleistern. Dabei wird die Summe der Erlebnisse für den Gast bestimmend für seine Zufriedenheit mit der Gesamtleistung sein. Jeder einzelne Dienstleister in einer Destination kann demnach mit einem nicht den Erwartungen des Gastes entsprechenden Verhalten für einen negativen Gesamteindruck verantwortlich sein. Diesen Gesamteindruck wird der Gast im Gespräch mit Freunden und Bekannten als Information über die Destination weitergeben.

### 2.2.2 Dienstleistungsqualität

Qualität, Qualitätskontrolle und -sicherung sind in der Produktionswirtschaft intensiv diskutierte Bereiche, die relativ leicht visualisiert, aber nur schwer abgegrenzt und definiert werden können (vgl. GARVIN 1984a: 25). Die Dienstleistungsqualität wird als Wettbewerbsfaktor bezeichnet, der unmittelbar mit der Effektivität korrespondiert. In vielen Produktkategorien haben sich Standardqualitäten entwickelt, die zu einer Basisleistung im Wettbewerb geworden sind. Das bedeutet, daß sie von allen Anbietern erfüllt werden müssen, da sie der Konsument als selbstverständlich ansieht. Erst eine über den Standard hinausgehende Leistungsqualität kann zu einer Positionierung im Wettbewerb genutzt werden. Oftmals ist der Konsument bereit, für eine kommunizierte höhere Qualität einen Preisaufschlag zu bezahlen (vgl. BOGASCHEWSKY/ROLLBERG 1998: 9). Die durch den Konsumenten wahrgenommene Qualität wird als eine wesentliche Voraussetzung für eine Kundenbindung bezeichnet; vor dem Hintergrund der spezifischen Merkmale von Dienstleistungen kann sie somit als wesentliche Voraussetzung für deren Erfolg angesehen werden (vgl. BIEGER 2000a: 100).

Das Deutsche Institut für Normung e. V. hat Qualität als „die Gesamtheit von Eigenschaften und Merkmalen eines Produkts oder einer Tätigkeit, die sich auf deren Eignung zur Erfüllung gegebener Erfordernisse bezieht", definiert (vgl. OTT: 2002). Diese Abgrenzung kann sowohl auf Dienstleistungen als auch auf Produkte bezogen werden; es lassen sich aus ihr zwei zentrale Ansätze ableiten (vgl. MEFFERT/BRUHN 2000: 211). Dabei handelt es sich einerseits um einen objektiven, andererseits um einen subjektiven Qualitätsbegriff. Der erste Ansatz wird auch als produktbezogener Qualitätsbegriff bezeichnet, da sich die Qualität als die Gesamtheit der Eigenschaften und Merkmale von Produkten und Dienstleistungen ausdrückt. Im zweiten Ansatz wird die Qualität durch die Wahrnehmung der Produkt- bzw. Dienstleistungseigenschaften bestimmt (vgl. BRUHN 1991: 23f.).

Nach GARVIN (1984a: 25ff.) können insgesamt fünf Qualitätsbegriffe unterschieden werden: Zunächst kann ein *philosophischer Qualitätsbegriff* angeführt werden, nach dem die Qualität gleichbedeutend mit absolutem Wert der Leistung verstanden wird (hierzu auch TUCHMAN 1980; BOGASCHEWSKY/ROLLBERG 1998: 145). Nach der *fertigungsorientierten Abgrenzung* ist die Qualität zunächst die Erfüllung produktionsorientierter Anforderungen, wobei die Fehlerfreiheit des Outputs angestrebt wird. Beide Ansätze sind aufgrund der spezifischen Merkmale von Dienstleistungen ungeeignet für die Bestimmung der Leistungsqualität touristischer Destinationen bzw. von Dienstleistungen allgemein. Der *produktorientierte Qualitätsbegriff* basiert auf der Erfüllung spezifischer Eigenschaften, die mit dem Produkt oder einer Dienstleistung verbunden sind. Als Erweiterung dieses Ansatzes kann der *wertorientierte Qualitätsbegriff* interpretiert werden, demzufolge ein günstiges Preis-/Leistungs-Verhältnis die Qualität bestimmt. Bezogen auf Dienstleistungen wird hier bereits der subjektive und individuelle Einfluß des Konsumenten bei der Qualitätsbeurteilung deutlich. Sie ist der bestimmende Faktor des *anwenderorientierten Qualitätsbegriffs*, bei dem die Eignung der Leistung für einen vorgesehenen Zweck die Qualität bestimmt. Dieser Ansatz wird für die Qualitätsbestimmung im Kontext der Dienstleistungsproduktion herangezogen.

Allgemein ausgedrückt ist Qualität die bewertete Beschaffenheit einer Leistung. Die Dienstleistungsqualität läßt sich demnach als die bewertete Beschaffenheit überwiegend intangibler und des direkten Kundenkontaktes bedürfender Leistungen abgrenzen (vgl. HENTSCHEL 1992: 35). MEFFERT und BRUHN beziehen in ihrer Definition der Dienstleistungsqualität explizit die Fähigkeiten des Anbieters ein, seine Leistungserstellung an den Kundenerwartungen auszurichten. Demnach drückt sich die Qualität von Dienstleistungen in den Fähigkeiten des Anbieters aus, die Beschaffenheit einer intangiblen und der Kundenbeteiligung bedürfender Leistung aufgrund der erkannten Kundenerwartungen auf einem bestimmten Anforderungsniveau zu erstellen (vgl. MEFFERT/BRUHN 2000: 212).

Die Qualität einer Leistung wird daher vom Konsumenten um so höher eingeschätzt, je genauer die erlebte bzw. wahrgenommene Leistung seinen Erwartungen entspricht oder diese übertrifft (vgl. ZEITHAML/PARASURAMAN/BERRY 1990: 18). Da einerseits die persönliche Leistungsfähigkeit des Dienstleistungserstellers in der Interaktion mit dem Konsumenten, andererseits aber auch die Wahrnehmung der kundenseitigen Qualitätsansprüche wesentlich das Ergebnis des Dienstleistungsprozesses bestimmen, kann an allen Kundenkontaktpunkten die Gesamtqualität beeinflußt werden. Diese kritischen Punkte der persönlichen Interaktion zwischen Konsument und Produzent bei der Dienstleistungserstellung werden daher auch als *Momente der Wahrheit* bezeichnet, da jeder Kontakt die Beziehung zum Unternehmen beeinflußt (vgl. LEHMANN 1995: 57f.). Da es während der Dienstleistungserstellung zu mehreren Kontakten zwischen Produzent und Konsument kommt, spricht LEHMANN auch von einem *Prozeß der Wahrheit*, der sich aus der Summe der einzelnen Interaktionspunkte (*Momente der Wahrheit*) zwischen Anbieter und Konsument ergibt. Für den Konsumenten erschließt sich das Qualitätsbild über die Bewertung der einzelnen Momente der Wahrheit.

Im Destinationskontext erweist es sich als komplexe Aufgabe, die *Momente der Wahrheit* zu definieren und darauf aufbauend Qualitätskriterien und Verhaltensregeln für die Mitarbeiter zu definieren. Bei der Definition der Verhaltensregeln und deren Umsetzung kann es zu Diskrepanzen zwischen der Intention des Managements und der Auffassung der Mitarbeiter kommen. In einem Modell zur Servicequalität haben ZEITHAML, PARASURAMAN und BERRY diese Diskrepanzen dargestellt und als Lücken im Prozeß der Dienstleistungserstellung bezeichnet (*Gap* 1 bis *Gap* 5 [Gap (engl.) = Lücke] – vgl. Abbildung 5). Die Qualität drückt sich durch die Übereinstimmung von erwarteter und erlebter Dienstleistung aus (in Abbildung 5 als Service bezeichnet; *Gap* 5). Je geringer die Diskrepanz zwischen der erwarteten und der erlebten Leistung ausfällt, desto eher wird der Konsument von guter Qualität sprechen. Gleichzeitig werden die Erfahrungen durch den Dienstleistungskonsum in den Erfahrungsspeicher des Konsumenten übertragen und sind in späteren Konsumsituationen abrufbar.

Die Quellen für eine mangelnde Qualität können dabei unterschiedliche Ursachen haben. Das Management kann bspw. die Kundenerwartungen fehlerhaft oder unvollständig aufnehmen (*Gap 1*), was durch Aufwärtskommunikation der Mitarbeiter, die in direktem Kontakt zu den Kunden stehen, oder die Berücksichtigung von Marktforschungsdaten reduziert werden kann. Weiterhin können die wahrgenommenen Kundenerwartungen unvollständig oder nicht differenziert genug in Qualitätsnormen umgesetzt werden, d. h., den Mitarbeitern wird nicht genau mitgeteilt, welche Ansprüche die Konsumenten an die Leistungserstellung haben (*Gap 2*). Allerdings kann diese Lücke auch bewußt in Kauf genommen werden, bspw. um Geld zu sparen. So wird auf die Transferleistung vom Flughafen zum Hotel verzichtet, obwohl diese vom Kunden erwartet wird. Um *Gap 2* möglichst gering ausfallen zu lassen, ist es grundsätzlich wichtig, daß sich das Management zu den Qualitätsprinzipien bekennt und den Mitarbeitern vorlebt. Hilfreich kann ebenfalls eine Standardisierung der Aufgaben und Abläufe sein. *Gap 3* entsteht, wenn die Mitarbeiter nicht in der Lage sind, die Qualitätsnormen bei der Leistungserstellung umzusetzen. Dies kann sowohl in mangelnder Fähigkeit der Mitarbeiter begründet liegen als auch in einer unzureichenden technischen Ausstattung des Arbeitsplatzes. Bspw. sollte ein Reisebüromitarbeiter, der Reisen in das Reservierungssystem einbuchen soll, mit der Technik und den unterschiedlichen Tarifen vertraut sein. Mit *Gap 4* wird die mangelnde Übereinstimmung der externen Kommunikation durch Marketing mit der tatsächlichen Zusammensetzung des Leistungspaketes ausgedrückt, was bei den Konsumenten eine falsche Erwartungshaltung begründen kann. Diese Lücke kann auch entstehen, wenn den Mitarbeitern im Kundenkontakt das Leistungsversprechen nicht in ausreichender Form mitgeteilt wurde und diese daher nicht den genauen Umfang des Leistungsversprechens kennen. Die genannten Probleme beeinflussen insgesamt die Qualitätswahrnehmung des Konsumenten. Sie sind mit dafür verantwortlich, wenn die Kundenerwartungen nicht erfüllt werden (vgl. ZEITHAML/PARASURAMAN/BERRY 1990: 15ff.).

**Abbildung 5: Das *GAP*-Modell der Dienstleistungsqualität**

(Quelle: vgl. ZEITHAML/PARASURAMAN/BERRY 1990: 46, mit eigenen Ergänzungen)

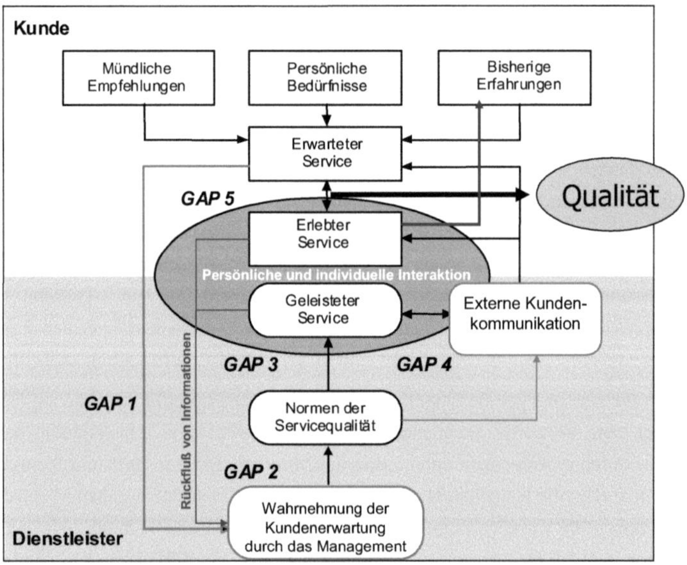


Die bisherigen Erfahrungen des Konsumenten werden von ZEITHAML, PARASURAMAN und BERRY als einer von vier Schlüsselfaktoren für die Bildung von Kundenerwartungen an den Dienstleistungsersteller definiert. Als weitere Schlüsselfaktoren konnten die persönlichen Bedürfnisse, basierend auf den aktuellen individuellen Lebensumständen, die mündlichen Empfehlungen von Freunden und Bekannten sowie die Kommunikation nach außen durch den Anbieter identifiziert werden (vgl. ZEITHAML/PARASURAMAN/BERRY 1990: 18ff.). Da das letztgenannte Kriterium als einziges vom Anbieter direkt beeinflußt werden kann und gleichzeitig auch die einzige, ohne großen Suchaufwand seitens des Konsumenten verfügbare Informationsquelle über das Leistungsangebot ist, kommt der Außenkommunikation des Dienstleistungsanbieters eine besondere Bedeutung im Prozeß der Dienstleistungsproduktion zu. Sie beeinflußt einerseits die Erwartungen, die die Kunden mit dem Konsum der Dienstleistung verbinden. Andererseits wird die Beurteilung der tatsächlichen Qualität beeinflußt, da der Konsument die wahrgenommene mit der versprochenen Leistung vergleicht, auch wenn er nicht die Gesamtheit der versprochenen Leistungen selbst in Anspruch nimmt (vgl. ZEITHAML/PARASURAMAN/BERRY 1990: 45 und 115f.). Stellt er die Nicht-Erfüllung von kommunizierten Leistungsbestandteilen fest, auch wenn er persönlich nicht betroffen ist, wird sich der Eindruck von der Leistungsfähigkeit des Anbieters bzw. seiner Dienstleistungsqualität verschlechtern. Das Urteil über die Dienstleistungsqualität eines Reiseveranstalters wird schlechter ausfallen, wenn dem Reisenden auffällt, daß versprochene Leistungen nicht oder nur teilweise angeboten werden, auch wenn er sie selbst nicht nutzt (beispielsweise wird eine vom Reiseveranstalter kommunizierte ganztägige Kinderbetreuung nur vormittags angeboten, der Gast hat selbst aber keine Kinder).

Insgesamt verdeutlicht das Modell, daß die Kommunikation zwischen Anbieter und Konsument eine wesentliche Rolle im Rahmen der Qualitätsbeurteilung spielt. Grundsätzlich kann davon ausgegangen werden, daß, je besser die Kommunikation zwischen Anbieter und Nachfrager funktioniert, desto besser die Bedürfnisse und Erwartungen der Konsumenten erkannt werden können. Erst wenn der Anbieter in der Lage ist, die Erwartungen der Nachfrage detailliert aufzunehmen und auf das Leistungspotential seines Unternehmen zu übertragen, kann er Qualitätsmaßstäbe definieren und die Ausgestaltung des Leistungsumfanges konkretisieren. Ist der Rahmen der Dienstleistungsproduktion bestimmt, kann dem Konsumenten ein Leistungsversprechen kommuniziert werden. Dieses kann er dann mit seinen persönlichen Erwartungen, Erfahrungen und den Empfehlungen, die in der Regel wiederum auf Erfahrungen beruhen, vergleichen und prüfen, ob das jeweilige Angebot für ihn eine attraktive Kaufoption darstellt.

Neben dem dargestellten Lückenmodell (vgl. Abbildung 5) gibt es weitere Ansätze zur Qualitätssteuerung bei Dienstleistungen, die in Anlehnung an die Organisationstheorie in technokratische, struktur- und kulturorientierte Steuerungsansätze unterschieden werden können (vgl. z. B. MEFFERT 1990: 386; KIESER/KUBICEK 1992: 95ff.). Sie haben zunehmend an Bedeutung für die Steuerung der Dienstleistungsqualität gewonnen. Für die Steuerung der Angebotsqualität touristischer Destinationen erscheinen aber aufgrund der Komplexität der Leistungen und der Zahl der an der Leistungserstellung Beteiligten, lediglich die letzten beiden Ansätze umsetzbar. Die mit der strukturorientierten Qualitätssteuerung verbundenen Qualitätszirkel lassen sich auch im Rahmen der Leistungserstellung innerhalb touristischer Destinationen umsetzen. Durch den direkten Kontakt zwischen Dienstleister und Urlauber können kritische Punkte erkannt werden (vgl. BENKENSTEIN 1998: 449f.). Diese können dann im Rahmen des gedanklichen Austausches an die anderen Akteure weitergegeben werden. Gleichzeitig können Probleme diskutiert und Lösungsansätze erarbeitet werden. Kulturorientierte Steuerungsansätze integrieren den Qualitätsgedanken in die Unternehmenskultur, so daß aufgrund der Wertvorstellungen im Unternehmen eine qualitätsorientierte Handlungsweise der Mitarbeiter im internen und auch im externen Kundenkontakt im Unternehmensleitbild manifestiert wird. Bei diesem Ansatz spielt das interne Marketing eine wichtige Rolle, da es die Kommunikation zwischen den einzelnen Akteure beeinflußt. Vor diesem Hintergrund erscheint es nachvollziehbar, daß gerade für komplexe Dienstleistungsprodukte und im Dienstleistungsverbund, wie beispielsweise innerhalb touristischer Destinationen, dieser Ansatz einen hohen Stellenwert einnimmt (vgl. BENKENSTEIN 1996: 780). Im Führungsverhalten bzw. im organisationalen Kontext sehen ZEITHAML, PARASURAMAN UND BERRY einen Nährboden für Probleme in der Dienstleistungsqualität, da Führungsverantwortliche aus unterschiedlichen Gründen diesen Bereich oftmals vernachlässigen (vgl. ZEITHAML/PARASURAMAN/BERRY 1990: 136).

Der Qualitätsbegriff ist grundsätzlich als neutral anzusehen, d. h. es gibt gute und schlechte Qualität. Sie wird als kontinuierliche Größe verstanden, die nicht einfach nur vorhanden oder nicht vorhanden ist. Qualität kann nicht als etwas Absolutes verstanden werden, sondern wird erst in der Beschaffenheit einer Leistung auf einen außerhalb des Betrachtungsobjektes liegenden Maßstab bezogen. Sie wird mit einzelnen Leistungsattributen (z. B. Zuverlässigkeit, Fehlerfreiheit ...) verknüpft, wobei die Beschaffenheit der Leistung insgesamt als die Gesamtheit aller Merkmale interpretiert wird (vgl. HENTSCHEL 1992: 36). Der Kundennutzen entsteht aus der Gesamtleistung des Unternehmens. Dabei ist nicht nur die technische Beschaffenheit des Produktes von Bedeutung, sondern bspw. ebenfalls das Image des Unternehmens, die Verfügbarkeit der Leistungen, die Beratungsqualität oder allgemeiner ausgedrückt die Kompetenz der Mitarbeiter (vgl. FRANKE/KÖTZLE 1995: 16). Die Dienstleistungsqualität wird nicht nur nach dem Ergebnis der Dienstleistungsproduktion bewertet, sondern auch zu einem erheblichen Anteil nach der Art der Dienstleistungserstellung, d. h., wie die Leistung erbracht wurde, wie freundlich und engagiert der Dienstleister während der Interaktion mit dem Kunden auftrat (vgl. ZEITHAML/PARASURAMAN/BERRY 1990: 16). Damit wird bereits ein wichtiger Aspekt in der Diskussion bzgl. der Leistungsqualität touristischer Destinationen zum Ausdruck gebracht: Für einen Urlaub nimmt der Gast die zusammengesetzte Leistung der Destination in Anspruch und begründet seine individuelle Qualitätsbeurteilung mit dem Gesamteindruck, den er aus der Verknüpfung der Einzelleistungen gewonnen hat. Da bei nahezu jeder touristischen Leistungserstellung die Interaktion zwischen Anbieter und Nachfrager erfolgt, wird der wesensbestimmende Einfluß des Produktionsfaktors Personal für die Dienstleistungsqualität noch einmal unterstrichen (vgl. SEIBT 1995: 551). Neben der Erstellungsqualität (*Wurde die versprochene Leistung auch in dem erwarteten Umfang erstellt?*) besitzt die Erfüllung der Rollenfunktion des Mitarbeiters einen hohen Stellenwert bei dem Qualitätsempfinden durch den Nachfrager (vgl. GRÖNROOS 1984: 38). So erwartet der Gast eines Sterne-Restaurants ein anderes Verhalten des Servicepersonals als in einer gutbürgerlichen Gastwirtschaft. Insbesondere bei Dienstleistungen, deren Güte der Konsument auch nach dem Erhalt nicht beurteilen kann, werden diese persönlichen Kontakte eine wesentliche Rolle bei der Beurteilung des Dienstleistungsanbieters spielen (vgl. KOTLER/BLIEMEL 2001: 782f.). NERDINGER spricht in diesem Zusammenhang auch von der Fähigkeit der Dienstleistungsmitarbeiter zum dramaturgischen Handeln[19], die den Anbieter dazu befähigt, sich auf die Bedürfnisse des Nachfragers einzustellen und auf ihn einzugehen. Je besser ihm das gelingt, desto mehr haben die Nachfrager den Eindruck einer guten Dienstleistung. Der Eindruck, den der Nachfrager von einem Dienstleister erhält, spielt eine größere Rolle, je weniger objektive Kriterien zur Beurteilung der Dienstleistungsqualität vorliegen. Durch eine professionelle Darstellung, basierend auf den umfangreichen Erfahrungen des Dienstleistungserstellers, kann dem Nachfrager eine Kompetenz vorgespielt werden, die aus Sicht des Nachfragers einen wesentlichen Teil der Leistungserfüllung darstellen kann (vgl. NERDINGER: 1994: 134ff.).

Ebenso wie die Interaktion zwischen Nachfrager und Mitarbeiter des Dienstleistungsunternehmens situations- und stimmungsbedingt unterschiedlich ist und daher sehr individuell bewertet wird, werden auch die Kriterien, die zur Bewertung der Dienstleistungsqualität herangezogen werden, in Anzahl, Reihenfolge und Gewichtung völlig verschieden ausfallen. In ihrer Untersuchung zur Dienstleistungsqualität haben ZEITHAML, PARASURAMAN und BERRY insgesamt zehn Kriterien oder Dimensionen herausgearbeitet, die von Konsumenten zur Bewertung von Dienstleistungen herangezogen werden. Diese Dimensionen beruhen auf allgemeingültigen Kriterien und beeinflussen die Beurteilung der erlebten Dienstleistungsproduktion anhand der im Vorfeld aufgebauten Erwartungshaltung (ZEITHAML/PARASURAMAN/BERRY 1990: 21f.):

- „*Tangibles*: Appearence of physical facilities, equipment, personnel and communication materials.
- *Reliability*: Ability to perform the promised service dependably and accurately.
- *Responsiveness*: Willingness to help customers and provide prompt service.
- *Competence*: Possession of the required skills and knowledge to perform the service.
- *Courtesy*: Politeness, respect, consideration and friendliness of contact personnel.
- *Credibility*: Trustworthiness, believability, honesty of the service provider.
- *Security*: Freedom from danger, risk or doubt.
- *Access*: Approachability and ease of contact.
- *Communication*: Keeping customers informed in language they can understand and listen to them.
- *Understanding the customer*: Making the effort to know customers and their needs."

19 Als wichtigster Vertreter der Theorie des dramaturgischen Handelns gilt GOFFMAN (1959/1969).

Zu beachten ist, daß diese Kriterien nicht unabhängig voneinander zu verstehen sind, denn sie bedingen sich teilweise gegenseitig. Auch erfahren sie im individuellen Konsumsystem eine unterschiedliche Gewichtung.

Bei der Anwendung des Konkurrenzkriteriums sollen grundsätzlich nur vergleichbare Leistungsbestandteile als Basis einer objektiven Qualitätsbetrachtung gegenübergestellt werden. Allerdings ist die Informationsbeschaffung aufwendig und schwierig, da Dienstleistungen nur über einen geringen Anteil objektiv vergleichbarer Merkmale verfügen. Dieser Sachverhalt trägt dazu bei, daß der Dienstleistungsnachfrager in weitaus stärkerem Maße als der Sachleistungsnachfrager versucht, vereinfachte Beurteilungsprogramme anzuwenden. Er greift verhältnismäßig oft auf einen eigenen Erfahrungsschatz mit ähnlichen Leistungen oder auf fremde Qualitätsurteile von Bekannten oder Meinungsführern zurück (vgl. HENTSCHEL 1992: 72f.).

Bei dem dritten Kriterium, dem Preis, wird davon ausgegangen, daß das günstigste Preis-/ Leistungs-Verhältnis den Ausschlag bei der Qualitätsanalyse gibt. Allerdings fehlt dem Konsumenten oftmals eine ausreichende Informationsbasis für eine fundierte Bewertung, so daß es sich bei diesem Kriterium selten um eine objektive Entscheidung handelt.

**Zusammenfassend** kann festgehalten werden, daß das Qualitätserleben der Dienstleistungsnachfrager typischerweise durch eine Informationslücke gekennzeichnet ist. Bedingt durch das wahrgenommene Kaufrisiko ist der Bedarf an Qualitätsinformationen relativ hoch. Der Bedarf kann aber nicht in einem ausreichenden Maße durch Sachinformationen gedeckt werden, da er auf ein vergleichsweise geringes Angebot trifft. Dieses geringe Angebot folgt aus der Informationsarmut, die in der Natur der Dienstleistungen begründet liegt (vgl. HENTSCHEL 1992: 65).

In Abbildung 6 ist die Entstehung von Qualitätsurteilen und der dabei unterstützenden Teilentscheidungen noch einmal zusammengefaßt. Es wird deutlich, daß der Konsument zunächst auf vorhandene entscheidungsunterstützende Informationen zurückgreift, danach auf Qualitätsurteile von anderen Personen, deren Urteil er vertraut. Allerdings reicht auch eine intensive Mund-zu-Mund-Kommunikation oftmals nicht aus, um das Informationsdefizit völlig abzubauen (vgl. HENTSCHEL 1992: 319). Daher ist es häufig noch notwendig, Schlüsselinformationen gezielt zu suchen und zu analysieren und so zu einem gefestigten Qualitätsurteil zu gelangen. Bei diesem Schritt ist zum Teil die Bestimmung neuer, d. h. auf den individuellen Bedürfnissen des jeweiligen Konsumenten beruhender Bewertungskriterien notwendig, denn die mit dem Dienstleistungskonsum verbundenen Erwartungen können sehr unterschiedlich sein. Sind die Informationen für einen Pfad der Qualitätsbeurteilung nicht ausreichend, wird der Konsument die Suche nach weiteren entscheidungsunterstützenden Informationen ausdehnen. Darüber hinaus verdeutlicht die Darstellung in Abbildung 6 noch einmal sehr gut, daß die Entstehung der Qualitätskriterien und somit letztendlich auch das Qualitätsurteil selbst das Ergebnis subjektiver Überlegungen sind.

**Abbildung 6: Entstehung von Qualitätsurteilen bei Konsumenten**
(Quelle: in Anlehnung an HENTSCHEL 1992: 72)

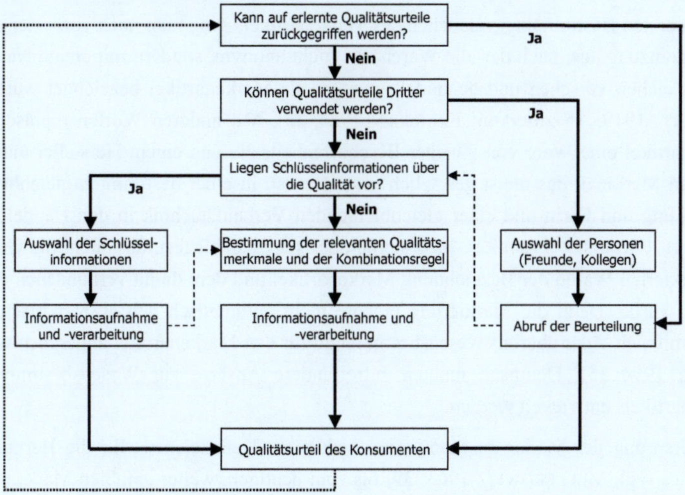


## 2.3 Abgrenzung des Begriffs *Marke*

Die Inhalte und Definitionsansätze, die mit dem Begriff *Marke* verbunden werden, sind vielschichtig und haben im Laufe der Zeit immer wieder eine Erweiterung erfahren. Schon bei der Verwendung des Begriffs Marke als Zeichen gibt es unterschiedliche Positionen, ob dieser mit *Markenartikel*, *Markenware* oder *markierter Ware* synonym verwendet werden darf (vgl. z. B. MEFFERT 1979: 14). Nimmt man die umfangreichen Attribute zu Hilfe, die im Verlauf der wissenschaftlichen Diskussion zur Merkmalsbestimmung von Marken entwickelt wurden, lassen sich bei einer vergleichenden Betrachtung nur kleine Unterschiede im Kern dieser Ansätze erkennen. Für den Konsumenten sind diese Unterschiede oft nicht erkennbar, daher wird die synonyme Verwendung auch zunehmend in der wissenschaftlichen Diskussion berücksichtigt (vgl. BEREKOVEN 1978: 45; VON MATT 1988: 6; BRUHN 1994: 7ff.; KEMPER 2000: 6). Für eine detaillierte Betrachtung wird auf die einschlägige Literatur verwiesen.[20]

Die Differenzierung zwischen Markenartikel und Nicht-Markenartikel kann beispielsweise an der Erfüllung von bestimmten Kriterien festgemacht werden. Neben diesem Ansatz, der auch als objekt- oder merkmalsbezogener Ansatz bezeichnet wird, werden in der Literatur der anbieterorientierte (der Markenartikel als *Absatzsystem*), der nachfragebezogene oder wirkungs-

20 Vgl. hierzu beispielsweise THURMANN 1961, MELLEROWICZ 1955/1963, MATTHES 1967, HÖHL 1982, MEFFERT/BRUHN 1984, HUBER 1988, SANDER 1994.

orientierte Ansatz (wirkungsbezogene Markenführung) sowie ein integrierter Ansatz diskutiert (vgl. MEFFERT/BURMANN 1996: 3ff.; KEMPER 2000: 3ff.).

Bei den ersten Bestimmungsversuchen des Markenartikels ging man noch von einer sehr weiten Abgrenzung aus, nach der alle Waren, die nicht anonym, sondern mit einem Namen oder einem Zeichen versehen und gehandelt wurden, als Markenartikel bezeichnet wurden (vgl. SEYFFERT: 1919: 15 zitiert in: FINDEISEN 1924: 32). Mit anderen Worten repräsentiert ein Markenartikel eine Ware von gleicher Beschaffenheit, die von einem Hersteller unter einem gewissen Merkmal, das meist gesetzlich geschützt ist, in einer bestimmten gleichbleibenden Verpackung und Form und einer gleichbleibenden Verkaufstechnik in den Handel gebracht wird (vgl. FINDEISEN 1924: 32). Man stellte aber sehr schnell fest, daß nicht die Gesamtheit der markierten Waren der Bezeichnung Markenartikel und dem damit verbundenen Anspruch gerecht wurde. Denn die Markierung brachte nicht automatisch den absatzwirtschaftlichen Erfolg mit sich – der aber als wesensbestimmend für den Markenartikel angesehen wird (vgl. SANDER 1994: 35). Demnach mußten zutreffendere Ansätze zur Wesensbestimmung des Markenartikels entwickelt werden.

Vom Ursprung der Marke im Sinne eines sichtbaren Kennzeichens für die Herkunft eines Produktes (vgl. MELLEROWICZ 1963: 39) bis zum heutigen, weiter gefaßten Markenverständnis ist sowohl im Verhalten der Konsumenten gegenüber Markenartikeln – oder allgemeiner gegenüber Marken an sich – als auch in der wissenschaftlichen Diskussion zu dieser Thematik eine merkliche Weiterentwicklung und differenziertere Wahrnehmung erfolgt. Die Markierung wird lediglich als notwendiges, nicht jedoch als hinreichendes Merkmal eines Markenartikels angesehen. Damit wird der *merkmalsbezogene* Ansatz – bei dem in erster Linie die objektbezogenen Kriterien und die absatzpolitischen Aktivitäten des Markeninhabers erfüllt sein müssen, um von einem Markenartikel sprechen zu können (vgl. SANDER 1994: 37) – durch einen *wirkungsbezogenen* Ansatz ergänzt.

Ersterer macht den *echten* Markenartikel an verschiedenen konstitutiven Kriterien fest (vgl. MELLEROWICZ 1963: 4ff.): Das wesentliche Merkmal ist die besondere Kennzeichnung, ohne die es keinen Markenartikel geben kann. Es muß sich um Fertigwaren von gleichbleibender Güte handeln. Die langfristig gesicherte Qualität gibt dem Markenartikel die Anerkennung im Markt. HAEDRICH und BERGER erweitern den Qualitätsaspekt um eine kontinuierliche Komponente, d. h. neben der gleichbleibenden Qualität wird eine kontinuierliche Anpassung an den aktuellen Stand der Technik gefordert (vgl. HAEDRICH/BERGER 1982: 15f.). Erst wenn sich die markierte Ware im Markt durchgesetzt hat, wenn die relevante Zielgruppe eine Präferenz gegenüber der Marke aufgebaut hat, kann man von einem Markenartikel sprechen. Ein weiteres Merkmal ist eine gleichbleibende Verpackung, verbunden mit einer Einheitsmenge (auch in unterschiedlichen Verpackungsgrößen) sowie die Erhältlichkeit in einem größeren Absatzraum. Darüber hinaus weisen HAEDRICH und BERGER auf eine weitgehende Konstanz in der Preispolitik hin, erlauben aber durchaus unterschiedliche Endverbraucherpreise bei der Nutzung unterschiedlicher Absatzkanäle (vgl. HAEDRICH/BERGER 1982: 16). Eng mit den genannten Merkmalen hängt die Verkehrsgeltung zusammen, d. h., der Markenartikel und seine Eigenschaften sind in den relevanten Kreisen bei Käufern, Händlern und Herstellern bekannt. Insgesamt werden diese Kriterien heute nur noch zum Teil mit dem Markenartikel verbunden, da hier sowohl Investitionsgüter als auch Dienstleistungen nicht als Markenartikel anerkannt werden.

Bei dem wirkungsbezogenen Ansatz wird eine konsequente Wirkung des Markenartikels bei den Konsumenten in den Mittelpunkt der Betrachtung gestellt. Demnach kann ein Markenartikel daran festgemacht werden, ob die Konsumenten ein Produkt oder eine Leistung als Markenartikel ansehen (BEREKOVEN 1978: 43). Ausgangspunkt dieser Betrachtung ist, daß das menschliche Handeln neben rationalen Beweggründen durch eine Vielzahl von Gefühlen, Empfindungen und Bedürfnissen beeinflußt wird, die den Individuen z. T. nicht bewußt sind. Hinzu kommt die für den einzelnen unüberschaubare Angebotsvielfalt, die ihn dazu veranlaßt, Präferenzen und positive Einstellungen gegenüber ausgewählten Marken zu bilden und so habitualisierte Kaufentscheidungen zu ermöglichen[21]. Von einer Marke kann in diesem Zusammenhang dann gesprochen werden, wenn die Allgemeinheit[22] vergleichbare Einstellungen und Vorstellungen gegenüber bzw. von einer Marke ausgebildet hat (vgl. BEREKOVEN 1978: 44f.).

Aus diesem Zusammenhang folgert BEREKOVEN, daß eine Marke entsteht, indem ein bestimmtes Produkt oder eine bestimmte Leistung einer Gattung einer Vielzahl von Konsumenten bekannt und vertraut ist. Als wesensmäßigen Inhalt einer Marke ist dementsprechend der Erfolg zu nennen (vgl. BEREKOVEN 1978: 45). Wird eine Marke vom Verbraucher nicht wahrgenommen oder beim Kauf nicht als Alternative beachtet, so wird dieses Produkt oder diese Leistung der namenlosen Ware gleichgesetzt (vgl. THURMANN 1961: 16). Daher ist es neben dem Erfolg einer Marke ebenfalls notwendig, dem Konsumenten die Möglichkeit der Kenntnisnahme von einer Marke sowie des Vergleichs der Leistungsmerkmale mit ähnlichen Produkten oder Dienstleistungen der Wettbewerber, aber auch der Wiedererkennung an unterschiedlichen Orten und Verkaufsstellen zu geben (vgl. BEREKOVEN 1978: 47). Somit sind einige der Merkmale, die vorstehend im Zusammenhang mit dem objektbezogenen Ansatz nach MELLEROWICZ als wesensbestimmend für die Marke genannt wurden, auch in diesem wirkungsbezogenen Ansatz als grundsätzliche Merkmale wiederzufinden. Dies sind insbesondere die räumliche Verbreitung (*Überallerhältlichkeit*), ein erkennbarer und auch kommunizierter Unterschied zwischen einzelnen Marken und deren Konkurrenten sowie eine relative Konstanz der Merkmale im Zeitverlauf.

Diese Abgrenzung ermöglicht zumindest eine klare gedankliche Begriffsbestimmung, wenn auch eine formale Definition nicht erleichtert wird. In der weiteren wirtschaftswissen-

21 Zu den Arten der Kaufentscheidung siehe die Ausführungen ab Seite 112.

22 Der Begriff der Allgemeinheit kann an dieser Stelle nach der Reichweite (regional, national oder international) und somit dem Absatzraum der Marke unterschieden werden. Allgemeinheit sind in diesem Falle dann die Einwohner bzw. Marktteilnehmer in dem derart abgegrenzten Absatzraum.

schaftlichen Diskussion zum Markenwesen erscheint dieses Erfolgskriterium allerdings nur noch verdeckt und darüber hinaus als eines von mehreren Kriterien dargestellt. Die Ausschließlichkeit dieses Merkmals geht verloren (vgl. BEREKOVEN 1978: 45). In die *Überallerhältlichkeit* oder in das *Vertrauen*, welches die Konsumenten der Marke gegenüber entwikkeln, kann der Erfolg der Marke hineininterpretiert werden. Ohne Erfolg würde das Vertriebsnetz einer Marke nicht weiter ausgebaut werden, da die Grundlage für eine Expansion fehlte. Das Vertrauen, welches die Konsumenten den Leistungen und Produkten gegenüber aufgebaut haben, führt in der Regel zu einem konstanten Absatzvolumen.

Unter den heute vorherrschenden Konkurrenzbedingungen ist es unerläßlich, weitere Nutzendimensionen zu entwickeln. Beispielsweise kann eine gezielte Imagepolitik zum Erfolg von Marken beitragen, indem Konsumenten neue Nutzendimensionen vermittelt werden (vgl. DICHTL 1992: 19). An anderer Stelle wird unter Berufung auf die komplexe Erfassung von Imagedimensionen und deren Einfluß auf die Kaufentscheidung gefordert, daß der Marke eine eigene Identität gegeben wird, die es den Konsumenten ermöglicht, Emotionen gegenüber der Marke zu entwickeln (vgl. BUCHHOLZ/WÖRDERMANN 1998: 199).

Reine Imagewerbung wird von den Konsumenten aber zunehmend kritischer betrachtet. Daher erscheint es sinnvoll, der identitätsbezogenen Markenführung, die über eine reine Imageaufladung hinausgeht, eine verstärkte Aufmerksamkeit zu schenken (vgl. MEFFERT 1994: 479f.). Die in diesem Ansatz postulierte emotionale Aufladung einer Marke wird im Zusammenhang mit einer Marken-Erlebnis-Welt thematisiert. Emotionale Produkt- und Markenerlebnisse dienen dazu, emotionale Konsumentenbindungen an einen Anbieter zu entwickeln und zu verstärken. Durch eine derartige Bindung an einen Anbieter wird dessen monopolistischer Spielraum vergrößert (vgl. KROEBER-RIEL/WEINBERG 1999: 116). Dieser Anbieter ist in der Lage – zumindest auf einem abgegrenzten Markt – einen überdurchschnittlichen Gewinn zu erzielen. Darüber hinaus kann diese Marke für einen begrenzten Markt zum Gattungsbegriff, also zum Synonym für diese Produktlinie werden (vgl. auch S. 3). In diesem Sinne kann eine Marke darauf reduziert werden, daß ein Produktname für eine Idee steht, die im Bewußtsein der Konsumenten verankert ist (vgl. RIES/RIES 1998: 172).

Eine weitere Voraussetzung für die Wesensbestimmung der Marke sollte in diesem Zusammenhang noch einmal hervorgehoben werden: BEREKOVEN hat bereits 1961 als Abgrenzungsmerkmal für die Marke deren *Erfolg* angeführt. Demnach ist der Erfolg ein wesensmäßiger Inhalt der Marke, denn ohne Markterfolg handele es sich lediglich um ein *markiertes Produkt* oder eine *markierte Leistung*, die sich nicht weiter aus der Masse der angebotenen Produkte oder Leistungen einer Gattung heraushebt. Ohne den Erfolg wäre die Fokussierung einer Vielzahl von Konsumenten auf ein Produkt nicht denkbar. Gleichzeitig ist die Bekanntheit der Marke aber auch Voraussetzung für den Erfolg (vgl. BEREKOVEN 1978: 45). Zu ergänzen ist, daß die Bekanntheit alleine nicht ausreichend ist. Es ist notwendig, daß der Verbraucher eine positive Assoziation zu dem jeweiligen Markenartikel entwickelt und ihn in konkreten Kaufentscheidungssituationen auch berücksichtigt. Diese Position wurde auch von weiteren Autoren unterstützt. So wurde bereits 1951 von HESSE für die Marke gefordert, daß sie *Verkehrsgeltung*[23] erreichen muß, um vom Verbraucher als Marke anerkannt zu werden (vgl. HESSE 1951: 113). Auch THURMANNs Abgrenzung des Markenbegriffs beinhaltete, daß der Verbraucher von der Marke Kenntnis nehmen muß, da die Marke eines bestimmten Erzeugnisses, das der Verbraucher beim Kauf nicht beachtet oder auch nur nicht wahrnimmt, mit einer namenlosen Ware gleichgesetzt wird. Die Marke wird also erst durch die Anerkennung des Verbrauchers wirtschaftlich wirksam. Die Anerkennung oder Verkehrsgeltung der Marke wird somit zum artbestimmenden Merkmal, das den Markenartikel von der lediglich markierten Ware unterscheidet (vgl. THURMANN 1961 16f.).

Eine weitaus offenere Markendefinition stammt von OGILVY (1951: o. S.) und trifft auch heute noch – oder wieder – einen wesentlichen Punkt in der Markendiskussion: „A brand is the customer's idea of a product.". Demnach unterscheidet eine Marke Produkte und Dienstleistungen von ähnlichen und vergleichbaren Angeboten durch Merkmale, die vom Konsumenten als spezifische Eigenschaften wahrgenommen werden bzw. in der Vorstellung des Konsumenten mit der Marke verknüpft sind. Für die Tourismuswerbung, insbesondere für die Vermarktung von Ländern, folgert OGILVY, daß möglichst nur solche Themen und Bilder ausgewählt werden sollten, die einerseits einmalig für das jeweilige Land sind, andererseits aber auch mit den Interessen der anvisierten Zielgruppe harmonieren (vgl. OGILVY 1984: 127ff.).

Bei diesen Merkmalen kann es sich sowohl um funktionale als auch um psychologische Eigenschaften handeln, die in einer Beziehung zum Leistungsersteller oder Anbieter, zu dessen Nutzer oder zum Produkt bzw. der Dienstleistung an sich stehen können. Somit kann eine Marke als eine mit Produkten oder Dienstleistungen assoziierte Gruppierung von Markenbedeutungen interpretiert werden (vgl. BIEHL 2000: 63). Im Zusammenhang mit Dienstleistungen wird die Berücksichtigung der psychologischen Markeneigenschaften ein wichtiges Element für eine erfolgreiche Markenführung sein.

Das Deutsche Patent- und Markenamt mit Sitz in München sieht in einer Marke grundsätzlich ein Kennzeichnungsmittel für Produkte und Dienstleistungen. Die Marke ist somit quasi die Visitenkarte eines Unternehmens, mit der die Produkte und Dienstleistungen im Wettbewerbsleben auftreten. Für das Markenrecht sind jedoch vor allem die Herkunfts- und Unterscheidungsfunktion von Bedeutung. Um den Markenstatus sowie den damit verbundenen Markenschutz nach außen zu kommunizieren, wird die geschützte Marke oft mit dem Registrierhinweis (®) versehen (vgl. DEUTSCHES PATENT- UND MARKENAMT 1998: o. S.). Nach §3 Abs. 1 des deutschen Markengesetzes (MarkenG) können als „Marken alle Zeichen, insbesondere Wörter einschließlich Personennamen, Abbildungen, Buchstaben, Zahlen, Hörzeichen,

23 Eine Marke besitzt im wirtschaftlichen Sinne Verkehrsgeltung, wenn sie in ihrem Käuferkreis, also auf ihrem relevanten Markt, etwas gilt (vgl. BEREKOVEN 1978: 46) und die entsprechenden Konsumenten diese Marke in ihr *evoked set* (zur Definition siehe Fußnote 33) aufgenommen haben. Nach Hesse ist die Verkehrsgeltung erreicht, wenn „der Verbraucher, der den entsprechenden Artikel kaufen soll, den Markennamen mit dem durch ihn bezeichneten Artikel in einen…Zusammenhang bringt" (HESSE 1952: 113, vgl. THURMANN 1961: 16).

dreidimensionale Gestaltungen einschließlich der Form einer Ware oder ihrer Verpackung sowie sonstiger Aufmachungen einschließlich Farben und Farbzusammenstellungen geschützt werden, die geeignet sind, Waren oder Dienstleistungen eines Unternehmens von denjenigen anderer Unternehmen zu unterscheiden.“

In der wissenschaftlichen Literatur hat sich bei den meisten Autoren eine weite Definition des Markenbegriffs durchgesetzt, der heute für Dienstleistungen in gleichem Maße gilt wie für Konsum- und Handelsgüter. Merkmale, wie Logo, Design oder Symbole werden als wesentliches Element eines Markenartikels angesehen. Um das Spektrum der unterschiedlichen Markendefinitionen zu demonstrieren, wird nachfolgend eine Auswahl der am häufigsten verwendeten Definitionen dargestellt, die auch zeigt, daß sich die einzelnen Definitionsansätze oft nur in Nuancen voneinander abheben.

- Eine Marke ist ein Name, ein Begriff, ein Zeichen, ein Symbol, eine Gestaltungsform oder eine Kombination aus diesen Bestandteilen zum Zwecke der Kennzeichnung der Produkte oder Dienstleistungen eines Anbieters oder einer Anbietergruppe und der Differenzierung gegenüber Konkurrenzangeboten (vgl. KOTLER/BLIEMEL 2001: 736).
- Die Betrachtung des Markenkonzeptes aus einer nachfragerorientierten Sichtweise wird insbesondere in den Ansätzen der verhaltens- und strategieorientierten Markenführung deutlich: Demnach ist die Marke ein in der Psyche des Konsumenten verankertes, unverwechselbares Vorstellungsbild eines Produktes oder einer Dienstleistung, welches dem Konsumenten in der konkreten Kaufsituation eine Orientierungshilfe und Entscheidungssicherheit vermittelt. (vgl. MEFFERT 2000: 847 sowie MEFFERT/TWARDAWA/WILDNER 2000: 1)
- „Im Rahmen des absatzsystembezogenen Ansatzes wird dabei die Marke nicht länger als Merkmalsbündel verstanden, sondern als spezifische Vermarktungsform interpretiert. Dabei werden Marken vor allem durch ihre Produktions- und Vertriebsmethode charakterisiert, die zur Erlangung eines spezifischen Images und zur Erhöhung der Bekanntheit führen. Die Marke strebt dabei einen unmittelbaren Kontakt zum Verbraucher und eine größtmögliche Kundennähe an.“ (MEFFERT 2000: 847)
- Unter einer Marke versteht man die „Persönlichkeit oder Identität eines Produktes, einer Produktpalette oder einer Organisation, abgeleitet von der Konsumentenwahrnehmung sowohl fasslicher als nicht fasslicher Merkmale.“ (ARNOLD 1992: 344)
- „Das grundlegende Wesensmerkmal einer Marke [besteht] darin, daß sie ein Zeichen ist. Nach semiotischer Auffassung sind Zeichen materielle Erscheinungen, denen von Individuen eine Bedeutung zugeordnet wird. Dabei kann das ‚Materielle' eines Zeichens in all den Erscheinungen, d. h. Reizen bestehen, die vom Menschen sinnlich wahrnehmbar sind. Das Objekt, der Zustand oder das Ereignis, auf das/den das Zeichen verweist, fungiert als Quelle seiner Bedeutung. Die Tatsache, daß Zeichen erst bei ihrer sinnlichen Wahrnehmung entstehen, weist allerdings darauf hin, daß ohne Zeichen keine Wahrnehmung möglich ist. Somit besteht das grundlegende

Merkmal von Zeichen darin, daß sie in der Kultur der Menschheit eine Mittlerfunktion erfüllen und Zweck jeder Verwendung von Zeichen die Übermittlung eines bestimmten Inhalts sowie Veranlassung zu bestimmten Verhaltensäußerungen ist. Werden Zeichen von Menschen zum Zwecke der Verhaltensbeeinflussung geschaffen, spricht man von künstlichen im Gegensatz zu natürlichen Zeichen, z. B. Rauch als ein Kennzeichen für brennendes Feuer. Der ersten Feststellung zufolge sind Marken deshalb künstliche Zeichen." (KELZ 1989: 32ff.)

- „Eine Marke ist … ein Vorurteil, und zwar im wahrsten Sinne eines Voraus-Urteils." (ARNOLD 1992: 17)

Diese mehr oder weniger allgemein gehaltenen Definitionen des Markenbegriffs werden im Bereich der Konsumgüter weiter unterteilt, aber auch auf andere Güter- und Produktionsbereiche übertragen. Allerdings hat sich bei dieser weiteren Differenzierung bisher keine einheitliche Systematik des Markenwesens durchsetzen können. Nach BRUHN liegt ein wesentlicher Grund dafür u. a. in der untersuchungsspezifischen Begriffsabgrenzung der jeweiligen Autoren, die in ihren Untersuchungen in der Regel keinen Anspruch auf eine vollständige Darstellung der Merkmalskategorien und Erscheinungsformen erheben (vgl. BRUHN 1994a: 25). Aber auch die unterschiedliche Herkunft der Wissenschaftler und Praktiker führt zu einem unterschiedlichen Markenverständnis (vgl. BAUMGARTH 2001: 2).

Um eine einheitliche Grundlage für die weitere Diskussion zu legen, soll im folgenden in Anlehnung an die Definition von KOTLER und BLIEMEL und der kurzen Abgrenzung von OGILVY das folgende Markenverständnis angenommen werden.

> Die Marke ist ein Name, ein Begriff, ein Zeichen, ein Symbol, eine Gestaltungsform oder eine Kombination aus diesen Bestandteilen, die bei den relevanten Nachfragern bekannt ist und im Vergleich zu Konkurrenzangeboten ein differenzierendes Image aufweist, das zu Präferenzen beim Konsumenten führt (vgl. BAUMGARTH 2001: 6).

Diese Definition verdeutlich einerseits die Ausstattung eines Produktes oder einer Dienstleistung mit unterschiedlichen Merkmalen, damit der Konsument Präferenzen ausbilden kann. Andererseits wird aber auch hervorgehoben, daß der Konsument ein Vorstellungsbild von der Marke in seinem Bewußtsein angelegt hat, das ihm die Entscheidung für einen Kauf erleichtert.

Für die Beschreibung von Destinationsmarken fehlt in dieser Definition noch die Berücksichtigung des Erlebnischarakters, der in der wissenschaftlichen Diskussion und dem praktischen Tourismusmanagement eine wichtige Funktion erfüllt. Die Destinationsmarke wird daher umfangreicher definiert: „A Destination Brand is a name, symbol, logo, word mark or other graphic that both identifies and differentiates the destination; furthermore, it conveys with the promise of a memorable travel experience that is uniquely associated with the destination; it also serves to consolidate and reinforce the recollection of pleasurable memories of the destination experience." (RITCHIE/RITCHIE 1998: 103) Es wird hervorgehoben, daß die Destinationsmarke das Versprechen eines einzigartigen Urlaubserlebnisses ausdrückt, das unmittelbar und einzigartig mit dieser Destination verbunden ist. Gleichzeitig wird mit der Marke das Urlaubserlebnis – und somit die Destination – auch nach Beendigung der Reise in der Vorstellung der Reisenden verfestigt.

Mit der Kommunikation einer Marke, in der Regel durch den Markennamen ausgedrückt und symbolisiert, verspricht der Anbieter dem Konsumenten eine kontinuierliche Leistungserstellung auf einem konstanten Qualitätsniveau. Bei dinglichen Marken wird gleichzeitig eine einheitliche Verpackung sowie eine hohe Verkehrsgeltung erwartet. Darüber hinaus werden jedoch noch weitere wesentliche Aspekte durch die Marke kommuniziert (vgl. KAPFERER 1992: 18; AAKER 1997: 352ff.; KOTLER/BLIEMEL 2001: 737):

- Die Marke ruft Assoziationen mit bestimmten Eigenschaften hervor, die der Konsument in der Marke sucht und die er mit hoher Wahrscheinlichkeit auch findet. Die Kommunikation dieser Eigenschaften verhilft dem Anbieter zu einer Differenzierung im Wettbewerb.
- Die kommunizierten Eigenschaften müssen in ihrer Gesamtheit in einen funktionalen und/oder emotionalen *Nutzen* für den Konsumenten umgesetzt werden.
- Die Marke signalisiert dem Konsumenten, aber auch seiner Umwelt, etwas über das Produkt/die Leistung und die der Marke zugeordneten Werte (bspw. Zuverlässigkeit, lange Lebensdauer, Servicefreundlichkeit ...).
- Die Marke kommuniziert eine gewisse Produkt- und Markenkultur. Die Marke kann darüber hinaus, wenn sie mit einer Nation oder einer Region verbunden wird, deren kulturellen Hintergrund als Wesensmerkmal tragen.
- Außerdem verfügt die Marke in der Regel über eine eigene Persönlichkeit, in der sich die Wesensmerkmale der Marke wiederspiegeln.
- Oftmals wird eine Marke mit einer bestimmten Gruppe von Nutzern verbunden. Die Nutzer zeichnen sich durch Gemeinsamkeiten aus, die oftmals im Gegenzug der Marke zu einem bestimmten Image bzw. zu einer bestimmten Wahrnehmung durch den Konsumenten verhelfen.

Die genannten Merkmale sind für alle Marken (Konsumgüter-, Investitionsgüter- oder Dienstleistungsmarke) relevant, wenn auch die Bedeutung der einzelnen Merkmale im jeweiligen Markenkontext unterschiedlich ausfallen kann.

### 2.3.1 Formen von Markenartikeln

Wie eingangs bereits dargestellt, hat der Markenartikel eine lange Tradition. Gleichzeitig hat er aber im Laufe der Zeit ständig neue Merkmale und Spielarten erhalten, die sich zum Teil nur in Nuancen unterscheiden oder von der individuellen Sichtweise des jeweiligen Autors abhängen. In einer Erhebung zur Definition von Marken wurden 20 Experten aus Werbe- und Markenagenturen sowie aus Marktforschungsinstituten dazu befragt, wie sie Marken definieren würden. Dazu wurden ihnen zwölf aus der Literatur entnommene Ansätze zur Wahl gestellt. Am häufigsten wurde mit einer Marke ein Wertesystem, eine Persönlichkeit, ein Image und ein Logo in Verbindung gebracht. In der nachfolgenden Tabelle 4 sind die Ergebnisse der Expertenbefragung von RILEY und DE CHERNATONY zusammengefaßt (vgl. DE CHERNATONY/RILEY 1998: 417ff.).

Aus Sicht der befragten Experten wird mit der Marke bzw. der Markennutzung ein bestehendes Bedürfnis befriedigt. Dabei handelt es sich mehr um das Entsprechen eines bestehenden Wertesystems als um die zweckgebundene Nutzung des Markenartikels. Vor diesem Hinter-

**Tabelle 4: Ansätze zur Markendefinition und die Anzahl der Nennungen durch Experten** (Mehrfachnennung)

(Quelle: vgl. DE CHERNATONY/RILEY 1998: 417ff.; BAUMGARTH 2001: 3)

| **Markendefinitionen aus der Literatur** | | |
|---|---|---|
| **Ansatz** | **Erläuterung zum Gegenstand der Definition** | **Häufigkeit der Nennungen** |
| Wertesystem | Abdeckung relevanter Bedürfnisse und Werte bei dem Konsumenten durch die Marke | 11 |
| Persönlichkeit | Vergleichbar mit realen Persönlichkeiten (Menschen) | 10 |
| Image | Vorstellung der Abnehmer von der Marke | 9 |
| Logo | Name, Symbol, Design, Produkteigenschaften als Differenzierungsmerkmale | 8 |
| Risikominimierer | Vertrauen darauf, daß die Erwartungen in die Leistung/das Produkt erfüllt werden | 5 |
| Unternehmen | Unternehmenspersönlichkeit durch Unternehmenskultur, Menschen und Leistungsprogramme | 4 |
| Zusatznutzen | Nicht nur funktionaler Nutzen der Leistung/des Produktes, sondern in erster Linie Zusatznutzen (Ästhetik, Design, Luxus,…) | 4 |
| Gedächtnisstütze | Indikator für eine Vielzahl von gespeicherten Informationen | 3 |
| Rechtliches Instrument | Eigentumsnachweis durch Name, Logo, Design usw. | 3 |
| Identitätssystem | Ganzheitliche integrative Sicht aller Markenelemente, Unterscheidungsmerkmal gegenüber der Konkurrenz | 3 |
| Beziehung | Gegenseitige Beziehung zwischen Abnehmer und Marke, basierend auf den Werten der Marke | 3 |
| Entwicklung | Veränderung im Zeitablauf, kontinuierliche Verbesserung bei Beibehaltung der Identität | 3 |
| **Zusätzliche Markendefinitionen aus den Experteninterviews** | | |
| Positionierung | Eigenschaften, die ein Produkt aus Sicht der Abnehmer attraktiv machen | 2 |
| Vision | Marken weisen eine Vision auf und liefern damit den Abnehmern eine Bedeutung | 2 |
| Goodwill | Kumulation von Goodwill (z. B. Vertrauen) | 1 |

grund kann der Markenartikel als Teil des persönlichen Wertesystems der Konsumenten verstanden werden. Da das Individuum von externen Bezugsgruppen bei der Gestaltung eines Wertesystems beeinflußt wird, spiegelt eine Marke somit z. T. auch die Einstellungen von sozialen Gruppen wieder, denen ein Individuum angehört.

Die weiteren Definitionsansätze gehen von einem Vergleich mit einer realen Persönlichkeit, i. d. R. Menschen, aus. Allerdings kann an die Stelle der individuellen Persönlichkeit auch ein Unternehmen treten. Andere Ansätze gehen von einem konkreten Vorstellungsbild oder einem Zusatznutzen der jeweiligen Marke bzw. der Markenaussage aus, das beim Konsumenten besteht bzw. erwartet wird. Ein weiterer, häufig genannter Ansatz basiert auf dem Symbolcharakter zur Differenzierung einzelner Marken, worin insbesondere für den Wettbewerb eine wichtige Funktion liegt.

Für den klassischen Markenartikel werden die folgenden Merkmale als relevant angesehen (in Anlehnung an HAEDRICH/BERGER 1982: 15f.; HALLER 1997: 147). Zunächst handelt es sich bei Markenwaren um standardisierte Erzeugnisse (i. S. von Produkten und Dienstleistungen), die sich durch eine hohe und vor allem gleichbleibende Produktqualität auszeichnen. Hinzu kommt eine systematische Nutzung der jeweiligen Marke. Nach der Auffassung von HAEDRICH und BERGER können diese Merkmale grundsätzlich auch auf Handelsmarken übertragen werden, da Markenartikel sowohl Hersteller- als auch Handelsmarken[24] sein können. Allerdings können sich die kommunikativen Maßnahmen zur Präferenzbildung für Handelsmarken in Qualität und Quantität mit denen für Herstellermarken oft nicht messen. Dies führt dazu, daß die Präferenzhöhe für Handelsmarken bei den Konsumenten oftmals nicht auf dem Niveau der Herstellermarken angelangt ist (HAEDRICH/BERGER 1982: 16).

---

24 „*Herstellermarken* sind markierte Waren, deren Warenzeicheninhaber ein Herstellerunternehmen ist (Seit der Markenreform 1994 ist in Deutschland die Formulierung *Warenzeicheninhaber* durch *Markeninhaber* zu ersetzen.). Die Entscheidung über die Gestaltung der absatzpolitischen Ziele und Maßnahmenkataloge wird vom Herstellerunternehmen getroffen." (HUBER 1988: 16) Als Ausprägungen der Herstellermarke, die als die klassische Form des Markenartikels gilt, werden die Firmenmarke und die Einzelmarke genannt. Bei der *Firmenmarke* ist der Name des Herstellers gleichzeitig auch der Markenname. Sie kennzeichnet die Produkte und Dienstleistungen, die ein Unternehmen herstellt bzw. erstellt, einschließlich dem damit verbundenen Qualitäts- und Kontinuitätsversprechen (vgl. MERBOLD 1994: 107ff.). Wird lediglich ein Produkt oder eine Leistung eines Anbieters vermarktet, wird von einer *Einzel-* oder *Produktmarke* gesprochen. Werden mehrere Produkte oder Leistungen von einem Leistungsersteller vermarktet, wird die Herstellermarke oftmals zu einer *Dachmarke* (vgl. auch die Ausführungen in Kapitel 5.2 ab S. 243.) weiterentwickelt (vgl. DICHTL 1992: 11f.). *Handelsmarken*, die auch als *Eigenmarken* bezeichnet werden, wurden vom Handel entwickelt, um ein Gegengewicht zu den *Herstellermarken* für ihr eigenes Sortiment zu erhalten. Es handelt sich hier um „markierte Waren oder Warengruppen, deren Warenzeichen sich im Eigentum eines Handelsunternehmen oder einer Handelsorganisation befindet und in der Regel nur in den eigenen Einzelhandelsunternehmen exklusiv vertrieben werden. Alle Entscheidungen über die Außenpolitik der Handelsmarken liegen beim Handelsunternehmen oder bei der Handelsorganisation selbst." (HUBER 1988: 22) Weiterhin dienen sie dazu, sich von den Mitwettbewerbern (anderen Handelsunternehmen) abzuheben und sich gegenüber den Konsumenten zu profilieren. Andererseits kann durch den Eigenmarkenvertrieb i. d. R. ein größerer Gewinn realisiert werden. Als Beispiele können die Marken *Universum* (Unterhaltungselektronik) und *Privileg* (Haushaltsgeräte) von *Quelle* sowie *Salto* der *Rewe Handelsgruppe* genannt werden. Werden Handelsmarken auf spezifische Angebotssegmente (bspw. Nahrungsmittel, Körperpflege,...) beschränkt, so wird auch von *Segment- oder Gruppenmarken* als einer Besonderheit der Handelsmarke gesprochen (vgl. DICHTL 1992: 12; HALLER 1997: 150). Bei der *Gattungsmarke*, auch als *No-names*, *generics* oder *weiße Ware* bezeichnet (vgl. MEFFERT 2000: 872), handelt es sich ebenfalls um einen Sonderfall der Handelsmarke. Es werden meist Güter des täglichen Bedarfs, die weiß oder unifarben verpackt sind und ohne Hersteller-/Händlerlogo auskommen, exklusiv als preiswerte Alternative zu Herstellermarken vor allem in Filialen von Handelsunternehmen angeboten (z. B. *Die Weißen, Gut und Billig*). In der Regel weisen Gattungsmarken ein mittleres Qualitätsniveau in Verbindung mit einem vergleichsweise niedrigen Preis auf. Produkte einer Gattungsmarke kommen ohne Service und Werbung aus und tragen meist nur die Gattungsbezeichnung (z. B. Kondensmilch – vgl. DICHTL 1992: 13).

Am offensichtlichsten finden sich in der Preispolitik Unterschiede zwischen der Hersteller- und der Handelsmarke. So steht im Falle der Handelsmarke meist ein günstiges Preis-/Leistungs-Verhältnis mit einem niedrigen Basispreis im Vordergrund, was oftmals mit einer niedrigeren Präferenzbildung gegenüber Handelsmarken einhergeht[25]. Je exklusiver die Markenartikel sind, desto höher sind i. d. R. die damit verbundenen (stückbezogenen) Werbeaufwendungen. Handelsmarken werden im Gegensatz dazu nur in geringem Umfang oder überhaupt nicht beworben. Markenartikel besitzen darüber hinaus eine überregionale Bedeutung, die sich durch eine hohe Verfügbarkeit (*Überallerhältlichkeit*), bezogen auf die jeweiligen Distributionskanäle, ausdrückt. Exklusive Markenartikel hingegen werden oftmals nur in ausgesuchten Spezialgeschäften oder herstellereigenen Filialen angeboten. Handelsmarken sind dagegen nur über die jeweiligen Handelsunternehmen erhältlich.

Im Gegensatz zur Markenware steht die *markenlose Ware*, die oft auch als anonyme Ware oder Quasi-Marke bezeichnet wird. Auf diese Quasi-Marken treffen die Markenartikelmerkmale nicht zu. Es handelt sich meist um unbekannte Marken oder um Aktionswaren ohne einen strategischen Markenaufbau, die im unteren Preissegment, aber auch im unteren Qualitätssegment zu finden sind. Die Quasi-Marken, sehr häufig technische Produkte (z. B. Mikrowelle, tragbare Stereogeräte,…), werden in der Regel über den Nicht-Fachhandel angeboten (bspw. Discounter, Verbrauchermärkte) und zielen darauf ab, den Handelsmarken Marktanteile streitig zu machen, da sie in der Regel noch deutlich unter deren Preisniveau angeboten werden (vgl. LENZ 1996: 154ff.). Für den potentiellen Käufer von Handelsmarken sind diese Quasi-Marken eine mögliche Kaufalternative, da die Handelsmarke in der Wahrnehmung der Verbraucher in vielen Marktbereichen keinen nennenswerten Vertrauensvorsprung besitzt. Der Markenkäufer dagegen wird diese Waren nicht für einen Kauf in Erwägung ziehen.

Für das Markenverständnis im Rahmen der vorliegenden Arbeit ist es zweckmäßig – im Gegensatz zu vielen Arbeiten im Konsumgüterbereich (vgl. dazu ausführlich z. B. HUBER 1988: 12) –, über den Begriff der markierten Ware als Oberbegriff eine deutlichere Abgrenzung des Markenartikels zu wählen. Daher wird im folgenden ein kurzer Überblick über die gebräuchlichsten Markenbezeichnungen und Ansätze der Markeneinteilung bzw. -abgrenzung gegeben. Für eine vertiefende Betrachtung wird auf die zitierten Quellen verwiesen, denn eine kritische Auseinandersetzung würde an dieser Stelle zu weit führen.

Lange Zeit wurde die Meinung vertreten, daß lediglich die Herstellermarke im Bereich der Konsumgütermärkte (Verbrauchs- und Gebrauchsgüter) der Definition des Markenartikels entspräche. Nach dieser Auffassung werden Handelsmarken und Dienstleistungsmarken ausgeschlossen (vgl. BRUHN 1994a: 19f.), was jedoch – auch unter Berücksichtigung der Wettbewerbsausprägungen auf den Dienstleistungsmärkten – als nicht (mehr) zeitgemäß anzusehen ist.

---

25 Das Preisniveau bei Handelsmarken liegt bei vergleichbaren Produkten (somit bei vergleichbarer Qualität und Ausstattung) ca. 15% unter dem der Markenartikel (Herstellermarke); Gattungsmarken (verstanden als Spezialfall der Handelsmarke im Niedrigpreissegment) werden mit einem weitaus deutlicheren Preisabschlag (ca. 20 bis 50% unter den Markenartikeln) gehandelt (vgl. HALLER: 1997: 147).

Die *Dienstleistungsmarke* wird in einem eigenständigen Kapitel behandelt (siehe Kapitel 2.3.2 ab S. 49), da sich die Dienstleistung selbst durch einige Besonderheiten auszeichnet, die zuvor dargestellt werden sollten. Auf sie wird im Rahmen der Gestaltung eines Markensystems für touristische Destinationen (vgl. die Ausführungen in Kapitel 6 ab S. 233) verstärkt zurückgegriffen werden.

Aus den dargestellten Markenmerkmalen wird deutlich, daß man mit ihrer Hilfe Marken zwar beschreiben, aber nur sehr schwer analysieren kann, welche Merkmale letztendlich für die Markenbildung verantwortlich waren. Um so schwerer wird es, wenn die Merkmale, die zur Bildung und Positionierung einer neuen Marke erfolgsrelevant sind, herausgearbeitet werden sollen. Diese Problematik liegt in erster Linie darin begründet, daß die persönliche Einstellung des Konsumenten zur Marke einen wesentlichen Einfluß auf den Markenerfolg hat. Darüber hinaus gibt es eine Reihe sozialpsychologischer Einflußfaktoren, deren Kenntnis den Markterfolg beeinflußt. Zu diesen Faktoren zählt, daß der Konsument einerseits die Möglichkeit bekommt, einzelne Marken voneinander zu unterscheiden, gleichzeitig aber auch eine Wiedererkennung ermöglicht wird. Aus diesen beiden Merkmalen folgt, daß einerseits die Wesensmerkmale und Produkteigenschaften einer Marke beibehalten werden sollten, was auch für die werbliche Kommunikation gilt, andererseits aber eine kontinuierliche Entwicklung des Produkts und der Marke erfolgen muß. Da sich die soziale Umwelt der Konsumenten in einem kontinuierlichen Wandel befindet, erfolgt eine ebenfalls kontinuierliche Veränderung persönlicher und gesellschaftlicher Umfeldfaktoren, die das Konsumverhalten zum Teil stark beeinflussen können (vgl. auch BEREKOVEN 1978: 47f.).

Daher ist es naheliegend, daß immer mehr Autoren trotz der vielfältigen produktbezogenen Unterscheidungsmerkmale für Marken und Markenartikel dazu übergehen, den Begriff des Markenartikels aus Konsumentensicht abzugrenzen: Demnach steht der Markenartikel für das Versprechen, auf Kundennutzen ausgerichtete Produkte oder Dienstleistungen standardisiert in gleichbleibender oder verbesserter Qualität zur Erfüllung der gegebenen (Kunden-)ansprüche anzubieten (vgl. BRUHN 1994: 7).

Aus dieser allgemeinen, aber umfassenden Abgrenzung wird deutlich, daß touristische Leistungen grundsätzlich den Charakter von Markenartikeln erlangen können, zum Teil schon erlangt haben (z. B. Reiseveranstalter wie *TUI-Group* oder *Thomas Cook*; Hotelketten wie *Hilton* oder *Marriot …*). Insbesondere die identitätsorientierte Markenführung, unter der ein „außen- und innengerichteter Managementprozeß mit dem Ziel der funktionsübergreifenden Vernetzung aller mit der Markierung von Leistungen zusammenhängenden Entscheidungen und Maßnahmen zum Aufbau einer starken Marketingidentität verstanden" (MEFFERT/ BURMANN: 1996: 15) wird, wird den Besonderheiten von Destinationsmarken gerecht und daher an anderer Stelle auf ihre Eignung für das Destinationsmanagement analysiert und überprüft (vgl. Kapitel 2.3.4.1 ab S. 67).

### 2.3.2 Die Dienstleistungsmarke

Die ursprünglichen Kriterien, die für die Abgrenzung und Definition des klassischen Markenartikels im Konsumgüterbereich verwendet wurden, lassen sich nicht ohne weiteres auf Dienstleistungen übertragen. Grundsätzlich bestehen in der heutigen Wettbewerbssituation jedoch Parallelen zwischen Konsumgütern und Dienstleistungen. Eine detaillierte Analyse der Markenmerkmale und eine Übertragung auf Dienstleistungen hat GRAUMANN (1983) in seiner grundlegenden Arbeit erstmals im deutschsprachigen Wissenschaftsraum geleistet.

Zur Unterscheidung der einzelnen Ausprägungen einer Dienstleistungsmarke können die von BRUHN (1994a) zusammengestellten Erscheinungsformen von Marken herangezogen werden. Lediglich eine Unterscheidung nach der *institutionellen Stellung des Markeninhabers/-trägers* in Hersteller- und Handelsmarke (vgl. auch KEMPER 2000: 10) ist hier wenig sinnvoll. In den meisten Dienstleistungsbranchen ist ein Nebeneinander im Sinne von Hersteller- und Handelsmarke nicht realisierbar (z. B. Friseur, Kfz-Reparatur, Arztleistungen ...). Hinzu kommt, daß die Dienstleistung meist durch den anbieterseitigen Personaleinsatz erstellt wird. Eine Differenzierung in Handels- oder Herstellermarke ist dabei kaum möglich, denn i. d. R. müssen die individuellen Kundenansprüche bei der Leistungserstellung berücksichtigt werden. Allerdings gibt es auch Ausnahmen: Beispielsweise kann ein Reisemittler selbst Reisepakete (Eigenveranstaltungen) schnüren, die im eigenen Reisebüro neben den Angeboten der eingeführten Reiseveranstalter vertrieben werden. Die Eigenveranstaltung wird so zu einer Handelsmarke, die neben den Herstellermarken vertrieben wird. Ähnliches kann auf Fondangebote von Finanzdienstleistern zutreffen, falls diese exklusiv in den eigenen Filialen neben den offen gehandelten Fonds angeboten werden.

Ein weiteres Kriterium der Markendifferenzierung kann nur bedingt auf Dienstleistungen übertragen werden: Eine Markendifferenzierung nach Erst-, Zweit- oder Drittmarke ist für Dienstleistungsanbieter nur sehr schwer möglich. Im Bereich der Konsumgüter erfolgt eine derartige Differenzierung in der Regel dadurch, daß ein identisches Produkt unter einem anderen Namen und mit einem anderen Marktauftritt, meist auch zu einem anderen Preis vermarktet wird (vgl. GRAUMANN 1983: 160f.). Diese Marken können völlig unabhängig voneinander vertrieben werden und sind für den Konsumenten nicht unbedingt als vom selben Produzenten stammend erkennbar. So haben Konsumgüterproduzenten im Lebensmittelbereich lange Zeit ihre Markenprodukte in anderer Verpackung über Discounter vertrieben. Eine Differenzierung in der Dienstleistungsbranche ist aber oftmals nur durch den Preis möglich (z. B. Frühbucherrabatte der Reiseveranstalter, unterschiedliche Tarife der Telefongesellschaften zu verschiedenen Tageszeiten ...). Einige Reiseveranstalter haben neben ihren traditionellen Marken z. T. noch eine Last Minute-Marke oder Billigmarke im Portfolio, unter deren Label die nicht über die üblichen Vertriebswege (hauptsächlich Reisebüro und Direktvertrieb) abgesetzten Reisepakete i. d. R. zu einem niedrigeren Preis angeboten werden. So werden bspw. *TUI*-Produkte unter dem Last Minute-Label *L'tur* vertrieben. Neben dem Preis unterscheiden sich die Leistungen allerdings teilweise vom ursprünglichen Angebot. So können diese Angebote aus Restkapazitäten unterschiedlicher Leistungsstufen zusammengesetzt sein. Beispielsweise können Abflug- und Ankunftsflughafen der Pauschalreise verschieden sein.

Aufbauend auf die vorstehende Abgrenzung des Dienstleistungsbegriffs, soll im folgenden unter einer Dienstleistungsmarke im engeren, betriebswirtschaftlichen Sinne

> „ein Zeichen verstanden werden, das der Kennzeichnung von Leistungen dient, deren Erstellung die unmittelbare raum-zeitliche Integration des externen Faktors in Form der Person des Leistungsnehmers oder seines Verfügungsobjektes in den Leistungsprozeß erfordert und die daher ausschließlich im Rahmen eines synchronen Kontaktes zwischen Leistungsgeber und Leistungsnehmer bzw. dessen Verfügungsobjektes erfolgen kann (vgl. GRAUMANN 1983: 84f.).

Ergänzend zu dieser Definition ist festzuhalten, daß die *unmittelbare raum-zeitliche Integration des externen Faktors* in Form des Dienstleistungsnachfragers nicht während des kompletten Leistungserstellungsprozesses notwendig sein muß (vgl. MEFFERT/BRUHN 2000: 56ff.; KOTLER/BLIEMEL 2001: 775). So kann sich diese Integration auch auf kurze Kontakte zwischen Anbieter und Nachfrager zur Klärung des Dienstleistungsinhaltes (z. B. Rechtsberatung) beschränken, während die eigentliche Dienstleistungsproduktion (im Beispiel die juristische Argumentation) ohne ein weiteres Zutun des Kunden erstellt wird.

Trotz der Möglichkeit, auch Dienstleistungsmarken rechtlich schützen zu lassen, ist deren Bedeutung bisher noch nicht in allen Branchen des Dienstleistungssektors richtig erkannt worden. Einige Bereiche stehen noch am Anfang der Markenpolitik; die Unternehmen beginnen gerade erst damit, Markenprofile aufzubauen. Die Entwicklung in den letzten Jahren hat aber gezeigt, daß die Markenfunktionen auch für Dienstleistungen von Bedeutung sind, auch wenn diese bisher scheinbar noch unterschätzt wurden. Aufgrund mangelnder objektiver und tangibler Qualitätskriterien wird den Funktionen von Marken sogar eine besondere Bedeutung im Wettbewerb zugesprochen (vgl. KAPFERER 1992: 35f.). Sie tragen dazu bei, daß eine Differenzierung der einzelnen Leistungsanbieter auch ohne eine intensive Auseinandersetzung mit deren jeweiligem Angebot möglich wird.

Im Laufe der Zeit hat sich eine Vielzahl von Dienstleistungsunternehmen – von der Bank bis zur Versicherung – als Dienstleistungsmarken im Bewußtsein der Konsumenten verankert. In der Tourismusbranche konnten sich dagegen bisher erst wenige Unternehmen mit einem Markenprofil positionieren.[26] Insbesondere im Bereich der Verkehrsunternehmen sowie der Hotelketten und -kooperationen haben sich Markennamen etabliert. Bei Hotelketten handelt es sich meist um Firmenmarken (*Hilton*, *Best Western* ...) oder Markenfamilien (z. B. *Accor* mit: *Hotel Sofitel*, *Novotel*, *Mercure Hotel*, *Hôtels Les Jardins de Paris*, *Pannonia Hotels*, *ATRIA*, *Coralia*, *Ibis Hotel*, *Etap Hotel*, *Hotel Formule 1*, *Motel 6*, *Parthenon Flat Service*).

---

26 Siehe hierzu auch die Ausführungen in Kapitel 4.2 ab S. 146.

Um unterschiedliche Qualitätsstandards[27] anbieten zu können, mit denen jeweils unterschiedliche Erlösfunktionen verbunden sind, ist es für Hotelkonzerne notwendig, mehrere Marken in unterschiedlichen Segmenten des Gesamtmarktes zu positionieren.

Bei den Verkehrsunternehmen sind vor allem Fluggesellschaften zu nennen. Es handelt sich meist um bereits lange in der Branche tätige Einzel- oder Firmenmarken (z. B. *Lufthansa*, *KLM*, *Luxair*, *British Airways* ...). Diese Unternehmen haben zum Teil, aufbauend auf ihrer eigenen Marke, Markenerweiterungen durchgeführt und so einen Dachmarkencharakter erlangt (z. B. *KLM* mit *KLM cityhopper*; *KLM UK*, *KLM exel*). Zum Teil erfolgt auf diese Weise eine Erweiterung des eigenen Kerngeschäftes auf angrenzende Branchen (z. B. *KLM Hotels*). Durch die Kennzeichnung kleiner, wenig bekannter Regionalfluggesellschaften als *Member of Team Lufthansa* werden das Image und die Vorteile, die mit der Marke *Lufthansa* verbunden sind – insbesondere der Vertrauensvorsprung in Sicherheitsfragen –, transferiert. Wesentlich unterstützt wird diese Entwicklung durch die Frequent Flyer-Programme der großen Fluggesellschaften (z. B. *Lufthansa* und Partner (*Star Alliance*): *Miles and More*; *KLM* und Partner: *Flying Dutchman*), innerhalb derer die kleinen Fluggesellschaften mit regionaler Bedeutung einerseits eine wichtige Zubringerfunktion für die großen Fluggesellschaften im Kurzstreckenverkehr leisten, diese gleichzeitig aber von den Marketingaktivitäten des jeweiligen Kundenbindungsprogramms profitieren und die mit Hilfe dieser Programme generierten Kundendaten nutzen können. Vom organisatorischen Aufwand sowie von der Kostenseite her sind kleine Fluggesellschaften in der Regel nicht in der Lage, ein Kundenbonus- oder Vielfliegerprogramm aufzulegen (vgl. STERZENBACH 1999: 215).

Die großen Reiseveranstalter haben meist Markenfamilien gebildet, die unterschiedliche Marktsegmente ansprechen (z. B. Familienurlaub, Fernreisen, Studienreisen, Cluburlaub ...). Wurden die einzelnen Marken der Reiseveranstalter bis vor wenigen Jahren in der Regel unter ihrem eigenen Namen vertrieben, so werden heute zunehmend die Einzelmarken unter dem Dach der führenden Marke vermarktet. Die *TUI AG* verfügt mit ihrer touristischen Sparte der *TUI Group* bspw. über insgesamt 70 Veranstaltermarken, die unter dem Dach *World of TUI* vermarktet werden, z. T. aber nach wie vor über ein eigenständiges Profil im Wettbewerb verfügen (vgl. LAMBERTZ/MEFFERT 2002: 574ff.). Eine wesentliche Rolle bei dieser Entwicklung spielt die zunehmende Konzentration im Veranstaltermarkt. Bedingt durch Firmenkäufe und Kooperationen verfügen die großen Reiseunternehmen über eine Vielzahl von Einzelunternehmen (vgl. AXEL SPRINGER VERLAG 2001: 67), die alleine aus diesem Grund unter einem gemeinsamen Dach vertrieben werden sollen: um Synergien und eine Kostenoptimierung im Vertrieb zu realisieren. Gleichzeitig wird die Zusammenfassung von Unternehmen unterschiedlicher touristischer Wertschöpfungsstufen (Reisemittler, Fluggesellschaft, Hotel-

27 In der Hotellerie werden unterschiedliche Qualitätsstandards in der Regel durch Sternekategorien zum Ausdruck gebracht. Allerdings gibt es hinsichtlich der Inhalte, die mit einer Sternekategorie verbunden sind, keinen internationalen Standard. D. h., eine Vergleichbarkeit der Kategorien ist nur dann gegeben, wenn die einzelnen Betriebe nach der selben Systematik eingeteilt wurden. In Deutschland ist die Teilnahme an der Hotelklassifizierung freiwillig, die Kategorien sind vom DeHoGa e. V. erarbeitet worden.

betriebe im Zielgebiet … – vgl. Abbildung 7) unter einem Dach aus Gründen der Qualitätssicherung vorangetrieben, um so alle Teilleistungen einer Pauschalreise auf einem einheitlichen Qualitätsniveau erstellen zu können (vgl. PREUSSAG AG 2001: 3).

**Abbildung 7: Ausgewählte Marken der *TUI Group* in der vertikalen Wertschöpfung**
(Quelle: LAMBERTZ/MEFFERT 2002: 578 nach *TUI Group*)

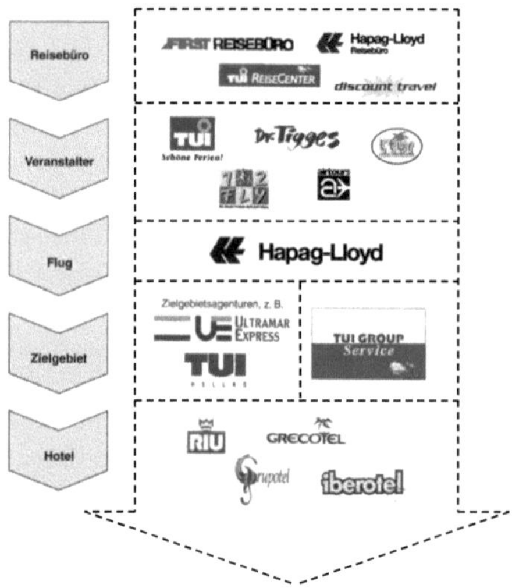


In der Reiseveranstalterbranche ist es nach wie vor notwendig, Angebote differenziert darzustellen, da die Kunden ein breit gefächertes Angebot und – insbesondere bei international agierenden Unternehmen – Marken aus dem eigenen Land bevorzugen. So werden zwar von deutschen und britischen Urlaubern nahezu die selben Urlaubsziele präferiert, aber die Buchung erfolgt nach wie vor bevorzugt bei einem inländischen, d. h. einem deutschen beziehungsweise britischen Reiseveranstalter. Auch werden als Mitreisende oder Mitbewohner im Beherbergungsbetrieb in der Urlaubsdestination die eigenen Landsleute bevorzugt (vgl. AXEL SPRINGER VERLAG 2001: 62ff.). Im Zielgebiet führt dies dann dazu, daß es typische Aufenthaltsbereiche für die Urlauber aus einem Land gibt. Die großen Reiseveranstalter buchen meist ganze Beherbergungsbetriebe während der Hauptsaison für ihre Angebote.

Die Übernahme von *Thomas Cook*, dem weltweit ersten organisierten Reiseunternehmen[28], durch den zweitgrößten europäischen Reisekonzern *C & N* wird als *branding counter-*

28 Thomas Cook wird i. a. zugesprochen, die erste Pauschalreise angeboten zu haben, indem er am 5. Juli 1841 eine Bahnreise inklusive Verpflegung für 570 Temperenzler von Leister nach Lounghborough organisierte und durchführte. Bereits in der römischen Antike gab es eine Form von Reisebüros, die Berechtigungsscheine (die heute als Reisevoucher bezeichnet werden) für Übernachtungen, Verkehrsmittel und Verpflegung ausstellten. Auch gab es bereits im 18. Jh. von Agenten und Reedereien organisierte Pilgerreisen. Allerdings kann Thomas Cook als der Begründer des modernen Reisebüros und -veranstalters bezeichnet werden. (Vgl. WAGNER 1981/1995: 29ff.)

*takeover* bezeichnet (WENDLANDT/HARNISCHFEGER 2001: 15). Der Name des kleineren (und übernommenen) Unternehmens – *Thomas Cook* – wird zukünftig als Dachmarke fungieren und die wenig erfolgreiche Bezeichnung *C & N* ablösen, deren Bekanntheit kaum über die Branchengrenzen hinaus gekommen ist. So wird der Bekanntheitsgrad der Marke *C & N* nach einer internen Studie des Unternehmens in dem eigenen Hauptmarkt Deutschland gerade einmal mit 0,6 % beziffert. Dagegen kennen ca. 26 % der Deutschen *Thomas Cook*. Selbst in Frankreich kennen ca. 16 % die Marke *Thomas Cook*, obwohl das Unternehmen auf diesem Markt bisher nicht präsent ist. Auch in den übrigen europäischen Märkten besitzt *Thomas Cook* eine relativ hohe Markenbekanntheit (Großbritannien 100 %, Niederlande 43 %, Belgien 28 %). Um für *C & N* in diesen Märkten eine vergleichbare Bekanntheit bei den Konsumenten zu erreichen, wäre ein Kommunikationsaufwand über ca. zehn Jahre je Markt von ca. 50 bis 100 Mio. € notwendig (vgl. SCHARRER: 2001: 7). Die bereits eingeführten Einzelmarken, sowohl auf dem deutschen als auch auf den internationalen Märkten, sollen zunächst unter dem neuen Dach weiter beibehalten werden (vgl. HILDEBRANDT 2001: 10f.). Insbesondere in den wichtigen Zielgebieten werden die beiden starken Marken *Neckermann*[29] und *JMC*[30] weiter nebeneinander bestehen bleiben. In Zielgebieten mit einem geringen Gästeaufkommen dieser Marken werden die Zielgebietsagenturen unter dem einheitlichen *Thomas Cook*-Dach firmieren, das um die vor Ort präsenten Veranstaltermarken ergänzt wird (vgl. SCHARRER 2001: 8). Ein weiterer Schritt in Richtung einer integrierten Markenführung ist die Umbenennung der Charterfluggesellschaft *Condor* in *Thomas Cook*.

Bei den touristischen Zielgebieten/Destinationen konnten sich bisher nur sehr selektiv Marken etablieren. Ein großer Teil der Destinationen ist derzeit im Begriff, eine eigene Marke aufzubauen. Die Bedeutung einer starken Marke als strategischer Vorteil auf den jeweiligen touristischen Märkten wird zunehmend von den Verantwortlichen in den Destinationen erkannt (vgl. Abbildung 1 auf S. 6). Häufig fehlen aber noch wesentliche Voraussetzungen für eine erfolgreiche Markenpolitik in Destinationen: eine destinationsweite Zielformulierung, eine Bündelung der Aktivitäten der touristischen Akteure innerhalb der Destination sowie eine strategische Ausrichtung der Destination. Darüber hinaus fehlt es an den organisationalen Strukturen, um die Markenpolitik für eine touristische Destination umsetzen zu können und einen einheitlichen Marktauftritt der touristischen Akteure im Sinne der Markenstrategie umsetzen zu können. Die damit verbundene Problematik wird in Kapitel 6 ausführlich dargestellt und diskutiert.

Nach GRÖNROOS (1984: 42f.) spiegelt sich Dienstleistungsmarketing in drei unterschiedlichen Ebenen wieder: internes, externes und interaktives Marketing[31]. Demnach läßt sich eine Mar-

29 Neckermann ist die seit knapp 40 Jahren bestehende Hauptmarke von C & N in Deutschland.

30 Unter JMC – nach dem Sohn des Firmengründer James Mason Cook – firmiert das Flugpauschalreisegeschäft und die eigene Fluggesellschaft von Thomas Cook in Großbritannien.

31 *Externes* Marketing befaßt sich mit den Aktivitäten zur Kommunikation der Leistungsbereitschaft, der Preisfindung, dem Vertrieb und der Absatzförderung, also dem klassischen Marketingmix. Das *interne* Marketing umfaßt alle Aktivitäten, die das Unternehmen zur Schulung und Motivation des eigenen Personals durchführt. Das *interaktive* Marketing

kenphilosophie für Dienstleistungen nur dann umsetzen, wenn neben dem klassischen Marketingansatz der Kundenorientierung die tragende Rolle der Mitarbeiter berücksichtigt wird. Da diese im direkten Kontakt zu den Kunden stehen und in der Regel mit diesen zusammen interaktiv die Leistung erstellen, ist es unabdingbar, daß sie die Markenphilosophie verstanden haben und im Kundenkontakt auch umsetzen können. Demnach gehört neben dem Beherrschen des Marketinginstrumentariums eine ausgefeilte Personalpolitik als zentrales Element zur strategischen Markenführung von Dienstleistungen (vgl. BERRY/PARASURAMAN 1992: 142). Das markenspezifische Verhalten der Mitarbeiter beeinflußt aufgrund mangelnder materieller Wahrnehmungsmerkmale die Identität von Dienstleistungsmarken in einem hohen Maße, denn der persönliche Kontakt zum Mitarbeiter ist für den Kunden oftmals die einzige Möglichkeit zum Aufbau einer persönlichen Beziehung zur Marke bzw. dem Dienstleistungsunternehmen (vgl. MEFFERT/BURMANN 1996: 47). Ohne diese persönliche Beziehung ist der Konsument aber nicht in der Lage, Präferenzen für eine Marke aufzubauen.

Daher ist eine wesentliche Aufgabe des externen Marketings die Visualisierung von Dienstleistungsmarken mit Hilfe von Slogans. Eine bildliche Darstellung der Marke ist aufgrund der Immaterialität nicht möglich (vgl. KAPFERER 1992: 37). Die nachfolgenden touristischen Beispiele zeigen, daß mit dem Namen des Dienstleistungsanbieters bzw. der Destinationen Informationen verknüpft sind, die den Konsumenten bei der Präferenzbildung unterstützen sollen:

- TUI – Sie haben es sich verdient.
- Alltours – Alles aber günstig.
- Sylt – in Deutschland ganz oben.
- Österreich – aber sicher![32]

Ziel dieser Slogan-Kommunikation ist es, für den Konsumenten einprägsam zu sein und bei Bedarf – zum Beispiel bei der Planung des nächsten Urlaubes – eine Wiedererkennung zu bewirken und so in das *evoked set*[33] des Entscheiders zu gelangen. Der Slogan trägt dazu bei, daß sich die Marke eindeutig positionieren und von den Wettbewerbern abheben kann. Des weiteren soll über die Kommunikationsaussagen eine starke Bindung auf der Seite der Konsumenten begründet werden. Diese Bindung ist um so größer, je einzigartiger die Attribute ausgeprägt sind, die das Bild der Marke prägen (vgl. FERNER 1998: 27). Um dieses Ziel zu erreichen, werden die folgenden Grundanforderungen an die Kommunikation von Dienstleistungsmarken gestellt (in Anlehnung an MEYER/TOSTMANN 1995 12ff.).

---

befaßt sich damit, wie geschickt das Kundenkontaktpersonal mit dem Kunden umgeht (vgl. auch KOTLER/BLIEMEL 2001: 781f.).

32 Die Österreichwerbung reagierte mit diesem neuen Slogan auf die Sensibilisierung der Konsumenten nach den Terroranschlägen des 11. September 2001 in New York und ersetzte den bisherigen Slogan „Alltag raus, Österreich rein."

33 Unter dem *evoked set* versteht man die Menge an Marken, im weiteren Sinne die Menge an Produkten oder Dienstleistungen, die einem Verbraucher im Moment der Kaufentscheidung bewußt sind und als Alternative für ihn in Frage kommen (vgl. HOWARD/SHETH 1969: 26).

***Vertrauensbildung durch Information***

Die Qualität der Dienstleistung ist grundsätzlich für den Konsumenten schwer einschätzbar, da es sich in der Regel um eine persönliche, individuelle Leistung handelt, die im direkten Kontakt mit dem Leistungsersteller erbracht wird. Durch die persönliche Beziehung wird die Leistung einzigartig. Eine wichtige Aufgabe des Anbieters ist es daher, umfangreiche Informationen über den zu erwartenden Leitungsumfang zu kommunizieren, so daß der Kunde eine Erwartung aufbauen kann. Wesentlich ist, wie durch *Gap 4* im Model von ZEITHAML, PARASURAMAN UND BERRY (vgl. Abbildung 5, S. 32) bereits ausgedrückt wurde, daß das kommunizierte Leistungsversprechen auch tatsächlich umgesetzt werden kann.

***Kontinuität in der Kommunikation***

Als wesentliches Instrument für den Aufbau von Vertrauen gilt die Kontinuität in der Leistungserstellung. Grundvoraussetzung für eine langfristige Kundenbindung ist, daß das Bild der Marke sowie die Markenidentität über einen langen Zeitraum aufgebaut und weiterentwickelt werden, dabei aber die relevanten Inhalte und Aussagen – der Markenkern – aufrechterhalten werden. Es sollte lediglich eine Anpassung des Erscheinungsbildes an den aktuellen Geschmack erfolgen. Beispielsweise hat sich das Erscheinungsbild der *Milka*-Tafelschokolade (Standard-Tafel mit 100 g) im Verlauf von 100 Jahren nur sehr dezent verändert. Heute steht allerdings die Wort-Bild-Marke *Milka* in Verbindung mit der Lila Kuh im Vordergrund, während auf dem ersten Wickler von 1901, bereits in der Farbe lila gehalten, noch der Firmenname *Suchard* in goldener Schrift im Mittelpunkt stand (vgl. ANDERS/FRANZ/EISING 2001: 32ff.).

***Kommunikation von Ersatzindikatoren***

Um die Komplexität der Dienstleistung darstellen zu können, ist es oftmals notwendig, auf Ersatzindikatoren zurückzugreifen. Solche Indikatoren können die Präsentation betriebsinterner Faktoren, bspw. Gebäude, Hotelzimmer, Fluggeräte, aber auch die Mitarbeiter selbst sein. Solange keine persönliche Beziehung zwischen Anbieter und Konsument besteht, werden derartige High Touch-Faktoren als Entscheidungskriterien durch den Nachfrager gesucht. Hinzu kommt als wesentliches Qualitätskriterium das Unternehmensimage, das oftmals mit dem persönlichen Image einer Person, häufig dem Inhaber oder Firmengründer, zusammenhängt. Sind derartige Leitfiguren vorhanden, können sie wesentlich zu einem Vertrauensaufbau beitragen (z. B. Herr Kaiser von der Hamburg-Mannheimer-Versicherung). Das Image wird zu einem Schlüsselfaktor beim Aufbau einer Erwartungshaltung gegenüber dem Leistungsversprechen. Die Bedeutung von Ersatzindikatoren nimmt vor allem auch dann eine wichtige Position ein, wenn es sich um Leistungen handelt, die mit einem sozialen Geltungsnutzen verbunden sind und Prestige vermitteln.

### *Gefühlsbetonte Aussagen*

Bei der Verwendung gefühlsbetonter Aussagen handelt es sich um eine besondere Form von Ersatzindikatoren. Da die tatsächlichen Produktmerkmale der Dienstleistung nicht visualisiert kommuniziert werden können, greifen Marketingfachleute vermehrt auf gefühlsbetonte Aussagen zurück. Mit deren Hilfe soll eine positive Einstellung gegenüber der Dienstleistungsmarke aufgebaut werden. Das Ziel dieser Kommunikation ist es, bei den potentiellen Kunden Emotionen zu wecken. Erst im weiteren Verlauf werden dann konkrete Leistungsmerkmale kommuniziert. Beispielsweise wurden im Fernsehspot des Reiseveranstalters TUI (1999) keinerlei Leistungsmerkmale, sondern lediglich Impressionen eines Strandurlaubes mit klarem, blauem Wasser und weiten Sandstränden mit dem Slogan „Sie haben es sich verdient", kommuniziert.

### *Interne Zielgruppen*

Ein wichtiges Element bei der Erstellung der Dienstleistung ist das Kundenkontaktpersonal des Anbieters. Erst durch das Verhalten der Mitarbeiter wird in vielen Fällen eine Marke für den Konsumenten erlebbar. Daher ist es notwendig, daß gerade die eigenen Mitarbeiter mit den Qualitätskriterien – die in der Regel direkt an den Konsumenten kommuniziert werden – vertraut sind und sich auch mit diesen identifizieren (vgl. AAKER/JOACHIMSTHALER 2000: 87). Wie die Entstehung der Qualität im Modell von ZEITHAML, PARASURAMAN UND BERRY zeigt (vgl. Abbildung 5, S. 32), ist das Verhalten des Kundenkontaktpersonals ein wichtiger Einflußfaktor für die Dienstleistungsqualität und somit auch mittelbar für das Unternehmensimage (vgl. WITTKE-KOTHE 2001: 2).

### *Drei-Phasen-Kommunikation*

Im Konsumgüterbereich wird die Kommunikation auf die Vorkaufsphase beschränkt, da es lediglich notwendig ist, den Konsumenten von der Qualität und den Leistungsmerkmalen eines Produktes zu überzeugen. Unterstützt werden die Anbieter in dieser Phase oftmals durch neutrale Institutionen, die die objektive Qualität der Produkte testen (z. B. Stiftung Warentest). Eine Beschränkung auf die Vorkaufsphase gilt im Bereich der Dienstleistungen jedoch als nicht ausreichend. Vielmehr werden hier drei Kommunikationsphasen – vor, während und nach der eigentlichen Dienstleistungsproduktion – unterschieden, in denen eine unterschiedliche Kundenansprache erfolgen sollte (vgl. auch HILKE 1989a: 10ff.). Die mittlere Phase – während der Leistungserstellung – wird, bezogen auf das Ergebnis und die Zufriedenheit des Konsumenten, als die wichtigste Phase angesehen. In ihr wird die konkrete Leistung anhand der kommunizierten Ansprüche des Konsumenten erstellt; darüber hinaus erläutert der Dienstleister seine Vorgehensweise.

Um eine langfristige Kundenbindung erreichen zu können, ist eine Nachbetreuung durch den Dienstleistungsersteller sinnvoll. Einerseits erhöht sie die Wahrscheinlichkeit einer wiederholten Inanspruchnahme der Leistung, andererseits fördert sie die Multiplikatorfunktion des zufriedenen Kunden. Eine häufig anzutreffende Maßnahme in diesem Sinne ist der Versand eines Destinationsprospektes oder Urlaubskataloges an die bisherigen Kunden oder das Versenden von Weihnachtskarten.

Abschließend stellen MEYER und TOSTMANN fest, daß es im Bereich der Marktkommunikation von Dienstleistungen zur Zeit noch einen großen Nachholbedarf gibt und viele Dienstleistungsmarken bisher auch noch nicht eindeutig positioniert sind (vgl. MEYER/TOSTMANN 1995: 15). Insbesondere die Kommunikation eines Zusatznutzens wird zu einer wichtigen Aufgabe im Dienstleistungsmarketing, denn er repräsentiert den Markenwert aus der Sicht des Konsumenten und beeinflußt in erheblichem Maße die Kaufbereitschaft (vgl. MEFFERT/BURMANN/KOERS 2002a: 7).

### 2.3.3 Der Markenname

Der Markenname ermöglicht dem Konsumenten die Wiedererkennung eines Produktes bzw. des Anbieters in der konkreten Kaufsituation und trägt somit erst dazu bei, daß der Konsument ein Produkt oder eine Leistung aus der anonymen Masse herausfiltern kann (vgl. WEINBERG/DIEHL 2001: 31). Dem Markennamen wird daher ein nicht unerheblicher Anteil am Erfolg einer Marke zugestanden. Er gilt als das Kernsignal der Marke und wird dadurch zur Grundlage ihrer Bekanntheit (vgl. DUDENHÖFFER 1998: 116). Unterstützt wird der Name in der Regel durch ein einprägsames Logo und/oder einen Slogan, der es der Marke ermöglicht, sich im *evoked set* des Konsumenten zu plazieren. Hierzu muß aber bereits eine emotionale Verbindung zwischen Konsument und Marke vorausgegangen sein, die über die Kommunikation an die Marktteilnehmer aufgebaut wurde. Mit der Kommunikation einer Marke erfolgt erst der Aufbau eines Images, das dem Konsumenten einen emotionalen Erlebniswert bei dem Kontakt mit der Marke vermitteln kann (vgl. KROEBER-RIEL/WEINBERG 1999: 130f.).

Der Markenname gilt im Rahmen der Markenpolitik als das wertvollste Kapital eines Unternehmens. Er stellt eine vielfältige Struktur von Symbolen und Inhalten dar und verfügt somit über eine eigenständige Bedeutung und Präsenz am Markt (vgl. KOHLI/LABAHN/THAKOR 2001: 453). Der richtige Markenname ist zum strategischen Erfolgsfaktor geworden und wird von einigen Autoren als der Schlüssel zum Markenerfolg bezeichnet (vgl. IBIELSKI 1990: 414; LATOUR 1992: 140), wobei bei der Bedeutung des Markennamens keine signifikanten Unterschiede zwischen Konsum- und Investitionsgütern bestehen (vgl. KOHLI/LABAHN 1997: 72). Daher ist seine Entwicklung mit besonderer Sorgfalt durchzuführen und sollte dem Produkt oder der Dienstleistung nicht auf die Schnelle zugedacht werden. Vielmehr sollte mit dem Namen ein Konzept verbunden sein, das auch in dem Produkt oder der Dienstleistung zum Ausdruck kommt (vgl. KOTLER/BLIEMEL 2001: 746). Allerdings wird es bei der heutigen Markenflut immer schwieriger, einprägsame Namen zu entwickeln und schützen zu lassen.

Erst mit dem Eintrag in die Markenrolle ist der Name geschützt. Dazu ist es aber notwendig, daß der Markenname zu einer eindeutigen Unterscheidung des Produktes oder der Leistung beitragen kann. Dabei darf der Name nicht zu sehr auf den Produktinhalt, die angesprochene Zielgruppe oder die Produktqualität eingehen, da diese Informationen dazu führen können, daß die Schutzwürdigkeit eines solchen Namens nicht gegeben ist. Das ist in der Regel dann der Fall, wenn die Produktkategorie ein wesentlicher Bestandteil des Markennamens ist. Darüber hinaus muß er sich gegen Nachahmungen behaupten können und ein eigenes Profil entwickeln (vgl. KIRCHER 2001: 480).

Grundsätzlich sollten neue Markennamen vor der Produkteinführung bei der anvisierten Zielgruppe auf Akzeptanz getestet werden. Die Konsumenten besitzen häufig vorgefertigte Meinungen über Produktnamen, auch wenn diese als neue Wortschöpfung von einem Computer vorgeschlagen wurden. Es werden unbewußt Rückschlüsse aus dem Markennamen gezogen, beispielsweise die Qualität des Produktes betreffend. Untersuchungen haben ebenfalls gezeigt, daß Verbraucher Produkte mit typischen Produktnamen im Vergleich zu Produkten mit atypischen Produktnamen bevorzugen (vgl. KOHLI/LABAHN/THAKOR 2001: 460f.).

Für ein Produkt mit einem eingeführten Namen sind die Konsumenten in der Regel bereit, einen höheren Preis zu zahlen (vgl. KOHLI/LABAHN/THAKOR 2001: 454f.). Zur Akzeptanz und Bedeutung von Markennamen wurden unterschiedliche Untersuchungen durchgeführt. Bereits im Jahr 1964 konnte MAKENS mit einem heute als klassisch bezeichneten Markenexperiment die Bedeutung von Markennamen für die Qualitätswahrnehmung verdeutlichen (vgl. MAKENS 1965: 261ff.). Zwei Gruppen von Versuchspersonen wurden Putenfleisch-Kostproben von objektiv gleicher Qualität vorgelegt. Ein Teil der Proben wurde mit einem bekannten, der andere mit einem unbekannten Markennamen versehen. Es zeigte sich, daß ca. 56% der Probanden die bekannte Marke als qualitativ hochwertiger und geschmacklich besser einschätzten. Lediglich 34% der Testpersonen zogen die unbekannte Marke vor, die restlichen Probanden konnten keine Präferenz äußern. Ein bekannter Markenname aktiviert offenbar ein Markenschema und beeinflußt automatisch die gesamte Produktwahrnehmung (vgl. KROEBER-RIEL/WEINBERG 1999: 291). Er verhilft dem Produkt oder der Dienstleistung zu einer eindeutigen Produktpositionierung und ermöglicht gleichzeitig den Schutz der Marke (vgl. LATOUR 1992: 140f.)

Noch stärker tritt der Einfluß des Markennamens bzw. des Markenimages bei Genußmitteln hervor, beispielsweise wenn man Biertrinker oder Zigarettenraucher einem Blindtest zur Beurteilung anonymisierter Markenprodukte unterzieht. So hat beispielsweise SPIEGEL in einem Experiment zur Imagewirkung eindeutig die positive Wirkung von Markennamen und der damit verbundenen Images auf die Bewertung von Zigarettenmarken gezeigt. Demnach sind der Markenname, die Markierung und das auf diese Art vom Konsumenten wahrgenommene Image wesentliche Bestandteile des Produktes (vgl. SPIEGEL 1961: 40f.)[34]. Der Markenname

34 Starke Raucher unterschiedlicher Marken wurden zu einem Test eingeladen, der vordergründig die Beurteilung einer neuen Zigarettenmarke zum Inhalt hatte. Die Probanden bekamen unprofessionell gestaltete Beurteilungsbogen sowie

und damit verbunden die individuelle Markierung, aber vor allem das mit dem Namen verbundene Image haben einen wesentlichen Einfluß auf den Erfolg von Markenprodukten. In einem Feldexperiment, durchgeführt von der *Carling Brewing Company* zur Beurteilung von Biermarken[35], konnte darüber hinaus gezeigt werden, daß – unter der Bedingung, daß eine positive Identifikation der individuellen Stammarke möglich war – eine signifikant höhere Bewertung über die getesteten Kriterien erfolgte. Insgesamt wurden alle Marken besser beurteilt, allerdings ist auch der Abstand zwischen den Marken gewachsen, d. h. aufgrund des Experimentes mit den gelabelten Bierflaschen konnte eine Rangfolge der Marken ermittelt werden (vgl. ALLISON/UHL 1964: 36ff.).

Markennamen helfen, Produkte und Dienstleistungen zu identifizieren. Von wesentlich größerer Bedeutung ist in diesem Zusammenhang aber die Vorstellung, die Konsumenten von einer Marke besitzen. Diese wird durch Symbole, Slogans, das Marketing, aber auch durch die öffentliche Diskussion unterstützt. Daher ist es notwendig, neben dem Namen und den damit verbundenen Merkmalen einer Marke ein eigenständiges Image aufzubauen, welches dem Konsumenten hilft, eine bestimmte Marke mit den Wettbewerbern zu vergleichen (vgl. KOHLI/LABAHN 1997: 67).

Die Auswahl und Gestaltung des Markennamens haben für den zukünftigen Erfolg im Wettbewerb und vor allem für die Wahrnehmung durch den Konsumenten eine wesentliche Bedeutung. Bei der Namensgebung können grundsätzlich unterschiedliche Ziele verfolgt werden, wobei die Vermittlung einer beabsichtigten Positionierung (bspw. *1-2-fly* als preiswerte *TUI*-Marke) und der Aufbau einer Produktdifferenzierung, die eindeutige Zuordnung zu einem Markensegment, die Entwicklung eines unverwechselbaren Images sowie die leichte Merkbarkeit des Namens zu den wichtigsten Markenzielen gezählt werden. Der Übertragbarkeit des Markennamens in andere Sprachen wird dagegen nur eine nachgeordnete Bedeutung zugesprochen (vgl. KOHLI/LABAHN 1997: 71f.; siehe auch Tabelle 5).

In Tabelle 5 sind die wichtigsten Kriterien zur Bewertung von Markennamen aus Unternehmenssicht zusammengefaßt, deren Erfüllung in einzelnen Tests am Markt überprüft werden sollten. Ziel dieser Tests ist es, die durchschnittliche Anzahl von 46 Namen, die von Un-

---

unmarkierte Zigaretten, hinter denen sich allerdings die Stammarke des jeweiligen Probanden verbarg, ausgehändigt. D. h., jeder Proband bekam seine Stammarke als nacktes Produkt zur Bewertung ausgehändigt. Die Ergebnisse ergaben aufgrund der experimentellen Versuchsanordnung durchweg schlechte Beurteilungen ohne signifikante Unterschiede zwischen den Marken, wobei die Beurteilungen mit der Fortdauer des Experiments schlechter wurden. Die eigene Marke blieb im Experiment unentdeckt. Den Probanden wurde im Verlauf des Experimentes die Möglichkeit angeboten, im Nebenraum eine Pause einzulegen, bei der neben Kaffee auch die Zigaretten-Stammarke der Probanden zur Verfügung stand. Die Mehrzahl der Probanden äußerte im zwanglosen Gespräch, wie gut doch diese (markierte und somit identifizierbare) Zigarette im Vergleich zur getesteten (unmarkierten, anonymen) Zigarette sei, ohne zu wissen, daß es sich um das identische Produkt handelte (vgl. SPIEGEL 1961: 40f.).

35 In diesem Experiment, durchgeführt von der *Carling Brewing Company*, erhielten männliche Probanden (n = 326), die mindestens dreimal in der Woche Bier trinken, zwei Wochen lang jeweils einen Sechser-Pack mit je drei Sorten Bier. Unter diesen drei Sorten sollte sich auch die jeweilige Stammarke befinden. Während es sich in der ersten Woche um einen Blindtest handelte, blieben in der zweiten Woche die Etiketten aufgeklebt. Unter der Blindtest-Bedingung konnten die Probanden keinen wesentlichen Qualitätsunterschied zwischen den zu testenden Marken erkennen, genausowenig waren sie in der Lage, ihre Stammarke zu identifizieren. Als überraschendes Ergebnis der zweiten Woche (in der die Biermarken anhand der Labels identifiziert werden konnten) zeigte sich, daß alle zu testenden Marken ein höheres Qualitätsurteil bekamen und – was weniger überraschte – die Stammarke mit einer Ausnahme jeweils am besten bewertet wurde (vgl. ALLISON/UHL 1964).

ternehmen im Namensvorgang zu untersuchen sind, deutlich zu reduzieren. Allerdings werden, obwohl die Bedeutung von Markennamen von den Unternehmen anerkannt wird, verhältnismäßig wenige Markennamentests durchgeführt. Ein Erklärungsversuch ist, daß die Namensgebung häufig als subjektive Aufgabe angesehen wird und Emotionen gegenüber der Vernunft dominieren (vgl. KOHLI/LABAHN/THAKOR 2001: 465ff.).

**Tabelle 5: Bedeutung einzelner Kriterien zur Bewertung von Markennamen aus Unternehmenssicht**

(vgl. KOHLI/LABAHN 1997: 72)

| Kriterien zur Bewertung von Markennamen | Bedeutung aus Unternehmenssicht[1) ]<br>(1=überhaupt nicht wichtig; 7=extrem wichtig) |
|---|---|
| Relevanz für die Produktkategorie | 5,99 |
| Assoziative und emotionale Bedeutung | 5,83 |
| Allgemeine Anziehungskraft | 5,79 |
| Leichtigkeit der Wiedererkennung () | 5,77 |
| Diskriminationsfähigkeit | 5,49 |
| Leichtigkeit der Erinnerung () | 5,42 |
| Vereinbarkeit mit dem Image des Unternehmens | 5,42 |
| Schutzfähigkeit des Namens | 5,14 |
| Leichtigkeit der Aussprache | 5,07 |
| Vereinbarkeit mit bestehenden Produktlinien | 4,95 |
| Profane oder negative Konnotationen | 4,59 |
| Verwendbarkeit des Markennamens für andere Produkte | 3,61 |
| Übertragbarkeit in andere Sprachen | 3,18 |

1) Die Stichprobenauswahl erfolgte auf Basis einer Unternehmensliste der American Marketing Association. Im Rahmen einer explorativen Befragung zur Markennamensgebung kamen insgesamt 101 Produkt- und Markenmanager amerikanischer Industrieunternehmen in die Auswertung der Untersuchung, was einer Rücklaufquote von 26% entspricht. Diese Gruppe unterscheidet sich bzgl. Unternehmensgröße, Branche und Position der Manager nicht von der nicht an der Untersuchung teilnehmenden Gruppe.

Der Prozeß der Namensgebung in touristischen Regionen wird in der Regel nicht bewußt geplant und durchgeführt, da man meist bereits auf einen historisch geprägten Begriff zurückgreift oder zurückgreifen muß. Für die Einwohner einer Region ist die weitere Verwendung eines solchen Namens selbstverständlich, oftmals auch für die eigene Identität notwendig. Allerdings wird bei einer derartigen Vorgehensweise nicht geprüft, ob der Destinationsname bei Außenstehenden eine Markenfunktion wahrnehmen kann (vgl. KIRCHGEORG 2002: 383). Daher erschweren sich die Verantwortlichen bei der Markenbildung für Regionen und Destinationen oftmals von vorneherein ihre Arbeit, wenn sie auf Markennamen aufbauen, deren Konstitution für die vorgesehene Aufgabe nicht oder nur bedingt geeignet ist. Andererseits ist es immer sinnvoll, einen eingeführten Namen auf sein Potential hin zu analysieren und zu überprüfen, inwieweit er geeignet ist, als Bezeichnung für eine Destinationsmarke eingesetzt werden zu können.

Bei der Markenbildung für touristische Destinationen, insbesondere bei den Bemühungen, den Namen der Destinationsmarke schützen zu lassen, ist ein häufiges Problem, daß der Name nicht geschützt werden kann. Da es sich um den Namen einer Region oder einer Stadt handelt, ist dieser grundsätzlich nicht im Sinne des Markenrechts schützenswert. Während die Verwendung von Marken und Markennamen nur deren Inhabern zusteht, können geographische Herkunftsbezeichnungen von allen Unternehmen verwendet werden, die ihren Sitz in der betreffenden Region oder der betreffenden Stadt haben (vgl. ZENTEK 1999: 201f.). Im Sinne einer Herkunftsbezeichnung können demnach alle Anbieter in dieser Region oder Stadt die geographische Abgrenzung bzw. den Namen der Stadt oder Region in ihrer Marktkommunikation verwenden sowie als Namensbestandteil in ihrer Unternehmensbezeichnung führen. Aus diesem Grund werden Destinationsnamen oft mit einem assoziativen Namenszusatz und/oder einem Slogan sowie einem individuellen Logo verbunden, die dann in der Gesamtheit ein schützenswertes Markenzeichen ergeben. Logos, Wort-Zeichen und Wort-Bild-Zeichen sind daher für den Aufbau eines Markensystems unbedingt notwendig (vgl. DEICHSEL 1998: 95). In der Außenkommunikation, sowohl in Werbemedien als auch innerhalb der Destination zur Orientierung der Gäste an touristischen Einrichtungen, werden dann das Logo und der Destinationsname in der Regel immer verbunden präsentiert. Beispielsweise kann Sylt als Name bzw. Bezeichnung der Nordfriesischen Insel nicht geschützt werden. Im Zusammenhang mit der assoziativen Ergänzung „In Deutschland ganz oben" und dem stilisierten Namenszug mit den eingearbeiteten Konturen der Insel ist ein eingetragenes Markenzeichen entstanden, das als Wort-Bild-Marke aufgebaut ist (vgl. Abbildung 8). Dieses Warenzeichen (Bild a) in der Abbildung) wird mit allen Produkten und Werbemedien des Markeninhabers, der Bädergemeinschaft Sylt GmbH, aber auch im Zusammenhang mit Veranstaltungssponsoring verwendet. Leicht abgewandelt wird es in unterschiedlichen Kommunikationsmedien eingesetzt. Die Nutzung dieses Markenzeichens durch Dritte ist nur mit ausdrück-

**Abbildung 8: Wort-Bild-Marke für die Insel Sylt**
(Quelle: Bädergemeinschaft Sylt GmbH)

a) Sylt-Logo als eingetragenes Markenzeichen

b) Logo der Bädergemeinschaft Sylt GmbH

c) Natürlich Sylt ist das jährlich erscheinende Image- und Informationsmagazin der Bädergemeinschaft Sylt GmbH

d) Logo des Internetauftritts der Bädergemeinschaft Sylt GmbH licher Genehmigung des Markeninhabers möglich. Mit dieser Namensergänzung sollen dem potentiellen Besucher zwei Kernaussagen vermittelt werden. Zum einen bedeutet „In Deutschland ganz oben“, daß es sich um den nördlichsten Landesteil in Deutschland handelt, zum anderen soll zum Ausdruck gebracht werden, daß Sylt zu den bedeutendsten touristischen Destinationen in Deutschland zählt und der Gast sich somit auf Sylt gut aufgehoben fühlen kann. Mit dem Ausdruck wird dem Gast darüber hinaus implizit vermittelt, daß er sich an einer der ersten Urlaubsadressen in Deutschland befindet bzw. sich für eine der ersten Urlaubsadressen in Deutschland entscheidet.

Vergleichbares kann auch für den Schweizer Wintersportort St. Moritz festgestellt werden, den ersten geschützten Ortsnamen weltweit (vgl. DANUSER/MEISSER 1987: B10). Hier wurde ebenfalls vor dem Hintergrund eines eingeführten Wintersportangebotes ein Logo entworfen, wodurch die Basis für eine Wort-Bild-Marke gelegt wurde. Bereits 1937 wurde die Sonne, die auch heute noch Bestandteil des Logos ist, als Warenzeichen eingetragen. Zu diesem Logo wurde in den 30er Jahren der Slogan „Top of the World“ entwickelt (vgl. Abbildung 9), der – ähnlich wie im Falle Sylts – eine Anspielung auf die besondere geographische Lage ist. Allerdings soll er in erster Linie auf die herausragende Positionierung des Ortes „als weltweit bekanntester Ferienort“ verweisen (vgl. DANUSER 2002). St. Moritz hat mit einer Höhe von 1800 m ü. N. N. ein exklusive Lage im Vergleich mit anderen Wintersportorten und ist weltweit der am höchsten gelegene Skiort. Er hat sich auf das Segment der „Sportler mit hohem Einkommen“ konzentriert. Mit der Marke *St. Moritz – Top of the World* wird eine gleichbleibende Qualität und ein für die angesprochene Zielgruppe klar definierter Nutzen verbunden (vgl. BIEGER 2002a: 188). Schon im Jahre 1864 wird die Qualität als Angebotsmerkmal an den potentiellen Gast kommuniziert und in das Image integriert, ebenso wie eine weltweite Ausrichtung des Marketings (vgl. DANUSER 2002).

**Abbildung 9: Wort-Bild-Marke für St. Moritz**
(Quelle: www.topofthealps.at)

Auch im Falle von St. Moritz wird das eingetragene Markenzeichen für unterschiedliche Kommunikationszwecke verwendet. Insbesondere wurden strategische Partnerschaften mit unterschiedlichen Unternehmen eingegangen, so daß eine gegenseitige Unterstützung bei der Kundenansprache stattfindet. Beispielsweise hat der Schweizer Uhrenhersteller *Chopard* eine *St. Moritz Collection* aufgelegt, seit kurzem wird Strom unter dem Namen *Pure St. Moritz*

*Power* vertrieben (vgl. DANUSER 2002). Die *AMA*, der größte Zusammenschluß unabhängiger Augenoptik-Fachgeschäfte in Deutschland, vertreibt unter dem Markenzeichen von St. Moritz eine exklusive Brillen- und Sonnenbrillenkollektion (vgl. AMA 2002).

Wird bei der Entwicklung von Destinationsnamen nach Marketinggesichtspunkten vorgegangen und ein Markenname aus mehreren Optionen anhand der in Tabelle 5 dargestellten Kriterien ausgewählt, wird mit großer Wahrscheinlichkeit ein Name entstehen, der keinen direkten Zusammenhang mehr mit dem landschaftlichen Raum besitzt, sondern den aktuellen Bedürfnissen der bevorzugten Zielgruppe entspricht. Wenn touristische Destinationen mit Namen versehen werden, die keinen Zusammenhang zur geographischen Lage herstellen, muß es sich um einen einprägsamen Namen handeln, der eine ausreichende Assoziation erlaubt, bei der anvisierten Zielgruppe auch Beachtung findet und in das *evoked set* der Entscheider gelangt. Gleichzeitig sollte auf einen langen Nutzungszeitraum geachtet werden. D. h., der Markenname darf nicht auf aktuellen Trends aufbauen, sondern sollte möglichst unabhängig von kurzlebigen Entwicklungen im Freizeit- und Tourismussektor sein. Da der Aufbau eines eigenständigen Images eines relativ langen Zeitraumes bedarf und sich dann nur schwer verändern läßt, wäre die Berücksichtigung kurzlebiger Entwicklungen eher schädlich für den Markenaufbau einer touristischen Destination. Als Beispiel für eine Destination mit einem Namen, der nicht in direktem Zusammenhang mit den landschaftlichen und geographischen Ressourcen steht, kann die *Ferienregion Heidiland* in der Schweiz genannt werden. Hier versucht man, den Familienurlaub in den Alpen mit der Figur der *Heidi* zu verknüpfen und so die Region Sarganserland-Walensee-Bünder Herrschaft-Wartau, die aus 15 Gemeinden besteht, unter einem einprägsamen Dach zu vermarkten. Indem als Namenspatin eine literarische Figur gewählt wurde, die darüber hinaus eine internationale Bekanntheit erlangt hat, kann ein langfristiger Profilierungserfolg der Destination erreicht werden (vgl. KAMBER 2002: 4ff.).

Im Zeitverlauf wird die Idee, die ursprünglich hinter der Marke gestanden hat, an Relevanz verlieren oder von der Konkurrenz kopiert werden. Bestand haben werden aber die Unterschiede, die zwischen dem eigenen Markennamen und der Konkurrenz im Kopf der Konsumenten entstanden sind. Diese Imagebilder sind die Elemente, die den langfristigen Erfolg einer Marke aufgebaut haben und auch weiterhin für das Bild der Marke bei den Konsumenten verantwortlich sind. Allerdings unterscheiden sich die Erfolgsmerkmale für eine langfristige Betrachtung von den Merkmalen einer kurzfristigen Erfolgsbetrachtung. In der kurzfristigen Betrachtung ist der Markenname oftmals mit einer neuen, einzigartigen Idee verbunden. Mit diesem Namen wird eine neue Produktkategorie aufgebaut, für die dieser Name prägend in der Vorstellung der Konsumenten wirkt. Daraus folgern RIES und RIES, daß das Prägende einer Marke nicht das Produkt an sich ist, sondern vielmehr der Markenname bzw. das, was die Konsumenten im Zeitverlauf in ihrer Vorstellung mit dieser Marke verbinden (vgl. RIES/RIES 1998: 73f.).

Eine der wesentlichen Entscheidungen bei der Markenbildung wird die Entscheidung über den Namen des Produktes oder der Dienstleistung sein, unter dem die Marke zukünftig angeboten werden soll. Dabei wird es aber gerade bei der Entwicklung von Markennamen für touristische Destinationen schwierig sein, traditionelle Bezeichnungen für landschaftliche Räume durch künstliche Namensgebungen, die vor dem Hintergrund einer effizienten Vermarktung der Destination entwickelt wurden, gegen das in der Regel hohe Traditionsbewußtsein der Einwohner und touristischen Akteure durchzusetzen.

### 2.3.4 Die Markenführung

Die Markenführung wird als ein zentrales Aufgabenfeld von Unternehmen bezeichnet und ist auch in der wissenschaftlichen Literatur als ein wesentliches Forschungsfeld erkannt worden (vgl. ESCH 2000: VI). Sie hat sich zu einem der wichtigsten Themenbereiche in der marktorientierten Unternehmensführung entwickelt, was sowohl von Seiten der Marketingwissenschaftler als auch der Marketingentscheider in Unternehmen anerkannt wird (vgl. MEFFERT/ BURMANN/KOERS 2002a: 4).

Unter Markenführung, in der wissenschaftlichen Literatur auch als Markenpolitik bezeichnet (vgl. MEFFERT/BURMANN 1996: 2f.; KOTTLER/BLIEMEL 2001: 735), kann allgemein ausgedrückt der Umgang mit dem Markenartikel verstanden werden. Dabei hat sich das Markenverständnis von einem Kennzeichen der Herkunft zu einem vertrauens- und identitätsbildenden Konzept entwickelt.[36] Die Markenführung kann als der Managementprozeß verstanden werden, der die Planung, Koordination und Kontrolle von Marketingmaßnahmen zur Gestaltung einer Marke umfaßt (vgl. MEFFERT/BURMANN/KOERS 2002a: 8).

Mit der Markenführung werden zwei grundsätzliche Ziele verbunden. Einerseits die Positionierung der Marke in den Köpfen der Konsumenten – denn dort entstehen Marken, bedingt durch die Kommunikation der Anbieter. Der Konsument wird sich für die Marke entscheiden, die subjektiv die bessere Problemlösung verspricht. Andererseits ist es die Aufgabe der Markenführung, Produkte und Dienstleistungen im Wettbewerbsumfeld, also im direkten Vergleich mit den Konkurrenzprodukten und -dienstleistungen zu positionieren (vgl. RIEGER 1984: 157 f.).

Die Markenführung ist strenggenommen kaum vom übrigen Marketing zu trennen, denn eine Marke entsteht letztendlich aus den unterschiedlichen, aber aufeinander abgestimmten Marketingaktivitäten eines Unternehmens. Marken können somit auch als das Ergebnis des Marketings angesehen werden (vgl. BELZ 1998: 39f.). Allerdings kann umgekehrt nicht geschlossen werden, daß Marketingaktivitäten eine Markenbildung zur Folge haben. Die Instrumente des Marketing-Mix werden auf die Markenführung übertragen. Dabei erfährt der aus den vier Bereichen Produkt-/Leistungs-, Kommunikations-, Distributions- und Preispolitik bestehende

36 Der Wandel in den Aufgaben der Markenführung ist bereits in Tabelle 6 (S. 66) dargestellt und wird ausführlich bei MEFFERT und BURMANN (1996, 2002a) diskutiert. Vgl. hierzu auch die Ausführungen in Kapitel 2.3 ab S. 37.

klassische Marketing-Mix (vgl. z. B. MEFFERT 2000: 972; KOTLER/BLIEMEL 2001: 149 ff.) im Dienstleistungsbereich eine Erweiterung. Je nach Autor kommen die Personalpolitik, die Ausstattungspolitik (z. B. die Einrichtungen der Dienstleistungserstellung – bei einem Hotelbetrieb die Zimmerausstattung oder das Gebäude an sich – oder die einheitliche Bekleidung des Personals) sowie die Prozeßpolitik hinzu (vgl. MAGRATH 1986: 47ff.; POMPL 1996: 48ff.). Im Dienstleistungsmarketing wird dann auch von den 7 P's[37] des Marketingmix gesprochen. Es finden sich in der Marketingliteratur auch Ansätze, die über diese Siebener-Systematik deutlich hinausgehen (vgl. hierzu FREYER 2001: 417f.). Andererseits wird auch die Auffassung vertreten, daß diese Erweiterungen um zusätzliche Ebenen im klassischen Marketing-Mix, insbesondere der Produktpolitik, bereits enthalten sind, es sich demnach lediglich um Präzisierungen handelt (vgl. MIDDLETON 1994: 65ff.; MEFFERT/BRUHN 2000: 277; CORSTEN 2001: 349f.). Vor diesem Hintergrund wird die Vierer-Systematik als ausreichend angesehen, auch wenn die herausragende Stellung der Mitarbeiter im Leistungserstellungsprozeß – in dem sie das Dienstleistungsunternehmen repräsentieren und so eine Marketingfunktion übernehmen – dafür spricht, sie als eigenständiges Element im Marketing-Mix zu betrachten (vgl. POMPL 1996: 52; MEFFERT/BRUHN 2000: 506f.).

Entsprechend den Veränderungen im Marketing selbst hat die Markenführung ebenfalls einen Wandel durchgemacht. In Tabelle 6 ist dieser Wandel während der letzten 150 Jahre knapp wiedergegeben. So war eine der wesentlichen Aufgaben im Markenwesen des 19. Jahrhunderts, ein Unterscheidungskriterium für die Herkunft von Waren zu erreichen. Auf die funktionsorientierte Markenführung der 60er Jahre folgte von ca. Mitte der 70er bis zum Ende der 80er Jahre ein nachfragerbezogenes oder wettbewerbsorientiertes Markenverständnis, das einerseits durch eine hohe Preissensibilität der Konsumenten, andererseits durch eine zunehmende Informationsüberlastung der Verbraucher gekennzeichnet war. Zu viele Informationen beeinflussen das Entscheidungsverhalten negativ, ebenso wie ein Mangel an relevanten Informationen (vgl. VAN RAAIJ 1980: 277).

Von Seiten der Markenführung entwickelten sich zwei unterschiedliche Ansätze: Neben einem *verhaltens- und imageorientierten Ansatz*, der das Markenimage und dessen Wirkung in den Mittelpunkt der Betrachtungen stellte (z. B. BEREKOVEN 1978: 43f.; AAKER/KELLER 1990: 27f., TROMMSDORFF 1992: 458), entwickelte sich parallel der *technokratisch-strategieorientierte Ansatz* der Markenführung (vgl. MEFFERT 1988: 115f.; HAEDRICH/TOMCZAK 1996: 23ff.). Es standen die Planung, Koordination und Steuerung aller auf den Absatzmarkt gerichteten Aktivitäten als Aufgaben der Unternehmensführung im Mittelpunkt der Betrachtung. Unterstützt wurde diese Entwicklung durch die wachsende Bedeutung des Markenwertes, der eng mit dem Unternehmenswert verbunden ist.

Heute dagegen wird mit dem Markenmanagement eine emotionale Bindung zur Marke und teilweise zum Produzenten aufgebaut. Sie soll beim Konsumenten eine Entscheidungssicher-

37 Die klassischen 4 P's des Marketingmix Product, Promotion, Place and Price erfahren im Dienstleistungsmarketing eine Erweiterung um Personnel, Physical Facilities, Process Management zu 7 P's (vgl. MAGRATH 1986: 48f.).

heit aufbauen, auf Grund derer er sich in einer konkreten Konsum- oder Kaufsituation für diese Marke entscheidet. Insbesondere in den 90er Jahren hat die Markenführung durch das Zusammenwachsen der Märkte und internationaler Verflechtungen an Bedeutung gewonnen. Gleichzeitig kann ein verstärktes Vordringen der Dachmarkenpolitik festgestellt werden, die, vor dem Hintergrund einer zunehmenden Markeninflation, die Durchsetzung und Positionierung von Produkten erleichtert (vgl. MEFFERT/BURMANN: 1996: 11f.). Auch in dieser Marktphase kam es zu einer parallelen Entwicklung unterschiedlicher Ansätze der Markenführung.

**Tabelle 6: Entwicklung des Markenverständnisses**
(Quelle: vgl. MEFFERT/BURMANN 2002a: 19)

| **Zeitraum** | **Mitte 19. Jh. bis Anfang 20. Jh.** | **Anfang 20. Jh. bis Mitte 60er Jahre** | **Mitte 60er bis Mitte 70er Jahre** | **Mitte 70er bis Ende 80er Jahre** | **90er Jahre** |
|---|---|---|---|---|---|
| **Aufgaben-umwelt** | • Industrialisierung und Massen-produktion<br>• Qualitäts-schwankungen<br>• Anonyme Ware (Stapelware) vor-herrschend | • wirtschaftliches Wachstum „Nach-fragesog“<br>• Zahlreiche tech-nische Innova-tionen<br>• Verkäufermärkte | • Rezession/ 1. Ölkrise<br>• Aufhebung der Preisbindung (1967)<br>• Käufermärkte | • gesättigte Märkte<br>• Hohe Imitations-geschwindigkeit<br>• „Information Overload“<br>• Qualität als k. o.-Kriterium | • Informationsge-sellschaft, Multi-media<br>• Positionierungs-enge<br>• Verantwortungs-verlagerung von Einzel- zu (Un-ternehmens-) Dachmarken |
| **Handel-Hersteller-Beziehung** | • Persönliche Kun-denbeziehung des Herstellers und des Handels | • Handlangerfunk-tion des Handels<br>• Meinungsmono-pol der Hersteller-marke<br>• Produktivitäts-sprünge im Han-del<br>• Starke Ausbrei-tung klassischer Herstellermarken | • Einführung von Handelsmarken<br>• „Popularisierung des Marketing“<br>• Marken-Know-How-Asymmetrie zugunsten des Herstellers | • Wachsende Han-delsmacht und Konfliktver-schärfung<br>• Einführung von Gattungsmarken<br>• steigendes Know-How des Handels | • „Informations-monopol“ des Handels<br>• Intensivierung des Direktkontakts Hersteller-Kunde<br>• Marketingführer-schaft des Handels in vielen Berei-chen<br>• Handelsmarken verdrängen Her-stellermarken |
| **Marken-verständnis** | • Marke als Eigen-tumszeichen und Herkunftsnach-weis | • Warenfokus<br>• Marke als Merk-malskatalog | • Produktions- und Vertriebsmethode | • Nachfragerge-winnung<br>• Subjektive Mar-kenbestimmung | • Markenbildung als sozialpsycholo-gisches Phänomen<br>• Vertrauen und Identität als mar-kenprägende Ei-genschaften |
| **„Modernes Markenmana-gement“** | | • instrumenteller Ansatz „Marken-technik“ | • funktionsorien-tierter Ansatz | • verhaltens- und imageorientierter Ansatz<br>• technokratisch, strategieorien-tierter Ansatz | • fraktales Marken-management<br>• integriertes iden-titätsorientiertes Markenmanage-ment |

Zum einen entwickelte sich ein Ansatz der *fraktalen Markenführung*, die insbesondere von GERKEN (1994, 2001) geprägt wurde. Die Grundprinzipien der Markenführung verlieren an Relevanz, der Markenkern wird durch einen Mythos ersetzt (vgl. MEFFERT/BURMANN: 2002a: 27). Die Führung der Marke orientiert sich am Szenegeschehen sowie am Zeitgeist und inszeniert sie, so daß der nach immer neuen Erregungsdimensionen suchende Konsument ständig neuen Reizen ausgeliefert ist (vgl. GERKEN 2001: 18ff.). Die Wiedererkennbarkeit der Marke wird ersetzt zugunsten der Fähigkeit, hochflexibel den Marktauftritt zu variieren, da von sich ständig verändernden Nachfragerbedürfnissen ausgegangen wird (vgl. MEFFERT/BURMANN: 2002a: 27). Gerade durch diese Trendorientierung wird der Markencharakter von fraktalen Marken in Frage gestellt. SIMON (2001: 102) bezeichnet eine Marke, die einen Trend verkörpert, als Widerspruch in sich. Denn bevor sie zur Marke wird, ist der Trend bereits oftmals wieder vorbei, und die fraktale Marke hat ihren Wert wieder verloren und verschwindet vom Markt. Eine Marke, die sich den Trendströmen ständig anpaßt, kann sich nicht als Marke etablieren, da sie keine eigene Identität aufbauen kann.

Neben diesem Konzept hat sich die *identitätsorientierte Markenführung* entwickelt, die von einer starken Markenidentität als Vertrauensfundament für eine starke Kundenbindung ausgeht. Dabei spielt die kaufentscheidungsunterstützende Funktion der Marke und die Identifikation der Konsumenten mit der Marke eine wesentliche Rolle (vgl. KAPFERER 1992: 39f.; MEFFERT/BURMANN 1996: 13ff.). Vor dem Hintergrund anwachsender Markenportfolios durch den Zukauf eingeführter Markennamen wächst die Gefahr eines Identitätsverlustes durch das Zusammenlegen von Funktionsbereichen der Markenführung. Um dieser Gefahr begegnen zu können, versucht die integrierte Markenführung eine funktionsübergreifende Vernetzung aller mit der Markierung von Leistungen zusammenhängenden Entscheidungen und Maßnahmen zum Aufbau einer starken Markenidentität.

Die identitätsorientierte Markenführung versteht sich als ein nach außen und innen gerichteter Managementprozeß, der die Planung, Koordination, Durchsetzung und Kontrolle aller Maßnahmen zur Erzielung eines definierten Soll-Images bei den relevanten externen und internen Beziehungsgruppen des Unternehmens zum Inhalt hat (vgl. MEFFERT/BURMANN 2002a: 30). Aufgrund der Komplexität des Destinationsproduktes und der damit verbundenen Problematik bei der Markenführung touristischer Destinationen, scheint dieses Konzept ausreichend Raum für eine erfolgreiche Implementierung im Destinationsmanagement zu bieten. Daher wird dieses Konzept im folgenden intensiver betrachtet. Darüber hinaus wird der Aspekt der internen Markenführung, die ein wichtiger Bestandteil in diesem Konzept ist, ebenfalls einer detaillierten Betrachtung unterzogen.

#### 2.3.4.1 Das Konzept der identitätsorientierten Markenführung

Nach wie vor gibt es in der Marketingwissenschaft keine eigenständige Theorie der Markenführung. Die vorstehend dargestellten Ansätze beziehen sich jeweils auf unterschiedliche Aspekte, die durch die veränderten wirtschaftlichen Rahmenbedingungen vorgegeben wurden. Mit dem Ansatz der *identitätsorientierten Markenführung* wird versucht, die umfangreichen angebots- und nachfragerorientierten Betrachtungsperspektiven in der Markenführung zu berücksichtigen. Daher wird neben der absatzmarktbezogenen Sichtweise der Markenführung eine unternehmensbezogene Betrachtung herangezogen, nach der die Kernkompetenzen der Marke und des Unternehmens dazu beitragen, das Vertrauen der Marktteilnehmer zu gewinnen (vgl. MEFFERT/BURMANN 2002b: 37ff.).

Bei der marktbezogenen Sichtweise wird der unternehmerische Erfolg in erster Linie durch das strategische Verhalten des Unternehmens im Wettbewerb beeinflußt, d. h., die Interpretation der und Reaktion auf die am relevanten Markt vorherrschenden Wettbewerbskräfte bedingen den Erfolg[38]. Auf diesen Überlegungen basiert das von PORTER entwickelte Konzept der fünf Wettbewerbskräfte, mit dessen Hilfe eine gesamte Branche, aber auch der relevante Markt und die marktbeeinflussenden Faktoren im Zusammenhang analysiert werden können (vgl. PORTER 1999a: 29 und insbesondere 1999b: 33ff.). Grundsätzlich wird davon ausgegangen, daß alle Wettbewerber innerhalb einer Branche über annähernd identische Voraussetzungen verfügen (vgl. KÖRFGEN 1999: 210). Entscheidend ist, daß man eine bessere Strategie für die Marktbearbeitung verfolgt als die konkurrierenden Unternehmen.

Demgegenüber werden bei der unternehmensbezogenen Betrachtung die Kernkompetenzen des Unternehmens als erfolgsbeeinflussende Faktoren herausgearbeitet. Als Kernkompetenzen werden die organisationalen Fähigkeiten verstanden, die zur Unterscheidung von anderen Unternehmen beitragen (vgl. PRAHALD/HAMEL 1990: 81ff.; RASCHE 1994: 40) Um dauerhaften Erfolg zu haben, wird das adäquate strategische Verhalten aus den unternehmensspezifischen Fähigkeiten und Ressourcen abgeleitet; die „richtige“ Nutzung der verfügbaren Ressourcen führt zu einem überdurchschnittlichen Kundennutzen, der dazu beiträgt, daß das Unternehmen eine eigenständige Positionierung am Markt erreichen kann (vgl. MEFFERT/ BURMANN 2002b: 38f.)[39]. Es kann bei den Voraussetzungen für die Bildung von Kernkompetenzen unterschieden werden zwischen Ressourcen[40], die im Unternehmen vorhanden sind, und den Fähigkeiten, die Ressourcen optimal zu bündeln und erfolgsoptimiert in die Unternehmensstrategie einzubinden. Nach GRANT sind Ressourcen die Grundlage für die unternehmensspezifischen Fähigkeiten, die gleichzeitig die Grundlage für die Ausbildung von Kernkompetenzen und somit für den unternehmerischen Erfolg sind (vgl. GRANT: 1991: 119).

Kernkompetenzen zeichnen sich dadurch aus, daß sie von den Wettbewerbern nur bedingt kopiert werden können, nicht substituierbar, wertvoll und knapp sind und gleichzeitig einen überlegenen Kundennutzen stiften (vgl. KÖRFGEN 1999: 211).[41] Die Aufgabe des Manage-

38 In diesem Zusammenhang wird auch vom *Structure-Conduct-Performance*-Paradigma gesprochen. Demnach wird der Erfolg einer Branche durch die Struktur und das Verhalten in ihr erklärt. Die Struktur gibt die Rahmenbedingungen vor, die von den Unternehmen beachtet werden müssen. Innerhalb dieser Strukturen besteht ein Handlungsspielraum, dessen individuelle Umsetzung den Markterfolg der Unternehmen bedingt. Das *S-C-P*-Paradigma ist gleichzeitig die Ausgangsüberlegung der Industrieökonomik. (vgl. o. V. 2000a : 1505).

39 An dieser Stelle wird auch vom *Resource-Conduct-Performance*-Paradigma gesprochen. Die wettbewerbsbeeinflussende Bedeutung von Fähigkeiten und Fertigkeiten wurde bereits in den 50er Jahren von SELZNICK (1957) und PENROSE (1959/1980) diskutiert.

40 Nach GRANT (1991: 119) lassen sich die Ressourcen in sechs Kategorien aufteilen: finanzielle, physische, humane, technologische und organisatorische Ressourcen sowie die Reputation des Unternehmens.

41 Ressourcen und Fähigkeiten tragen zur Nutzenstiftung beim Kunden bei, wenn sie grundsätzlich zu einer Leistungssteigerung des Unternehmens i. S. einer Effizienz- und Effektivitätsverbesserung beitragen können. Dazu müssen sie

ments liegt darin, die intern vorhandenen Eigenschaften – die Kernkompetenzen – zu kontrollieren und in einer Form zu kombinieren, die den Anforderungen des Marktes gerecht wird. Die erkannten Kernkompetenzen gelten als die Basis für strategische Überlegungen und tragen dazu bei, eine führende Position durch den Aufbau von Marken in den Kernmärkten zu erreichen (vgl. PRAHALAD/HAMEL 1990: 91). Für die Markenführung bedeutet dies, daß der Erfolg letztlich auf der Fähigkeit beruht, die Kernkompetenzen in einer einmaligen Form zu kombinieren und am Markt zu kommunizieren und den Konsumenten somit eine kompetente Problemlösung anzubieten (vgl. MEFFERT/BURMANN 2002b: 39).

Der Marktkontext darf bei der Kommunikation der Kernkompetenzen allerdings nicht außer acht gelassen werden. Es gibt wesentliche Hinweise auf die Ansprüche und Bedürfnisse der Nachfrager. Allerdings wird den Marktbedingungen und dem Marktumfeld gegenüber der in der Industrieökonomik ausgedrückten Sichtweise eine deutlich geringere Bedeutung zugestanden (vgl. KÖRFGEN 1999: 210). Der Aufbau von Kernkompetenzen ermöglicht es einem Unternehmen, seine Wettbewerbsposition zu festigen und gegenüber den Wettbewerbern zu behaupten (vgl. PRAHALD/HAMEL 1990: 91). MEFFERT und BURMANN sprechen davon, daß neben einer wettbewerbs- und somit marktbezogenen Sichtweise (*Outside-In*-Perspektive) eine ressourcenbezogene Sichtweise (*Inside-Out*-Perspektive) im Sinne der Berücksichtigung von Kernkompetenzen notwendig ist, um eine erfolgreiche Markenführung etablieren zu können. Das Konzept der identitätsorientierten Markenführung wird dieser Forderung gerecht und verknüpft beide Ansätze (vgl. MEFFERT/BURMANN 2002b: 40). Die Marktgegebenheiten und daraus ableitbare Implikationen für den Wettbewerb machen grundsätzlich erst eine Markenführung notwendig. Bestehen keine Konkurrenzbedingungen am Markt, ist eine identitätsorientierte Markenführung nicht erforderlich, da der Konsument keine konkurrierenden Leistungen miteinander vergleichen muß. Lediglich das Angebot an sich muß kommuniziert werden, damit der Konsument es in sein Kaufprogramm aufnehmen kann.

Die Identität der Marke wird als zentrales Merkmal der identitätsorientierten Markenführung herausgestellt. Die Markenidentität setzt sich aus den unterschiedlichen Facetten der Marke und dem Markenkonzept zusammen. Nach KAPFERER kann die Markenidentität durch die Beantwortung der nachstehenden Fragen dargestellt werden (vgl. KAPFERER 1992: 39): Wer oder was bewirkt

- die Unterscheidung,

das Unternehmen befähigen, Marktchancen auszuschöpfen bzw. Risiken zu reduzieren. Nur solange Kompetenzen knapp sind, tragen sie zur Entwicklung und Festigung von Kernkompetenzen bei. Gleichzeitig bedeutet dies, daß die Konkurrenz diese Kompetenzen nicht unmittelbar kopieren kann, da dadurch der Wettbewerbsvorteil verlorengeht.
Als Imitationsbarrieren gelten u. a. der historische Ursprung der Ressourcen, da eine zeitliche Entwicklung i. d. R. nicht verkürzt werden kann sowie die Unternehmensspezifität. Sie besagt, daß die Einbindung der Kompetenz in die Abläufe im Unternehmen erfolgsrelevant ist. An diesem Punkt setzt auch die kausale Ambiguität an, die zum Ausdruck bringt, daß Zusammenhänge der unternehmerischen Ressourcen von außen nicht identifiziert werden können und somit unklar bleiben. Das trifft insbesondere für Dienstleistungsunternehmen zu.
Ein weiteres wichtiges Merkmal ist die Nicht-Substituierbarkeit der nutzenstiftenden Kompetenzen. Kann der Nutzen durch andere Leistungen ebenfalls erbracht werden und ein nahezu identischer Kundennutzen realisiert werden, kann mit diesem Merkmal kein Wettbewerbsvorteil aufgebaut werden. (vgl. hierzu KÖRFGEN 1999: 211ff. und die dort zitierte Literatur).

- die Permanenz,
- die Homogenität,
- den Wert,
- die Authentizität,
- die Akzeptanz der Marke?

Die Beantwortung dieser Fragen ermöglicht den Markenmanagern, Ansatzpunkte für unterschiedliche strategische Überlegungen und eine gezielte Marktkommunikation zu erarbeiten. Gleichzeitig kann mit Hilfe dieser Fragen die Marke bzw. deren Botschaft definiert werden.

Können einzelne Marken nicht mehr auf der Basis unterschiedlicher Leistungsmerkmale unterschieden werden, ist dies letztendlich nur noch über die Markenidentität möglich. Diese Situation trifft immer häufiger auf touristische Zielgebiete zu. Außer den natürlichen Ressourcen, die aber bereits ansatzweise kopiert werden können (z. B. Indoor-Skianlagen; künstliche Strandwelt im *Ocean Dome* in Seagaia, Japan), werden die Angebotselemente (z. B. Ausstattung der Beherbergungsbetriebe, Freizeitangebote ...) zunehmend ähnlicher. Gleichzeitig tragen sie nicht mehr wesentlich zu einer Positionierung im Wettbewerb bei. Nach der Auffassung von MEFFERT und BURMANN festigt sich die Markenidentität erst langfristig als Folge der Wechselwirkung von marktorientiertem Handeln entsprechend der Ressourcenkompetenz im Unternehmen und der Wahrnehmung dieser Handlungen durch den Konsumenten (vgl. MEFFERT/BURMANN 2002b: 40). Dabei können Parallelen zur Entwicklung der persönlichen Identität bei Individuen festgestellt werden (vgl. Tabelle 7 und MEFFERT/BURMANN 2002b: 45ff.). Es lassen sich vier wesentliche Merkmale identifizieren: Ausgangspunkt für die Markenidentität ist die wechselseitige Beziehung zwischen Anbieter und Nachfrager bzw. die Wechselseitigkeit zwischen Eigen- und Fremdbild. Ohne den Aufbau von Relationen zwischen dem Selbst- und Fremdbild kann keine Identität entwickelt werden. Gleichzeitig ist eine Anpassung des kommunizierten Selbstbildes notwendig, da es in der Regel nicht mit dem Fremdbild übereinstimmt (vgl. FREY/HAUßER 1987: 16ff.). Diese Ausrichtung einer Marke an den Bedürfnissen der Konsumenten trägt gleichzeitig zur Differenzierung gegenüber dem Wettbewerb bei. Der Kontinuitätsaspekt besagt, daß die wesentlichen, identitätsbildenden Merkmale im Zeitverlauf relativ stabil bleiben und somit zur Identifizierung eines Individuums bzw. eines Objektes, einer Marke oder eines Unternehmens beitragen. Unterstützt wird dieser Aspekt durch die Konsistenz der im Rahmen der Markenführung umgesetzten Aktivitäten. Dabei bezieht sich die Konsistenz auf den Zeitpunkt der Wahrnehmung und drückt eine widerspruchsfreie Kombination der Markeneigenschaften aus. Als viertes Merkmal ist die Individualität der Marke (des Identitätsobjektes) im Vergleich zur Konkurrenz von Bedeutung. Hierbei ist die Wahrnehmung aus Sicht des Konsumenten der ausschlaggebende Faktor, also die subjektive Einschätzung der Differenzierungsmerkmale. BACKHAUS und WEIBER sprechen in diesem Zusammenhang von einem komparativen Konkurrenzvorteil (KKV), der besagt, daß die Leistung oder das Angebot des eigenen Unternehmens von den Konsumenten, basierend auf deren subjektiver Wahrnehmung, besser bzw. als überlegen eingeschätzt wird gegenüber der Leistung der Konkurrenz (vgl. BACKHAUS/WEIBER 1989: 2f.; BACKHAUS 1999: 26). Ein objektiver Leistungsvergleich könnte möglicherweise zu einem anderen Ergebnis führen. Der Konsument ist aber entweder nicht in der Lage, einen solchen objektiven Leistungsvergleich durchzuführen oder aufgrund anderer Informationen bereits zu einem Urteil gekommen, was eine weitere Informationssuche aus seiner Sicht überflüssig erscheinen läßt.

**Tabelle 7: Konstitutive Merkmale der Markenidentität**

(Quelle: vgl. MEFFERT/BURMANN 2002b: 45)

| Merkmal | Erläuterung aus Sicht der Markenführung | Zusammenhang zur persönlichen Identität des Individuums |
|---|---|---|
| Wechselseitigkeit | Die Identität der Marke entsteht durch<br>• die Abgrenzung gegenüber den Wettbewerbern und<br>• eine dauerhafte, enge Beziehung zu den Kunden.<br>Die Abweichung zwischen dem Selbstbild und dem Fremdbild bestimmt die Identitätsstärke. | Die Identität als Erkenntnis vom Anderssein. Die Identität entsteht durch Beziehungen zu anderen Menschen. |
| Kontinuität | Kontinuität der Markenphilosophie bzw. des Markenleitbildes. Personelle und materielle Kontinuität der Markenführung. | Kontinuität der Merkmale trägt zur Identifizierung einer Person bei. Zum Beispiel Geschlecht, Alter, Geburtsort, körperliche Merkmale |
| Konsistenz | Innen- und außengerichtete Abstimmung aller Aktivitäten im Rahmen der Markenführung. Vermeidung von Widersprüchen im Marktauftritt (Werbung, Erscheinungsbild ...) und im Führungsverhalten (Direktiven ...). | Zeitpunktbezogene, widerspruchsfreie Kombination von Persönlichkeitsmerkmalen. |
| Individualität | Vom Konsumenten wahrgenommene Einzigartigkeit bestimmter Merkmale der Marke im Vergleich zu konkurrierenden Marken. | Biologisch und soziologisch bedingte Einzigartigkeit des Individuums. |

Die Markenidentität kann **zusammenfassend** als die widerspruchsfreie, in sich geschlossene Ganzheit von Merkmalen einer Marke verstanden werden, die es ermöglicht, sie von anderen Marken dauerhaft zu unterscheiden und eindeutig zu identifizieren. Die Markenidentität entsteht erst in der wechselseitigen Beziehung zwischen internen und externen Bezugsgruppen der Marke und bringt die spezifische Persönlichkeit einer Marke zum Ausdruck. Auf Grund der Wechselseitigkeit muß bei der Markenidentität zwischen dem Selbstbild und dem Fremdbild der Identität unterschieden werden. Die Stärke der Markenidentität ist wesentlich vom Ausmaß der Übereinstimmung zwischen Selbst- und Fremdbild abhängig (vgl. MEFFERT/BURMANN 2002b: 47). Sie setzt sich insgesamt aus einer Kombination von Assoziationen und Merkmalen zusammen, die von den Markenstrategen des Unternehmens erarbeitet und kommuniziert werden und gleichzeitig ein Versprechen gegenüber dem Konsumenten darstellen (vgl. AAKER/JOACHIMSTHALER 2000: 43). Dieses Versprechen legt den Schluß nahe, daß neben dem unternehmensgesteuerten Selbstbild der Marke ein Fremdbild besteht, welches von unternehmensexternen Bezugsgruppen, in der Regel durch die Konsumenten, z. T. aber auch durch die Medienberichterstattung geprägt wird (vgl. MEFFERT/BURMANN 2002b: 49). Das Selbstbild oder die Markenidentität wird daher auch als Aussagekonzept der Marke bezeichnet, da Inhalt, Idee und die Eigendarstellung der Marke zum Ausdruck gebracht werden. Als Gegenpol besteht das Markenimage, das als Akzeptanzkonzept bezeichnet wird. Mit ihm wird verdeutlicht, wie die angesprochenen Zielgruppen die Aussagen der Markenidentität aufgenommen und interpretiert haben.

**Abbildung 10: Komponenten der Markenidentität**

(Quelle: MEFFERT/BURMANN 2002b: 51, ähnlich MEFFERT/BURMANN 1996: 35)

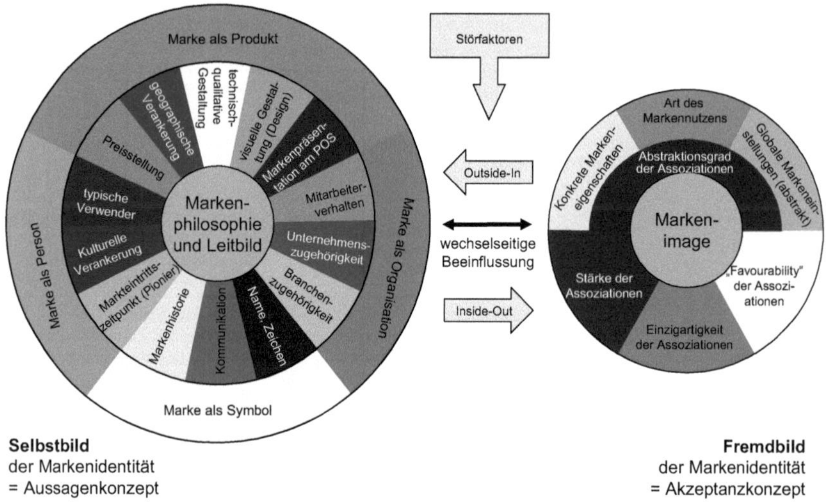


Für die Marketingverantwortlichen im Unternehmen hat die Markenidentität gegenüber dem Markenimage einen höheren Stellenwert, da zunächst die Marke konzipiert und der Öffentlichkeit die Idee der Marke vermittelt werden muß, bevor diese ein Image von der Marke aufbauen kann. Die Komponenten der Markenidentität sind in Abbildung 10 dargestellt. Die wechselseitige Beeinflussung von Markenphilosophie und -image wird vor allem durch die Art der Kommunikation zwischen Unternehmen und Konsumenten beeinflußt. Insbesondere der Einfluß der Konkurrenz (und deren Marktkommunikation), Informationen von Dritten oder Gerüchte unterschiedlicher Herkunft (in Abbildung 10 als Störfaktoren bezeichnet) sind bei der Analyse des Akzeptanzkonzeptes nicht zu unterschätzen bzw. sind explizit zu berücksichtigen (vgl. KAPFERER 1992: 44f.).

Die wesentliche Funktion des Aussagenkonzeptes ist die Formulierung des Kundennutzens, der aus Anbietersicht erfüllt werden soll. Dabei sind vor allem die Kernkompetenzen der Marke zum Ausdruck zu bringen, die die Grundlage der Markenpositionierung sind (vgl. MEFFERT/BURMANN 2002b: 49f.). Wie in Abbildung 10 sichtbar wird, bilden die Markenphilosophie und das Markenleitbild den Kern der Markenidentität. KAPFERER spricht in diesem Zusammenhang auch von dem *genetischen Code* der Marke, den er als den Ursprung der Marke bezeichnet. Er ist der eigentliche, unsichtbare Leitfaden aller Markenmodifikationen (Kommunikation sowie Produkte/Leistungen), denn eine Marke kann ihre Identität nur durch Veränderung demonstrieren. Damit ist gemeint, daß sich der Stil und die Positionierung einer Marke durchaus verändern können bzw. verändern müssen, insbesondere da sich ihre Nutzer ebenfalls verändern. TOMCZAK führt hierzu aus, daß eine Marke der ständigen Pflege bedarf. Dies bedeutet, daß ihre Botschaft in gewissen Zeitabständen hinterfragt werden muß. Als Konsequenz kann sich daraus ergeben, daß sie aus dem Markt genommen werden muß (vgl. BURGER 2001: 83). Den veränderbaren Teil der Marke bezeichnet KAPFERER als den *stilistischen Code* bzw. als *Themen der Kommunikation*, zu denen bspw. der Charakter und die Beschaffenheit eines Produktes oder einer Leistung gehören, ebenso wie der Bezug zum Verbraucher, der wiederum besonders für Dienstleistungen von Bedeutung ist (vgl. KAPFERER 1992: 110f.). Dieser *stilistische Code* befindet sich im Zentrum einer Dreierbeziehung zwischen dem Ursprung der Marke (*genetischer Code*), der Entwicklung der Käufer sowie der technologischen Entwicklung, die einen starken Einfluß auf die Beschaffenheit und Ausstattung der angebotenen Leistungen und Produkte hat (vgl. Abbildung 11).

Die Basis der Markenarchitektur ist im Zeitverlauf veränderbar und paßt sich den technologischen Möglichkeiten im weitesten Sinne sowie der Entwicklung der Konsumenten und dem Wandel der Konsumbedürfnisse an. Dieser Basis steht der zeitlose Ursprung der Marke als Grundstein für eine kontinuierliche Strategie gegenüber (vgl. KAPFERER 1992: 112).

Ausgehend von diesen Überlegungen finden sich allerdings nur wenige touristische Regionen, die im Sinne KAPFERERS über einen genetischen Code verfügen. Für viele Regionen gilt letztendlich, daß der Gast die Region als Urlaubsziel erkannt hat, aber kein eigenständiges Bild mit der Region verbindet. Unterstützt wird diese Tendenz dadurch, daß sich das touristische Angebot in den Destinationen zunehmend angleicht und somit die technologische Entwicklung und die veränderten Kundenanforderungen an die touristische Infrastruktur berücksichtigt. In den etablierten Urlaubsdestinationen finden die Gäste nahezu identische Ausstattungsmerkmale (z. B. in den Bereichen Wellness, Animation, Kinderbetreuung ...), so daß hier keine grundlegende Differenzierung mehr möglich erscheint. Hinzu kommt, daß touristische Zielgebiete oftmals Kundensegmente ansprechen, die mit der kommunizierten Botschaft wenig anfangen können. Beispielsweise werden von den Destinationen in Deutschland gerne junge Zielgruppen angesprochen, obwohl das traditionelle Gästeklientel eher ältere Gäste umfaßt. Von der touristischen Infrastruktur her bieten diese Destinationen bereits ein vergleichbares Angebot, wie beispielsweise die Sonnendestinationen im Mittelmeerraum. Meist fühlen sich die jungen Zielgruppen aber nicht vom Image (i. S. eines *generischen Codes*) dieser Destinationen angesprochen. Vielmehr wird der Urlaub in einer deutschen Urlaubsdestination eher als spießig angesehen. Hinzu kommt, daß sie in der Regel nicht viel Geld zur Verfügung haben und so der Deutschlandurlaub im Verhältnis zu teuer erscheint (vgl. TESCARI 2001: 100). Das Preisargument wird von Reiseveranstaltern in den jüngeren Pauschalangeboten durch all-inclusive-Angebote thematisiert. Dem Kunden wird so direkt mitgeteilt, was ihn ein Urlaub mit allen notwendigen Bestandteilen kosten wird.

**Abbildung 11: Architektur der Marke**
(Quelle: vgl. KAPFERER 1992: 111)

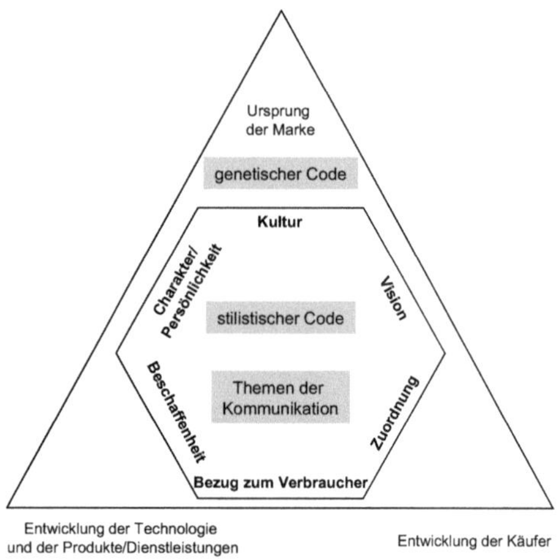


Dieser Zusammenhang wird in Abbildung 12 durch *Gap 1* und *Gap 3* verdeutlicht. Dem in der Werbung kommunizierten Selbstbild, das beispielsweise auf den von der angesprochenen Zielgruppe gewünschten Ausstattungsmerkmalen basiert, steht ein Fremdbild gegenüber, das durch Faktoren wie Mund-zu-Mund-Kommunikation oder persönliche Erfahrungen gebildet wird. Sie können durch das Aussagenkonzept der Anbieterseite nicht oder nur wenig beeinflußt werden. Dabei steht das Soll-Selbstbild[42] für die anbieterseitige Idealvorstellung der kommunizierten Markenidentität, während das Soll-Fremdbild das von den Anspruchsgruppen als ideal angesehene Image ausdrückt. Die Kenntnis dieses Idealimages einer Marke ist unerläßlich, um die anbieterseitige Umsetzung der Konsumentenansprüche an die Markenaussage zu integrieren (vgl. MEFFERT/BURMANN 2002c: 90).

---

42 Das Soll-Selbstbild einer touristischen Destination wird i. d. R. durch einen Leitbildprozeß definiert, in dem die touristischen Akteure ihre Ansprüche kommunizieren können. Vgl. auch die Ausführungen in Kapitel 6.1 ab S. 235.

**Abbildung 12: Das *Gap*-Modell der Markenführung**

(Quelle: vgl. KOERS 2001: 167 mit eigenen Ergänzungen)

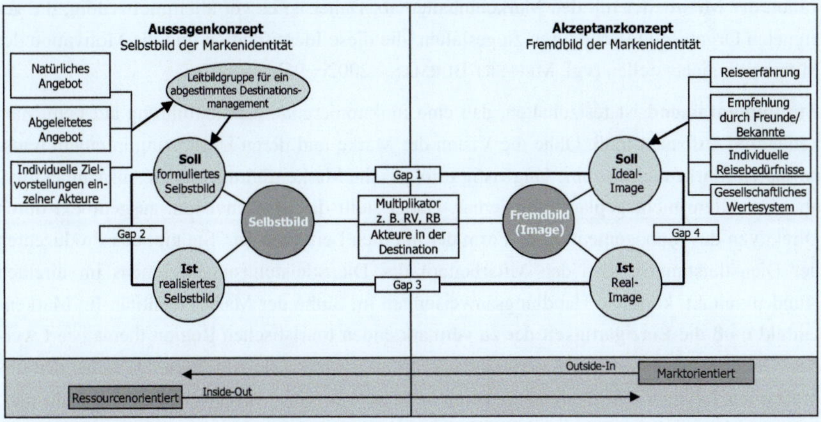


Die Diskrepanz zwischen dem Ist-Selbstbild – der realisierten Umsetzung der durch das Management vorgegebenen Markeninhalte in marktfähige Leistungen – und der Wahrnehmung der tatsächlichen Marktleistungen durch die angesprochenen Zielgruppen – dem Realimage – drückt aus, daß versprochene Leistungen vom Konsumenten nicht wahrgenommen werden bzw. wahrgenommen werden können (vgl. MEFFERT/BURMANN 2002c: 92). Wie bereits im Abschnitt zur Dienstleistungsqualität thematisiert wurde (vgl. Kapitel 2.2.2 ab Seite 29), ist für die Zufriedenheit der Konsumenten mit einer in Anspruch genommenen Leistung von wesentlicher Bedeutung, daß diese Diskrepanz (im Modell als *Gap* bezeichnet) möglichst gering ausfällt.

Anbieterseitig muß besonders auf die Umsetzung der Markeninhalte und -versprechen durch die eigenen Mitarbeiter geachtet werden (*Gap 2*). Oftmals ist es nicht möglich, die vom Management geforderten Merkmale und Qualitätsbedingungen tatsächlich umzusetzen. Neben technischen Restriktionen spielen hier vor allem finanzielle Einschränkungen und die Leistungsfähigkeit der Mitarbeiter im direkten Kundenkontakt eine wichtige Rolle. Daher ist es eine wichtige Aufgabe des Managements, den Mitarbeitern die Inhalte und Bedeutung des Soll-Selbstbildes zu vermitteln. Eng damit verbunden ist, daß die Mitarbeiter dieses Bild und die damit verknüpften Zusammenhänge (z. B. Kundenorientierung, Reaktionsgeschwindigkeit …) verstehen und vor allem in der Lage sind, diese entsprechend den Direktiven umzusetzen (vgl. MEFFERT/BURMANN 2002c: 90). Indem den Mitarbeitern und internen Anspruchsgruppen die Zusammenhänge zwischen den durch das Management formulierten Handlungsanweisungen und dem anbieterseitigen Leitungsversprechen verdeutlicht werden, ist für den Mitarbeiter unmittelbar ersichtlich, daß seine Leistungsfähigkeit einen wesentlichen Beitrag zur Gestaltung des unternehmerischen bzw. des Markenerfolges leisten kann[43]. Die Funktionsfähigkeit der identitätsorientierten Markenführung hängt im wesentlichen von der Identifikation der Mitarbeiter mit den Markeninhalten ab. Daher ist es vor allem notwendig, die geeigneten Organisationsstrukturen zu gestalten, die diese Identifikation und die Motivation der Mitarbeiter sicherstellen (vgl. MEFFERT/BURMANN 2002c: 96).

**Zusammenfassend** ist festzuhalten, daß eine funktionierende Markenführung auf dem Markenleitbild aufbauen muß. Ohne die Vision der Marke und deren Umsetzung in einem transportablen Markenkern ist eine langfristig erfolgreiche Markenführung nur in Ausnahmefällen, aber vor allem nicht geplant realisierbar. Dabei stellt die Markenvision, ausgedrückt durch Direktiven des Managements, eine Form der internen Leitlinien dar. Sie gibt den Produzenten der Dienstleistungen, also den Mitarbeitern des Dienstleistungsunternehmens im direkten Kundenkontakt, konkrete Handlungsanweisungen im Sinne der Markenidentität. Im Markenleitbild muß die Einzigartigkeit der zu vermarktenden touristischen Region thematisiert werden. Dabei ist auf langfristige Verteidigbarkeit dieser Merkmale zu achten. Da es bei den traditionellen Inhalten der Destinationskommunikation zu viele austauschbare Merkmale gibt, erscheint die Kombination einzelner Inhalte einer der wenigen gangbaren Wege zu sein, Destinationen zu einem Markencharakter zu verhelfen. Im Sinne der identitätsorientierten Markenführung ist es unerläßlich, daß neben der außengerichteten Kommunikation eine innenorientierte Kommunikation existiert, die dazu beiträgt, alle Marketingmaßnahmen aufeinander abzustimmen.

### 2.3.4.2 Interne Markenführung

Ein funktionierendes internes Marketing kann als Voraussetzung für die interne Markenführung angesehen werden, denn dem einzelnen Mitarbeiter wird eine Schlüsselfunktion bei der Leistungserstellung zugesprochen. Ziel der internen Markenführung ist es, die angestrebte Markenidentität im Verhalten der Mitarbeiter zu verankern (vgl. WITTKE-KOTHE 2001: 3f.). Für die Markenführung von Dienstleistungsunternehmen ist der Ausdruck der Markenidentität durch das Verhalten der Mitarbeiter ein wichtiger Erfolgsfaktor, da die Identifikation der Marke zu einem wesentlichen Teil über den direkten Kontakt zwischen der Person des Dienstleistungserstellers und dem Konsumenten erfolgt. Vor diesem Hintergrund wird die Bedeutung dieses Konzeptes für die Führung von Destinationsmarken transparent, da die große Zahl an Leistungserstellern in einer Destination dem Konsumenten vielfältige Interpretationsmöglichkeiten liefert.

---

43 In diesem Zusammenhang kann zur Verdeutlichung auf die bekannten Lerntheorien als verhaltenswissenschaftliche Grundlage des Managements verwiesen werden, die übersichtlich z. B. bei STAEHLE/CONRAD/SYDOW 1999: 207ff. dargestellt sind.

Mitarbeitergerichtete Marketingziele besitzen für Dienstleistungsunternehmen grundsätzlich einen wesentlich höheren Stellenwert als für Unternehmen im produzierenden Gewerbe (vgl. MEFFERT 2000: 1165). Insbesondere die bereits mehrfach erwähnte hohe Bedeutung, die der Interaktion zwischen Dienstleistungsnachfrager und -anbieter zukommt, unterstreicht den Wert des internen Marketings. So sollte beispielsweise ein höheres Augenmerk auf die Mitarbeiterzufriedenheit gelegt werden, da ein direkter Zusammenhang zwischen Mitarbeiterzufriedenheit, Mitarbeitermotivation, Leistungsqualität und Kundenzufriedenheit besteht (vgl. ZEITHAML/BERRY/PARASURAMAN 1988: 35; HESKETT ET AL. 1994: 165f.). STAUSS und SCHULZE sehen eindeutig ein Primat der Kundenorientierung, d. h., das Personal hat sich im Konfliktfall den Kundenbedürfnissen unterzuordnen und grundsätzlich kognitiv und emotional ein kundenorientiertes Verhalten zu verinnerlichen. Allerdings stellen die beiden Autoren auch fest, daß die Anpassung des Mitarbeiterverhaltens an das externe Marketing für den Erfolg von Dienstleistungsunternehmen ein wichtiger Faktor ist. Auch kann das vom Kunden geforderte hohe Maß an Freundlichkeit und Hilfsbereitschaft nur gewährleistet werden, wenn den Bedürfnissen der Mitarbeiter entgegengekommen wird (vgl. STAUSS/SCHULZE 1990: 152).

Ähnlich wie bei den vorstehenden Begriffsabgrenzungen zur Destination und Marke wird auch das Konzept des internen Marketings in der betriebswirtschaftlichen Literatur nicht einheitlich verwendet. Neben der Bezeichnung *internes Marketing* werden die Begriffe *Innenmarketing* oder *Binnenmarketing* meist synonym verwendet. Gemeinsam ist den unterschiedlichen Definitionsansätzen[44], daß sich das interne Marketing des allgemeinen Marketinginstrumentariums, übertragen auf das Personalmanagement, bedient, um innerhalb des Unternehmens eine bessere Leistungserstellung und somit eine höhere Kundenzufriedenheit zu gewährleisten (vgl. BRUHN 1999a: 19f.). Kundenzufriedenheit bezieht sich in diesem Kontext sowohl auf die Zufriedenheit der externen Kunden, die eine Leistung nachgefragt haben, als auch auf die Zufriedenheit der Mitarbeiter in unterschiedlichen Ebenen des Unternehmens. Nach BERRY ist das interne Marketing ein Konzept, das auf dem Prinzip einer internen Kunden-Lieferanten-Beziehung aufbaut und im Mitarbeiter sowohl den Leistungsempfänger vorgelagerter als auch den Lieferanten für nachgelagerte Prozeßstufen sieht (vgl. BERRY 1984: 272; MEYER/OPPERMANN 1998: 993)[45]. Aus dieser Sichtweise wird die Verpflichtung abgeleitet, keine fehlerhaften oder unvollständigen Prozeßleistungen an die nachgelagerte Stufe im Leistungserstellungsprozeß zu liefern. Dieses Konzept wird auch als „umfassende Qualitätskontrolle“ bezeichnet und ist unter dem Namen *Kamban*-System institutionalisiert worden (vgl. IMAI 1994: 77). Allerdings wird bei dieser Sichtweise dem Personal die Rolle eines von mehreren Produktionsfaktoren zugesprochen, der vom Management gesteuert werden muß.

---

44 Einen Überblick gibt z. B. Bruhn 1999a sowie weitere Beiträge in Bruhn 1999.

45 Siehe ausführlich zum Themenbereich *interne Kunden-Lieferanten-Beziehungen* KÜNZEL 1999.

Nach BRUHN ist internes Marketing aber mehr. Insbesondere die Verbindung von Personalmanagement und Marketing führt zu einer neuen Managementphilosophie, die für die Dienstleistungserstellung von entscheidender Bedeutung ist. Seiner Auffassung nach ist unter internem Marketing „die systematische Optimierung unternehmensinterner Prozesse mit Instrumenten des Marketing- und Personalmanagements [zu verstehen], um durch eine konsequente und gleichzeitige Kunden- und Mitarbeiterorientierung das Marketing als interne Denkhaltung durchzusetzen, damit die marktgerichteten Unternehmensziele effizienter erreicht werden [können]." (BRUHN 1999a: 20). Allerdings wird in der relevanten Literatur zu wenig auf die Faktoren eingegangen, die das individuelle Mitarbeiterverhalten beeinflussen (vgl. WITTKE-KOTHE 2001: 3f.). Dadurch wird eine Steuerung des Mitarbeiterverhaltens deutlich erschwert oder führt zu einem unsystematischen Einsatz von möglichen Lenkungsinstrumenten.

Unternehmensinterne Abläufe und -prozesse sollen koordiniert und systematisch verbessert werden, um einen ganzheitlichen Marktauftritt des Unternehmens zu gewährleisten. Als Voraussetzung hierfür wird qualifiziertes, motiviertes und gleichzeitig marktorientiertes Personal benötigt, mit dessen Unterstützung die externen Marketingstrategien abgesichert werden können. Gleichzeitig sind die Maßnahmen des internen Marketings darauf ausgerichtet, den Bedürfnissen der Mitarbeiter zu entsprechen und diese zu einem Verhalten zu befähigen, das darauf ausgerichtet ist, die Bedürfnisse externer Anspruchsgruppen – der Konsumenten – zu erkennen und zu berücksichtigen (vgl. MEYER/OPPERMANN 1998: 993).

Die enge Vernetzung von Kunden- und Mitarbeiterorientierung (vgl. Abbildung 13) verdeutlicht, daß es drei zentrale Managementbereiche gibt, die einerseits durch unterschiedliche Maßnahmen unterstützt werden müssen, andererseits aber nicht unabhängig voneinander betrachtet werden können. Eine *Unternehmen-Kunden-Beziehung* wird in der Regel durch unpersönliche Maßnahmen des externen Marketings (z. B. Werbung) aufgebaut und gepflegt. Gleichzeitig ist eine *Unternehmen-Mitarbeiter-Beziehung* notwendig, die als eine wichtige Aufgabe die Information der Mitarbeiter bzgl. interner Abläufe, aber auch der externen Kommunikation, beinhaltet und gleichzeitig die Rahmenbedingungen für den Umgang mit den Kunden vorgibt. Diese Beziehung wird durch Maßnahmen des internen Marketings unterstützt. Als weiterer Bereich ergibt sich im Beziehungsgeflecht die *Mitarbeiter-Kunden-Beziehung*, die von den Mitarbeitern die Bereitschaft und Fähigkeit verlangt, auf die individuellen Kundenbedürfnisse einzugehen und entsprechend bei der Leistungserstellung zu berücksichtigen (vgl. BRUHN 1999a: 22.). Die Verbindung der Kundenanforderungen als Ergebnis des externen Marketings mit den unternehmenseigenen Ressourcen im Rahmen einer kontinuierlichen Entwicklung wird als interaktives Marketing bezeichnet (vgl. DELLA SCHIAVA/HAFNER 1995: 169). Das Zusammenwirken in diesem Beziehungsgeflecht verdeutlicht, daß es keine isolierte Betrachtung der einzelnen Elemente geben kann. Deren gegenseitige Abhängigkeit würde dann eine zu eingeschränkte und wenig realitätsbezogene Strategieentwicklung nach sich ziehen.

**Abbildung 13: Kunden- und Mitarbeiterorientierung als zentrales Element des internen Marketings**
(Quelle: vgl. Bruhn 1999a: 21 mit eigenen Ergänzungen)

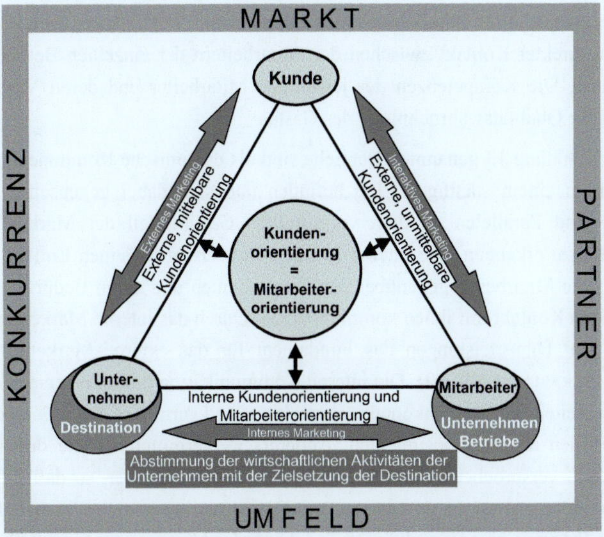


Dieses Beziehungsgeflecht bedarf, bezogen auf die Situation im Destinationsmanagement, einer Modifikation. Der Anspruch, eine Destination wie ein Unternehmen zu führen (vgl. Kapitel 2.1, ab S. 11), setzt voraus, daß die Kunden-/Mitarbeiterbeziehung bereits auf der Destinationsebene thematisiert wird. Als Mitarbeiter fungieren in diesem Zusammenhang die Einzelbetriebe und Unternehmen, die für die Leistungserstellung in der Destination verantwortlich sind. Innerhalb dieser Organisationen besteht aber ebenfalls jeweils ein spezifisches Beziehungsgeflecht, das sich an den zum Teil unterschiedlichen Zielvorstellungen der jeweiligen Unternehmenslenker orientiert. Somit muß sich das interne Marketing auf zwei unterschiedliche Ebenen ausrichten: sowohl die Kommunikation der DMO mit den einzelnen Betrieben innerhalb der Destination als auch die Kommunikation auf der betrieblichen Ebene direkt mit den Mitarbeitern, ist zu berücksichtigen und entsprechend zu gestalten. Die Aufgabe des Destinationsmanagements liegt darin, das Beziehungsgeflecht auf der Destinationsebene vor allem mit Instrumenten des internen Marketings zu entwickeln und dabei die individuellen Ausrichtungen auf der Unternehmensebene zu berücksichtigen. Das setzt voraus, daß die Verantwortlichen in den einzelnen Unternehmen und Betrieben die Destinationsziele in ihren eigenen Zielen integriert haben und im Mitarbeiterverhalten zum Ausdruck gebracht werden.

Der Gast setzt sich ebenfalls auf zwei Ebenen mit dem Unternehmen und den Mitarbeitern auseinander. In der externen Kundenorientierung sind sowohl in der mittelbaren als auch in der unmittelbaren Kundenorientierung jeweils zwei Bereiche zu berücksichtigen. Der Gast trifft in der mittelbaren Kundenorientierung sowohl mit der Destination als auch mit den einzelnen Betrieben, deren Leistungen er in Anspruch nimmt, zusammen. Er nimmt ihre Kommunikation und Verhaltensweisen wahr und berücksichtigt sie bei seiner abschließenden Beurteilung des Aufenthaltes. Ähnlich verhält es sich bei der unmittelbaren Kundenorientierung. Es findet ein direkter Kontakt zwischen den Mitarbeitern der einzelnen Betriebe, aber auch der DMO statt. Die Kompetenzen der jeweiligen Mitarbeiter und deren Verhaltensweisen beeinflussen die Qualitätswahrnehmung des Gastes.

Die drei in Abbildung 13 genannten Bereiche sind als dynamische Komponenten zu betrachten, die sich in einem ständigen Fluß befinden und sich dabei gegenseitig beeinflussen. Gleichzeitig sind Parallelen zu dem vorgestellten *Gap*-Modell der Markenführung (vgl. Abbildung 12) zu erkennen. Die interne Kundenorientierung hat einen Einfluß auf das Verständnis, das die Mitarbeiter gegenüber den Konsumenten und deren Bedürfnissen aufbauen und im direkten Kontakt mit ihnen kommunizieren. Durch das interne Marketing wird gerade im Bereich von Dienstleistungen das Fundament für das externe Marketing gelegt (vgl. BERRY/PARASURAMAN 1999: 89). Die interne Kommunikation nimmt einerseits die Fähigkeiten und Fertigkeiten des Kundenkontaktpersonals auf und vermittelt diese Kompetenz als Leistungsversprechen an die Konsumenten. Andererseits vermittelt sie die durch die externe Kommunikation versprochenen Leistungsinhalte an die Mitarbeiter, so daß sie in der Lage sind, den Kundenerwartungen zu entsprechen. Dieses marktorientierte Verhalten wird durch verschiedene Faktoren gesteuert, die zum Teil durch das Management beeinflußt werden können, zum Teil aber von der Einstellung des Mitarbeiters abhängen (vgl. VON ROSENSTIEL 1993: 70; MEYER/OPPERMANN 1998: 995f.). Als ein wesentlicher Faktor ist hier das Vorhandensein von situativen, strukturellen und organisatorischen Voraussetzungen zu nennen, d. h., die betriebsinternen Prozesse sowie die für eine Leistungserstellung notwendigen Produktionsfaktoren stehen bei Bedarf zur Verfügung. In unmittelbarem Zusammenhang hiermit stehen Normen, Vorschriften und Regeln, die dem Mitarbeiter ein marktorientiertes Verhalten ermöglichen und unterstützen. Neben den Fähigkeiten des einzelnen (Können und Wollen) bedingen die situativen Einflüsse sowie die durch das Unternehmen, die Gesellschaft und den Gesetzgeber vorgegebene Rahmenbedingungen das Verhalten des Individuums innerhalb und außerhalb von Organisationen (vgl. VON ROSENSTIEL 1993: 70). Die Unternehmenskultur muß darauf ausgerichtet sein, die Kompetenzen der Mitarbeiter und Leistungsträger entsprechend einzusetzen und durch ein Leitbild zu dokumentieren. Neben den Möglichkeiten, die notwendigen Maßnahmen ergreifen zu können, muß der Mitarbeiter (Leistungsersteller) über die notwendigen Fertigkeiten verfügen, die für eine adäquate Leistungserstellung notwendig sind. In diesem Bereich kann das Management durch die Vermittlung der notwendigen Kompetenzen unterstützend eingreifen. Eine weitere grundlegende Voraussetzung kann vom Management nur bedingt beeinflußt werden: der persönliche Einsatz der Mitarbeiter und deren Bereitschaft zum persönlichen Einsatz ist eine notwendige Voraussetzung, um Dienstleistungen erfolgreich und im Sinne der Konsumenten zu erstellen (vgl. GEORGE/GRÖNROOS 1999: 49).

Das Management kann hier auf eine Reihe von Instrumenten zur Mitarbeitermotivation[46] zurückgreifen, die aus Sicht der Destination nur schwer vermittelt werden können. Der DMO fehlt oft der direkte Zugang zu den Mitarbeitern in den Betrieben, die im direkten Kundenkontakt stehen.

Unterstützt werden die Bemühungen des Managements durch eine funktionierende interne Kommunikation, die über die klassische Einweginformation, mit der das Management seiner Informationspflicht nachkommt, hinausgeht. Zum Aufbau einer internen Markenidentität, einer Voraussetzung für die Identifikation der Mitarbeiter und Leistungsträger mit einer Marke, leistet die interne Kommunikation einen wichtigen Beitrag. Mitarbeiter und Partner sollten von einem identischen Markenbild ausgehen, damit die Kommunikation mit dem Konsumenten einheitlich und geregelt ablaufen kann (vgl. AACKER/JOACHIMSTHALER 2000: 87). Indem der Informationsaustausch in verschiedene Richtungen und über unterschiedliche Ebenen funktioniert, ist ein gegenseitiges Lernen möglich, das eine wesentliche Voraussetzung für das Verständnis von Bedürfnissen und Handlungszwängen anderer Akteure im Leistungserstellungsprozeß ist.

Bei der Gestaltung von Maßnahmen des internen Marketings ist zu berücksichtigen, daß diese für die betriebliche *und* überbetriebliche Ebene umgesetzt werden müssen. Gleichzeitig sollen die Akteure in der Leistungserstellung von dem Nutzen eines kunden- und dienstleistungsorientierten Anbieterverhaltens überzeugt werden. Da eine Vielzahl touristischer Akteure in Destinationen nicht mit dem Marketinginstrumentarium vertraut ist, müssen die notwendigen Instrumente und deren Bedeutung für den gesamten Prozeß an die einzelnen Akteure vermittelt werden (vgl. GEORGE/GRÖNROOS 1999: 51). Mit der Vermittlung von Kenntnissen wächst das Verständnis für die Notwendigkeit des internen Marketings und die damit verbundenen Maßnahmen.

Motivierte Mitarbeiter sowie die Bindung zufriedener Kunden und Gäste werden als integratives Element des internen Marketings bezeichnet (vgl. BERRY/PARASURAMAN 1992: 176ff. und 1999: 72f.; STAUSS 1994: 477; BRUHN 1999a: 25). GEORGE und GRÖNROOS (1999: 47) sprechen davon, daß den Mitarbeitern und Akteuren als Basismarkt des Unternehmens eine bevorzugte Aufmerksamkeit zugestanden werden muß, da ohne funktionierendes internes Beziehungsgeflecht die durch das Management vorgegebenen Ziele nicht erfolgreich auf den relevanten Märkten umgesetzt werden können. Im Destinationskontext muß der Mitarbeiterbegriff institutionalisiert und auf die Leistungsträger erweitert werden, denn sie agieren als selbständige Teile der Destination. Daher ist neben den Personen auch auf die Wettbewerbsposition und die Ertragslage der Betriebe und Unternehmen zu achten.

46 Zum Themenbereich Mitarbeitermotivation wird auf die entsprechende Literatur verwiesen. Beispielhaft können hier COMELLI/VON ROSENSTIEL 2001, JOST 2001, FREY/OSTERLOH 2002 genannt werden. Grundlegend zur Motivation siehe z. B. HECKHAUSEN 1989, SCHEIDER/SCHMALT 2000.

Als unterstützende Maßnahmen des internen Marketings bzw. als Instrumente zur Umsetzung und Implementierung der Gedanken des internen Marketings, werden die Identifikation des Managements mit diesem Prozeß angesehen (vgl. GEORGE/GRÖNROOS 1999: 50). Ohne sie erfährt eine erfolgreiche Umsetzung der internen Markenführung nicht die erforderliche Unterstützung in der Organisation (vgl. WITTKE-KOTHE 2001: 170). Für NERDINGER und VON ROSENSTIEL ist die Organisationsentwicklung ein geeigneter Weg für die Implementierung von internem Marketing. Da sie an der Arbeitssituation der Mitarbeiter ansetzt, wird sie als angewandte Form des internen Marketings bezeichnet. Von den Führungskräften wird dann ein Verhalten erwartet, daß dem Coaching-Konzept[47] entspricht (vgl. NERDINGER/VON ROSENSTIEL 1999: 187f.). Sie übernehmen die Rolle eines Coaches, die Mitarbeiter sind dementsprechend in der Rolle der Coachees. Sie werden von den Führungskräften befähigt, im Sinne der Destinationszielsetzung zu agieren. Gekoppelt werden diese Aufgaben durch die DMO, die einzelne Maßnahmen des internen Marketings koordiniert und destinationsweit steuert.

Die Entscheidungsträger der einzelnen Betriebe und Organisationen müssen sich auf eine einheitliche Umsetzung der Markenstrategie verständigt haben und die faktische Umsetzung durch eine zentrale Einrichtung koordinieren und in weiten Teilen auch umsetzen lassen (z. B. einheitliche Destinationswerbung, Internetauftritt ...). So kann die DMO i. S. der Überlegungen von NERDINGER und VON ROSENSTIEL die Akteure in der Destination als Coach unterstützen und die Bedeutung und Funktion einzelner Überlegungen und Maßnahmen für das Gesamtkonzept erläutern. Gleichzeitig hat die DMO eine Vermittlerfunktion zwischen den einzelnen Akteuren und Leistungsträgern in der Destination.

Nach BRUHN lassen sich zwei unterschiedliche Sichtweisen bei der Betrachtung der Schnittstellen zwischen Personalmanagement und Marketing unterscheiden: Neben den Instrumenten des personalorientierten Marketingmanagements stehen Instrumente des marketingorientierten Personalmanagements zur Verfügung (vgl. BRUHN 1999a: 27ff.). Letzteres versucht, die internen Strukturen zu optimieren, so daß die externen und marktorientierten Maßnahmen möglichst ideal unterstützt werden. Da innerhalb von Destinationen sehr viele unterschiedliche Akteure an der Leistungserstellung und letztendlich auch an der Marktkommunikation beteiligt sind, erscheint mit der Bevorzugung dieses Ansatzes ein Erfolg im touristischen Wettbewerb eher realisierbar zu sein. Im Gegensatz dazu zielt das personalorientierte Marketingmanagement darauf ab, eine hohe Mitarbeiterzufriedenheit und -motivation zu erzielen (vgl. STAUSS 1995: 264f.).

Grundsätzlich ist es auch innerhalb einer Destination notwendig, motivierte Leistungsträger vorzufinden, die mit den Ergebnissen ihrer Leistungserstellung zufrieden sind. Da aber die

47 Unter Coaching wird grundsätzlich eine zeitlich befristete Begleitung von Führungskräften und/oder von Mitarbeitern (= Coachees) durch Berater (= Coaches) im Rahmen einer situationsgerechten Einzelberatung oder als Form des sozialen Lernens mit dem Ziel einer bewußten, gezielten und systematischen Förderung verstanden. Durch den Coach sollen Wahrnehmungsblockaden gelöst und die Selbstentwicklung der Coachees unterstützt und so deren Problemlösungsfähigkeit verbessert werden (vgl. WUNDERER 2001: 371).

Markenführung für touristische Destinationen die Gesamtheit der Einzelleistungen zu einem Markenprodukt i. S. einer Destinationsmarke zusammenfaßt und vermarktet, erscheint es für die Darstellung eines einheitlichen Erscheinungsbildes in erster Linie wichtig zu sein, die marktorientierten Aktivitäten intern zu optimieren. Dieser mehrstufige Prozeß, der eine Verankerung der Markenidentität im Verhalten der touristischen Akteure innerhalb einer Destination zur Aufgabe hat, kann als interne Markenführung bezeichnet werden (vgl. WITTKE-KOTHE: 2001: 7). Abbildung 14 zeigt diese einzelnen Stufen als kontinuierlichen Prozeß, der ständig auf seine Aktualität und die Marktfähigkeit der abgeleiteten Maßnahmen überprüft werden muß.

**Abbildung 14: Aufgaben des internen Markenmanagements**

(Quelle: in Anlehnung an WITTKE-KOTHE 2001: 162)

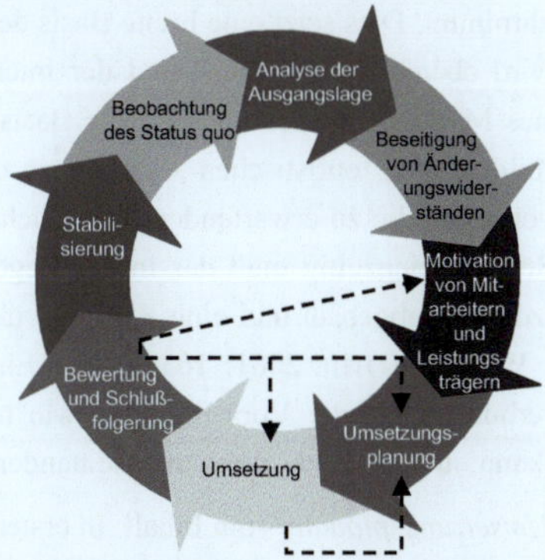


Die Gestaltung eines Konzepts zur internen Markenführung kann mit der Umsetzung von Änderungsprozessen in Unternehmen und Organisationen verglichen werden, da es sich bei der Entwicklung und Gestaltung einer neuen Markenidentität um einen Veränderungsprozeß handelt (vgl. WITTKE-KOTHE 2001: 4ff.). Bezogen auf die Problematik in touristischen Destinationen lassen sich an dieser Stelle Parallelen zu den Inhalten von *Change Management*- und *Reengineering*-Projekten[48] aufzeigen (vgl. Bieger 2002a: 62f.). Die destinationsinternen Abläufe und Zuständigkeiten erfahren eine umfangreiche Veränderung vor dem Hintergrund der Destinationsmarkengestaltung. Die Zusammenarbeit und gegenseitige Unterstützung der einzelnen Akteure ist für die erfolgreiche Markenführung einer Destination notwendig. Daher ist, neben der wettbewerbsseitigen Betrachtung der Chancen und Risiken, das Erkennen von Änderungswiderständen bei den Akteuren innerhalb der Destination und deren Überwindung ein wesentlicher Bestandteil der *Analyse der Ausgangslage* (vgl. Abbildung 14). Die faktische

48 Zum Thema *Change Management* und *Reengeneering* wird auf die einschlägige Literatur verwiesen. Stellvertretend z. B. HAMMER/CHAMPY 1993; CHAMPY 1995; DRUCKER 1995; CONNER 1998. Ein Überblick über Strategien erfolgreicher Unternehmen mit ausgewählten Fallbeispielen findet sich z. B. bei PETERS/WATERMAN 1982/1997.

Situation in touristischen Destinationen erschwert den Abbau von Widerständen zum Teil erheblich. Zunächst treffen eine Vielzahl von Betrieben aufeinander, die von ihrer originären wirtschaftlichen Zielsetzung miteinander konkurrieren (bspw. Beherbergungsbetriebe), im Rahmen der Markenführung aber ein gemeinsames Ziel verfolgen sollen. Bereits bei der Abgrenzung des Selbstbildes der Destination bedarf es einer hohen Kompromißfähigkeit der einzelnen Akteure, aber auch der mit der Markenführung beauftragten Organisation. Ohne eine Konsensbildung ist aber die langfristige Markenführung von Destinationssystemen zum Scheitern verurteilt, da einzelne, zielgerichtete Bestrebungen z. T. durch die Handlungen anderer Akteure aufgehoben werden. Der externe Betrachter – also der potentielle Gast – kann keine einheitliche Konzeption und Markenaussage erkennen, die Markenführung verfehlt ihre Wirkung.

Daher ist es nahezu unerläßlich, daß eine zentrale Organisation eine integrative Funktion innerhalb der Destination wahrnimmt. Dies setzt eine breite Basis der Akzeptanz durch die Leistungsträger voraus. Sie wird ebenfalls das Steuerglied der internen Kommunikation sein. Neben der Erarbeitung eines Markenleitbildes muß sie die Basis für die Unterstützung der gemeinsamen Aktivitäten bilden. Den touristischen Akteuren in der Destination müssen die Ziele, die Strategien und vor allem die zu erwartenden persönlichen Vorteile vermittelt werden (vgl. BRUHN 1999a: 36f.). Gleichzeitig muß das in der Regel vorhandene gegenseitige Mißtrauen und Konkurrenzdenken abgebaut und eine Einigung über die weitere Vorgehensweise erzielt werden (vgl. WITTKE-KOTHE 2001: 163). Diese Einigung ist mit einem nicht unerheblichen Aufwand verbunden, da die Vorstellungen, wie man die gemeinsam verabschiedeten Ziele erreichen kann, in der Regel sehr weit auseinandergehen.

Die nächste Phase hat die *Umsetzungsplanung* zum Inhalt. In erster Linie geht es um den Verständnisaufbau und die Darstellung unterschiedlicher Aspekte bei den an der Leistungserstellung beteiligten Akteure, um ihre individuellen unternehmerischen Ziele im Sinne der Markenführung anzupassen und sich so unter das Dach der strategischen Markenführung der DMO zu stellen. Für die konkrete Umsetzung werden von BRUHN als wichtiges Element der Erfahrungsaustausch untereinander und die Begründung der Notwendigkeit einer Neuausrichtung genannt. Gleichzeitig fordert er einen offenen Dialog in der Organisation, um die unterschiedlichen Erwartungen und Zielsetzungen, die mit den verschiedenen Facetten des internen Marketings verbunden sind, zu diskutieren. Zur Unterstützung dieser Diskussion können interne Workshops mit externer Moderation durchgeführt werden, um so eine neutrale Bewertung der internen Prozesse und damit zusammenhängender Fragestellungen zu verdeutlichen (vgl. BRUHN 1999a: 35).

Ist die Markenführung im System der Destination implementiert, ist es für den zukünftigen reibungslosen Ablauf notwendig, die Akteure über die Entwicklung und den Erfolg der Markenbildung zu unterrichten. Dabei ist das Augenmerk auch auf die durch die Positionierung der Destination als Marke im Wettbewerbsumfeld erzielten individuellen Erfolge der Einzelakteure zu legen. Deren Analyse kann bei der Unterstützung weiterer Betriebe und Einrichtungen im Sinne der Destinationsmarke hilfreich sein und die Bereitschaft zur Mitarbeit der involvierten Akteure erhöhen und zur Motivation beitragen. Diese Bereitschaft ist auch im Sinne der *Stabilisierung* des Prozesses von Bedeutung. Eine kontinuierliche Betreuung der Akteure ist erforderlich, damit diese sich auch im Zeitverlauf mit der Marke identifizieren können. Ergänzend dazu ist es notwendig, die Positionierung und die die Markenstrategie unterstützenden Maßnahmen auf ihre Wirksamkeit und Aktualität hin zu überprüfen.

Als ergänzender Schritt wird noch die ständige *Beobachtung des Ist-Zustandes* empfohlen, der allerdings i. S. eines begleitenden Kontrollinstrumentes zu sehen ist. Im Destinationskontext wird sich diese Kontrollfunktion zu einem wesentlichen Teil auf die Beobachtung der Art und Weise der Mitwirkung einzelner Akteure beziehen, da deren Verhalten im Sinne der Marke im direkten Umgang mit dem Gast bei diesem eine deutliche Spur hinterläßt. Daher ist es gerade in diesem Bereich notwendig, daß ein ständiger Kontakt besteht zwischen den mit der Markenführung der Destination betrauten Personen – i. d. R. sollte es sich hier um die DMO und deren Mitarbeiter handeln – und den touristischen Akteuren mit persönlichem Kontakt zu den Gästen bzw. den Verantwortlichen in den jeweiligen Betrieben und Organisationen.

Einschränkend zu dem dargestellten Ablaufmodell (vgl. Abbildung 14) ist festzuhalten, daß eine Anpassung an das jeweilige individuelle organisatorische Umfeld erfolgen muß. Gerade die Vielzahl an Betrieben und Organisationen, die an der Gestaltung des Markensystems Destination beteiligt sind, verdeutlicht, daß diesem Bereich eine entscheidende Bedeutung zukommt. Auch sind in dem Ablaufmodell nur die wesentlichen Aspekte dargestellt, die um organisationsspezifische Besonderheiten ergänzt werden müssen. Das jeweilige Umfeld (politisch, geographisch …) kann jeweils besondere Maßnahmen erforderlich machen. Auch sind die Besonderheiten der Organisations-, Hierarchiestrukturen und Verantwortungsbereiche individuell zu berücksichtigen (vgl. WITTKE-KOTHE 2001: 168ff.).

## 2.4 Die Funktion von Marken

Der Konsument beurteilt die Funktion der Marke anders als der Markeninhaber (Hersteller, Dienstleistungsunternehmen) oder der Händler. Daher wird bei der Funktion von Marken in der Regel zwischen drei Ebenen unterschieden. Im Falle von touristischen (Reise-)Leistungen übernimmt das Reisebüro bzw. die Tourist-Information, das Fremdenverkehrsbüro bzw. -amt oder die Kurverwaltung die Funktion des Handels. In Tabelle 8 sind die wesentlichen Funktionen des Markenartikels zusammengefaßt.

Der Markenartikel ist ein *Vehikel* zur direkten Kommunikation zwischen Produzent und Verbraucher und steht für Garantie, Vertrauen und Wertigkeit. Er ist langfristig auf die Wiedererkennbarkeit beim Verbraucher ausgerichtet. Der Produzent erreicht diese Intentionen in der

Regel mit hohen Investitionen in Forschung und Entwicklung, Marktforschung, Werbung, Qualitätssicherung und Distribution (vgl. RÜSCHEN 1987: 86). Für Dienstleistungsmarken gilt dies ebenso wie für Konsumgüter, wenn es auch bei der Bedeutung der einzelnen Attribute Unterschiede in der Wertigkeit gibt. Wie bereits dargestellt, müssen im Falle der Dienstleistungsmarken Ersatzindikatoren gefunden werden, da keine taktilen Merkmale zur Wiedererkennung der Marken beitragen. Im Falle der touristischen Leistungen ist das Erfüllen der mit der Inanspruchnahme von Reisedienstleistungen verbundenen Erwartungen eines der wesentlichsten Merkmale.

**Tabelle 8: Funktionen des Markenartikels**

(Quelle: vgl. Bruhn 1994a: 24)

| Herstellersicht | Handelssicht | Konsumentensicht |
|---|---|---|
| • Planungs- und Verkaufshilfe<br>• Absatzförderung<br>• Unterstützung weiterer absatzwirtschaftlicher Aktivitäten<br>• Stabilisierende Wirkung im Rahmen langfristiger Absatzpläne<br>• Profilierung gegenüber der Konkurrenz<br>• Instrument zum Aufbau eines Firmenimages<br>• Verhandlungsposition für Hersteller-Handel-Beziehungen<br>• Stiftung eines psychologischen Zusatznutzens<br>• Kommunikationsinstrument für Innovationen<br>• Medium zur Erzielung eines direkten Kontaktes zum Konsumenten | • Minderung des Absatzrisikos durch Selbstverkäuflichkeit der Herstellermarken<br>• Verminderte Beanspruchung des eigenen Marketinginstrumentariums<br>• Kostenersparnis durch relativ schnellen Produktumschlag<br><br>***Handelsmarken***<br>• Profilierung gegenüber Wettbewerbern und Herstellern<br>• Solidarisierung im Handelsverbund | • Orientierungshilfe beim Einkauf<br>• Entlastung bei der Einkaufsstättenwahl durch hohe Distributionsfunktion<br>• Qualitätssicherungsfunktion<br>• Minderung des Risikos von Fehlentscheidungen beim Kauf von Gütern und Dienstleistungen<br>• Darstellung eines individuellen Zusatznutzens<br>• Prestigefunktion (bei exklusiven Markenartikeln)<br>• Informationsfunktion<br>• Identifikationsfunktion |

Dem Konsumenten bietet die Marke eine Orientierungshilfe für zukünftige Kaufentscheidungen (vgl. MEFFERT 2000: 847), was sich zunächst in der Identifikation und der Wiedererkennung des Leistungsanbieters ausdrückt (vgl. BRUHN 1994a:23). Der Entscheidungsprozeß beim Wiederholungskauf wird durch die Schlüsselinformationen der Marke deutlich verkürzt (vgl. UNGER 1986: 8). Für welche Marke sich der Konsument letztendlich entscheidet, hängt stark von der wahrgenommenen Markenpersönlichkeit und von der eigenen Persönlichkeit ab (vgl. HERRMANN/HUBER/BRAUNSTEIN 201: 111). Der Konsument entscheidet sich um so eher für eine Marke, je geringer der wahrgenommene Abstand zwischen Markenpersönlichkeit und eigener Persönlichkeit ist (vgl. SIRGY 1982: 293f.). Für die Entscheidung ist demnach von Bedeutung, wie eine Marke die eigene Persönlichkeit des Konsumenten unterstützt. Durch die Nutzung bzw. den Kauf von Marken soll das Selbstkonzept des Individuums definiert und untermauert werden. Erst die Bekanntheit einer Marke ermöglicht es dem Konsumenten, eine persönliche Beziehung zu ihr aufzubauen und sich mit ihr zu identifizieren. Darüber hinaus gewinnt die Marke immer mehr an Bedeutung als vertrauensbildendes Element für den Konsumenten. Die Marke vermittelt eine Grundlage für die Entscheidungsfindung in konkreten Kaufsituationen, da mit dem Markenartikel bzw. der markierten Dienstleistung ein feststehendes Qualitätsmerkmal verbunden ist (vgl. GRAFE 1991: 12). In der Vorkaufphase kann der Konsument bereits entscheiden, welche Anbieter in der Lage sind, in seiner aktuellen Konsumsituation eine adäquate Befriedigung seiner Konsumbedürfnisse zu gewährleisten. Die Marke bzw. die markierte Leistung wird somit zu einem Indiz für die Kompetenz des Leistungserstellers bzw. für die mit der Leistung oder dem Produkt verbundene Gebrauchssicherheit im Sinne von Erfüllung der erwarteten Leistungsqualität. MEFFERT (2000: 848) spricht in diesem Zusammenhang von der *Qualitätsvermutung*, die implizit mit einem Markenartikel verbunden wird.

Der Markenartikel kann somit plakativ als die vom Konsumenten gewünschte Antwort auf das Verlangen nach Orientierungshilfen und Entscheidungskriterien in einer von Produkten, Diensten und Informationen überladenen Welt bezeichnet werden (vgl. DISCH 1984: 303). Unterstützt wird diese Aussage durch die ursprünglich auf FESTINGER (1957) zurückgehende Theorie der kognitiven Dissonanz, die bis heute zum Teil umfangreiche Erweiterungen und Ergänzungen erfahren hat (vgl. HECKHAUSEN 1989: 120ff.). Der Grundgedanke dieser Theorie ist, daß ein Individuum bestrebt ist, sein kognitives System konsistent zu halten. Wird es durch neue Kognitionen[49] gestört, wird dieser Zustand als unangenehm empfunden, und das Individuum ist bestrebt, möglichst schnell wieder in einen spannungsfreien Zustand zu gelangen (vgl. BUSSMANN/UNGER 1986: 56).

Ein Weg, um diesen Zustand wieder zu erreichen, ist die Selektion von Informationen. Um eine präferierte Alternative argumentativ darlegen zu können, wird bevorzugt auf Informationen zurückgegriffen bzw. werden bevorzugt Informationen gesucht, die die getroffene Entscheidung unterstützen. Gegenläufige Informationen werden gemieden (vgl. HECKHAUSEN 1989: 125)[50]. Der Markenartikel bzw. Marken allgemein können somit – ohne weiter auf die Diskussion der Theorie der kognitiven Dissonanz einzugehen (vgl. hierzu z. B. IRLE/ MÖNTMANN 1978; MÖNTMANN 1985) – als Instrument oder Signal interpretiert werden, um

49 Kognitionen werden von FESTINGER (1957: 3) sehr weit gefaßt: „By the term cognition... I mean any knowledge, option, or belief about the enviroment, about oneself, or about one's behavior."

50 Beispielsweise hat ein Mallorca-Urlauber die Wahl zwischen einem zentral gelegenen Hotel direkt an der Playa de Palma und einem etwas abseits gelegenen Hotelbetrieb. Von der Ausstattung, dem Preis und dem Zusatzangebot unterscheiden sich die beiden Betriebe nur marginal. Die beiden Alternativen erscheinen dem Konsumenten nahezu gleichwertig, was ihm die Entscheidungsfindung deutlich erschwert. Der Konsument entscheidet sich letztlich für das Hotel an der Playa de Palma. Die Theorie der kognitiven Dissonanz erklärt, warum nach dem Treffen der Entscheidung die beiden Alternativen in der Wertung des Konsumenten immer weiter auseinanderdriften und er zunehmend zufriedener mit seiner Entscheidung ist. Er nimmt nun vorrangig solche Informationen auf, die die gewählte Alternative immer positiver und die verworfene Alternative immer negativer erscheinen lassen. So betont der Konsument nun die schöne Lage in unmittelbarer Strandnähe, während er den Umstand ausblendet, daß das andere Hotel ihm eine ungestörtere Nachtruhe ermöglicht hätte. Als Bestätigung für seine Entscheidung nimmt er statt dessen bei der Lektüre der örtlichen Tageszeitung im Urlaub zur Kenntnis, daß es im nicht-gewählten Hotel einen Zimmerdiebstahl gegeben hat.

das kognitive System eines Verbrauchers im Gleichgewicht zu halten bzw. wieder ins Gleichgewicht zu bringen (vgl. PETTY 1981: 138; BUSSMANN/UNGER 1986: 85). Dieser Zusammenhang wurde von CACIOPPO, HARKINS und PETTY (1981) modellhaft im *Cognitive-Response*-Ansatz dargestellt, das von den Autoren als Ergänzung zu anderen kognitiven Theorien angesehen wird. Mit diesem Modell sollen die gedanklichen Vorgänge aufgedeckt und erklärt werden, die während der kommunikativen Beeinflussung eines Individuums auftreten. Es beruht auf der Überlegung, daß ein Individuum einerseits motiviert sein, andererseits aber auch die Fähigkeit haben muß, um Informationen aufzunehmen und zu verarbeiten. Die Informationsverarbeitung beruht dabei zu einem großen Teil auf den bisherigen Erfahrungen und der Interpretation der aufgenommenen externen Informationen. Die Art und der Umfang der Informationen und deren Aufnahme kann darüber hinaus noch hinsichtlich des *Involvement*[51] des Konsumenten betrachtet werden, wobei zwischen einem hohen und einem niedrigen *Involvement* unterschieden wird.

Bei *Low-Involvement*-Käufen fehlt die Motivation zu einer umfangreichen Informationsverarbeitung. Es wird davon ausgegangen, daß eine wenig gefestigte Einstellung gegenüber den relevanten Marken besteht. In diesem Bereich erscheint eine permanente Erinnerungswerbung notwendig, um einen Markterfolg erzielen zu können. Die Anzahl der übermittelten Werbe-

**Tabelle 9: Auswirkungen des *Involvement* auf Informationsaufnahme und -verarbeitung**

(Quelle: vgl. Trommsdorff 1995: 1070)

| High-Involvement | Low-Involvement |
|---|---|
| • Aktive Informationssuche | • Passives Informationsverhalten |
| • Aktive Auseinandersetzung mit den Informationen und Alternativen | • Passives Ausgesetztsein gegenüber den Informationsquellen |
| • Hohe Verarbeitungstiefe der Informationen | • Geringe Verarbeitungstiefe der oft zufällig gewonnenen Informationen |
| • Hohe Persuasivwirkung | • Geringe Persuasivwirkung |
| • Kognitive Reaktion | • Keine kognitive Reaktion |
| • Markenbewertung vor dem Kauf | • Markenbewertung nur nach dem Kauf |
| • Viele Merkmale werden beachtet | • Wenige Merkmale werden beachtet |
| • Wenige akzeptable Alternativen kommen in die engere Wahl | • Viele akzeptable Alternativen entsprechen den Bewertungskriterien |
| • Viel sozialer Einfluß | • Wenig sozialer Einfluß |
| • Optimierungsziel | • Anspruchsniveauziel |
| • Hohe Markentreue | • Geringe Markentreue |
| • Gut verankerte Einstellung | • Geringe verankerte Einstellung |
| • Hohe Gedächtnisleistung | • Geringe Gedächtnisleistung |

51 Der *Involvement*-Begriff kommt aus der sozialpsychologischen Einstellungsforschung und bezeichnet allgemein den Grad der subjektiven persönlichen Betroffenheit (vgl. Trommsdorff 1995: 1067). Im Zusammenhang mit dem Konsumentenverhalten definiert TROMMSDORFF *Involvement* als den „Aktivierungsgrad bzw. die Motivstärke zur objektgerichteten Informationssuche, -aufnahme, -verarbeitung und -speicherung (TROMMSDORFF 1998: 50).
Vgl. ausführlich zu *Involvement* und *Involvement*-Konzepten z. B. ANDREWS/DURVASALA 1990; TROMMSDORFF 1995 sowie die Ausführungen im folgenden Kapitel 3 ab S. 101.

botschaften steht in einem ursächlichen Zusammenhang zum Erfolg der Kommunikation. Im *High-Involvement*-Bereich dagegen herrscht eine intensive Informationssuche und aktive -verarbeitung vor. Die Qualität der kommunizierten Botschaften hat eine höhere Bedeutung. Die intensive Auseinandersetzung mit diesen Informationen führt letztendlich zu einer stabilen Entscheidung (vgl. Tabelle 9). Die Anzahl der unterschiedlichen Werbebotschaften spielt dagegen nur eine untergeordnete Rolle (vgl. BUSSMANN/UNGER 1986: 88).

Im Kontext des *High-Involvements* bietet ein etablierter Markenname dem Konsumenten eine gewisse Form von Entscheidungssicherheit, die bei *Low-Involvement*-Käufen nicht in einem vergleichbaren Umfang anzutreffen ist. Vielmehr vertraut der Konsument in diesem Falle mehr der wahrgenommenen Produktqualität und der Markenvertrautheit bei der Auswahl der in Frage kommenden Marke (vgl. MACKENZIE/SCOTT 1989: 48ff.).

Als generelles Ziel der Markenpolitik ist zunächst die absatzfördernde Wirkung zu nennen. In unmittelbarem Zusammenhang stehen weitere Ziele (vgl. MEFFERT/BRUHN 1987; GRAFE 1991: 11; MEFFERT 2000: 847ff.), die sich teilweise gegenseitig unterstützen und beeinflussen. Zu nennen ist hier unter anderem, daß die eigenen Leistungen und Produkte bzw. deren Besonderheiten mit Hilfe der Markierung gegenüber ähnlichen Angeboten der Wettbewerber herausgestellt und für den Konsumenten unterscheidbar gemacht werden. Mit einer derartigen Profilierung der Marke eng verbunden ist der Aufbau einer Kundenbeziehung und daraus resultierend eine Bindung des Konsumenten an die eigenen Dienstleistungen und Produkte, die durch die Möglichkeit der Identifikation des Leistungserstellers oder des Produzenten ermöglicht wird. Kann der Anbieter bei den Konsumenten eine Markenpräferenz aufbauen, wird potentiellen Konkurrenten der Marktzutritt erschwert, da diesen ein eigenständiges Profil – zumindest bezogen auf die relevanten Leistungsmerkmale – fehlt. Des weiteren können bekannte Marken als Grundlage für ein positives Firmenimage fungieren und für die weitere Marketingarbeit und die Einführung neuer Produktlinien oder Dienstleistungsbündel herangezogen werden. Oftmals wird dazu die Stamm- oder Führungsmarke um weitere Marken erweitert, die für einzelne Zielgruppen spezifische Merkmale aufweisen. Allerdings ist dabei darauf zu achten, daß diese Erweiterungen oder Kompetenzmarken widerspruchsfrei mit dem Markenkern harmonieren (vgl. MEI-POCHTLER 1998: 670).

Mit einer fundierten Markenpolitik kann in einem Unternehmen die Planungssicherheit erhöht werden, da in einigen Produktbereichen, bevorzugt im *Convenience*-Bereich[52], mit etablierten

52 Produkte und Dienstleistungen können nach dem Beschaffungsaufwand zu ihrem Erwerb grundsätzlich in drei unterschiedliche Kategorien eingeteilt werden (vgl. SCHERHAG 1996: 110f.; NIESCHLAG/DICHTL/HÖRSCHGEN 2002: 580f.):

Unter *convenience goods/services* versteht man Produkte bzw. Dienstleistungen des alltäglichen Gebrauchs (z. B. Zigaretten, Lebensmittel bzw. chemische Reinigung, Autowaschstraße). Sie werden mit einem möglichst minimalen Aufwand gekauft. Es handelt sich meist um *Low-Involvement*-Käufe. Vor dem Beschaffungsanlaß verfügt der Konsument i. d. R. bereits über ein Präferenzsystem mit mehreren gleichwertigen Alternativen. Ist die erste Alternative nicht erreichbar, wird die nächste vertraute Alternative gewählt.

Bei *shopping goods/services* (z. B. Möbel bzw. Autoreparatur) existiert i. d. R. kein vorgegebenes Präferenzsystem. Es wird ein sorgfältiger Preis- und Qualitätsvergleich durchgeführt. Die unterschiedlichen Alternativen werden gegeneinander abgewogen. Die Alternative, die in den Augen der Konsumenten am besten abschneidet, wird ausgewählt.

Die *speciality goods* bzw. *services* befriedigen spezielle Bedürfnisse des Konsumenten und rechtfertigen daher auch ei-

Marken – die sich durch eine gleichbleibende Leistungsqualität bzw. durch gleichbleibende Produktmerkmale auszeichnen – in der Regel ein festes Stammkundenpotential verbunden ist (vgl. HAMMANN 1992: 208f.). Darüber hinaus wird eine differenzierte Marktbearbeitung möglich, da ein Transfer des Markenimages für individuelle Zielgruppenangebote genutzt werden kann. Ebenso ist eine Sortimentsausdehnung denkbar. Bei dieser strategischen Option muß allerdings darauf geachtet werden, daß die ergänzenden Produkte und Leistungen zu der Führungsmarke passen und eine Bereicherung darstellen oder eine tiefergehende Spezialisierung des Grundsortiments zum Ausdruck bringen. Die Beachtung dieses Zusammenhangs ist insbesondere bei emotionalen Marken (häufig: Prestigemarken) von Bedeutung (vgl. PARK/ MILBERG/LAWSON 2001: 841). Ein weiteres Resultat einer funktionierenden Markenpolitik ist, daß sich für den Markeninhaber ein – wenn auch kleiner – monopolistischer Spielraum im Rahmen der Preispolitik eröffnen kann. Er wird sowohl gegenüber den Mitbewerbern als auch dem Handel unabhängiger (vgl. BEREKOVEN 1978: 45). Eine starke Marke festigt die Verhandlungsposition gegenüber dem Handel, da der Kundendruck in der Regel nicht erlaubt, eine starke Marke nicht im Sortiment zu führen (vgl. QUELCH/HARDING 1996: 44).

Diese Option ist eng mit der Kommunikation der *Einzigartigkeit* der Marke verbunden und hängt mit deren Substituierbarkeit, der Markttransparenz an sich und den Präferenzen der Konsumenten zusammen. Werden die spezifischen Merkmale von den Konsumenten in direkten Zusammenhang mit der Marke gebracht und als prägend angesehen, ist der Anbieter in der Situation, asymmetrische Marktverhältnisse aufzubauen. Das hat oftmals eine größere realisierbare Gewinnspanne zur Folge oder führt zu einer veränderten Wahrnehmung durch den Konsumenten (vgl. MEFFERT/BRUHN 1987: 108). Aus Sicht der Anbieter wird es somit möglich, zumindest auf Segmente beschränkt, monopolistische Marktbereiche aufzubauen und auf diesen die Konsumentenrente[53] abzuschöpfen (vgl. BRUHN 1992a: 640). Beispielsweise avancierte *Dr. Best* durch die Thematisierung von empfindlichem Zahnfleisch, einem bis zu diesem Zeitpunkt nicht beachteten Themenbereich, mit seiner Schwenkkopf-Zahnbürste zum Marktführer im Zahnbürstensegment (vgl. BUCHHOLZ/WÖRDEMANN: 1998: 51f.).

Davon losgelöst soll die Markierung zu einer Wertsteigerung des Unternehmens an sich führen. Dabei wird die Marke als das Kapital des Unternehmens angesehen. Dies kommt auch in der Tatsache zum Ausdruck, daß der Markenwert international agierender Unternehmen zum Teil deutlich über 50 % der Marktkapitalisierung ausmacht (vgl. MEFFERT 2000: 849). Beispielsweise lag der Markenwert von *Coca-Cola* im Jahr 1999 bei ca. 59 %, von *Disney* bei ca. 58 % und von *IKEA* bei ca. 75 % der Marktkapitalisierung (vgl. AAKER/JOACHIMSTHALER 2000: 19).

---

ne verhältnismäßig hohe Kaufanstrengung. Es besteht ein ähnlich gut ausgeprägtes *evoked set* mit Alternativen wie bei den *convenience goods/services*. Jedoch unterscheidet sich das Kaufverhalten, da der Kauf von hohem Interesse für den Konsumenten ist, durch ein ausgeprägtes Suchverhalten (*High-Involvement*). Ist die ausgewählte Alternative nicht zu haben, begnügt sich der Konsument nicht mit der zweitbesten Lösung, sondern versucht vielmehr, seinen Nutzen zu optimieren und seine beste Lösung an einem anderen Ort zu bekommen. Als Beispiel der *speciality services* wird die Wahl der Rechtsberatung genannt (vgl. MEFFERT/BRUHN 2000: 84f.).

53 Unter der Konsumentenrente wird die Differenz zwischen dem Geldbetrag verstanden, den die Konsumenten maximal bereit sind zu zahlen und dem momentanen Marktpreis (der i. d. R. niedriger ist – vgl. GABLER-VERLAG 2000: 1797).

Für den Handel liegt der Vorteil von Marken in der leichteren Verkäuflichkeit von markierten Leistungen, da die Konsumenten mit diesen Leistungen konkrete Vorstellungen über Leistungsinhalte, den Grad der Bedürfnisbefriedigung und die zu erwartende Leistungsqualität verbinden. Aus diesem Zusammenhang resultieren für den Handel oftmals ein verringerter Werbeaufwand und geringere Personalkosten für die Vermittlung von Leistungsinformationen (vgl. GRAFE 1991: 11f.). Wie für den Hersteller bzw. Leistungsersteller gilt für den Handel, daß das Absatzrisiko reduziert wird, da in der Regel eine konstante Nachfrage nach Markenartikeln besteht. Für den Handel ergibt sich dort ein weiterer Vorteil, wo die Konsumenten unter Zeitdruck kaufen, denn mit Hilfe von Marken wird eine Orientierungshilfe für den schnellen Kauf gegeben wird (vgl. DISCH 1984: 304; QUELCH/HARDING 1996: 43f.). Dieses Argument ist in der Tourismusbranche allerdings von nachgeordneter Bedeutung. Lediglich bei der Buchung von Hotelübernachtungen durch Geschäftsreisende ist die Bevorzugung renommierter Hotelmarken erkennbar (vgl. SCHERHAG/PARTALE/FISCHER 2001: 69f.).

Kommt es zukünftig zu einer verstärkten Markenbildung bei touristischen Destinationen und daraus resultierend zu einer erhöhten Nachfrage nach diesen Destinationen, kann der Druck auf die Reisemittlerbranche erhöht werden. Die Konsumenten erwarten Angebote dieser Destinationen in ihrem Reisebüro. Da es sich bei touristischen Leistungen, insbesondere bei der vergleichenden Betrachtung von Zielgebieten, zum Teil um sehr erklärungsintensive Produkte handelt, kann es hier sehr schnell zu einem Auseinanderklaffen der Kundenerwartungen an ein Reisebüro und der Leistungsfähigkeit der Expedienten kommen. Es ist zu erwarten, daß die Konsumenten mehr Beratungsleistung im Reisebüro nachfragen werden, da sie hier eine qualifizierte Informationsquelle sehen. Auf der anderen Seite werden die Expedienten mit dieser Aufgabe an ihre Grenzen stoßen, da sie die Fülle an relevanten Informationen nur schwer vorhalten können.

Die Entwicklungen der Wettbewerbsbedingungen und des Wettbewerbsumfeldes in den vergangenen Jahren, sowohl im internationalen als auch im horizontalen und vertikalen Wettbewerb[54], haben die Bedingungen für die erfolgreiche Führung von Markenartikeln verschärft. Hinzu kommt, daß die zunehmende Preisorientierung der Konsumenten zu einer stärkeren Markenpolarisierung führt. D. h., es gibt vermehrt hochpreisige Marken, die den Konsumenten über einen starken Imagebezug ansprechen, sowie Marken im unteren Drittel des Preisspektrums, in dem die Konsumentscheidung auf der Basis von Preis und Leistung bzw. Qualität erfolgt. Erschwert wird die Markenführung durch den *hybriden Verbraucher*, der sowohl beim Discounter Lebensmittel als auch in hochpreisigen Boutiquen Accessoires kauft (vgl. MEFFERT 2000: 849).

Für die Stellung im Konsumsystem ist die Art der Marke von nicht unerheblicher Bedeutung für die Einschätzung durch den Konsumenten. Im Vergleich zum Idealprodukt ist eine weit-

54 Unter horizontalem Wettbewerb wird der Wettbewerb zwischen Unternehmen und Organisationen auf der gleichen Wertschöpfungsstufe (z. B. Fluggesellschaften, Reiseveranstalter) zusammengefaßt. Im vertikalen Wettbewerb dagegen spielt sich dieser zwischen vor- und/oder nachgelagerten Wertschöpfungsstufen ab, die in einem Käufer-Verkäufer-Verhältnis stehen (z. B. zwischen Reisemittler, Reiseveranstalter und Hotel).

gehend realistische Einschätzung der Merkmale *Überallerhältlichkeit* und *Produktqualität* des Markenartikels festzustellen. Bei der klassischen Handelsmarke bleiben die realen Markeneigenschaften in der Regel jedoch deutlich hinter den Idealvorstellungen zurück. Ihr werden meist keine herausragenden Eigenschaften zugesprochen. Deutlich größer fällt der Abstand zwischen dem Idealbild und der Gattungsmarke aus. Lediglich bei dem Punkt der Preiswürdigkeit findet sich eine Übereinstimmung mit dem Idealbild, da hier ein niedriger Preis erwartet wird. Im Ergebnis kann festgestellt werden, daß sich neben den klassischen Markenmerkmalen, wie Qualität, Sicherheit oder Gleichartigkeit, mit der Preiswürdigkeit eine neue Dimension herausgebildet hat (vgl. MEFFERT/BRUHN 1987: 113). Berücksichtigt man, daß der Konsument zunehmend leichter an die für einen Vergleich relevanten Informationen gelangen kann, wird die Preiswürdigkeit einer Marke zu einem wichtigen Faktor im Wettbewerb. Können keine qualitativen Unterscheidungsmerkmale betrachtet werden, müssen andere Faktoren zur Unterscheidung genutzt werden. Die Anbieter touristischer Leistungen, die eine eigenständige Destinationsmarke aufbauen wollen, können daraus schließen, daß eine Vielzahl an zusätzlichen Leistungskomponenten in das Gesamtangebot integriert werden müssen, um dem Konsumenten eine vielfältige und umfangreiche Leistungspalette bieten zu können. Diese gesamte Leistungsbreite kann von konkurrierenden Destinationen in dieser Kombination nicht vorgehalten werden und trägt somit zur Profilierung bei. Über dieses Leistungsspektrum kann dann ein eventuell höherer Preis begründet und dem Konsumenten auch glaubhaft vermittelt werden. An dieser Stelle wird deutlich, daß die Verfügbarkeit von Informationen eine wichtige Rolle in der Tourismusbranche spielen (vgl. SCHERTLER 1998: 125), denn ohne die Vermittlung der eigenen Leistungsfähigkeit kann das Angebot einer Destination nur bedingt von Konsumenten wahrgenommen werden.

Die Konsumenten sehen heute eine gute Produktqualität als selbstverständlich an, daher kann sich ein Anbieter eher durch ein individuelles Produktimage als durch Produkteigenschaften von den Mitwettbewerbern abheben. Subjektive Merkmale gewinnen aus Sicht der Konsumenten zunehmend an Bedeutung, d. h., es müssen durch eine Marke zunehmend auch mentale Bedürfnisse erfüllt werden (vgl. HEUBACH 1992: 177; VON BISMARCK/BAUMANN 1995: 47). Konsumenten mit einem geringen *Involvement* sind in besonderem Maße der emotionalen Kommunikation gegenüber empfänglich, die Angebote in der Gefühls- und/oder Erfahrungswelt positionieren (vgl. WEINBERG/DIEHL 2001: 187). OPASCHOWSKI (2001: 104) führt aus, daß die Qualität des Services zu einem entscheidenden Differenzierungsmerkmal im Wettbewerb wird. Er zitiert eine Untersuchung von *Roland Berger*, nach der aus der Gesamtheit unzufriedener Kunden lediglich 14% mit der Produktqualität unzufrieden waren. Mehr als zwei Drittel dagegen wurden von den Mitarbeitern schlecht beraten oder unfreundlich bedient.

Die Bedeutung der Qualität für Ferienreisen wurde in einer Repräsentativerhebung der Gesellschaft für Konsumforschung (GfK) für den Nestlé-Konzern herausgearbeitet (vgl. FERNER/PÖTSCH 1998: 26). Nach den Ergebnissen dieser Untersuchung war für ca. 46% der Probanden die Qualität der Leistungsbündel ausschlaggebend. Dem stehen etwas mehr als 53 % der Befragten gegenüber, für die der Preis das ausschlaggebende Kriterium bei der Auswahl einer Ferienreise ist. Im Vergleich dazu sind die Anteilswerte für diese beiden Entscheidungskriterien bei Automobilen nahezu vertauscht: für ca. 53 % der Probanden ist die Qualität des Autos das ausschlaggebende Kriterium, ca. 43 % schauen in erster Linie auf den Preis. Über weitere Kriterien werden in der Ergebnisdarstellung allerdings keine Aussagen getroffen. Es ist davon auszugehen, daß – insbesondere bei der Auswahl von Reisen – eine Reihe weiterer Kriterien eine wichtige Rolle bei der Kaufentscheidung spielen (siehe auch Kapitel 3).

Es wird unabhängig von der Produktkategorie oder der Branche zunehmend schwieriger, einen Qualitätsvorsprung aufzubauen und auch zu halten, da die Qualitätsabstände zwischen einzelnen Markenartikeln von den Konsumenten kaum noch wahrgenommen werden können. (vgl. MEFFERT/BRUHN 1987: 126). Die faktische, objektiv nachprüfbare Qualität von Produkten hat einen immer geringeren Einfluß auf den Markterfolg. Ein wesentlicher Grund dafür ist, daß der Konsument immer weniger die tatsächliche Qualität beurteilen kann. Je weniger nachprüfbare Differenzierungsmerkmale feststellbar sind, desto mehr gewinnt die virtuelle Qualität im Sinne einer subjektiven Bewertung der Leistung und der Qualität durch die Wahrnehmung des Konsumenten an Bedeutung (vgl. MARGREITER 2001: 29). Zunehmend werden andere Markenmerkmale (z. B. Image, Preis …) zur Unterscheidung der vielfältigen Angebote herangezogen. Allerdings sollte der Einsatz von Preisinstrumenten behutsam durchgeführt werden, da Preispromotion eher für schwache Marken geeignet ist. Die sinkenden Preise können dann positive Impulse setzen. Dagegen werden starke Marken potentiell eher geschädigt, denn durch solche Maßnahmen werden tendenziell Markenwechsler und Schnäppchenjäger angesprochen werden, die eine Marke lediglich kaufen, weil sich ein Preisvorteil realisieren läßt. Bewußt und kontrolliert können preisaggressive Angebote für die Gewinnung und Bindung neuer Kunden eingesetzt werden (vgl. BACHL 2002: o. S.). Es sollte allerdings darauf geachtet werden, daß weitere Merkmale die Markenbindung festigen können, damit die neuen Kunden trotz angestiegener Preise der Marke verbunden bleiben. Untersuchungen der GfK im Bereich der FMCG[55] haben gezeigt, daß Markentreue nicht unbedingt mit dem Alter der Konsumenten zusammenhängt. Lediglich bei den bis 29jährigen Konsumenten konnte eine niedrigere Markentreue festgestellt werden. Einen größeren Einfluß auf die Markentreue zeigten die Variablen *Haushaltsgröße* und *Einkommen*. Ein-Personen-Haushalte und Niedrigverdiener zeigten eine niedrigere Markentreue. Einschränkend muß zu dieser Untersuchung gesagt werden, daß die Ergebnisse deutlich variieren, wenn unterschiedliche Produktkategorien betrachtet werden. D. h., eine Übertragung der Ergebnisse auf touristische Destinationen ist nicht durchführbar und führt zu falschen Annahmen (O. V. 2002: o. S.).

Der Markenartikel zeichnet sich weiterhin dadurch aus, daß er dem Konsumenten einen Zusatznutzen in Form psychologischer Produktversprechen liefert. Diese basieren auf Erlebnisinhalten, die für das Konsumsystem einer spezifischen Zielgruppe von Wichtigkeit sind (vgl.

55 FMCG = Fast Moving Consumer Goods.

SALCHER 1995: 164). D. h., der Aufbau einer bestimmten Erwartungshaltung bei der relevanten Zielgruppe führt zur Ausgestaltung komparativer Konkurrenzvorteile. Mit Hilfe der Markenpolitik versuchen Unternehmen und Anbieter, basierend auf einem Markennamen ein unverwechselbares Emotionsprofil aufzubauen, um somit eine emotionale Konditionierung im Konsumsystem der Verbraucher zu erreichen (vgl. BRUHN 1992b: 642). Unterstrichen wird diese Zielsetzung durch die Ergebnisse der bereits zitierten Produkt-Blindtests, bei denen emotional aufgeladene Produkte subjektiv besser bewertet wurden als neutrale Produkte.

KARLOFF spricht auch von der Notwendigkeit einer „psychologischen Überhöhung“, die bei objektiv vergleichbaren Produkten und Leistungen auf wettbewerbsintensiven Märkten notwendig wird, um den Konsumenten so eine Orientierungsfunktion und Entscheidungshilfe anbieten zu können (vgl. KARLOFF 1986: 184f.). Je mehr wünschenswerte Schlußfolgerungen der Konsument aus kommunizierten Botschaften ziehen und in eine positive Beziehung zu seinem Konsumsystem setzen kann, desto eher kann eine Beeinflussung seines Verhaltens erwartet werden. Dabei haben die bisherigen Erfahrungen und Einstellungen einen großen Einfluß auf den Erfolg der Botschaft. Lassen sich die transportierten Argumente nicht ohne weiteres einordnen, werden die bereits vorhandenen Einstellungen abgerufen und zur Beurteilung der Botschaft herangezogen. Insbesondere bei relativer Informationsarmut der Werbebotschaft fungieren Marken als Datenspeicher, da sie mit Assoziationen, Qualitätsaussagen und Images verbunden sind, die den Konsumenten bei der Beurteilung der aufgenommenen Botschaft unterstützen (vgl. BUSSMANN/UNGER 1986: 87).

Marken tragen aber auch dazu bei, die Komplexität der Kaufentscheidung zu reduzieren, indem sie dem Verbraucher die Unsicherheit über die Qualität des markierten Produktes oder der markierten Leistung nehmen und somit den Kauf risikoloser machen (vgl. DUDENHÖFFER 1998: 116). Gerade diese Unsicherheitsreduktion ist für touristische Leistungen vor dem Hintergrund ihres Dienstleistungscharakters von wesentlicher Bedeutung, da auf diese Art die Grundlage für eine Vertrauensbildung in die Leistung und den dahinter stehenden Anbieter gelegt wird. Die Vielfalt und Unübersichtlichkeit der zur Verfügung stehenden Informationen, deren Hintergrund oder Entstehung vom Verbraucher nicht vor dem Konsum überprüft werden können, bedingen die Notwendigkeit, Informationsquellen zu vertrauen, deren Wahrheitsgehalt nicht belegt ist (vgl. BIERHOFF 2000).

Entscheidet sich der Konsument trotz Unsicherheit bzw. unzureichender Information für einen Anbieter oder ein Produkt, geht er ein Risiko ein. Er vertraut den Aussagen des Anbieters, da er keine begründeten Erwartungen bezüglich der mit der Leistung in Aussicht gestellten Bedürfniserfüllung hat. Mit dem Ausmaß an Vertrauen wächst das Handlungspotential des Vertrauenden, denn nur unter der Bedingung des Vertrauens, d. h., er vertraut den gesammelten Informationen und deren Quellen, kann er eine ausreichende Sicherheits- oder Informationsgrundlage für eine Kaufentscheidung aufbauen (vgl. PETERMANN 1992: 12). Je größer das Vertrauen des Konsumenten in den Anbieter ist, desto schneller sollte eine Kaufentscheidung (ceteris paribus) gefällt werden können. Mit Hilfe der Markentechnik kann Vertrauen aufgebaut werden, das im Gegensatz zur Werbung, der Vermarktung einer Leistung oder eines Produktes über einen längeren Zeitraum wirksam bleibt. Allerdings kann dieses Vertrauen erst über einen vergleichsweise längeren Zeitraum aufgebaut werden (vgl. MARGREITER 2001: 32). Mit zunehmender Erfahrung steigt das Vertrauen in einzelne Anbieter und Informationsquellen. Dies kann den Suchprozeß bei anderen Leistungen und Produkten beschleunigen und vereinfachen.

In Abbildung 15 sind die Elemente des Markenwerts aus Kunden- und Anbietersicht zusammengefaßt. Auf den ersten Blick erscheint der Vorteil für die Anbieterseite umfangreicher zu sein, allerdings lassen sich die einzelnen Punkte unter dem Begriff *Effizienz der Leistungserstellung* zusammenfassen. Die genannten Punkte beeinflussen letztendlich alle in irgendeiner Form die Liquidität und den Erfolg des Leistungserstellers. Für den Konsumenten reduzieren sich die Markenwerte auf den Faktor Zufriedenheit mit der Leistung, was sich sowohl auf die finanzielle Ebene als auch auf die emotionale Ebene bezieht.

**Abbildung 15: Elemente des Markenwertes**
(Quelle: vgl. AAKER 1992: 32)

Für SPIEGEL (1998), ist eine wesentliche Voraussetzung für ein wirksames Markenmanagement und somit für eine erfolgreiche Marke, daß der Kunde bzw. der Empfänger der Markenbotschaft diese einordnen kann. Der Erfolg der Marke hängt zu einem großen Teil von der Bedeutung des kommunizierten Markennutzens für den Konsumenten ab. Zu beachten ist, daß eine emotionale Position ohne Sachinformationen unspezifisch und unverbindlich bleibt und somit dem Konsumenten keine Nutzendimension vermitteln kann (vgl. BELZ 1998: 40). Neben der emotionalen Botschaft, z. B. ausgedrückt durch ein spezifisches Image, muß eine Sachbotschaft die Merkmale der zu erwartenden Leistung kommunizieren. Die emotionale Botschaft einer touristischen Destination könnte beispielsweise Aussagen zum Erholungswert der Landschaft und zur Service- oder Gästeorientierung beinhalten. Als sachliche Informationen wird der potentielle Gast Informationen zu möglichen Leistungen suchen, die er während des Aufenthaltes nutzen kann: beispielsweise zum Beherbergungs- oder zum kulturellen Angebot. Da es sich bei der Reiseentscheidung tendenziell um eine *High-Involvement*-Entscheidung handelt (vgl. hierzu die Ausführungen in Kapitel 3.3 ab S. 111), sind Informationen notwendig, die dem potentiellen Gast Kriterien liefern, die seine Reiseentscheidung erleichtern.

**Zusammenfassend** kann festgehalten werden, daß die Konsumenten selten über umfassende Detailkenntnisse bzgl. der angebotenen Produkte und Dienstleistungen verfügen. Die Beurteilung erfolgt individuell nach einem Merkmal, das dem jeweiligen Entscheider wichtig erscheint. Die Konsumentenwahrnehmung und eine daraus resultierende Kaufentscheidung insbesondere im Dienstleistungsbereich, kann dementsprechend stark auf emotionellen Reaktionen beruhen.

Das Markenmanagement muß in erster Linie untersuchen, welche Faktoren in die Kundenwahrnehmung gelangen. Diese müssen in das Leistungspaket integriert und konsequent kommuniziert werden, um eine positive Beziehung bei der angesprochenen Zielgruppe gegenüber der Marke aufzubauen. Eng mit diesem Schritt korrespondiert die Erfüllung der versprochenen Leistungen, da die Erfüllungszufriedenheit mit einer Marke die Basis für die Vertrauensbildung ist. Mit einem Vertrauensvorsprung wird sie in konkreten Konsumsituationen berücksichtigt und trägt so wesentlich zur Senkung der Suchkosten des Konsumenten bei. Der Aufbau von Reputation oder Goodwill wird als eine der wesentlichen Aufgaben angesehen, um die Leistungsfähigkeit eines Unternehmens darzustellen (vgl. KAAS 1990: 545).

Die Entwicklung zum Markenmanagement erfolgte stufenweise. Ausgehend von der Markierung als Differenzierungsmerkmal für den Verbraucher und Herkunftszeichen, wurde diese Vorgehensweise auch von Institutionen, Vereinen und Dienstleistungsunternehmen übernommen. Auch Destinationsmanagement-Organisationen haben häufig bereits die Bedeutung eines professionellen Destinations(marken)managements erkannt. Sinn und Zweck der Destinationsmarke sind nach Ansicht von FERNER bereits gegeben, wenn mit der Bekanntheit eine bestimmte Vorstellung und Erwartung verbunden wird, welche eine Unterscheidung von vergleichbaren Leistungen und Angeboten zuläßt (vgl. FERNER 1998: 17). Diese Ansicht wird auch von einem großen Teil der Destinationsverantwortlichen in Deutschland vertreten, wie die empirischen Ergebnisse in Kapitel 5.2.2 (ab Seite 167) zeigen.

Das Kaufverhalten hat sich nach Auffassung einiger Autoren von einem Versorgungs- zu einem Erlebniskonsum hin entwickelt, d. h. die Erlebnisqualität eines Produktes wird zum wichtigsten Kaufkriterium und prägt die Marktkommunikation der Zukunft. Versorgungseinkäufe werden subjektiv als Pflicht bzw. Notwendigkeit angesehen, wogegen der Erlebniskonsum eine besondere Lebensqualität zumindest versprechen muß (vgl. z. B. OPASCHOWSKI 2001: 99; WEINBERG/DIEHL 2001: 24). Gleichzeitig wandelt sich der Fachhandel hin zu einem Erlebnishandel, der in der Lage ist, dem Konsumenten in kürzester Zeit die Leistungen anbieten zu können, die dieser nachfragt. Dabei spielt das Personal im direkten Kundenkontakt eine wichtige Rolle, denn der Erlebniskauf wird wesentlich durch den Geist geprägt, der an der Einkaufsstätte herrscht (vgl. REDWITZ 1991: 275f.). Auf der anderen Seite zeigt sich eine Entwicklung, nach der der Konsum in einem nachhaltigen Verhältnis zum Individuum stehen muß, d. h., mit dem Konsum und der Auswahl der Konsumobjekte wird das eigene Lebensgefühl zum Ausdruck gebracht, die Konsumgegenstände und -leistungen müssen zum Konsumenten passen und zu seiner eigenen Identitätsbildung beitragen (vgl. HERRMANN/ HUBER/BRAUNSTEIN 2001: 111f.).

Der Wert einer Marke an sich setzt sich aus dem inneren Markenbild und dem inneren Markenguthaben zusammen. Der jeweilige relative Beitrag der beiden Komponenten hängt stark von der Lebensdauer der Marke ab. Ist sie schon lange am Markt eingeführt, ist das Markenguthaben in der Regel der dominierende Faktor. Das Markenbild kann durch kurzfristige Änderungen im Markenauftritt sehr schnell beeinflußt werden; das Markenguthaben, aber auch das Potential einer Marke, können dagegen nur langfristig verändert werden. SZALLIES verdeutlicht diesen Zusammenhang mit dem Bild des Eisberges: während das Markenbild die Spitze des Eisberges darstellt, ist das Markenguthaben der größere Teil des Eisberges, der sich unter Wasser befindet und nicht im Detail von außen wahrgenommen werden kann. Erst wenn die zentralen Elemente des Markenkerns (aus dem Markenguthaben) bekannt sind, kann eine geeignete Kommunikationsstrategie entwickelt und der Wert der Marke kommunizieren werden (vgl. SZALLIES 2000: 343f.).

Weiterhin zeigt sich eine zunehmende Zahl von Gemeinsamkeiten zwischen Dienstleistungen und Sachgütern, die eine gemeinsame Betrachtung nahelegen. Neben einer *Tangibilisierung* von Dienstleistungen ist eine zunehmende *Intangibilisierung* von Konsumgütermarkenartikeln festzustellen. Einerseits versuchen die Dienstleistungsanbieter, ihren Firmensitz, ihre Mitarbeiter, Werbemedien und Geschäftspapier mit einem einheitlichen Logo und Erscheinungsbild auszustatten, so daß ein Wiedererkennen durch den Konsumenten ermöglicht wird. Andererseits werden klassische Konsum- und Produktionsgüter zunehmend mit ergänzenden Dienstleistungen ausgestattet, um so dem Konsumenten einen Zusatznutzen zum originären Verwendungszweck anbieten zu können. Die klassischen Markenartikler müssen erkennen, daß nach der gebrauchstechnischen Austauschbarkeit der Produkte zunehmend eine emotionale Austauschbarkeit neue Ansätze in der Produktdifferenzierung notwendig macht. Ein erster Schritt in diese Richtung ist, daß die Eigenständigkeit von Marke und Kundenbeziehung über produktbegleitende Dienstleistungen betont wird. Ein weiterer Schritt ist bspw. die Einrichtung von Kundenclubs, um so eine emotionale Bindung auch über den unmittelbaren Konsum hinaus zu erreichen. Indem den Kunden durch diese Einrichtungen in einem umgrenzten Rahmen Aktivitäts- und Beteiligungsformen angeboten werden, schaffen die Unternehmen eine neue Form der Marke, die *Beziehungsmarke* (vgl. STAUSS 1998: 21). Eine Beziehungsmarke weist die Merkmale des Markenartikels auf, darüber hinaus bietet sie aber eine Mitgliedschaft an und fordert ein ständiges Engagement, um den Gedanken der Marke zu kommunizieren. Indem dem Markeninhaber der Konsument mit seinen persönlichen Bedürfnissen bekannt ist, können ihm auf seine aktuelle Lebenssituation abgestimmte Angebote individuell unterbreitet werden (vgl. GUMMESSON 1997: 136). In dem US-amerikanischen Wintersportort Vail (Colorado) werden beispielsweise Daten und Informationen der Gäste vor, während und nach ihrem Aufenthalt gesammelt und in einer zentralen Datenbank ausgewertet. Mit Hilfe dieser Informationen, die über Bar-Codes im Skigebiet (z. B. Skipaß) und den Einsatz der Kreditkarte erfaßt werden, können die Anbieter auf direkte Wünsche und Bedürfnisse der Gäste eingehen. Ein weiteres Element dieses *Database-Marketing*-Systems ist, daß den Gästen individuell auf ihre Konsumgewohnheiten zugeschnittene Angebotspakete für ihren nächsten Urlaub unterbreitet werden. Gleichzeitig können Angebotserweiterungen gezielt auf die Bedürfnisse und Konsumgewohnheiten einzelner Zielgruppensegmente ausgerichtet werden, da über die Kreditkartennutzung ein, wenn auch grobes, Bild der Gäste ermittelt werden kann (vgl. BERITELLI 1999: 41).

## 2.5 Zusammenführung

Die Definition der unterschiedlichen Begrifflichkeiten, die in der vorliegenden Arbeit verwendet werden, verdeutlicht, daß es weder in der wissenschaftlichen noch in der praktischen Verwendung einen durchgängigen Konsens gibt. Es wurde jeweils das Spektrum zwischen den unterschiedlichen Standpunkten aufgezeigt und ein Konsens für die weitere Verwendung herausgearbeitet.

Für die weitere Betrachtung wird die Destination als geographische Einheit angesehen, in der alle für einen Aufenthalt notwendigen Einrichtungen für Beherbergung, Verpflegung, Unterhaltung/Beschäftigung vorhanden sind und die vom Gast als Ziel für seine Reise ausgewählt wurden. In dieser Definition werden zwei wesentliche Aspekte hervorgehoben, die für die Markenbildung touristischer Destinationen von Bedeutung sind. Zum einen wird die geographische Einheit herausgestellt, die implizit auch eine einheitliche Vermarktung und Führung der Destination als Wettbewerbseinheit betont. Andererseits wird durch die unterschiedlichen Einrichtungen, die allen Anforderungen an einen Aufenthalt genüge tun, zum Ausdruck gebracht, daß ein umfangreicher Abstimmungsprozeß notwendig ist, um die Vielzahl unterschiedlicher Betriebe, Unternehmer und Akteure mit ihren jeweils individuellen Zielsetzungen aufeinander abzustimmen und eine einheitliche Markenführung zu ermöglichen. Die ebenfalls angesprochenen weiteren Kriterien zur Destinationsabgrenzung, wie Marketingbudget oder Übernachtungszahlen, werden für die weitere Betrachtung ausgeklammert, da sie aus Sicht des Verfassers für die *grundsätzliche* Ausgestaltung eines Markensystems für touristische Destinationen von nachgeordneter Bedeutung sind.

Das Markenverständnis hat sich im Zeitverlauf stark verändert. DOMIZLAFF, der auch als Vater der professionellen Markenpolitik bezeichnet wird (vgl. MEFFERT 2000: 846), sprach bei einem Markenartikel noch von einer Fertigware, die dem Konsumenten mit einem konstanten (Marken-)Auftritt, Aussehen und Preis in einem größeren Vertriebsraum dargeboten wird. Nach heutigem Verständnis wird mit dem Markenartikel in erster Linie ein absatzwirtschaftlicher Begriffsinhalt verbunden. Demnach handelt es sich bei einem Markenartikel um „Produkte bzw. Dienstleistungen, die auf Kundennutzen ausgerichtete unverwechselbare Leistungen standardisiert in gleichbleibender Qualität offerieren." (BRUHN 1992a: 640)

Aus der Vielzahl an vorliegenden Definitions- und Abgrenzungsansätzen können zusammenfassend für den Markenartikel folgende Merkmale postuliert werden: Der Markenartikel (als Sammelbegriff für markierte Leistungen unterschiedlichster Produzenten) zeichnet sich durch eine *allgemeine Bekanntheit* und einer bei einer Vielzahl von Konsumenten *ähnlichen Wertschätzung* in seinem Verbreitungsraum aus. Dabei besteht grundsätzlich die Möglichkeit, den Markenartikel an unterschiedlichen Standorten, die seinem Wesen gerecht werden[56], zu einem vergleichbaren Preis-/Leistungs-Verhältnis zu erwerben.

Ergänzt werden diese Kriterien durch eine *kontinuierliche Marktkommunikation* und eine im Zeitverlauf relativ *konstante Leistungsbeschreibung*. Die Vorteile, die für die Anbieterseite durch die Gestaltung von Markenartikeln entstehen, lassen sich unter dem Begriff *Effizienz der Leistungserstellung* zusammenfassen. Der Konsument erreicht durch die Nutzung von Markenartikeln eine höhere Zufriedenheit mit der Leistung, was insbesondere auf der emotionalen Ebene zum Ausdruck kommt. Darüber hinaus besitzen Markenartikel eine *Orientierungsfunktion*, die dem Konsumenten die Auswahl aus der Angebotsvielfalt erleichtern und zur Präferenzbildung beitragen. Außerdem kann der Konsument durch die Nutzung von Marken seine Persönlichkeit kommunizieren, da sich das Image der Marke auf den Nutzer übertragen kann. Gleichzeitig sichern Markenartikel, insbesondere im Dienstleistungsbereich, die Erwartungshaltung der Konsumenten ab, indem diese durch die Markenkommunikation gesteuert wird.

Bei dem Destinationsprodukt handelt es sich in erster Linie um ein Paket, das sich aus mehreren Einzelleistungen auf unterschiedlichen Wertschöpfungsstufen zusammensetzt. Dabei kann es durchaus sein, daß Leistungsträger, die bereits über einen eingeführten Markennamen verfügen, in das Destinationsprodukt integriert sind. Eine Destinationsmarke kann daher als eine mit Produkten oder Dienstleistungen assoziierte Gruppierung von Markenbedeutungen interpretiert werden. Diese Komplexität erfordert eine umfangreiche interne Kommunikation und einen hohen Koordinationsaufwand, um die Einzelleistungen aufeinander abzustimmen, da die Wahrnehmung der Destination und insbesondere der Destinationsmarke nur über die Gesamtheit der Leistungen erfolgen kann. Werden Einzelleistungen nach wie vor separat vermarktet, kann der Konsument die Destination nicht identifizieren.

Als wirkungsvolles Instrument für diese Aufgabe wurde die identitätsorientierte Markenführung vorgestellt (vgl. Kapitel 2.3.4.1), die umfangreiche angebots- und nachfragerorientierte Betrachtungsperspektiven in der Markenführung berücksichtigt. Die absatzmarktbezogene Sichtweise der Markenführung wird um eine unternehmensbezogene Betrachtung ergänzt, nach der die Kernkompetenzen der Marke und der Destination dazu beitragen, das Ver-

56 Bspw. werden exklusive und hochpreisige Markenartikel in den entsprechenden exklusiven Boutiquen vertrieben. Oder Niederlassungen der gehobenen Markenhotellerie sind nur an wenigen, aber exklusiven Standorten zu finden.

trauen der Marktteilnehmer zu gewinnen. Bei dem Erfolg dieses Ansatzes wird das interne Marketing zu einem wichtigen Werkzeug bei der Führung und der Vermarktung der Destination. Eine weitere Aufgabe des Managements liegt darin, die Kernkompetenzen zu kontrollieren und in einer Form zu kombinieren, die den Anforderungen des Marktes gerecht wird.

Da die Konsumenten selten über umfassende Detailkenntnisse bzgl. der angebotenen Marken verfügen, erfolgt eine Leistungsbeurteilung individuell nach einem Merkmal oder einer Merkmalskombination, das bzw. die der jeweiligen Person wichtig ist. Die Konsumentenwahrnehmung und eine daraus resultierende Kaufentscheidung kann somit stark auf emotionalen Reaktionen beruhen. Je weniger tangible Faktoren eine Qualitäts- und Leistungsbeurteilung ermöglichen, um so stärker spielen emotionale Aspekte eine Rolle bei der Entscheidungsfindung. Dabei spielt das Personal im direkten Kundenkontakt eine wichtige Rolle, denn das Destinationsprodukt kann i. d. R. nur interaktiv zwischen Leistungsträger und Konsument erstellt werden. Der Grad der Übereinstimmung der Kundenerwartungen bei der tatsächlichen Leistungserstellung bestimmt die Qualität des Destinationsproduktes.

**Zusammenfassend** wird die touristische Destinationsmarke als Name, Symbol, Logo, ein Begriff, eine Gestaltungsform oder eine Kombination aus diesen Bestandteilen definiert, die eine Destination im Wettbewerb differenziert und identifiziert. Gleichzeitig trägt sie dazu bei, dem Gast ein einmaliges Urlaubserlebnis zu vermitteln und Präferenzen aufzubauen, die die Destination in seiner Vorstellung fest verankern. Dabei gilt das vermittelte Leistungsversprechen für alle an der Erstellung des Destinationsproduktes beteiligten Leistungsträger. Diese zeichnen sich durch ein gleichmäßiges und konstantes Qualitätsniveau aus und können über das Markenzeichen identifiziert werden.

# 3 Die Reiseentscheidung

Die Reiseentscheidung gilt als komplexe Entscheidung, die i. d. R. erst in einem längeren Prozeß getroffen wird, dabei aber nicht nur auf rationalen Kriterien beruht. Die menschliche Wahrnehmung, das Denken und die Sprache können die Realität nicht in ihrer Gesamtheit erfassen. Häufig bestehen Vorstellungen von Gesamtheiten, die nur teilweise wahrgenommen werden und auch nur vage umschrieben werden können. Von Produkten ist beispielsweise die gesamte Gestalt vorstellbar, aber wahrnehmbar ist immer nur eine bestimmte Perspektive, also ein Ausschnitt. Über Produkte sind dem Individuum häufig viele Daten bekannt, meist aber nur ein Teil der gesamten Produkteigenschaften. Die Realität wird aber nicht nur partiell erfaßt, sondern häufig auch verzerrt oder sogar falsch. Die Wahrnehmung wird durch Täuschungen beeinflußt, das Denken durch Fehlschlüsse und die Sprache durch Ungenauigkeiten (vgl. BEHRENS 1991: 1).

Diese Zusammenhänge verdeutlichen die Subjektivität und Komplexität von individuellen Entscheidungen. Dabei spielt es keine wesentliche Rolle, ob es sich um Kaufentscheidungen, Entscheidungen mit einem privaten oder geschäftlichen Kontext oder um eine Reiseentscheidung handelt. Grundsätzliche Unterschiede gibt es allerdings bei der Dauer der Entscheidungsfindung, die sehr stark differieren kann. Auch sind eine Vielzahl von Entscheidungen bereits habitualisiert, so daß vom Individuum in der konkreten Entscheidungssituation ein „Entscheidungsprogramm" gestartet wird, das je nach Entscheidungsobjekt mehr oder weniger externer Steuerungselemente und -eingriffe bedarf.

In diesem Kapitel werden wesentliche Zusammenhänge der Reiseentscheidung dargestellt. In einem weiteren Kapitel wird die Bedeutung des *Images* zur Auswahl von Destinationen und Marken dargestellt, da dieses Konstrukt wesentlich dazu beiträgt, rationale Entscheidungsmerkmale zu Gunsten emotionaler Aspekte aus dem Entscheidungsprozeß auszuklammern.

## 3.1 Die Reiseentscheidung als Konflikt

Eine Reise, insbesondere eine Pauschalreise, setzt sich aus vielen Einzelbestandteilen zusammen. Das hat zur Folge, daß in der Regel auch viele Teilentscheidungen getroffen werden (vgl. BRAUN/LOHMANN 1989: 102). Bei der Reiseentscheidung handelt es sich demnach um die Entscheidung bzw. das Bündel von Teilentscheidungen, die ein Individuum trifft, bevor es eine Reise antritt oder ein (Pauschal-)Reisepaket bucht (vgl. BRAUN 1993c: 302). Allgemein ist die Entscheidungsfindung der Prozeß des Auswählens zwischen Alternativen, konkret das Auswählen und Ablehnen von Optionen (vgl. ZIMBARDO: 1995: 369) oder die Lösung eines Konfliktes. Ein Konflikt kann aus psychologischer Sicht als eine Situation charakterisiert werden, in der gleichzeitig entgegengesetzt gerichtete, aber annähernd gleich starke Kräfte auf ein Individuum einwirken. Grundsätzlich können in diesem Zusammenhang drei Grundformen von Konfliktsituationen unterschieden werden (vgl. LEWIN 1931: 11f.; HECKHAUSEN 1989: 100):

- Der *Appetenz-Appetenz-Konflikt* bedingt die Entscheidung zwischen zwei für das Individuum positiven Möglichkeiten, wobei beide von etwa gleicher Stärke sind. Da nicht beide erreichbar sind, muß sich das Individuum für eine Möglichkeit entscheiden.
- Im Gegensatz dazu muß sich das Individuum im *Aversions-Aversions-Konflikt* zwischen zwei als negativ eingestuften, ebenfalls annähernd gleichstarken Alternativen entscheiden.
- In der dritten Situation – dem *Appetenz-Aversions-Konflikt* – ist das Individuum sowohl mit abstoßenden als auch anziehenden Kräften des Entscheidungsgegenstandes konfrontiert.

Ergänzt wurden diese Grundformen des Konfliktes durch eine vierte Variante, den doppelten *Appetenz-Aversions-Konflikt* (vgl. HECKHAUSEN 1989: 100): Das Individuum muß sich zwischen zwei Optionen entscheiden; mit jeder Alternative sind jedoch sowohl negative als auch positive Erwartungen verbunden. Um in eine Konfliktsituation zu kommen, ist es ausreichend, wenn ein Individuum subjektiv die Unvereinbarkeit der Motive empfindet, die mit den jeweiligen Optionen verbunden sind (vgl. FELSER/KAUPP/PEPELS 1999: 38).

Die dargestellten Konfliktsituationen sind mit der Voraussetzung verbunden, daß das Individuum keine Möglichkeit zur Flucht hat, sich also für eine der gebotenen Optionen entscheiden muß. Bezogen auf Kaufsituationen befindet sich der Entscheider im übertragenen Sinne oftmals in ähnlichen Konfliktsituationen. Es werden die positiven Produkt-/Leistungseigenschaften gegen die negativen abgewogen, meist ausgedrückt durch den Preis oder das Image des Entscheidungsgegenstandes. Allerdings hat der Konsument hier in der Regel die Möglichkeit, aus diesem Konflikt auszubrechen, sei es durch den Kauf einer weiteren Alternative oder durch einen Nicht-Kauf.

Für Kaufentscheidungssituationen sind insbesondere der Appetenz-Appetenz-Konflikt sowie der Appetenz-Aversions-Konflikt, auch als Ambivalenzkonflikt bezeichnet, zu berücksichtigen (vgl. NIESCHLAG/DICHTL/HÖRSCHGEN 2002: 593f.). Bei KROEBER-RIEL und WEINBERG werden sie ausführlich betrachtet und hinsichtlich ihres Einflusses auf das Konsumentenverhalten diskutiert (vgl. KROEBER-RIEL/WEINBERG 1999: 159ff.).

Da es sich bei der Reiseentscheidung ebenfalls um eine Kaufentscheidung handelt, befindet sich der Konsument in einer ähnlichen Konfliktsituation. Bei einer Individualreise stellt er sich die Teilleistungen selbst zusammen oder bucht sie bei einer Pauschalreise im Bündel. In diesem Punkt liegt die Erschwernis bei der Übertragung auf die Reiseentscheidung: Es handelt sich bei der Reise um ein zusammengesetztes Leistungspaket, in das mehrere Einzelentscheidungen einfließen. Deren Gesamtheit bestimmt den Ablauf und den Inhalt der Reise, wobei die Teilentscheidungen eng miteinander zusammenhängen und sich teilweise auch gegenseitig bedingen (vgl. HAHN/HARTMANN 1973: 9). Daher wird der Konsument im Verlauf eines solchen Reiseentscheidungsprozesses mehr als einmal eine der geschilderten Konfliktsituationen zu bewältigen haben. Beispielsweise erfolgt die Auswahl des Reiseziels aus mehreren für ihn positiv bewerteten Destinationen – z. B. eine Reise nach Teneriffa vs. Mallorca (*Appetenz-Appetenz-Konflikt*). Ein Beispiel für den *Aversions-Aversions-Konflikt* wäre die Entscheidung, ob die Anreise mit dem Pkw – d. h. lange im Auto sitzen und möglicherweise viele Staus haben – oder mit dem Flugzeug – trotz Flugangst und höherem Preis – erfolgen soll. Einem *Appetenz-Aversions-Konflikt* kann die Entscheidung für ein Hotel entsprechen: einerseits ist die zentrale Lage mit der schnellen Erreichbarkeit aller Attraktionen und touristischen Einrichtungen verbunden, andererseits ist aber auch mit einer erhöhten Lärmbelästigung zu rechnen, was die Erholung insgesamt erschwert.

Hat sich der Entscheider grundsätzlich entschlossen, eine Reise durchzuführen, kann er sich in einem *doppelten Appetenz-Aversions-Konflikt* befinden, da im Falle mehrerer möglicher Reiseziele jede Option sowohl positive als auch negative Merkmale trägt (vgl. BRAUN 1993a: 64). Dies wird durch die Vielzahl an Einzelentscheidungen unterstrichen, die ein Konsument vor dem Antritt einer Reise treffen muß (Ziel, Zeitpunkt der Reise, Dauer, Unterkunftsart, Art der Anreise, Verpflegung, Aktivitätenrahmen ...). LEWIN hat bereits 1946 in einer wissenschaftlichen Arbeit festgestellt, daß das Individuum zunächst von einem Objekt angezogen wird. Je näher es an das Zielobjekt herankommt, desto stärker werden aber die abstoßenden Kräfte. In einem bestimmten Abstand (abhängig von der Situation) besteht zwischen diesen Kräften ein Gleichgewicht, das Individuum kann sich an dieser Stelle für keine Richtung entscheiden (vgl. LEWIN 1963: 296; HECKHAUSEN 1989: 101f.). Auf die Reiseentscheidung bezogen bedeutet dies, daß ein positiv bewertetes Reiseziel – je näher die tatsächliche Reiseentscheidung rückt – auf die Eignung, die Reiseerwartungen auch erfüllen zu können, kritischer hinterfragt wird und tendenziell die Bereitschaft wächst, eine Alternative auszuwählen.

Geht man von der in der Ökonomie lange akzeptierten Annahme aus, daß der Entscheider ein rational denkendes Individuum ist (vgl. STAEHLE/CONRAD/SYDOW 1999: 231; TROMMSDORFF: 2002: 49), wird er eine Nutzenanalyse für alle relevanten Alternativen und Produktbündel durchführen und sich für die Option entscheiden, bei der die Wahrscheinlichkeit, den erwarteten Nutzen auch zu erhalten, aus seiner Sicht am höchsten ist (vgl. HECKHAUSEN 1989: 168f.). Allerdings kann dieses Modell des *Homo Oeconomicus* lediglich auf einfache Entscheidungssituationen angewendet werden (vgl. FRANZ 1986: 37). In komplexen Situationen, zu denen die Reiseentscheidung gerechnet werden muß, stößt es auf Grenzen, da sowohl emotionale als auch situative Faktoren in die Entscheidungsfindung mit einfließen. In der Literatur zur Konsumentenforschung werden aber zunehmend interdisziplinäre Ansätze verfolgt, die sich von einer rein kognitiven Ausrichtung entfernen und emotionale und reaktive

Prozesse zur Aktivierung von Entscheidungsverhalten verknüpfen (vgl. KROEBER-RIEL/ WEINBERG 1999: 358f.). Mit Hilfe von Ziel-Mittel-Beziehungen (*means-end-chains*) wird versucht, eine Verbindung der objektiven Produkteigenschaften zu den Konsequenzen herzustellen, die sie in der Wahrnehmung des Konsumenten haben. Diese Konsequenzen werden vom individuellen Wertesystem des Konsumenten beeinflußt. Demnach sind die erkannten Eigenschaften Mittel (*means*), die dem Zweck dienen, Wertvorstellungen (*ends*) zu realisieren (vgl. KUß/TOMCZAK 2000: 60f.). Hinzu kommen Erfahrungen und Gewohnheiten des Konsumenten, die dazu beitragen, den Informationsaufwand zu reduzieren sowie situative Einflüsse (z. B. die Berücksichtigung von Folgekosten), die als wichtige Randbedingungen in konkreten Entscheidungssituationen angesehen werden müssen (vgl. JÄCKEL 1996: 83f.).

## 3.2 Motive als Basis der Reiseentscheidung

Bei der Reiseentscheidung handelt es sich um eine überwiegend emotionale Entscheidung, daher wird ein auf Fakten basierendes Marketing wenig erfolgreich im Wettbewerb der Destinationen sein. Betrachtet man gut gestaltete Werbebroschüren von Zielgebieten oder auch von Reiseveranstaltern, zeigt sich, daß der Katalogteil, der sich von den Wettbewerbern unterscheidet und zu einer Differenzierung beiträgt, zu einem hohen Teil mit emotionalen Komponenten gestaltet ist. Diese Komponente wird in der Werbebranche auch als Imageteil bezeichnet, da in diesem oftmals nur wenige Seiten umfassenden Teil eine positive Bindung zum potentiellen Gast hergestellt werden muß.

Hinzu kommt, daß bei der Reiseentscheidung unzählige Einflußfaktoren gegeneinander abgewogen werden müssen, die von Individuum zu Individuum unterschiedlich sind. Darüber hinaus hängt die Reiseentscheidung häufig von der aktuellen Stimmung ab, in der sich der Entscheider gerade befindet, ebenso wie von den unterschiedlichen Umfeldsituationen. Weitere Einflußfaktoren auf die Reiseentscheidung sind bspw. das Haushaltsnettoeinkommen, der Familienlebenszyklus (z. B. Single, Lebens-/Ehepartner, Kleinkinder, Jugendliche ...) oder die Verfügbarkeit von Reiseutensilien unterschiedlichster Art (vom Sportgerät bis hin zum Wohnmobil – vgl. VAN RAAIJ 1986: 3f.). Auch handelt es sich bei der Reiseentscheidung in der Regel um eine Gruppenentscheidung. Da die Urlaubsreise meist ein Gruppenerlebnis ist, liegt es nahe, daß die Entscheidung, wo die Reise hingehen soll, ebenfalls im Rahmen dieser Gruppe gefällt wird (vgl. HAHN/HARTMANN 1973: 24).

Zu den Faktoren, die eine Reiseentscheidung bedingen, zählt BRAUN die gesellschaftlichen Rahmenbedingungen, in denen sich der Entscheider oder die Gruppe der Entscheider aktuell befindet. Dazu zählen bspw. die Zugehörigkeit zu sozialen Gruppen, der Familienstand, die Einkommens- und Besitzstände oder die allgemeine Konjunkturlage und politische Situation. Eine wichtige Rolle spielen insbesondere die persönlichen Reisemotive (z. B. Werthaltungen, Neigungen, Wünsche, Erwartungen und Interessen), die Reiseziele von vornherein ausschließen können oder aber erst in die engere Wahl rücken lassen. Ebenso können die bisherigen Reiseerfahrungen und soziale Normen, denen sich das Individuum unterordnen muß, die Reiseentscheidung erheblich mitbeeinflussen. Weitere Determinanten sind die Verfügbarkeit von relevanten Informationen sowie die Attraktivität und das Image verschiedener Urlaubsziele und Reiseformen (vgl. BRAUN 1993c: 302). Bei der aktuellen Entwicklung und der ständigen Zunahme des Informationsvolumens wird es zukünftig von Bedeutung sein, die Informationsvielfalt zu kanalisieren und auf relevante Kerninformationen zu reduzieren bzw. die Informationen zu bündeln und über geeignete Kanäle an die Verbraucher weiterzugeben. Solche Kanäle können zum Beispiel touristische Marken oder auch eine objektive Berichterstattung in unterschiedlichen Medien sein.

In einer Untersuchung hat BRAUN Unterschiede bei der Reiseentscheidung dynamisch bzw. statisch orientierter Konsumenten gefunden, die einen Teil der Reiseentscheidung erklären können (vgl. BRAUN 1993a: 65). Im Zustand der *dynamischen* Orientierung befindet sich das Individuum mit seiner Umwelt[57] im Einklang und kann auf die an es gestellten Anforderungen (z. B. in Beruf oder Partnerschaft) in angemessener Weise mit den entsprechenden Fähigkeiten reagieren. Es fühlt sich weder über- noch unterfordert und empfindet weder Langeweile noch Angst. Das Handeln der Person ist nach außen orientiert und auf das Lösen und Bearbeiten von Aufgaben ausgerichtet. Im Gegensatz dazu befindet sich eine Person im Zustand statischer Orientierung in Disharmonie mit der Umwelt und fühlt sich über- oder unterfordert. Sie verfügt nicht über ein angemessenes Handlungspotential und ist daher bestrebt, die Voraussetzungen zu erlangen, die dafür notwendig sind, eine Harmonie herzustellen. So würde bspw. eine Person, die durch Überforderung oder Streß in den statischen Zustand geraten ist, darüber nachdenken, ob sie genug Intelligenz, Auffassungsgabe oder Kraft besitzt, die gestellte Aufgabe zu lösen (vgl. BRAUN 1993a: 13f.).

WICKLUND und GOLLWITZER (1985) haben mit der *Theorie der symbolischen Selbstergänzung*, basierend auf LEWINS Arbeiten über zielgerichtetes Handeln (1926), einem Spezialfall des Zustandes der statischen Orientierung beschrieben. Nach LEWIN entsteht ein Spannungszustand, wenn sich ein Individuum ein Ziel gesetzt hat, welcher sich erst nach der Zielerreichung wieder löst. Allerdings kann der Spannungszustand auch durch die Erreichung von *Ersatz*zielen reduziert werden. In den experimentellen Befunden der Mitarbeiter LEWINS zeigte sich, daß Personen mit einem konkreten Handlungsziel auch *selbstbezogene* Ziele verbanden. Da es grundsätzlich schwierig ist, Fortschritte hinsichtlich selbstbezogener Ziele zu verdeutlichen, erfolgt die Dokumentation der Zielerreichung über den Erwerb sozial festgelegter Zielindikatoren (vgl. WICKLUND/GOLLWITZER 1985: 33). Bspw. kann eine Person, die zeigen

57 In der Theorie der statischen vs. dynamischen Orientierung bedeutet *Umwelt* die psychologische Umgebung einer Person. Sie kann bspw. durch andere Personen, aber auch eine Leistungsaufgabe oder die geographische Umgebung, konstituiert werden. Die zentralen Komponenten der Theorie bestehen in zwei psychischen Zuständen, die aus bestimmten Konstellationen zwischen der Person und ihrer psychologischen Umwelt resultieren (vgl. WICKLUND: 1986a; 1986b). Diese Theorie impliziert *Handlungsdruck* als Voraussetzung für das Entstehen der beiden Zustände. Sowohl der Zustand einer dynamischen als auch statischen Orientierung entsteht nur, wenn eine Person unter dem Druck steht, etwas zu tun, weil sie die Aufgabe unbedingt erfüllen will, andere das von ihr erwarten oder das Nicht-Handeln an sich bereits negative Konsequenzen hätte (vgl. BRAUN 1993a: 14).

möchte, daß sie sich einen besonderen Urlaub leisten kann, an ihrem Pkw einen Aufkleber der Insel Sylt anbringen, da mit einem Sylt-Urlaub allgemein ein hohes Preisniveau verbunden wird. Wichtig ist, daß durch die Benutzung dieser Symbole andere glauben, daß die betreffende Person die angestrebte Selbstdefinition erreicht hat und sich bspw. mehr leisten kann als andere. Allerdings wird der Spannungszustand erst durch die Kenntnisnahme der Zielerreichung durch andere reduziert. Es wird angenommen, daß eine Person durch die Zugehörigkeit zu einer bestimmten Gesellschaft oder Gesellschaftsschicht gelernt hat, welche Symbole sie benutzen muß, um die Erreichung der jeweils angestrebten Selbstdefinition anzuzeigen.

Die Theorien der statischen vs. dynamischen Orientierung und der symbolischen Selbstergänzung werden von BRAUN auf den Tourismus übertragen. BRAUN stellt fest, daß eine Person im Zustand der statischen Orientierung ein spezifisches Symbol nicht mehr erreichen kann, da sie nicht über die Kompetenzen verfügt, die zur Erfüllung der an sie gestellten Anforderungen notwendig sind. Sie tendiert dann dazu, alternative, unspezifische Symbole zu erwerben, zu denen auch Aspekte der Freizeit und des Urlaubs gerechnet werden können. „Nicht-arbeiten" stellt im Sinne der *Theorie der feinen Leute* (nach VEBLEN 1899/1922: 35ff., zit. nach BRAUN, 1993a, S. 20) ein Prestigesymbol dar. Der Prestigewert ist daraus entstanden, daß Müßiggang in früheren Zeiten ein Privileg der oberen Klassen war. Eine Person im Zustand der statischen Orientierung ist auf der Suche nach sozialer Anerkennung, sie fühlt sich erholungsbedürftig, denkt vermehrt über ihre Eigenschaften nach und ist motiviert, Prestigesymbole zu sammeln" (BRAUN 1993a: 25), was sich auch in der Wahl des Urlaubszieles ausdrückt.

BRAUN geht davon aus, daß sich die statisch orientierte Person bei einer Kaufentscheidung durch markenorientiertes bzw. kategorienorientiertes Verhalten auszeichnet (BRAUN 1993a: 54). Begründet werden kann dieser Zusammenhang damit, daß Personen im statischen Zustand darauf bedacht sind, ihre Identität wieder aufzubauen und daher prestigevermittelnde Leistungen und Produkte nachfragen. Markenartikel sollten daher von diesem Personenkreis vermehrt nachgefragt werden, da mit Markenartikeln grundsätzlich, wenn auch in unterschiedlichem Umfang, prestigefördernde Imagekomponenten verbunden werden. Die zur Überprüfung seiner Hypothesen durchgeführten empirischen Untersuchungen konnten jedoch nicht eindeutig belegen, daß die Imagekomponente im Zustand der statischen Orientierung gegenüber dem Preis eine höhere Beachtung erfährt. Im Gegenzug konnte allerdings gezeigt werden, daß im Zustand der dynamischen Orientierung die Preiskomponente signifikant höher bewertet wird als die Imagekomponente, die Preiswürdigkeit der in Frage kommenden Alternativen wird kritisch betrachtet. Abschließend stellt er die These auf, daß die primäre Orientierung für die Reiseentscheidung der statisch orientierten Personen am persönlichen Imagegewinn durch die geplanten Reise festgemacht werden kann, wohingegen die dynamisch Orientierten konkrete Vorstellungen von den zu erwartenden Leistungskomponenten und somit den Inhalten ihrer Reise besitzen und daher einen genauen Preis-/Leistungsvergleich anstellen (vgl. BRAUN 1993a: 63f.).

Überträgt man diese These auf die Bedeutung von Destinationsmarken für die Reiseentscheidung, kann man davon ausgehen, daß markierte Destinationen bei Individuen mit einer statischen Orientierung tendenziell eher als Reiseziel in Frage kommen. Es ist dann kein langwieriger Entscheidungsprozeß mit der entsprechenden intensiven Informationssuche und -verarbeitung notwendig, da von der bekannten (markierten) Destination bereits ein Image oder Vorstellungsbild bei den Konsumenten vorhanden ist. Ist dieses Bild in den Augen des Konsumenten in der Lage, sein Bedürfnis nach Prestigeerleben zu befriedigen und somit seine Identität wieder aufzubauen, ist das jeweilige Reiseziel eine in Frage kommende Alternative. Vor diesem Hintergrund wird das *Weg-von*-Reisen (siehe unten) ebenfalls in Richtung einer statischen Orientierung eingeordnet, da primär nicht das Kennenlernen fremder Kulturen und Regionen als Reiseinhalt gesehen wird, sondern die Erfüllung von im Alltag unbefriedigten Bedürfnissen.

KRIPPENDORF hat unterschiedliche Reisemotive vorgestellt und zusammenfassend festgestellt, daß der reisende Mensch eine „Mischfigur" ist, die je nach Stimmung unterschiedliche Reisemotive und -anlässe als wichtig oder unwichtig in der aktuellen Entscheidungssituation ansieht (vgl. KRIPPENDORF 1996: 52ff.). Er bestätigt bei seinen Betrachtungen als grundlegende Reisemotive die *Hin-zu* sowie die *Weg-von*-Motivation, wobei er die empirisch gestützte Meinung vertritt, daß die *Weg-von*-Motivation bei weitem überwiegt. Dieses Ergebnis wurde bereits von HAHN und HARTMANN (1973: 6) dargestellt. Die beiden Autoren haben der *Hin-zu*-Motivation lediglich sekundäre Bedeutung zugestanden. Demnach hat das Interesse, den gewohnten Alltag zu verlassen, einen höheren Einfluß auf die Reiseentscheidung als das Interesse an den besuchten Regionen und den Menschen, die dort wohnen. Ergänzt wird diese Haltung durch die Ich-Betonung („Ich möchte mich erholen", „Ich möchte jetzt was erleben" ...), die nach Krippendorf ebenfalls ein wesentliches Element der Reisemotivation ist (vgl. KRIPPENDORF 1996: 57).

Der in Abbildung 16 dargestellte Prozeß der Reiseentscheidung deutet das Zusammenwirken der einzelnen Elemente und deren gegenseitige Beeinflussung an. Aber auch bei dieser Abbildung bleibt letztendlich eine *Black Box*[58] bestehen, in der die konkrete Reiseentscheidung abläuft. GOODALL deutet an, daß der weitaus größte Teil der möglichen Alternativen (=*opportunity set*) von dem Entscheider nicht wahrgenommen wird. Letztendlich werden aber auch bei diesem Modell keine konkreten Hinweise darauf gegeben, in welchem Umfang einzelne Informationen und Merkmale die Entscheidung tatsächlich beeinflussen. Destinationsmarken gewinnen im Zusammenhang mit der *Weg-von*-Motivation an Bedeutung, da es dem so motivierten Reisenden primär nicht auf das Reiseziel ankommt. Er besitzt zwar ein Set mit für ihn positiv bewerteten möglichen Zielen, bei der endgültigen Wahl hat er aber einen ge-

58 Black Box-Modelle sind S-R-Modelle, bei denen das menschliche Verhalten als beobachtbare Reaktion (Response) auf ebenfalls beobachtbare Reize (Stimuli) verstanden wird, der Prozeß, der zur Reaktion führt allerdings im Verborgenen abläuft. Eine Erweiterung dieser Modelle spiegelt sich in den S-O-R-Modellen wieder, bei denen versucht wird, die im Innern eines Individuums (dem Organismus) ablaufenden Prozesse, beispielsweise durch Einstellungen bedingt, zu erfassen und zu berücksichtigen (vgl. MEFFERT 2000: 99). Ausführlich zu S-R-Modellen siehe z. B. Heckhausen 1989: 133ff.; VON ROSENSTIEL/NEUMANN 1991: 39ff..

wissen Spielraum, der durch andere Faktoren beeinflußt wird. Das Reiseziel, das in der aktuellen Entscheidungssituation am besten für die Erfüllung dieser Faktoren geeignet ist, wird als Reiseziel präferiert.

**Abbildung 16: Der Prozeß der Reiseentscheidung**
(vgl. GOODALL 1990:4 mit eigenen Ergänzungen)

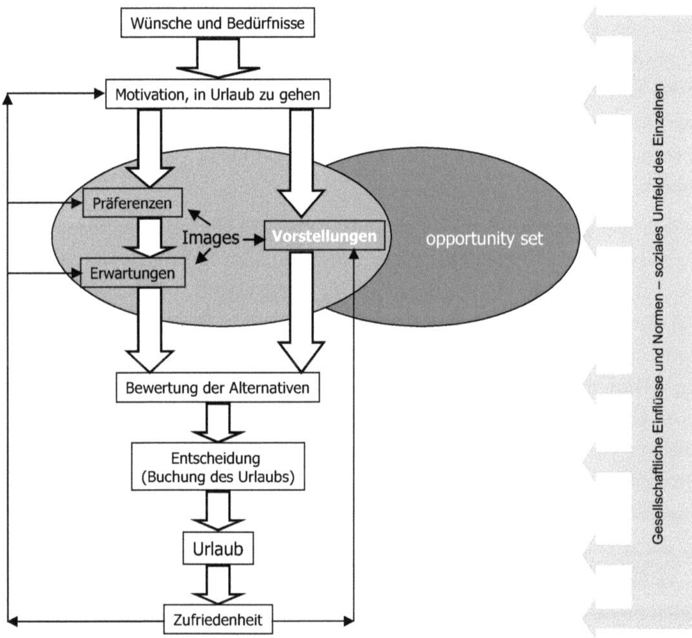


Als weitere Komponente ist in diesem Modell von GOODALL der Einfluß externer Faktoren zu ergänzen, die insbesondere aus dem sozialen und gesellschaftlichen Umfeld des Individuums alle Phasen in dem Modell auf unterschiedliche Weise beeinflussen. Bedürfnisse sind in erster Linie gesellschaftlich vermittelt (vgl. PRAHL/STEINECKE 1981/1995: 78) – sie werden von den jeweiligen gesellschaftlichen Gruppen, in denen das Individuum Mitglied ist, beeinflußt. Dies wird dem Individuum oft nicht direkt bewußt (vgl. ZIMBARDO 1995: 725ff.). Daher ist nachvollziehbar, daß die unterschiedlichen Gruppen in der Bevölkerung die unterschiedlichsten Bedürfnisse mit Reisen zu befriedigen suchen.

Zu der Bedeutung einzelner Merkmale der Reiseentscheidung haben HAHN und HARTMANN bereits 1971, basierend auf den Daten der Reiseanalyse des *Studienkreis für Tourismus e.V.* in Starnberg, eine psychologische Leitstudie durchgeführt. Sie haben für eine Urlaubsreise die nachfolgend aufgelisteten Merkmale extrahiert, wobei sie davon ausgehen, daß jede Reise bzgl. dieser Merkmale speziell gekennzeichnet ist (vgl. HAHN/HARTMANN 1973: 9):

- Reiseart (z. B. Erholungsreise, Bildungsreise, Studienreise …),
- Rundreise oder Zielreise,
- Reiseland, Reisegegend,
- Zielort(e),
- Reisezeitpunkt,
- Unterkunftsart (Hotel, Ferienwohnung, Camping),
- das einzelne Quartier direkt (im Vergleich der jeweiligen Kategorie),
- Reiseform und -organisation (Individualreise, Veranstalterreise, Gruppenreise …),
- Reiseveranstalter, d. h., ein bestimmtes Reiseunternehmen,
- Reiseausgaben.

Als ein wesentliches Ergebnis der Untersuchung konnte festgestellt werden, daß der Prozeß der Reiseentscheidung keine Aufeinanderfolge von Einzelentscheidungen ist, die Teilentscheidungen vielmehr häufig zusammenhängen und sich gegenseitig beeinflussen. Um die Bedeutsamkeit im Reiseentscheidungsprozeß darstellen zu können, wurden aus der vorstehenden Aufzählung sechs Bereiche ausgewählt und in Paarvergleichen gegenübergestellt. Aus diesen Paarvergleichen konnte eine Rangfolge (auf Basis der Auswahl der Probanden in den Paarvergleichen) berechnet werden, die einen Hinweis auf die Bedeutung der einzelnen Reisemerkmale gibt. Demnach sind das *Reiseziel* sowie die *Urlaubsinhalte* die wichtigsten Entscheidungsaspekte, gefolgt vom *Preis* und der *Unterkunftsart* (vgl. Tabelle 10). Allerdings schränken die Autoren ein, daß es in der Reiseentscheidung durchaus Komponenten gibt, die von vornherein festgelegt sind und keiner expliziten Entscheidung bei der konkreten Reisewahl bedürfen (vgl. HAHN/HARTMANN 1973: 9). Diese Erkenntnis macht eine pauschale

**Tabelle 10: Bedeutung von Teilentscheidungen im Rahmen der Urlaubsentscheidung**
(vgl. HAHN/HARTMANN 1973: 11)

| Entscheidungsaspekt | Durchschnittliche Anzahl der Wahlen in Paarvergleichen |
|---|---|
| 1. Zielgebiet, Zielort | 3,8 |
| 2. Art des Urlaubs (Erholungsurlaub, Kur, Bildungsreise …); Erweiterung auf Hauptaktivitäten während des Urlaubs möglich | 3,6 |
| 3. Preis, Reisekosten | 3,0 |
| 4. Unterkunftsart (Hotel, Pension, Camping …) | 2,8 |
| 5. Verkehrsmittel der Anreise | 1,9 |
| 6. Reiseorganisation (z. B. Pauschalreise, Teilpauschalreise, selbstorganisierte Reise …) | 1,9 |

Auswertung von Reiseentscheidungsmerkmalen schwierig und läßt nur bedingte Aussagen zu, da die feststehenden Merkmale nicht weiter berücksichtigt werden. Spätere Untersuchungen haben gezeigt, daß es z. T. deutliche Unterschiede zwischen Individual- und Pauschalreisenden gibt. So ist beispielsweise die Reisezieltreue bei Pauschalreisenden deutlich niedriger (vgl. HEBESTREIT 1992: 173). Allerdings nimmt die Pauschalreiseintensität mit zunehmender Reiseerfahrung nicht ab. Statt dessen variiert der Reisende Paketbestandteile, wie bspw. das Hotel, die Stadt oder das Land (vgl. KREILKAMP 1998b: 330f.).

Ein wichtiger Punkt, der bisher noch nicht näher erläutert wurde, ist die Unterscheidung zwischen einer Urlaubs- und einer Geschäftsreise. Für beide Reisetypen muß von zwei grundsätzlich unterschiedlichen Entscheidungssituationen ausgegangen werden. Einerseits handelt es sich um beruflich induzierte (Geschäfts-) Reisen, andererseits um privat ausgelöste Freizeit- und Urlaubsreisen. Vor dem Hintergrund der in der wissenschaftlichen Diskussion zum Thema Tourismus allgemein anerkannten Definition[59] gelten beide Typen als *touristische* Reisen. Die dahinter liegende Motivation ist jedoch völlig unterschiedlich. Während bei den beruflichen Reisen in der Regel praktische Überlegungen, wie beispielsweise die Optimierung des Zeitbudgets, die Eckdaten einer Reise definieren, sind es bei der Urlaubsreise andere Determinanten, die einen Einfluß auf die Reiseentscheidung haben. Zu diesen Determinanten gehören in einem nicht unerheblichen Maße gesellschaftliche Rahmenbedingungen (Zugehörigkeit zu einer sozialen Schicht, zu sozialen Gruppen, Einkommens- und Besitzmerkmale, das wirtschaftliche und soziale Umfeld), die persönlichen Reisemotive (Neigungen, Interessen, Erwartungen, aber auch Wünsche), persönliche Reiseerfahrungen und soziale Normen, denen sich das Individuum unterordnen muß (vgl. BRAUN 1993c: 302). Darüber hinaus haben die Attraktivität des Reiseziels, die gewählte Reiseform, aber auch die Verfügbarkeit von Informationen über adäquate Ersatzziele oder -produkte einen erheblichen Einfluß auf die Reiseentscheidung. Bei beiden Reisetypen beeinflußt die Erfahrung des Reisenden mit einzelnen Anbietern und Teilleistungen die Kaufentscheidung.

Ähnliche Argumente führt KIEFL an, wenn er zwischen intrinsischen und extrinsischen Motiven für eine Reise unterscheidet. Demnach sind Geschäftsreisen in erster Linie extrinsisch[60] motiviert, da sie einem klar formulierbaren Zweck dienen. Bei der Urlaubsreise ist die Differenzierung in der Regel nicht so eindeutig, da hier ein ganzes Bündel von Motiven berücksichtigt werden muß (vgl. KIEFL 1997: 212).

Im nachfolgenden Abschnitt wird ein Überblick über die Basis der Reiseentscheidung anhand der anerkannten Theorien des Konsumentenverhaltens gegeben.

59 „Tourismus [ist die] Gesamtheit der Beziehungen und Erscheinungen, die sich aus der Reise und dem Aufenthalt von Personen ergeben, für die der Aufenthaltsort weder hauptsächlicher und dauernder Wohn- noch Arbeitsort ist.“ (KASPAR 1996: 16)

60 Unter intrinsisch motivierten Tätigkeiten versteht man Aktivitäten um ihrer selbst willen (bspw. unter der Dusche singen oder etwas noch beenden wollen, auch wenn niemand anderes davon Notiz nimmt). Extrinsische Motivation dagegen bedeutet, daß eine Tätigkeit der damit verbundenen Konsequenz wegen durchgeführt wird (z. B. wegen einer Belohnung). Bei der extrinsischen Motivation ist das Verhalten instrumentell dafür, daß etwas anderes erreicht wird. Bei der intrinsischen Motivation wird das Verhalten ausgeführt, ohne daß über das unmittelbar belohnende „Es tun“ hinaus etwas bezweckt würde (vgl. ZIMBARDO 1995: 439f.).

## 3.3 Erklärungsansätze des Reiseentscheidungsverhaltens auf der Basis des Konsumentenverhaltens

In Anlehnung an die bereits vorgestellte Unterteilung von Konsumgütern und Dienstleistungen in einen *convenience-*, *shopping-* und *speciality-*Bereich (vgl. Fußnote 52, S. 89) können unterschiedliche Reiseleistungen ebenfalls mit Hilfe dieser Systematisierung dargestellt werden (vgl. Abbildung 17). Einer der wesentlichsten Faktoren für die Einordnung einzelner Reisedienstleistungen ist die Reiseerfahrung des einzelnen, wie bereits bei der Abgrenzung der Destinationsgrenzen erläutert wurde. Eng mit der Reiseerfahrung korrespondiert die Buchungs-/Kaufhäufigkeit. Während für den reiseerfahrenen Geschäftsreisenden eine Hotelbuchung oder die Anmietung eines Mietwagens nicht mit einer umfangreichen Informationssuche verbunden ist, kann der Buchung dieser Leistungen als Bestandteil der Urlaubsreise durchaus ein längerer Suchprozeß vorausgehen. In der Regel besteht im ersten Fall ein fester Kriterienkatalog, nach dem die Auswahl erfolgen kann. In diesem Zusammenhang wird auch von einer habitualisierten Kaufentscheidung gesprochen (vgl. KATONA 1960: 57). Mit der wiederholten Nutzung des Leistungsangebotes und der einhergehenden Zufriedenheit mit der Leistungserstellung verringert sich der Bedarf an zusätzlichen, entscheidungsunterstützenden Informationen. LEHMANN und MOORE haben in einer empirischen Untersuchung die Veränderung im Informationsverhalten bestätigt (vgl. LEHMANN/MOORE 1980)[61].

Eine hohe Zufriedenheit mit dem besuchten Urlaubsort erhöht die Wahrscheinlichkeit, diesen Ort wieder zu besuchen (vgl. BRAUN/LOHMANN 1989: 103). Die hohe Zufriedenheit mit den angebotenen Leistungen wird von Stammgästen unterschiedlicher touristischer Regionen als eines der wichtigsten Merkmale genannt, warum sie zum wiederholten Mal in derselben Region bzw. demselben Ort Urlaub machen (vgl. z. B. FONTANARI/SCHERHAG/STREITZ 2000: 24). Dagegen kann sich die Entscheidung für eine Haupturlaubsreise über mehrere Monate hinziehen, da nach der grundsätzlichen Entscheidung, überhaupt in Urlaub zu fahren, zunächst mehrere Alternativen gegeneinander abgewogen werden müssen. Je weiter diese Alternativen vom Wohnort des Entscheiders entfernt sind und je weniger Wissen über das Reiseziel vorhanden ist, desto umfangreicher fällt tendenziell die Informationssuche aus (vgl. BRAUN 1994: 17ff.). Die Haupturlaubsreise kann aufgrund ihrer relativ großen Bedeutung im Konsumsystem, je nach Reiseerfahrung und vorhandenen Informationen, im Bereich zwischen *shopping travel services* und *speciality travel services* eingeordnet werden.

Gleichzeitig kommt der Bedeutung der jeweiligen Leistung im Konsumsystem eine wichtige Rolle zu. Die nachgefragten Leistungen sind für den Geschäftsreisenden lediglich notwendig, um berufliche Aufgaben erfüllen zu können. Solange ein gewisser Leistungsstandard einge-

61 In einem Laborversuch wurde das Informationsverhalten von 150 Probanden mittels IDM (vgl. zu dieser Methode Kapitel 5.3.1 ab S. 187) über insgesamt sechs Wochen bei einem simulierten Einkauf von Brot beobachtet. Mit zunehmender Kauferfahrung hat sich die Informationsnachfrage deutlich verringert. So reduzierte sich die Gesamtzahl der verwendeten Informationen von anfangs im Durchschnitt 17,2 auf 4,25 Informationen in der sechsten Woche. Die Anzahl der betrachteten Marken reduzierte sich von 4,89 zu Beginn des Versuchs auf 2,36, die Zahl der betrachteten Produkteigenschaften von durchschnittlich 4,83 auf 1,81 in der sechsten Woche (vgl. LEHMANN/MOOR 1980: 450ff.).

halten wird (z. B. Sternekategorie des Hotels), wird kein hoher Suchaufwand betrieben. Als Bestandteil der Urlaubsreise erhalten einzelne Leistungen jedoch einen ganz anderen Stellenwert, da sie wesentlich zum Urlaubserlebnis beitragen (vgl. SCHERHAG 1996: 111ff.). Zusätzlich erschwert wird die Reise(kauf)entscheidung bei Urlaubsreisen dadurch, daß in der Regel mehrere Personen mit individuellen Vorstellungen und Präferenzen bzgl. der Reisebestandteile und deren Wertigkeit innerhalb der Gesamtleitung in den Entscheidungsprozeß involviert sind.

Fern- und Studienreisen können nach diesem Modell als *speciality travel services* bezeichnet werden, da für diese sehr individuellen Reiseformen, die oft erst auf Kundenwunsch hin zusammengestellt werden, in der Regel keine festen Kaufroutinen bestehen. Diese können allerdings sehr wohl hinsichtlich einzelner Leistungsbestandteile (z. B. Fluggesellschaft, Hotelkette bzw. -kategorie) bestehen. Je komplexer die einzelnen Leistungen und Leistungspakete ausfallen, desto höher ist tendenziell der Bedarf an zusätzlichen Informationen, die von den Konsumenten nachgefragt werden (vgl. REGELE/SCHMÜCKER 1998: 408).

**Abbildung 17: Typologie der Kaufentscheidung bei Reisedienstleistungen**
(Quelle: SCHERHAG 1996: 111 in Anlehnung an RUHFUS 1976: 23)

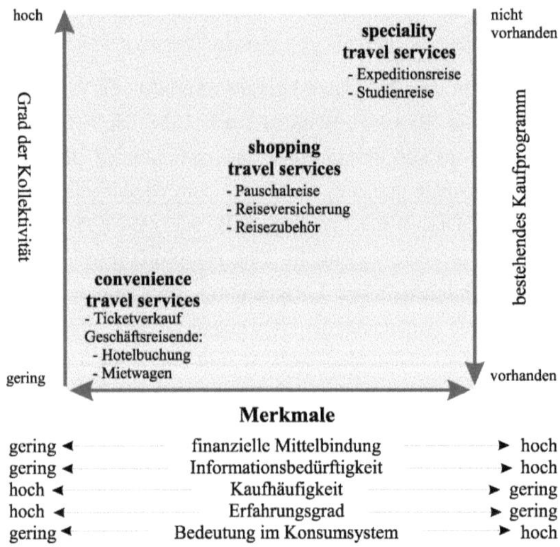


Vor diesem Hintergrund ist eine weitere Betrachtung der Kaufentscheidung notwendig. In der Konsumentenforschung ist man sich weitgehend einig darin, daß zwischen vier Arten der Kaufentscheidung unterschieden werden kann (vgl. FELSER/KAUPP/PEPPELS 1999: 195f., KROEBER-RIEL/WEINBERG 1999: 358ff., KUẞ/TOMCZAK 2000: 93ff.; 129f.). Im einzelnen handelt es sich dabei um:

- extensive Kaufentscheidungen,
- habitualisierte Kaufentscheidungen,
- limitierte Kaufentscheidungen,
- impulsive Kaufentscheidungen.

Lediglich die *extensive* Kaufentscheidung wird als „echte" Entscheidung bezeichnet, da es sich hierbei in der Regel um eine neue (Kauf-)Situation handelt, auf die in adäquater Weise reagiert werden muß. Die kognitive Beteiligung der Konsumenten ist in der Regel hoch, da die Kaufabsicht erst im Verlauf des Kaufprozesses präzisiert wird. Situative Reize spielen daher meist keine Rolle (vgl. WEINBERG 1981: 13). Derartige Entscheidungen werden nur gelegentlich getroffen. Je nach der Bedeutung des Kaufobjektes für den Konsumenten wird ein dementsprechend umfangreicher Entscheidungsprozeß eingeleitet. Die kognitive Steuerung des Kaufprozesses ist in diesem Fall relativ hoch, da die zu beschaffenden Informationen entsprechend ausgewertet und Alternativen beurteilt werden müssen (vgl. Abbildung 18). Im Gegensatz dazu steht die *habitualisierte* Kaufentscheidung, die sich in der Regel durch die Erfahrung des Konsumenten mit dem Anbieter und/oder der entsprechenden Leistung bzw. dem Produkt durch Wiederholungskäufe auszeichnet. Dementsprechend gering ist in diesem Fall die kognitive Beteiligung. Meist gehören diese Käufe in den Bereich alltäglicher Abläufe und stellen eine Form von Routine dar (vgl. KATONA 1960: 57), für die das Individuum bereits ein Entscheidungsprogramm entwickelt hat. Diese Zusammenhänge verdeutlichen, daß bspw. die Entscheidung für ein Reiseziel von verschiedenen Personen auf sehr unterschiedlichen Prozessen basieren kann. Gleichzeitig folgt daraus, daß für diese unterschiedlichen Prozesse bzw. die einzelnen Prozeßschritte unterschiedliche Informationen von den Konsumenten gefordert werden.

Vereinfachend wird die *impulsive* Kaufentscheidung von KUß und TOMCZAK ebenfalls als Routinekauf bezeichnet, da bei der kognitiven Auseinandersetzung mit der in Frage kommenden Leistung ein ähnlicher Zusammenhang festgestellt werden kann. Es wird nur in einem geringem Umfang nach Informationen gesucht (vgl. KUß/TOMCZAK 2000: 99). Allerdings handelt es sich bei impulsiven Kaufentscheidungen größtenteils um ungeplante Prozesse, die einer nur sehr geringen gedanklichen Kontrolle unterliegen und im Gegensatz zur habitualisierten Kaufentscheidung meist durch starke äußere Anreize und Emotionen ausgelöst werden. Sie werden meist dann ausgeführt, wenn latente Bedürfnisse vorliegen und der Konsument einer starken Reizsituation ausgesetzt ist, gleichzeitig aber keine situativen Hemmnisse gegen eine spontane Umsetzung sprechen (vgl. Weinberg 1981: 13f.; WEINBERG/GOTTWALD 1982). Im Falle der Reiseentscheidung haben die vorstehenden Aussagen bereits verdeutlicht, daß eine spontane Entscheidung eher die Ausnahme darstellt. Wird der gesamte Prozeß der Reisentscheidung betrachtet, verläuft die Entscheidungsfindung aus einem unspezifischen Stadium über eine stete Konkretisierung hin zur tatsächlichen Entscheidung (vgl. HAHN/HARTMANN 1973: 15ff.). Spontane Entscheidungen sind aber durchaus bei Teilleistungen denkbar. So erfolgt bspw. die Auswahl eines Beherbergungsbetriebes bei einer selbstorganisierten Rundreise mit dem Pkw oft spontan aufgrund individueller, meist optischer Schlüsselreize. Erschwert wird die impulsive Reiseentscheidung dadurch, daß meist zwischen Buchung und Reiseantritt noch ein überschaubarer Zeitraum liegt, daher selten die Möglichkeit für eine spontane Entscheidung in Verbindung mit dem sofortigen Reiseantritt steht. Selbst bei *Last Minute*-Urlaubsreisen kann nur ein Teil der Entscheidung spontan erfolgen: Nachdem zunächst die Entscheidung für einen Reisezeitraum gefällt wurde und die Urlaubsplanung mit dem Arbeitgeber abgestimmt wurde, können das Reiseziel, Reiseleistungen oder die Reiseorganisation (z. B. Pauschalreise, all-inclusive ...) spontan am *Last Minute*-Counter am Flughafen gebucht werden. Verfügen die Konsumenten über eine freie Zeiteinteilung, was bspw. bei nicht-erwerbstätigen Personen (z. B. Rentner, teilweise bei Studierenden ...) der Fall ist, oder über ein genügend großes Zeitfenster (z. B. bei Kurz- oder Wochenendreise), so kann die gesamte Reiseentscheidung durchaus spontan oder impulsiv erfolgen.

Die Herausarbeitung latenter Bedürfnisse, insbesondere hinsichtlich der Destinationswahl und Reiseentscheidung, wird in der touristischen Marktforschung zur Zeit allerdings (noch) vernachlässigt. Die übliche Vorgehensweise mit Hilfe standardisierter Interviews ist wenig geeignet, die tatsächliche Bedeutung herauszufinden, die der einzelne mit der jeweiligen Frage tatsächlich verbindet (vgl. KIEFL 1997: 213). Besser geeignete Methoden sind beispielsweise narrative Interviews oder die soziologische Feldforschung als deskriptiv und holistisch ausgerichtete Verfahren, mit deren Hilfe das Zusammenwirken unterschiedlicher Motive erfaßt werden kann. Diese Untersuchungsmethoden werden aber vermutlich aufgrund der damit verbundenen höheren Kosten von den Unternehmen und Destinationen derzeit vermieden (vgl. hierzu z. B. GIRTLER 1992).

**Abbildung 18: Ausmaß kognitiver Steuerung bei unterschiedlichen Typen von Kaufentscheidungen**

(Quelle: KUß/TOMCZAK 2000: 97)

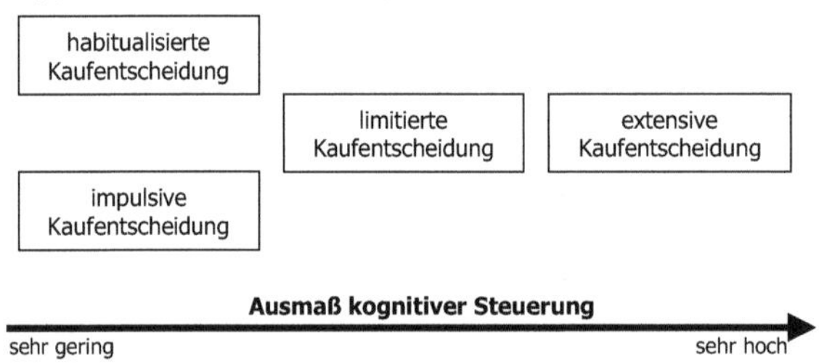


Die *limitierte* Kaufentscheidung wird von HOWARD und SHETH als Zwischenstufe zwischen der *extensiven* und *habitualisierten* Kaufentscheidung dargestellt. Sie zeichnet sich dadurch aus, daß der Konsument bereits über Erfahrungen mit ähnlichen Produkten oder Leistungen verfügt. Er überträgt und modifiziert diese Erfahrungen, z. B. Qualitätsaspekte oder das Marken-/Firmenimage, auf die aktuelle Kaufsituation und reduziert damit den Bedarf an neuen Informationen (vgl. HOWARD/SHETH 1969: 47). Wie in Abbildung 18 und Abbildung 19 schematisch dargestellt, ist eine Entwicklung von *extensiven* über *limitierte* bis hin zu *habitualisierten* Kaufentscheidungen nachvollziehbar, da mit zunehmender Erfahrung die Grundlage für eine Entscheidungssicherheit gelegt wird (vgl. KUß/TOMCZAK 2000: 93f.). Die Erfahrungen und die Persönlichkeit des einzelnen Konsumenten beeinflussen hierbei die individuelle Entwicklung von einer extensiven hin zu einer habitualisierten Kaufentscheidung. Je mehr Erfahrungen der Konsument mit einer Leistung oder einem Produkt hat, was bspw. durch die bisherige Kaufhäufigkeit zum Ausdruck gebracht wird, desto weniger Informationen werden bei einem künftigen Kauf abgerufen und verarbeitet. Werden die mit einer Reise verbundenen Erwartungen erfüllt, besteht eine hohe Wahrscheinlichkeit, daß eine ähnliche Reise wieder unternommen bzw. ein Zielgebiet mit ähnlichen Merkmalen ausgewählt wird (vgl. PURUCKER 1986: 167, zitiert in BRAUN 1993d: 308) oder die nächste Reise wieder zum gleichen Ort führt. Verändern sich die mit einer Reise zusammenhängenden Bedürfnisse nicht grundlegend, kann die Habitualisierung der Kaufentscheidung dazu führen, daß nur noch wenige Merkmale betrachtet werden, wenn es um die Auswahl eines neuen Zielgebietes geht. Aufgrund der vielfältigen Merkmale, die ein Reiseziel kennzeichnen, ist allerdings eine relativ große Reiseerfahrung der Konsumenten notwendig, damit die Schlüsselinformationen des Angebots wahrgenommen und entsprechend interpretiert werden können. Dieser Zusammenhang ist insbesondere bei neuen, bisher wenig bekannten Reisezielen ein wichtiger, entscheidungsunterstützender Faktor.

**Abbildung 19: Veränderung des Kaufverhaltens im Zeitablauf**
(vgl. KUß/TOMCZAK 2000: 95)

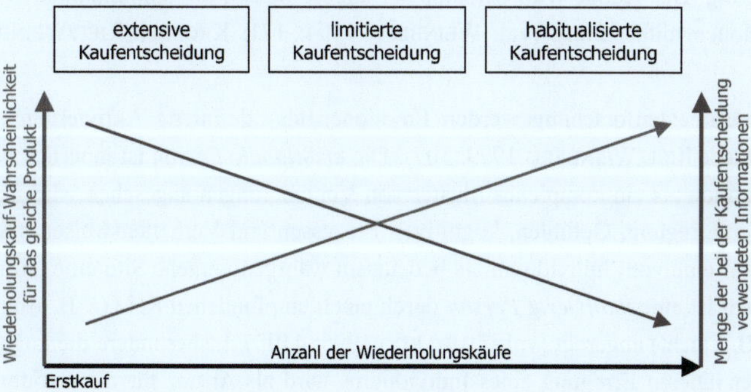


Die Marke bzw. die Markenbekanntheit erfüllt demnach zwei grundsätzliche Funktionen, die sich ergänzen und auch aufeinander aufbauen. Für den Erstkäufer erfüllt die Marke eine *Signalfunktion* und erleichtert den Informationsverarbeitungsprozeß, da durch die Markenkenntnis eine vergleichende Beurteilung von unterschiedlichen Marken ermöglicht wird. Gleichzeitig wird das notwendige Informationsvolumen reduziert, da mit der Marke bestimmte Eigenschaften und Merkmale verbunden werden, deren Vorhandensein vom Konsumenten dann nicht mehr geprüft werden muß. Für den Wiederholungskauf i. S. einer Routine-Kaufentscheidung erfüllt die Marke ebenfalls eine Signalfunktion, allerdings nicht für eine vergleichende Betrachtung von möglichen Alternativen, sondern eher für das Auffinden des konkreten Produktes oder Anbieters bzw. der Destination. Muß noch eine Unterkunft gebucht werden, signalisiert die Marke die Zugehörigkeit eines Angebotes zur ausgewählten Destination.

Die in Abbildung 18 und Abbildung 19 dargestellten Zusammenhänge basieren in erster Linie auf kognitiven Prozessen im Entscheidungsverhalten. Bei diesem ersten, auch als informationsökonomisches Konzept bezeichneten Ansatz werden die Kundenentscheidungen als Ergebnis eines rational nachvollziehbaren Prozesses angesehen (vgl. WEINBERG 1994: 180). In der aktuellen Konsumentenforschung wird diese Betrachtungsweise aber als zu eingeschränkt angesehen. Auch führt die zunehmende Verfügbarkeit relevanter Sachinformationen zu einer selektiven Wahrnehmung durch die Konsumenten, der von den Marketingexperten mit Hilfe einer psychologischen Marktdifferenzierung begegnet wird (vgl. WEINBERG 1994: 171). Das bildhafte Fühlen und Denken rückt dabei auch in den Mittelpunkt des wissenschaftlichen Interesses, da bisher ca. 80% der empirischen Untersuchungen zum Konsumentenverhalten auf der kognitiven Ebene beim Konsumenten ansetzten. Ziel ist es, das Konsumentenverhalten aufgrund der gespeicherten inneren Bilder der Konsumenten zu erklären (vgl. KROEBER-RIEL/WEINBERG 1999: 23ff.). Vor dem Hintergrund zunehmender Marktsättigung, der Austauschbarkeit von Produkten und Dienstleistungen sowie einer steigenden Informationsüberlastung[62] der Konsumenten auf Konsumgütermärkten finden zunehmend Erlebnisstrategien Einzug in das Marketing. Der Kunde wird persönlicher angesprochen, die Kommunikation wird dabei von Emotionen mitbestimmt (vgl. WEINBERG 1994: 171; KROEBER-RIEL/WEINBERG 1999: 124ff.).

In der Konsumentenforschung werden Emotionen als „definierte Aktivierung" bezeichnet (vgl. KROEBER-RIEL/WEINBERG 1999: 107). Die *emotionale Person* ist innerlich bewegt, wobei die Emotion als ein komplexes Muster von Veränderungen angesehen wird, das auf physiologischer Erregung, Gefühlen, kognitiven Prozessen und Verhaltensweisen basiert, die in Reaktion auf eine vom Individuum als bedeutsam wahrgenommene Situation auftritt. Im Gegensatz dazu ist eine *motivierte Person* durch einen empfundenen Reiz (z. B. Angst) zur Aktivität (z. B. Flucht) angeregt (vgl. ZIMBARDO 1995: 440f.). Insbesondere die kognitive Komponente der inneren Erregung eines Individuums wird als Ansatz für die emotionale Beein-

62 Nach einer Studie des Instituts für Konsum- und Verhaltensforschung an der Universität des Saarlandes, lag die Informationsüberflutung in Deutschland bereits 1987 bei 98 %, d. h., 98 % der Informationen werden vom Individuum nicht wahrgenommen (vgl. BRÜNNE/ESCH/RUGE 1987, zitiert in ESCH/WICKE 2001: 17). Eine andere Untersuchung hat gezeigt, daß ein Konsument täglich mit über 300 Marken in Kontakt kommt, aufgrund seiner begrenzten Speicherfähigkeit fallen ihm bei spontaner Überlegung aber bereits nach drei Minuten lediglich noch etwa 15 Namen ein. Auch Marketingspezialisten können im Durchschnitt lediglich 22 Markennamen bei diesem Test wiedergeben (vgl. LATOUR 1992: 140).

flussung der Konsumenten mit Hilfe von (emotionaler) Werbung angesehen. Es wird davon ausgegangen, daß eine unterschiedliche Aktivierung des Konsumenten – in der Konsumentenforschung wird hier auch vom Aktivierungskonzept gesprochen – zunächst dessen Informationsverhalten und darauf folgend dessen Entscheidungsverhalten beeinflußt. Dabei können die entsprechenden Reize sowohl unspezifisch durch Massenkommunikation oder individuell, bspw. in einem Beratungsgespräch, ausgelöst werden (vgl. WEINBERG 1994: 172f.). In Tabelle 11 sind den bereits erläuterten Formen des Kauf- bzw. Entscheidungsverhaltens die primär zu Grunde liegenden dominanten psychischen Prozesse idealtypisch zugewiesen, die sich aus der Verknüpfung von kognitiven und emotionalen Prozessen ergeben. Bei den reaktiven Prozessen handelt es sich um ein automatisch ablaufendes, reizgesteuertes Handeln (vgl. WEINBERG 1981: 12ff.). Einerseits kann es sich dabei um die bereits vorstehend erläuterten *convenience goods/services* handeln (vgl. Fußnote 52, S. 89), also um Produkte und Leistungen des täglichen Bedarfs, die in der Regel regelmäßig und ohne nennenswerten emotionalen und/oder kognitiven Aufwand erworben werden. Der Konsument reagiert mit dem Kauf, sobald er den Mangel festgestellt hat. Andererseits können impulsive Kaufentscheidungen auf reaktiven Prozessen basieren. Allerdings wird dann eine gewisse emotionale Beteiligung des Konsumenten vorausgesetzt.

**Tabelle 11: Dominante psychische Prozesse und Entscheidungsverhalten**

(Quelle: vgl. WEINBERG 1981: 16 und 1994: 174)

| | Dominante Prozesse | | |
|---|---|---|---|
| **Art der Entscheidung** | emotional | kognitiv | reaktiv |
| extensiv | X | X | |
| limitiert | | X | |
| habitualisiert | | | X |
| impulsiv | X | | X |

Berücksichtigt man die vorstehend dargestellten Zusammenhänge, ist nachvollziehbar, daß bei der Erforschung der mit Reisen verbundenen Bedürfnisse noch ein weites Feld zu beschreiten ist, wenn man aufgrund der individuellen Situation des einzelnen auf dessen präferierte Reiseinhalte und -ziele schließen will. Die Erwartungen, die der Konsument mit einem Leistungsbündel für seine Reiseentscheidung verbindet, sind bisher nur sehr ungenau und oberflächlich erforscht (vgl. KREILKAMP 1998a: 303). Aus Sicht der Tourismusunternehmen erscheint es daher akzeptabel zu sein, wenn marketingrelevante Aussagen aus den empirischen Erhebungen zur Reiseverhaltensforschung gewonnen werden. Diese Aussagen beschränken sich aber in der Regel nur auf einen Teil der Merkmale, die mit der Kauf- bzw. Reiseentscheidung zusammenhängen.

Betrachtet man die touristische Leistungskette insgesamt, lassen sich die genannten Arten der Kaufentscheidung auf unterschiedliche Leistungselemente übertragen. Wie bereits dargestellt, spielt hierbei die Reiseerfahrung des einzelnen mit den unterschiedlichen Leistungskomponenten eine bedeutende Rolle (vgl. Abbildung 17). So sind die Erfahrungen, die ein Geschäftsreisender mit unterschiedlichen Beherbergungsbetrieben gemacht hat, ein wichtiges entscheidungsunterstützendes Element bei der Auswahl von zukünftigen Beherbergungsbetrieben. Hierbei stehen vor allem die kognitiven Prozesse der Entscheidungsfindung im Vordergrund der Überlegungen.

Entsprechend dem bereits vorgestellten *Involvement*-Konzept (vgl. auch Tabelle 9 auf S. 88) wird von Geschäftsreisenden nur eine geringe Anzahl von Kriterien (z. B. Sternekategorie, Entfernung zum Kunden ...) bei der Wahl des Beherbergungsbetriebes berücksichtigt. Zu diesen Kriterien kann auch die Markierung des Hotels bzw. der Hotelkette gezählt werden, da mit einem etablierten Namen ein bestimmter Qualitätsstandard verbunden wird, der dazu beiträgt, den Suchaufwand zu reduzieren (vgl. ZÜNDORF ET AL. 1999: 80). Für den Geschäftsreisenden hat die Auswahl des Beherbergungsbetriebes nur eine geringe Bedeutung für den Erfolg der Reise und ist in der Regel bereits durch ein verfestigtes Kaufprogramm determiniert. D. h, er verfügt über einen feststehenden Kriterienkatalog für die Auswahl des Beherbergungsbetriebes (vgl. MEFFERT 2000: 112).

Im Gegensatz dazu ist die Auswahl eines Beherbergungsbetriebes für die Urlaubsreise eher im Bereich des *High-Involvement* anzusiedeln. Da in dem Beherbergungsbetrieb ein großer Teil des Urlaubes verbracht wird, ist dessen Übereinstimmung mit den persönlichen Bedürfnissen der Reisenden für ein positives Urlauberlebnis von großer Bedeutung. Dementsprechend hoch ist die emotionale Auseinandersetzung mit diesem Leistungspunkt. Für den Urlaubsreisenden ist mit der Entscheidung für einen Beherbergungsbetrieb ein relativ hohes Risiko verbunden. Daher wird der Auswahl des Beherbergungsbetriebes scheinbar eine überdurchschnittlich hohe Bedeutung zugestanden. Als die wichtigsten Merkmale werden dabei die Lage des Hotels sowie die Klassifizierung (Anzahl der Sterne) genannt (vgl. FONTANARI ET AL. 2001a: 63ff.). Allerdings ist es bisher nur wenigen Hotelbetrieben in Urlaubsdestinationen gelungen, ein eigenes Profil aufzubauen und so eine Bekanntheit ähnlich den großen Hotelketten aufzubauen (vgl. MEFFERT 2002: 160). Eine der wenigen Ausnahmen in diesem Bereich sind die spanischen *Riu*-Hotels. So sind die Angebote des Luxemburger Reiseveranstalters Luxairtours überdurchschnittlich schnell ausgebucht, wenn ein *Riu*-Hotel im Angebot enthalten ist (Gespräch mit A. Kunkel, Geschäftsführer von *Luxairtours* im Januar 2001). Da verschiedene Reiseveranstalter in Zielgebieten z. T. in den gleichen Hotelbetrieben Kontingente kaufen, fällt es diesen Betrieben schwer, sich selbst zu profilieren. KREILKAMP stellt fest, daß im Beherbergungsbereich lediglich die Anbieter von Cluburlauben (z. B. *Robinson, Aldiana, Club Méd*) ein eigenständiges Profil aufbauen konnten (vgl. KREILKAMP 1998a: 310).

Die kognitiven Vorgänge und die Aktivierung des Konsumenten in der jeweiligen Entscheidungssituation beeinflussen sich gegenseitig. Unter der Aktivierung versteht man in diesem Zusammenhang die Bereitschaft des Konsumenten, sich mehr oder weniger intensiv mit der

Kaufentscheidung auseinanderzusetzen (vgl. WEINBERG 1981: 19ff.). Der Grad der Aktivierung kennzeichnet somit die Intensität des Entscheidungsverhaltens.

Neben der Aktivierung des Konsumenten in der Kaufsituation wird von KUẞ und TOMCZAK das *Involvement*-Konzept als ein wesentlicher Bestandteil bei der Erklärung des Kaufverhaltens betrachtet. Demnach zeichnen sich extensive Kaufentscheidungen in der Regel durch ein hohes *Involvement* aus, während ein geringes *Involvement* tendenziell zu habitualisierten Kaufentscheidungen führt (vgl. KUẞ/TOMCZAK 2000: 99). WEINBERG hat diesen Zusammenhang noch etwas weiter aufgeschlüsselt und das *Involvement* in einen kognitiven und einen emotionalen/affektiven Bereich unterteilt (vgl. WEINBERG 1994: 175f.). Dabei weist die extensive Kaufentscheidung sowohl eine starkes emotionales als auch kognitives *Involvement* auf, während die habitualisierte Kaufentscheidung jeweils ein niedriges *Involvement* kennzeichnet (siehe Tabelle 12). Bei der limitierten Kaufentscheidung ist das kognitive *Involvement* stark, das emotionale eher schwach ausgeprägt. Für die grundsätzlichen Entscheidungen, die mit einer Urlaubsreise zusammenhängen, werden sowohl die faktischen Unterschiede der Reise-/Produktalternativen gegeneinander abgewogen, als auch emotionale Beziehungen gegenüber dem Entscheidungsgegenstand berücksichtigt. Im Gegensatz dazu zeichnet sich die impulsive Kaufentscheidung durch ein starkes emotionales und ein eher schwach ausgeprägtes kognitives *Involvement* aus. Der Kaufreiz kann dabei sowohl durch äußere (z. B. Werbung) als auch durch innere Reize erfolgen (vgl. POMPL 1996: 21). Beispielsweise soll eine Last-Minute-Reise angetreten werden, für die auf der kognitiven Ebene bereits Eckdaten festgelegt wurden (z. B. eine Woche Sonne, Strand, 3-Sterne-Hotel mit Halbpension, pro Person nicht über 450 €). In der konkreten Entscheidungssituation werden die in Frage kommenden Alternativen miteinander verglichen. Den Zuspruch wird dann in der Regel das Reiseziel bzw. das Angebot bekommen, welches den höchsten emotionalen Zuspruch von den Entscheidern bekommt.

**Tabelle 12: *Involvement* und Entscheidungsverhalten**
(vgl. Weinberg 1994: 176)

| Involvement | | Entscheidungsverhalten |
|---|---|---|
| Kognitiv | emotional | |
| stärker | stark | extensiv |
| stark | schwach | limitiert |
| schwach | stark | impulsiv |
| schwach | schwach | habitualisiert |

Bei Urlaubsreisen und der Reisezielauswahl wird im allgemeinen von einem hohen *Involvement* bei den Entscheidern gesprochen. Das hohe emotionale und kognitive *Involvement* führt zu einer intensiven Informationssuche und tendenziell zu einem langen Entscheidungsprozeß (vgl. POMPL 1996: 20ff.). Die Dauer dieses Prozesses wird zu einem großen Teil durch die

Stellung der Urlaubsreise im Konsumsystem des jeweiligen Entscheiders bestimmt. Erschwert wird die Entscheidungsfindung durch den Sachverhalt, daß es sich bei der Reiseentscheidung in erster Linie um Gruppenentscheidungen handelt. D. h., die unterschiedlichen Ansprüche der Gruppenmitglieder an eine Urlaubsreise führen dazu, daß grundlegende Reisebestandteile, insbesondere aber das Reiseziel, im Verlauf des Entscheidungsprozesses häufiger neu ausgehandelt werden müssen (vgl. BRAUN 1994: 21).

Für die Zukunft ist mit einer Zunahme von *Low-Involvement*-Entscheidungen in Teilbereichen des Tourismusmarktes zu rechnen, da die zunehmende Reiseerfahrung der Konsumenten eine kalkulierbare Risikoabschätzung bei einzelnen Leistungskomponenten erlaubt (vgl. KREILKAMP 1998a: 302). Bei der Entscheidung für einen konkreten Pauschalreiseveranstalter handelt es sich bereits tendenziell eher um eine *Low-Involvement*-Entscheidung. Das zeigt sich insbesondere bei Billig- und Kurzreisen. Für den Konsumenten macht es keinen großen Unterschied, ob er Veranstalter A oder B auswählt (vgl. HAEDRICH 1998: 393). Der ähnliche Katalogaufbau und die zum Teil vergleichbaren oder gar identischen Anbieter von Teilleistungen (z. B. Charterfluggesellschaft, Hotelbetrieb ...) in den Katalogen zeigen dem Konsumenten, daß es keine gravierenden Unterschiede zwischen den Veranstaltern gibt. Daher werden eher offensichtliche Differenzierungsmerkmale herangezogen (bspw. Abflughafen oder Preis), um eine Entscheidung treffen zu können.

Die Kaufentscheidung bzw. die Einstellung zu einer Leistung oder einem Produkt, die letztendlich in der Kaufentscheidung mündet, wird von zwei wesentlichen Komponenten beeinflußt. Neben der kognitiven Komponente spielt die affektive oder emotionale Komponente eine wichtige Rolle bei der Begründung einer Einstellung gegenüber einem Meinungsgegenstand. Während die affektiven Beurteilungseinflüsse auf bewußten und mehr oder weniger objektiven Kriterien aufbauen, werden bei den emotionalen Merkmalen eher subjektive und gefühlsbasierte Argumente herangezogen. Beide Komponenten zusammen begründen die Einstellung des Individuums gegenüber einem Meinungsgegenstand und bedingen eine Reaktion. Bezogen auf die Beurteilung einer Destination ist die Folgerung zulässig, daß entsprechendes Wissen, z. B. über die Ausstattung, die Qualität der Einrichtungen, die Servicefreundlichkeit, das Preisniveau usw., beim Konsumenten vorhanden ist und bewertet werden kann (z. B. „Die Insel xy ist zwar relativ teuer, bietet dafür aber auch alle Einrichtungen, die man für einen 14-tägigen Urlaub braucht, und es ist viel los."). Diese Einschätzung wird z. B. mit Werten, Bedürfnissen oder Ansprüche an eine Urlaubsreise in Verbindung gebracht (z. B. „Ich möchte im Urlaub auf nichts verzichten und mir auch mal etwas Außergewöhnliches gönnen.") und führt dann zu einer Einstellung (z. B. „Ich finde die Insel xy gut, da man dort alle notwendigen Einrichtungen für einen Urlaub findet und auch mal etwas Außergewöhnliches geboten bekommt."). Daraus resultiert dann die Tendenz, eine Reiseentscheidung zu Gunsten der Insel xy zu treffen (vgl. KUẞ/TOMCZAK 2000: 46). Allerdings wird diese Entscheidungstendenz von Störgrößen beeinflußt, die auf unterschiedliche Art auftreten. Normen und gesellschaftliche Werte oder Werte des sozialen Umfelds des Entscheiders, aber auch

Bedingungen in der konkreten Kaufsituation können dazu führen, daß die persönlichen Einstellungen abgewandelt werden oder unberücksichtigt bleiben (vgl. FISHBEIN/AJZEN 1975: 301ff.; vgl. KUß/TOMCZAK 2000: 57).

Für die Umsetzung von Kommunikationsmaßnahmen ergeben sich aus den mit *High-* bzw. *Low-Involvement* verbundenen Implikationen besondere Merkmale, die für eine effiziente Kundenansprache berücksichtigt werden sollten. Eine Übersicht ist in Tabelle 13 dargestellt.

**Tabelle 13: Charakteristika von *High-* und *Low-Involvement* bei werblicher Kommunikation**

(vgl. Weinberg 1994: 176)

| Charakteristika der Kommunikation | Involvement | |
|---|---|---|
| | **High** | **Low** |
| Werbeziel | überzeugen | gefallen |
| Inhalt | Argumente | Identifikation (z. B. Name, Logo) |
| Zeitdauer | lang | kurz |
| Mittel | Sprache | Bild |
| Wiederholung | weniger | häufiger |

**Zusammenfassend** kann die werbliche Kommunikation für *Low-Involvement*-Produkte/Leistungen als kurze, bildbasierte Werbemaßnahme beschrieben werden, die mit einer relativ hohen Frequenz darauf abzielt, dem Konsumenten zu gefallen. Als ein wichtiges Element ist der Name bzw. ein Logo enthalten, daß zur Identifikation durch den Konsumenten beiträgt. Als Beispiele können hier die TV-Werbespots von TUI und Neckermann der vergangenen Jahre genannt werden. Für *High-Involvement*-Produkte/Leistungen ist es dagegen wichtiger, den Konsumenten mit Argumenten zu überzeugen. Daher steht hier die Sprache gegenüber dem Bild im Vordergrund.

Die unterschiedlichen Ansätze des Konsumentenverhaltens lassen sich auf die Reiseentscheidung übertragen. Insbesondere das Aktivierungs- und das *Involvement*-Konzept sind aufgrund des hohen emotionalen Erklärungsanteils am Entscheidungsverhalten für die Reiseentscheidung von Bedeutung. Wie bereits mehrfach erläutert, ist die persönliche Betroffenheit der Konsumenten bei der Reiseentscheidung relativ hoch. Es handelt sich oftmals um die schönsten Wochen im Jahr, in denen man etwas Besonderes erleben möchte. In den meisten Fällen geht der stark emotional unterstützten Entscheidung ein rationales Abwägen objektiver Vergleichskriterien voraus, die in der Regel ein relativ kleines *evoked set* mit alternativen Reisezielen zur Folge hat. Verschiedene Untersuchungen haben bestätigt, daß sich die Zahl der als positiv bewerteten Alternativen im *evoked set* für eine konkrete Reiseentscheidung auf ca. 60 % bis 90 % der Alternativen des *awareness set*[63] reduziert. Im Gegensatz dazu reduziert

63 Im *awareness set* befinden sich die Optionen, die dem Konsumenten in der momentanen Situation bewußt sind, unabhängig davon, ob er sie für einen Kauf in Betracht zieht oder nicht (vgl. WOODSIDE/LYSONSKI 1989: 9).

sich der Anteil der als positiv bewerteten Alternativen im Bereich der *convenience goods* auf ca. 30% bis 40% der Produkte und Marken in *awareness set* (vgl. CROMPTON/ANKOMAH 1993: 466). Dieser Zusammenhang zeigt, daß die emotionale Auseinandersetzung mit einer Reiseentscheidung intensiver stattfindet, als dies bei Verbrauchsgütern des täglichen Bedarfs der Fall ist. Bei diesen Produkten wird das Set der akzeptierten Alternativen gegenüber den Alternativen deutlich reduziert, die dem Konsumenten bekannt sind. Gleichzeitig wird aber auch verdeutlicht, daß eine komplexe (Reise-)Entscheidung erst nach einer intensiven Analyse gefällt wird.

Neben den vordergründigen Reisebedürfnissen und dem Stellenwert der Reiseentscheidung im Konsumsystem des einzelnen haben weitere Faktoren einen Einfluß auf die Reiseentscheidung. Insbesondere das *Image* des Zielgebietes oder der Reiseform selbst, aber auch das der einzelnen Leistungsträger wird als wichtiges Element angesehen, welches die Reiseentscheidung des Individuums beeinflußt. Im folgenden Abschnitt wird ein kurzer Überblick zur Funktion des Images im Zusammenhang mit Marken und Destinationen gegeben.

## 3.4 Das Image als Instrument zur Bewertung von Destinationen

Der Begriff *Image* wird im allgemeinen Sprachgebrauch häufig und mit unterschiedlichen Bedeutungsinhalten verwendet. Berufsgruppen, Unternehmen und Produkten, aber auch Einzelpersonen werden spezifische Images zugesprochen, die dann wiederum von unterschiedlichen Personen und Personengruppen unterschiedlich interpretiert werden. Diese vielfältige Begriffsverwendung und -interpretation wird auch in der wissenschaftlichen Diskussion nicht aufgeklärt. Dies wird in der Vielzahl definitorischer Abgrenzungen des Image-Begriffs in der Literatur deutlich. Die wissenschaftliche Diskussion wird erschwert, da durch die uneinheitlichen und unpräzisen Verwendung des Image-Begriffs unterschiedliche Meßzugänge zu diesem Konstrukt entwickelt wurden und angewendet werden (vgl. SCHIMMELPFENG/MAES 2001: 555).

In der tourismuswissenschaftlichen Diskussion wird davon ausgegangen, daß das Image eines Reiseziels einen nicht unerheblichen Einfluß auf die Reiseentscheidung der Konsumenten hat (vgl. WOHLMANN 1998: 219). Da das Individuum seine Kaufentscheidungen oftmals nicht nach objektiven Kriterien trifft, sondern nach seinen subjektiven Vorstellungen, die es von einer Leistung oder einem Produkt gewonnen hat, kommt dem Image eine entscheidende Bedeutung zur Beeinflussung des Konsumentenverhaltens zu (vgl. BOULDING 1956: 6; SPIEGEL 1961: 29). Die im Zusammenhang mit dem Imagebegriff wesentlichen Überlegungen werden in diesem Abschnitt kurz diskutiert. Für eine ausführliche Diskussion des Imagebegriffs wird auf die zitierte Literatur verwiesen.

In der wissenschaftlichen Forschung taucht der Imagebegriff 1955 zum ersten Mal im Produktions- und Dienstleistungsbereich auf. GARDNER/LEVY legten mit ihrem Beitrag den Grundstein für die weitere Verwendung im Marketing, indem sie den Aufbau eines Markenimages als eine langfristige Investition in das Ansehen einer Marke sehen (vgl. GARDNER/LEVY 1955: 39). Von BOULDING wurde das Image 1956 bereits als System beschrieben, mit dessen Hilfe das Individuum seine Umwelt erkennen und bewältigen kann (zitiert nach SALCHER 1995: 133). Er forderte gleichzeitig eine stärkere verhaltenswissenschaftliche Orientierung der Ökonomie (vgl. TROMMSDORFF 1990: 118). Heute ist die Imageforschung aus dem modernen Marketing nicht mehr wegzudenken.[64]

Aus dem Lateinischen übertragen bedeutet Image (*imago*) soviel wie Vorstellung/Vorstellungsbild von einem Objekt oder einer Person (vgl. SALCHER 1995: 129). „Ein Image kann also von jedem Gegenstand, von jedem Prozeß von jedem belebten und unbelebten Stück Materie, von jeder Idee usw. existieren. (Ob es nun um die Auseinandersetzung mit einem Radioapparat geht, den ich mir kaufen will, ob es um Manschettenknöpfe geht, die ich morgens an den Ärmeln meines Hemdes befestige, ob es die Fortschrittspartei ist, mit deren Parteiprogramm ich unzufrieden bin, oder ob es die Idee von der Würde und Freiheitlichkeit des Menschen ist, für die ich eintreten möchte ...) Stets bildet sich in der Auseinandersetzung mit diesen Objekten ein Image, das ich in mir trage und von dem zu vermuten ist, daß es meine Handlungsbereitschaft maßgeblich beeinflussen wird." (BERTH 1959: 124).

Etwas allgemeiner kann das Image interpretiert werden als das Gesamtbild eines Meinungsgegenstandes[65], welches bei einem Individuum auf emotionaler Ebene gefestigt und auf Basis der gefühlsmäßigen Auseinandersetzung mit dem Beurteilungsobjekt entstanden ist (vgl. SCHWEIGER 1995: 916). Die objektiven Merkmale spielen bei der Imagebildung demnach keine bzw. nur eine untergeordnete Rolle. Das Image kann als Ergebnis eines Meinungsbildungsprozesses verstanden werden, der durch neue Informationen immer wieder angestoßen und gesteuert werden kann (vgl. WOHLMANN 1998: 219).

Aufbauend auf der *means-end*-Analyse von ROSENBERG können zwei Imagekomponenten unterschieden werden. Demnach entsteht das Image, das sich ein Individuum von einem Meinungsgegenstand bildet, aus der von ihm subjektiv wahrgenommenen Eignung dieses Meinungsgegenstandes (*perceived instrumentality*), bestimmte individuelle Ziele erfüllen zu können. Dabei sind die einzelnen Ziele und somit auch die damit zusammenhängenden Merkmale des Meinungsgegenstandes, die für die Erfüllung dieser Ziele von Bedeutung sind und anhand derer das Individuum seine Beurteilung vornimmt, für das Individuum unterschiedlich wich-

---

64 Einen knappen Überblick über die Entwicklung der wissenschaftlichen Auseinandersetzung mit dem Imagebegriff in Deutschland findet sich bei SALCHER (1995: 133); eine ausführliche Betrachtung unterschiedlicher Aspekte der Imagetheorie findet sich bei BEACH (1998); über den Zusammenhang von Image und Angebot gibt TROMMSDORFF (1975, 1990) einen Überblick.

65 Im Zusammenhang mit der wissenschaftlichen Diskussion des Imagebegriffs werden von Autoren (z. B. BERTH, SALCHER, VON ROSENSTIEL …) die Begriffe Produkt, Leistung u. ä. vermieden und neutral durch *Meinungsgegenstand* ersetzt. Damit werden sie dem Anspruch gerecht, daß auch Personen, insbesondere diejenigen, die im öffentlichen Interesse stehen, ebenfalls ein Image aufbauen können. Durch diesen Begriff wird die Subjektivität des Imagebegriffs bereits deutlich zum Ausdruck gebracht.

tig (*value-importance*; vgl. ROSENBERG 1956: 367ff.). Wie bereits dargelegt, wird die *means-end*-Analyse ebenfalls zur Erklärung der Markenfunktion herangezogen (vgl. z. B. HERRMANN/HUBER/BRAUNSTEIN 2001).

Die nachfolgende Image-Definition spiegelt den Stand der wissenschaftlichen Diskussion wider und wird daher auch in dieser Arbeit zugrundegelegt:

> Das Image wird definiert als das Vorstellungsbild eines Gegenstandes, einer Person oder eines Leistungssystems[66] in Form einer Komplexqualität von Gefühlen, Einstellungen, Handlungen und Erwartungen, die zusammen das Verhalten des Individuums bezüglich dieses Gegenstandes, dieser Person oder dieses Leistungssystems prägen (vgl. SALCHER 1995: 132).

Daraus leitet sich ab, daß das Image ein wesentlicher und zentraler Bestandteil des menschlichen Erlebens ist, da es Produkten und Gegenständen, aber auch Personen und Unternehmen zu einer Persönlichkeit verhilft. Die hohe Bedeutung von Images im Marketing wird darauf zurückgeführt, daß der Mensch heute kaum noch in der Lage ist, sich objektive Bilder und Eindrücke von Produkten und Leistungen zu verschaffen. Aufgrund der ständig wachsenden Informationsflut ist der Mensch auf Hilfsmittel angewiesen, die ihn bei der Auswahl relevanter Informationen und bei der Entscheidungsfindung unterstützen. Ein Hilfsmittel ist dabei für den Konsumenten der Rückgriff auf stark vereinfachte, auf Grund der individuellen, persönlich gewonnenen Eindrücke entstandene Bilder. Diese Bilder werden mit dem Begriff Image gleichgesetzt (vgl. SALCHER 1995: 129f.). Gleichzeitig wird die oben getroffene Aussage unterstützt, daß die imagebildenden Informationen subjektiv ausgewählt, gewichtet und bei Bedarf aktualisiert werden.

Der in der Markt- und Werbepsychologie verwendete Imagebegriff[67] kann nach der Auffassung einiger Autoren mit dem in der Regel präziser gefaßten und schärfer operationalisierten Begriff der Einstellung gleichsetzt werden (vgl. z. B. TROMMSDORFF 1975: 67ff.; KROEBER-RIEL/WEINBERG 1999: 197; NIESCHLAG/DICHTL/HÖRSCHGEN 2002: 596). Demnach wird das Image in diesem Forschungsbereich meist dann analysiert, wenn es um das *Vorstellungsbild* eines Konsumenten von einem Produkt geht und er dessen tatsächliche Beschaffenheit und Leistungsfähigkeit nicht bzw. nicht umfassend wahrgenommen hat bzw. wahrnehmen kann (vgl. VON ROSENSTIEL/NEUMANN 1991: 123).

Der Imagebegriff weist gegenüber der *Einstellung* in einigen Bereichen jedoch weitere Merkmale auf. Zu diesen weiteren Merkmalen zählen vor allem Emotionen, Erwartungen und Wünsche, also subjektive Eindrücke, die bei der jeweiligen Zielgruppe Präferenzen entstehen lassen (vgl. SCHWEIGER 1995: 917f.). Darüber hinaus wird das Image als das stabilere Kon-

66 Unter Leistungssystem sollen einerseits produzierende Unternehmen, anderseits aber auch Dienstleistungsunternehmen verstanden werden. Weiterhin kann eine Destination i. S. der vereinbarten Definition ebenfalls als Leistungssystem angesehen werden.

67 Hierzu insbesondere die grundlegenden Arbeiten von GARDNER/LEVY 1955, BERGLER 1963, JOHANNSEN 1971.

strukt angesehen, da es in stärkerem Maße mit dem Grundnutzen des Individuums verbunden ist. Einstellungen rufen gegenüber Objekten Handlungsabsichten hervor (z. B. Kaufabsicht bei Konsumgütern), während beim Image der Vergleich konkurrierender Objekte notwendig ist, um eine Reaktion beim Individuum zu erzielen (vgl. SALCHER 1995: 134f.).

Die Einstellung wird in der Literatur häufig in Form von Aussagen auf einer Meßskala mit gut-/schlecht-Ausprägungen interpretiert, während das Image über mehrere Dimensionen verfügt. Diese Dimensionen entsprechen den subjektiven Eindrücken einzelner Produktmerkmale, die nicht auf die sachliche Dimension beschränkt sind (TROMMSDORFF 1990: 121). Für die Operationalisierung von Produkt- und Markenimages wird in der Konsumentenforschung in der Regel auf die methodisch orientierte Einstellungsliteratur zurückgegriffen. Die größte Verbreitung als Meßinstrument zur Imagemessung hat das *Semantische Differential* gefunden, welches erstmals von OSGOOD/SUCI/TANNENBAUM 1957 ausführlich vorgestellt wurde. Dabei werden mit Hilfe zweipoliger Ratingskalen, deren Pole mit adjektivischen Gegensatzpaaren besetzt sind, die Assoziationen von Probanden zu einem Meinungsgegenstand und deren Stärke, oft im Vergleich zu anderen Meinungsgegenständen, erfragt. Ursprünglich ist diese Methode für die Messung von Wortbedeutungen entwickelt worden, wurde aber für Anwendungen im Marketing erweitert (vgl. TROMMSDORFF 1975: 27). Aus dem Untersuchungsaufbau wird bereits deutlich, daß nur die Dimensionen erfaßt werden können, die in diesen Gegensatzpaaren enthalten sind. BERTH bezeichnet die Suche nach imagebeeinflussenden Faktoren als „höchst vages Spiel“, da die Ergebnisse der Image-Forschung zunächst auf dem Setzen künstlicher Reize beruhen. Beispielsweise kann ein von Konsumenten anhand einer Werbeanzeige positiv bewertetes Produkt im direkten Vergleich zu Konkurrenzprodukten deutlich schlechter bewertet werden, wenn im ersten Fall Vergleichskriterien fehlen und die Bewertung lediglich auf der Ausage der Werbeanzeige beruht (vgl. BERTH 1963: 118).

Die Festlegung der Bewertungsmerkmale erfolgt in der Regel durch den Forscher, der sich dabei an Ergebnissen anderer Untersuchungen orientiert. Soll das Image mehrerer Reiseziele miteinander verglichen werden, wird oftmals auf dieselben Merkmale zur Beurteilung der jeweiligen Images zurückgegriffen. Diese Vorgehensweise unterstellt, daß Wettbewerber anhand derselben Kriterien beurteilt werden können. Allerdings erfolgt die Profilierung der Wettbewerber in der Regel auf unterschiedlichen Ebenen. Es werden jeweils spezifische Fähigkeiten und Merkmale für die Positionierung hervorgehoben. Daraus folgt, daß der Imageaufbau der Wettbewerber auf unterschiedlichen Elementen beruht, die nur zu einem kleinen Teil auf die jeweilige Konkurrenz übertragen werden können (vgl. TROMMSDORFF 1997: 8; 2002: 156ff.). Um diese Zusammenhänge aufzeigen zu können, hat TROMMSDORFF die Wettbewerbs-Image-Struktur-Analyse (WISA) entwickelt, die es mit Hilfe von Computersimulationen ermöglicht, das Verhalten in einem realen Markt im Zeitverlauf zu analysieren, zu erklären und auch zu prognostizieren (vgl. KROEBER-RIEL/WEINBERG 1999: 223). Mit Hilfe dieses Instrumentes können die Wechselwirkungen und Einflüsse des eigenen, aber auch fremder Images auf die Kaufabsicht des eigenen Produktes dargestellt werden. Einschränkend muß allerdings festgehalten werden, daß die Segmentbildung und somit die Erklärung der unterschiedlichen Imagestrukturen auf Basis der Analyse nur auf Konsumenten mit einem identischen *evoked set* angewendet werden kann (vgl. TROMMSDORFF 1997: 8).

Für den Bereich des Destinationsimages wird diese Vorgehensweise auf Grenzen stoßen. Zunächst ist die Abgrenzung der Destinationsgrenzen zum Teil sehr uneinheitlich (vgl. Abschnitt 2.1, ab S. 11). Hinzu kommt, daß eine Destination in der Regel über verschiedene Images verfügt, je nachdem, für welche Reiseform oder für welchen Reiseanlaß sie als geeignet bzw. attraktiv angesehen wird (vgl. WOHLMANN 1998: 221). Die Wahrnehmung einer Destination durch den Konsumenten wird bereits unterschiedlich ausfallen, je nachdem, ob sie als Nahziel für einen Kurzurlaub oder als Fernziel für die Haupturlaubsreise betrachtet wird.

Zur Durchführung von Imageuntersuchungen ist von MAZANEC (1994: 10ff.) ein dreidimensionaler Rahmen vorgeschlagen worden. Demnach umfaßt ein Image die drei Variablen Subjekt, Objekt und Attribut: Subjekt sind die Individuen, die ein Objekt, z. B. Produkte oder Dienstleistungen, auf einer Attributskala wahrnehmen. Zur Messung des Images einer Destination wäre demnach zunächst festzulegen, aus Sicht welcher Zielgruppe das Image erhoben werden soll. Mit Hilfe eines qualitativen Verfahrens (z. B. Gruppendiskussion mit Vertretern der Zielgruppe) muß eine Liste mit Attributen erstellt werden, die dann als Grundlage für ein quantitatives Fragebogenverfahren verwendet werden kann. Auf Basis der gewonnenen Daten kann die Itemliste dann mit Hilfe einer Faktorenanalyse reduziert und ein valides und reliables Messinstrument erstellt werden, das dann immer wieder zur Imagemessung eingesetzt werden kann – allerdings nur für die ausgewählte Zielgruppe und die gewählte Destination. D. h., für jede Zielgruppe und/oder Destination ist dieses Meßinstrument separat zu erarbeiten. Von GALLARZA, GILL SAURA und CALDERÓN GARCÍA (2001) wurde dieses Verfahren für eine spanische Küstenregion angewendet (Küste vor Valencia, repräsentiert durch die Städte Gandía, Cullera, Denia, Benidorm, Benicassim, Calpe und San Juan), um deren Image bei inländischen Kurzurlaubern zu untersuchen.

Das Image einer Destination wird im wesentlichen durch die Gesamtheit der Vorstellungen, Einstellungen, Bedürfnisse und Anforderungen bestimmt, die eine Person oder Personengruppe im Hinblick auf Urlaubszwecke und -funktionen hat (vgl. SEITZ/MEYER 1995: 273). Einen wesentlichen Einfluß bei der Ausbildung von Destinationsimages haben die eigenen Erfahrungen der Reisenden. Wie kontrastierende Gruppenvergleiche und Zusammenhangsanalysen gezeigt haben, hängen das Vorhandensein, die konkreten Ausprägungen und die erlebnismäßige Verarbeitung eigener Erfahrungen mit einer bestimmten Urlaubsdestination eng mit dem Image zusammen, das diese Person von diesem Reiseziel hat (vgl. SCHIMMELPFENG/MAES 2001: 555).

ALKJAER hat bereits 1977 dargestellt, daß für bevorzugte Reiseziele bei den jeweiligen Reisenden in der Regel genaue Images bestehen, die jedoch nicht notwendigerweise der Realität entsprechen müssen. Die Entscheidung von Verbrauchern für oder gegen Produkte oder Dienstleistungspakete wird nur in Ausnahmefällen auf Grund der Kenntnis objektiver qualitativer Eigenschaften und Preise gefällt, da die Summe aller Informationen in der Regel nicht neutral bewertet werden kann. Vielmehr erfolgt die Auswahl aus einer geringen Zahl von Alternativen, die dem Konsumenten im Moment der Entscheidungskonkretisierung bewußt sind (in seinem *evoked set* enthalten sind), auf der Basis von mehr oder weniger zufälligen Images (vgl. ALKJAER 1977: 1301).

Die Messung eines Destinationsimages und dessen verbraucherbeeinflussenden Wirkungszusammenhängen wird nur sehr schwer umsetzbar sein, vor allem wenn es sich um ein konkurrenzbezogenes Image handelt. Reiseziele werden in der Regel vor dem Hintergrund unterschiedlicher Reiseinhalte, -anlässe oder -bedürfnisse, zum Teil aber auch aufgrund unterschiedlicher externer Einflußfaktoren ausgewählt (z. B. Verfügbarkeit der präferierten Unterkunft in der geplanten Reisezeit, Veranstaltungen ...). Oft steht das Reiseziel, zumindest im Unterbewußtsein des Entscheiders, bereits über einen längeren Zeitraum fest, die konkrete Entscheidung muß aber noch im Zeitverlauf heranreifen. Der Entscheider beschäftigt sich bereits mit der Auswahl einzelner Urlaubskomponenten, auch wenn das Urlaubsziel noch nicht eindeutig benannt wurde (vgl. HAHN/HARTMANN 1973: 15ff.). Dieses Heranreifen der Entscheidung kann allerdings nicht mehr als rationale Entscheidung bezeichnet werden (vgl. BRAUN/LOHMANN 1989: 104). Stehen alternative Reiseziele zur Disposition, werden sie jeweils anhand unterschiedlicher Imagekomponenten bewertet und ausgewählt. In der Darstellung von Alternativen mit Hilfe des semantischen Differentials würde sich die jeweilige Entscheidung an den Adjektivpaaren mit den größten Abständen zwischen den Alternativen ausdrücken. Berücksichtigt man die vorstehenden Zusammenhänge, kann die Bedeutung der einzelnen Assoziationspaare bei der Bewertung verschiedener Reiseziele unterschiedlich stark ins Gewicht fallen.

Der Imagebegriff findet in der Markt- und Werbepsychologie hauptsächlich dort Verwendung, wo es um die Bewertung der Vorstellung von einem Produkt bzw. eines Leistungsbündels oder eines Unternehmens geht (vgl. VON ROSENSTIEL/NEUMANN 1991: 123). Bei diesem, von einigen Autoren auch als ökonomischer Ansatz bezeichneten Konstrukt (vgl. WIEDMANN ET AL. 1997: 6), dient das Image dazu, Markterfolge oder -mißerfolge zu erklären, die nicht durch objektive Faktoren (z. B. Preis, Qualität ...) bestimmt werden können (vgl. KNOBLICH 1992: 434). Untersuchungen haben gezeigt, daß das Image unmittelbar in das Produkt- und Leistungserlebnis einfließen kann und zu einem wesentlichen Bestandteil des Konsumerlebnisses wird[68]. Dies trifft um so mehr zu, je austauschbarer die objektiven Produktkriterien bzw. Leistungsmerkmale sind. So hat SPIEGEL[69] bereits 1961 in einer experimentellen Untersuchung gezeigt, daß sich die Wahrnehmung verändert, wenn die Aktivierung des Images unterdrückt wird. Erst die Kombination aus (Produkt-/Leistungs-)Erlebnis und Image

68 Vgl. hierzu auch die grundlegenden Arbeiten von z. B. BERGLER 1963; JOHANNSEN 1971 oder TROMMSDORFF 1975, die sich mit dieser Thematik bereits intensiv auseinandergesetzt haben.

69 Vergleiche zu diesem Punkt Fußnote 34 auf Seite 58.

erreicht eine Differenzierung objektiv vergleichbarer Produkte und Dienstleistungen (vgl. SPIEGEL 1961: 36ff.).

Das Destinations- bzw. Marken-Image kann als eine Konstellation von Bildern und Ideen in der Vorstellung von Entscheidern verstanden werden, in der die Kenntnisse von der Destination bzw. der Marke selbst sowie die zentralen Einstellungen ihr gegenüber dem Konsumenten erlauben, eine Position zur Destination/Marke einzunehmen, ohne auf Einzelheiten konkret eingehen und langwierig über sie nachdenken zu müssen. Bekannte Marken besitzen eine Identität, die aus zentralen Vorstellungen und Eindrücken besteht und auf die Konsumenten in charakteristischer Weise reagieren (vgl. MOORE 1957, zitiert in BERTH 1963: 117). Bei der Auswahl eines Markenartikels entscheidet sich der Verbraucher für den Anbieter, der für sein virulentes Bedürfnis das Angebot hat, „bei dem in seinem Kopf eine grüne Lampe angeht". Dabei erinnert er sich an Namen oder auch an Marken – nicht jedoch an Produktkategorien wie beispielsweise Erfrischungsgetränke oder Automobile. Er ruft den Stellenwert der Bedeutung dieser Namen ab – die Position, die dieser Name in seinem Konsumsystem oder *evoked set* einnimmt. Dabei schwingt ein Gefühlston, eine Anmutsqualität mit, die als Image bezeichnet werden kann und die Inhalte der Marke in komprimierter Form aus Sicht des Verbrauchers wiedergibt (vgl. RIEGER 1984: 158f.).

Berücksichtigt man den von HAHN und HARTMANN festgestellten Reifeprozeß der Entscheidung für ein Reiseziel, erscheint das Image als ein wesentlicher Faktor für die Auswahl von Reisezielen. Der lang gehegte Wunsch, eine bestimmte Destination zu besuchen, ist latent vorhanden und wird über einen längeren Entscheidungszeitraum transportiert, bis er letztendlich umgesetzt wird. Nach der Entscheidung für ein Zielgebiet wird konkret nach Informationen gesucht, die eine Ausgestaltung und Planung der Reise ermöglichen (vgl. HAHN/ HARTMANN 1973: 21ff.).

Für die Auswahl von Reisezielen, die nur eine bedingt rationale Vorgehensweise erlaubt, bekommt ein prägnantes Destinationsimage eine wichtige Funktion bei der Zielwahl. Die emotionale Beziehung, die der Entscheider in der Informationsphase bereits zu einem Meinungsgegenstand aufgebaut hat, wird die Entscheidungsfindung beeinflussen. Entweder, wenn unzureichende Informationen zur Verfügung stehen oder unzureichende Unterschiede herausgearbeitet werden. Dem Image als Kompensationskonstrukt für hohen entscheidungsunterstützenden Informationsbedarf ist daher bei der Ausgestaltung von Markenstrategien, aber auch allgemeiner bei der Entwicklung von Vermarktungsstrategien für touristische Destinationen besondere Aufmerksamkeit zu widmen. Hinzu kommt, daß sich die Bestandteile des touristischen Leistungsangebots in Destinationen zunehmend gleichen. Die Leistungsmerkmale, bspw. Spaßbad oder Kinderspielhaus, die vor einigen Jahren noch zu einer herausragenden Wettbewerbsposition einzelner Orte beigetragen haben, werden zunehmend zum Basisangebot und werden von den Konsumenten als Standardleistung betrachtet. Nach ALKJAER spielen Images gerade im Tourismus eine besondere Rolle, da die persönlichen Kenntnisse und Erfahrungen, Informationen von Dritten oder den Medien eine starke Wirkung auf die Entschlüsse von Touristen hinsichtlich der Wahl neuer Reiseziele oder Reiseformen haben (vgl. ALKJAER 1977: 1301).

Nach KAPFERER ist die Markenidentität das wesentliche Element für den Erfolg der Marke. Sie wird vom Unternehmen bestimmt und durch die Kommunikation gebildet. Es werden Inhalt, Idee und Eigendarstellung der Marke spezifiziert. Die Markenidentität ist demzufolge das Aussagekonzept, das vom Konsumenten dekodiert und in das Image überführt wird. Einen Einfluß auf die Wahrnehmung der Marke durch den Konsumenten hat zu einem erheblichen Teil das Verhalten der Konkurrenz. Einerseits kann durch unterschiedliche Kommunikationskanäle die Imagebildung konkurrierender Marken beeinflußt und z. T. verwässert werden. Anderseits kann durch die Imitation bereits etablierter Marken bzw. einer Ausrichtung an deren Kommunikationspolitik für den Konsumenten eine Situation entstehen, in der er keine wesentlichen Unterschiede mehr zwischen einzelnen Marken erkennen kann, und er daher gezwungen ist, sich nach neuen Differenzierungsmerkmalen umzusehen. KAPFERER weist noch auf die Gefahr hin, die mit einer zu starken Ausrichtung der Kommunikation auf die Wünsche und Vorstellungen der Konsumenten verbunden ist. Wird die Werbung zu sehr idealisiert, besteht die Gefahr, daß sie sich zu weit vom Kern der Marke entfernt. Dies kann zur Folge haben, daß die Marke an Glaubwürdigkeit verliert (vgl. KAPFERER 1992: 44f.).

Allerdings wird durch Maßnahmen der Kommunikationspolitik die Marke erst im Bewußtsein der Verwender positioniert. Gleichzeitig kann so ein eindeutiges Erlebnis vermittelt werden, das der Konsument mit der Marke verbindet (vgl. WEINBERG/DIEHL 2001: 195). Grundsätzlich verstärken Markenerlebnisse die emotionale Bindung des Konsumenten an ein Produkt oder an eine Dienstleistung. Diese Bindung erhöht im Sinne von GUTENBERG den monopolistischen Spielraum des Anbieters, wenn die starke Bindung in eine erhöhte Kaufbereitschaft überführt werden kann (vgl. KROEBER-RIEL/WEINBERG 1999: 116). Durch den Aufbau eines spezifischen Imageprofils können Unternehmen Positionen am Markt aufbauen, die zu sogenannten Firmenmärkten führen können: Unter Firmenmärkten versteht man Märkte, die ein Unternehmen steuern und kontrollieren sowie gegenüber der Konkurrenz abgrenzen kann. Insbesondere in gesättigten Märkten oder Märkten mit intensivem Wettbewerb kommt der bewußten, von der Konkurrenz abgrenzenden Profilierung von Leistungen eine grundlegende Bedeutung bei der Durchsetzung der strategischen Ziele eines Unternehmens zu, da es z. T. nur noch auf diese Weise möglich ist, ertragsorientierte Preise am Markt durchzusetzen (vgl. BECKER 1998: 74).

In diesem Zusammenhang ist eine vergleichende Betrachtung mit dem *Gap*-Modell von ZEITHAML, PARASURAMAN und BERRY hilfreich. Vor dem Hintergrund der Dienstleistungsqualität haben sie Lücken aufgedeckt, die zu einer Verzerrung der Qualitätswahrnehmung führen können (vgl. Abbildung 5). Insbesondere sollte die Problematik der Wahrnehmung der Kundenbedürfnisse und -erwartungen (*Gap 2*), aber auch die externe Kundenkommunikation (*Gap 4*) und damit verbunden die Darstellung des Leistungsversprechens – hier des Markenversprechens – berücksichtigt werden.

Die Darstellung in Abbildung 20 stellt den Einfluß des Images auf die Kaufentscheidung und den darauf folgenden Kauf dar. In der Abbildung sind die Zusammenhänge jedoch deutlich vereinfacht dargestellt, insbesondere wenn man berücksichtigt, daß sich die einzelnen imagebildenden Faktoren teilweise gegenseitig bedingen und dadurch wechselseitig beeinflussen. Ist das Image erst einmal gefestigt, kann es nur in einem langwierigen Prozeß wieder verändert oder korrigiert werden (vgl. WIEDMANN ET AL. 1997: 4f.). Der Einfluß der Wettbewerber und konkurrierender Marken wurde in Form einer Störgroße vor der Präferenzbildung eingefügt. Hinzu kommen situative Einflußfaktoren, deren Bedeutung unterschiedlich stark auf den Kauf einwirken kann. Bei hohem *Involvement* des Entscheiders kann es dazu kommen, daß von einem Kauf abgesehen wird, wenn die präferierte Marke aktuell nicht verfügbar ist. Bei einem niedrigen *Involvement* kann es zu einem Ausweichen auf im *evoked set* gespeicherte Alternativen kommen.

**Abbildung 20: Das Markenimage im Zusammenhang mit der Kaufentscheidung**
(in Anlehnung an WIEDMANN ET AL. 1997: 4 mit eigenen Ergänzungen)

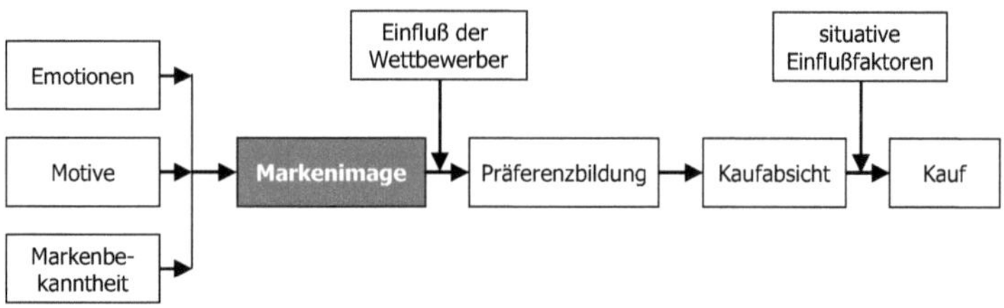


Trotz der hohen Bedeutung, die Images für das Käuferverhalten und im Zusammenhang mit dem Prozeß der Reiseentscheidung besitzen, dürfen situative Einflußfaktoren nicht vernachlässigt werden. Untersuchungen haben gezeigt, daß gerade situative Einflüsse zum Teil eine wesentlich größere Verhaltensrelevanz als Einstellungen oder Images erlangen können, so daß diese in der konkreten Entscheidungssituation oftmals erst gar nicht verhaltenswirksam werden. Vielmehr kann zunehmend der Umkehrschluß belegt werden: das Verhalten bestimmt die Einstellung (KROEBER-RIEL/WEINBERG 1999: 172). In diesem Zusammenhang können auch Reaktionen aus dem Bereich der Dissonanzreduktion eingeordnet werden: So hat FESTINGER beispielsweise dargelegt, daß Konsumenten nach einem Autokauf selektiv solche Informationen beachten, die ihre Kaufentscheidung unterstützen und Informationen meiden, die ihre Entscheidung in Frage stellen (vgl. FELSER 1999: 101). Eine Folge dieser selektiven Informationsverarbeitung ist, daß eine positive Einstellung zur getätigten Kaufentscheidung gefestigt wird. Zu einem späteren Zeitpunkt verfügt der Konsument dann über eine ausreichende Zahl an Argumenten, um seine Entscheidung fundiert begründen zu können.

Bei der Betrachtung der Imagekonstrukte kann man unterschiedliche Ausprägungen differenzieren. Die vorstehenden Überlegungen zu Image und zur Funktion des Images können grundsätzlich auf die jeweiligen Kategorien übertragen werden. Allerdings ist bei der Analyse dieser Images die Vorgehensweise entsprechend anzupassen. Ganz allgemein finden in der heutigen Marktforschung vier unterschiedliche Image-Begriffe Verwendung (vgl. SALCHER 1995: 137ff.).

Demnach umfaßt das *Produkt-* oder *Branchenimage* den Vorstellungsbereich des Konsumenten zu einem gesamten Produktbereich. Um den Überblick über die Vielzahl an Marken und Produkten zu erhalten, werden diese oftmals in übergeordneten (Produkt-)Kategorien oder Branchen zusammengefaßt. Der Konsument verbindet mit den in der jeweiligen Branche subsummierten Elementen spezifische Merkmale. Treffen diese auf einzelne Marken nicht zu, werden sie vom Konsumenten als nicht der Branche zugehörend klassifiziert. In der Regel führt das dazu, daß er diese Produkte und Marken aus seinem *evoked set* streicht. Da im Branchenimage auch Idealvorstellungen des Konsumenten enthalten sind, kann es nicht unmittelbar mit dem Durchschnitt des aktuellen Angebotes gleichgestellt werden.

Im *Markenimage* sind alle konkreten Vorstellungen, Meinungen, Urteile und Erlebnisse zu einer bestimmten Marke enthalten. Wichtige Dimensionen des Produktimages sind im Markenimage enthalten, sie beziehen sich jedoch auf eine spezifische Marke. Auf die konkrete Kaufentscheidung hat das Markenimage einen größeren Einfluß als das Branchenimage.

Das *Unternehmens-/Firmenimage* beinhaltet die Vorstellungen des Konsumenten zu einem konkreten Anbieter. In der Regel spielt das Firmenimage bei der Bewertung eines Markenartikels eine untergeordnete Rolle, da der Konsument meist nur über diffuse Informationen über die Firma verfügt. Oftmals sind Firmen- und Markenname nicht identisch und erschweren so den Transfer für den Konsumenten. Das Firmenimage bekommt jedoch einen wesentlich höheren Stellenwert, wenn das Unternehmen entweder unterschiedliche Markenartikel anbietet oder neue Produkte mit einem bereits eingeführten Namen versehen möchte. Insbesondere für die Führung von Dachmarken ist ein bekanntes und positives Image von Bedeutung.

Von einem *Corporate Image* wird dann gesprochen, wenn sich unter einem Firmendach neben verschiedenen Produkten auch unterschiedliche, eigenständige, aber mit eigenem Namen versehene Firmen- und Produktbereiche gruppieren. Gerade beim *Corporate Image* ist es für die Unternehmensführung wichtig, das Potential der gegenseitigen Beeinflussung der unterschiedlichen Images zu kennen.

Für die Ausgestaltung eines Markensystems für touristische Destinationen erscheinen insbesondere die beiden letztgenannten Imagebegriffe beachtenswert. Das Branchenimage (z. B. *Urlaub in Deutschland*) kann von einem einzelnen Unternehmen, respektive einer einzelnen Destination, nur unzureichend beeinflußt werden und kann daher zunächst vernachlässigt werden. Das Markenimage i. S. von Image eines Produktes ist für das Destinationsmanagement nicht umfassend genug. Wie bereits am Anfang dieser Arbeit dargestellt wurde, handelt es sich bei der Destinationsleistung um ein zusammengesetztes Paket, an dem viele Leistungsträger beteiligt sind. Daher ist es für das Destinationsmanagement zumindest notwendig, ein Firmenimage aufzubauen. Die Vielzahl an einzelnen Angebotsbestandteilen und die bereits angesprochene Notwendigkeit, touristische Destinationen wie ein Unternehmen führen zu müssen, unterstützen diese Aussage.

Betrachtet man allerdings die Zahl und vor allem die Struktur der in einer Destination tätigen Unternehmen und Betriebe, wird deutlich, daß es sich um eine sehr heterogene Struktur handelt. Es lassen sich in der Regel Unternehmen finden, die auf unterschiedlichen Märkten agieren und unterschiedliche Zielgruppen ansprechen. Vor diesem Hintergrund wird es bereits schwierig, ein einheitliches Unternehmensimage aufzubauen. Wie bereits dargestellt, weist das Destinationsimage je nach Urlaubs- und/oder Reiseform unterschiedliche Inhalte auf. Bedenkt man, daß die Zielgruppenansprache einer Urlaubsdestination ein sehr breites Spektrum abdecken muß, stellt sich die Umsetzung einer Dachmarke und damit verbunden der Aufbau eines Destinationsimages im Sinne eines Firmenimages als eine nur sehr schwer lösbare Aufgabe dar. Mit einer Dachmarke verbindet der Konsument eine spezifische Leistungserwartung über alle Produkte und Leistungsbestandteile hinweg, sie bildet hier eine Klammer um alle Angebote der Destination (vgl. KREILKAMP 1998b: 334). Eine Destination kann aber nicht für alle Betriebe und Einrichtungen einen Qualitätsstandard auf einem vergleichbaren Niveau gewährleisten. Daraus resultieren individuelle Eindrücke und Erfahrungen, die das Image individuell beeinflussen und je nach Intention und Anspruch des Konsumenten unterschiedlich zum Ausdruck bringen.

Dieser Argumentation folgend erscheint der Aufbau eines *Corporate Image* die Markenpolitik touristischer Destinationen am besten unterstützen zu können. Eine Markenpolitik für Destinationen kann nur dann erfolgreich sein, wenn die Vielzahl der touristischen Anbieter in der Destination an der Umsetzung beteiligt und in die Angebotsgestaltung involviert ist, gleichzeitig aber eine zentrale Steuerung der wesentlichen Markenfunktionen erfolgt. Das Management einer touristischen Destination wird in diesem Fall ähnliche Aufgaben wahrnehmen müssen wie ein Dienstleistungsunternehmen. Die Aufgaben werden nur um einiges komplexer und schwieriger zu erfüllen sein, da nicht – wie beispielsweise bei einer Versicherung oder einer Bank – *ein* Unternehmen zu führen ist, sondern eine Art *Destinations-Holding*, die die unterschiedlichen Interessen der in ihr integrierten, selbständig wirtschaftenden Betriebe und Dienstleistungsanbieter berücksichtigen und in eine Gesamtstrategie integrieren muß.

Um eine erfolgreiche Imagestrategie zu entwickeln, ist eine genaue Kenntnis des eigenen Images notwendig. D. h., es ist zu untersuchen, welches Bild die Konsumenten von der eigenen Destination besitzen bzw. welche Bilder der Destination bei unterschiedlichen Zielgruppen bestehen. Bei der Durchführung von Imageanalysen ist die Motivation und Erfahrung der Probanden zu berücksichtigen, da dies zu deutlich unterschiedlichen Ergebnissen führen kann. So kann eine Unterscheidung der Befragten nach ihrem Verhalten gegenüber dem betreffenden Urlaubsland, bspw. nach Mehrfach-, Erst-, Nichtbesucher mit und ohne Besuchsabsicht, vorgenommen werden (vgl. SEITZ/MEYER 1995: 273). Eine Untersuchung zum Image der Insel Sylt (vgl. SCHIMMELPFENG/MAES 2001: 555ff.) zeigte deutliche Unterschiede. So ergab der Vergleich von Personen mit und ohne Urlaubserfahrung auf Sylt im Rahmen einer einfaktoriellen Varianzanalyse signifikante Unterschiede zwischen den genannten Gruppen. Diese Unterschiede zeigten sich insbesondere bei den Merkmalen Sicherheit, Langeweile, Vergnügen, Natürlichkeit, Gesundheit, Freiheit, Individualität und Gastfreundschaft. Das Image hängt demnach stark mit eigenen Erfahrungen zusammen. Einen nahezu gleich starken Einfluß auf die Imagebildung haben die Informationen, die der Konsument über die Marke erhält. Sie werden mit den eigenen Erfahrungen abgeglichen und führen so zu einer Imagebildung beim Konsumenten (vgl. o. V. 1991: 56).

Die möglichst differenzierte Betrachtung eigener Urlaubserfahrungen erscheint deshalb bei empirischen Image-Analysen unerläßlich. Weiterhin wurden die bi- und multivariaten Zusammenhänge der individuellen Erfahrungen mit einem bestimmten Reiseziel sowie deren erlebnismäßiger Verarbeitung mit dem Image untersucht. Konkrete Urlaubserfahrungen, wie schlechtes Wetter, gutes Preisleistungsverhältnis, erkennbare Umweltprobleme, Massenandrang, schöne Landschaft, aber auch konkret erlebte Stimmungen und Gefühle wie Geborgenheit, Langeweile, Entspannung, Traurigkeit, Ärger und Freude, hängen stark mit dem Inhalt des Reiseziels und somit mit dessen Bewertung zusammen. Das Image speist sich also aus vielerlei Quellen, zu denen auch individuelle Erfahrungen gehören, die deshalb sowohl von Forschern als auch von Tourismusmanagern und -planern in Rechnung gestellt werden sollten (vgl. SCHIMMELPFENG/MAES 2001: 557).

Werden Markenkonzepte mit differenzierten Images verfolgt, können Imageziele gegenüber Bekanntheitszielen bevorzugt werden. Imagevorteile – einschließlich der damit verbundenen objektiven Produktvorteile – können eine höhere Markenbekanntheit im Zusammenhang mit der Marktposition durchaus ausgleichen. Im Wettbewerbsumfeld stellen oftmals Konkurrenzmarken mit einem attraktiven Image nicht selten eine größere Gefahr für die eigene Marke dar als lediglich im Bekanntheitsgrad starke Marken. Im Extremfall kann ein sehr hoher Bekanntheitsgrad sogar eine imageschädigende Wirkung haben, da mit dem hohen Bekanntheitsgrad ein Kompetenzverlust (Massenware) verbunden ist (vgl. BECKER 1998: 74f.). Das Image bedingt eine bestimmte Haltung des Konsumenten gegenüber dem Meinungsgegenstand, die bloße Bekanntheit dagegen nicht. Die Haltung bzw. die Einstellung gegenüber dem Meinungsgegenstand wiederum ist verhaltensrelevant.

## 3.5 Zusammenführung

Die Reiseentscheidung ist eine komplexe Entscheidung, die sich aus vielen Teilentscheidungen zusammensetzt. Jedes Element der Reise bedingt dabei oftmals eine eigenständige Entscheidung, die vom situativen Kontext in der jeweiligen Entscheidungssituation nicht unwesentlich beeinflußt wird. Ebenfalls von Bedeutung für die Entscheidung ist die aktuelle Situation des Individuums sowie sein emotionaler Zustand. Nach BRAUN können hier dynamisch und statisch orientierte Personen unterschieden werden. Erstere befinden sich mit sich und ihrer Umwelt im Einklang, letztere dagegen in einem Unruhezustand, der durch berufliche und/oder persönliche Unausgeglichenheit oder Streß verursacht sein kann. Im Zustand der statischen Orientierung trachtet das Individuum oftmals nach einem Imagegewinn durch seine Aktivitäten, d. h., Kauf- oder Reiseentscheidungen werden unter dem Einfluß des Prestigegewinns gefällt.

Ähnlich vielschichtig wie die Reisentscheidung selbst, sind die ihr zugrundeliegenden Motive. Diese sind oft auch gesellschaftlich induziert, d. h., ihre Bewertung erfolgt auf einer durch die Gesellschaft vorgegeben Basis. Der Reisende wird, was seine Reisemotive und -anlässe angeht, insgesamt als Mischtyp angesehen. Damit wird zum Ausdruck gebracht, daß es keine eindeutigen Reisemotive gibt, sondern daß es sich um Kombinationen einzelner Motive in unterschiedlicher Stärke handelt.

Bzgl. der grundlegenden Reisemotivation kann zwischen zwei unterschiedlichen Ausrichtungen differenziert werden: Zum einen handelt es sich um die *Hin-zu*-Motivation, d. h., der Reisende hat sich aus Interesse für ein Reiseziel für dieses entschieden. Dem gegenüber steht die weitaus häufiger anzutreffende *Weg-von*-Motivation, d. h., diese Reisenden möchten primär den gewohnten Alltag verlassen. Diese Motivation korrespondiert mit der von BRAUN postulierten statischen Orientierung. Destinationsmarken gewinnen in diesem Zusammenhang an Relevanz für die Reiseentscheidung, da es den Reisenden primär nicht auf das Reiseziel, sondern auf den damit verbundenen Image- und Prestigegewinn ankommt.

In einer psychologischen Leitstudie haben HAHN und HARTMANN (1973) gezeigt, daß dem Zielgebiet und der Art des Urlaubes noch vor dem Preis der größte Einfluß auf die Reiseentscheidung zukommt (vgl. Tabelle 10). Gleichzeitig haben sie gezeigt, daß sich die Reiseentscheidung aus vielen Teilentscheidungen zusammensetzt, die sich z. T. gegenseitig bedingen und voneinander abhängen. Diese Teilentscheidungen können dabei eine unterschiedliche Bedeutung im Konsumsystem besitzen. Aber auch die Urlaubsreise an sich kann, stark beeinflußt von den Reiseerfahrungen des Entscheiders, zwischen den *speciality travel services* und den *shopping travel services* eingeordnet werden.

In den meisten Fällen handelt es sich um eine *extensive* Kaufentscheidung, die sich aber mit zunehmender Reiseerfahrung zu einer *habitualisierten* Kaufentscheidung hin entwickeln kann. Die dominanten psychischen Prozesse sind dabei sowohl emotional als auch kognitiv gesteuert. Allerdings sind die Erwartungen, die ein Konsument mit seiner Entscheidung für ein Leistungsbündel verbindet, bisher nur ungenau erforscht. Bei einigen Teilleistungen kann es durchaus auch zu impulsiven Kaufentscheidungen kommen, die jedoch bzgl. einer gesamten Reise nur in Ausnahmefällen anzutreffen sind. Destinationsmarken sollten aber insgesamt dazu beitragen können, die Reiseentscheidung zu vereinfachen und dem Konsumenten die Auswahl eines Reiseziel erleichtern.

Ein weiterer Ansatz zur Beschreibung der Reiseentscheidung ist das *Involvement*-Konzept. Mit einer extensiven Reiseentscheidung ist i. d. R. ein hohes *Involvement* verbunden, d. h., der Konsument wird intensiv nach Informationen suchen. Eine entscheidungsunterstützende

Funktion bei hohem *Involvement* erfüllen Marken und das Image des Entscheidungsgegenstandes (vgl. HAEDRICH/TOMCZAK 1988: 35).

Beim Image handelt es sich allerdings um ein schwer greifbares Konstrukt, das sowohl in der wissenschaftlichen als auch in der praktischen Verwendung uneinheitlich genutzt wird. Eine Schwierigkeit liegt in der Festlegung der Bewertungskriterien für einen Meinungsgegenstand, die individuell verschieden festgelegt werden. Sie können dann auch nur für den erarbeiteten Zusammenhang eingesetzt werden. Beim Image handelt es sich um ein relativ stabiles Konstrukt, das aber nicht unbedingt der Realität entsprechen muß, sondern stark von der individuellen Vorstellung des Konsumenten geprägt ist. Das Destinationsimage kennzeichnet die komplexe Gesamtheit aller Vorstellungen, Eindrücke und Gefühle einer Person bzw. einer Personengruppe gegenüber einer Destination und beeinflußt somit wesentlich die Markenwahrnehmung. Vor diesem Hintergrund wird der Imageaufbau als langfristige Investition in eine Marke betrachtet.

Weiterhin kann das Image zu einem zentralen Bestandteil des Leistungserlebnisses werden. Ohne Imagekomponenten, die bspw. durch einen Markennamen aktiviert werden, erfolgt eine Leistungsbewertung auf einer völlig anderen Ebene und kann zu deutlich abweichenden Ergebnissen führen. Emotionale Erlebnisse erhöhen die Bindung an eine Marke. In konkreten Kaufentscheidungssituationen können allerdings situative Einflüsse gegenüber dem Image dominieren. Ein starkes Imageprofil kann einer Marke aber dazu verhelfen, eine wettbewerbsbestimmende Position aufzubauen.

Die Berücksichtigung von Imagekomponenten ist ein wichtiger Bestandteil für den erfolgreichen Aufbau von Destinationsmarken. Gerade vor dem Hintergrund der extensiven Kaufentscheidung kann das Markenimage helfen, die Komplexität der Reiseentscheidung zu reduzieren. Unter Berücksichtigung einer zunehmenden beruflichen Belastung des Individuums kann die statische Orientierung zunehmen und zu einer wachsenden Dominanz der *Weg-von*-Reisemotivation führen, der das Vorhandensein von Destinationsmarken entgegenkommt.

Die Überlegungen zum *Corporate Image* werden bei der Ausgestaltung des Markensystems für touristische Destinationen berücksichtigt werden. Lassen sich auf Grund der Imagediskussion gefundene Ergebnisse auf die Markenführung übertragen, ist ein wichtiger Schritt bei der Erarbeitung von Markenstrategien für touristische Destinationen gefunden.

# 4 Touristische Marken in empirischen Untersuchungen

Untersuchungen zur Bekanntheit oder zum Wert von touristischen Marken werden bisher noch nicht regelmäßig durchgeführt. Trotz des zunehmenden Raumes, den die Markendiskussion in Wissenschaft und Praxis einnimmt, werden nur wenige Analysen zu diesem Thema realisiert. Eine Ausnahme bilden die großen Fluggesellschaften und Reiseveranstalter, die regelmäßig empirische Untersuchungen zur eigenen Markenbekanntheit durchführen lassen. Hinzu kommen Untersuchungen, die von Landesregierungen in Auftrag gegeben werden. In diesen Untersuchungen werden touristische Implikationen jedoch oftmals nur als ein Teilaspekt betrachtet.[70]

Auf der Ebene der Reisegebiete in Deutschland beschränkten und beschränken sich auch heute noch viele Tourismusorganisationen auf die Durchführung von Gästebefragungen. Dabei wird vor allem eine Bewertung des touristischen Angebotes in der Destination durch die Gäste vor Ort erfaßt. Die Konstruktion solcher Befragungen läßt in den meisten Fällen keine weitergehende Analyse zu, so daß in der Regel nur relativ allgemeine Aussagen getroffen werden können. Um Handlungsfelder für das Destinationsmanagement aufzeigen zu können, wäre es notwendig, Personen zu befragen, die sich noch nicht für einen Urlaub in der jeweiligen Destination entschieden haben. Auch wird bei der Durchführung von Gästebefragungen vor Ort meist nicht auf ein repräsentatives Abbild[71] der Gästegesamtheit geachtet, was die Aussagekraft und die Allgemeingültigkeit der Ergebnisse grundsätzlich einschränkt. Oftmals ist es allerdings faktisch nahezu unmöglich, bei einer persönlichen Befragung vor Ort eine repräsentative Stichprobe zu ziehen, da bereits die Grundgesamtheit zum Zeitpunkt der Befragung i. d. R. nicht bekannt ist.

Durch die *Quotierung von (relevanten) Merkmalen* kann man sich bei der Stichprobengewinnung behelfen, indem den Interviewern bereits eine Verteilung der Probanden in der Stichprobe anhand eines Merkmalskataloges vorgegeben wird. In der praktischen Markt- und Meinungsforschung hat sich die *Quotenstichprobe* als Auswahlverfahren, das zu Repräsentativschlüssen herangezogen wird, insbesondere aus Kostengründen etabliert, obwohl sie nicht zufällig gezogen wird. I. d. R. werden einzelne Merkmale der Grundgesamtheit (z. B. Geschlecht, Alter, Berufsgruppen, regionale Verteilung …) vorgegeben, die zusammengenommen die Grundgesamtheit im gewünschten Verhältnis widerspiegelt. Die Auswahl der Pro-

70 Siehe z. B. die Untersuchung von SCHWEIGER (1992) zum Image Österreichs im Vergleich zur Bundesrepublik Deutschland und der Schweiz.

71 „Eine Stichprobe ist repräsentativ, wenn jedem Element der Grundgesamtheit die gleiche, berechenbare und von Null verschiedene Auswahlchance zugeordnet werden kann und die einzelnen Stichprobenelemente zufällig ausgewählt werden." (VON DER HEYDE 1999: 28). Etwas allgemeiner ist eine Stichprobe dann repräsentativ, wenn sie einen zutreffenden Rückschluß auf die Grundgesamtheit zuläßt (vgl. BEREKOVEN/ECKERT/ELLENRIEDER 1999: 50). Ergänzend zu dieser *globalen Repräsentativität* (dem repräsentativen Abbild der Grundgesamtheit) kann eine *spezifische Repräsentativität* erreicht werden, d. h. die Stichprobe ist lediglich hinsichtlich der relevanten Merkmale repräsentativ (vgl. BORTZ 1999: 86).

banden erfolgt durch die Interviewer, die durch die Quotierungsmerkmale eingeschränkt sind (vgl. MEIER/HANSEN 1999: 103).

Diese *Repräsentativität der Stichprobe* wird über die Auswahl von soziodemographischen Variablen realisiert, was aber die Frage nach der Repräsentativität der Variablen vernachlässigt. Damit ist gemeint, ob die Variablen, die einen Einfluß auf das interessierende Urteil oder Verhalten haben, in der Untersuchung angemessen repräsentiert sind. Denn der relative Stellenwert soziodemographischer Variablen wird im Vergleich zu psychologischen Variablen bei der Erklärung spezifischer Verhaltenspräferenzen angezweifelt. Beispielsweise hängt das Beschwerdeverhalten nicht nur von objektiven Gegebenheiten, sondern sehr viel mehr von individuellen Prädispositionen und somit von psychologischen Größen ab (vgl. MAES/ WALLERIUS 2002: 71).

Mit dem zunehmenden Wettbewerbsdruck der touristischen Anbieter untereinander, verbunden mit wachsenden Ansprüchen der Konsumenten an die erwartete Leistung, wird es sowohl für die Anbieter von Reisepaketen als auch für die Zielgebiete zunehmend wichtiger, in der Wahrnehmung der Konsumenten ein eindeutiges Profil zu erhalten. Dieses Profil ist aus Sicht des Wettbewerbs ein wesentliches Differenzierungsmerkmal und kann den Konsumenten bei der Entscheidung für ein Reiseziel unterstützen. Ausgedrückt wird dieses Profil durch das Fremdbild der Destination (des Zielgebietes) – gleichbedeutend mit dem Image – welches die subjektiven Vorstellungen des einzelnen Konsumenten oder einer Konsumentengruppe von einer Destination (oder einer Destinationsmarke) bzgl. deren wahrgenommener Eigenschaften sowie der Eignung zur Befriedigung der Bedürfnisse des einzelnen oder der Gruppe beizutragen (vgl. MEFFERT/ BURMANN 1997: 60).

Die Privatisierung von regionalen Tourismusorganisationen sowie die Gründung von Marketingkooperationen und -organisationen, die für einzelne touristische Regionen verantwortlich sind[72], hat zu einer Intensivierung der Marketingaktivitäten auf regionaler Ebene geführt. Ziel der jeweiligen Organisationen ist es, eine Profilierung ihrer Destination zu erzielen und sie im Wettbewerb zu positionieren. Erschwert wird die Arbeit der Destinationsmanager oftmals durch die bescheidenen finanziellen Ressourcen, die für die Realisierung der notwendigen Maßnahmen zur Verfügung stehen. Vor allem, um eine gute Position im Wettbewerb der Destinationen zu erzielen, wird die Thematik der Markierung und der Vermarktung nach markenstrategischen Überlegungen in Zukunft eine nicht unerhebliche Rolle für marktorientierte Entscheidungen in Destinationsmanagement-Organisationen einnehmen. Wie oben bereits ausgeführt wurde, sieht der größte Teil der Tourismusmanager in den Destinationen zukünftig die Notwendigkeit zur Kommunikation touristischer Dachmarken, um den Konsumenten die Reiseentscheidung zu erleichtern (vgl. Abbildung 1 auf Seite 6). Allerdings folgen hier den

72 Beispielsweise wurde die Marketingkooperation „*Die Nordsee – sieben Inseln eine Küste*“ zur Vermarktung der niedersächsischen Nordseebadeorte gegründet. Mitglied dieser Kooperation können alle Orte – zunächst auf Niedersachsen beschränkt – werden, in denen man „den Finger in die Nordsee“ halten kann. Ziel war es, Ressourcen zu bündeln und vor allem bei Messeauftritten eine größere Präsenz zu erlangen.

theoretischen Überlegungen bisher nur selten konkrete Handlungen. Daher wird zunächst ein kurzer Überblick über einige empirischen Untersuchungen gegeben (der keinen Anspruch auf Vollständigkeit erhebt), in denen touristische Marken thematisiert wurden. Der sorglose und uneinheitliche Umgang mit dem Markenbegriff kann in den Ergebnissen dieser Untersuchungen z. T. deutlich gezeigt werden. Diese Ergebnisse ergänzen die Vorüberlegungen für die vom Autor durchgeführten empirischen Untersuchungen, die im nachfolgenden Kapitel 5 ab Seite 163 ausführlich vorgestellt werden.

Bevor auf die Ergebnisse unterschiedlicher empirischer Studien eingegangen wird, erfolgt zunächst ein kurzer Abriß über den Stand der touristischen Marktforschung in Deutschland.

## 4.1 Stand der touristischen Marktforschung in Deutschland

Die Marktforschung im Tourismus gestaltet sich derzeit eher oberflächlich. Insbesondere, wenn es um die Erforschung psychologischer Phänomene (z. B. Reisemotive, Reiseentscheidung …) geht, wird weitestgehend auf die Kompetenz entsprechend ausgebildeter Spezialisten verzichtet (vgl. MAES 2001: 549). Seit Mitte der 60er Jahre werden zwar regelmäßig repräsentative Befragungen unter der deutschen Wohnbevölkerung zum Reiseverhalten durchgeführt. Die erhobenen Daten entsprechen jedoch mehr den wirtschaftlichen als den wissenschaftlichen Anforderungen (vgl. WALLERIUS/MAES 2001: 551). Oftmals fehlt eine wissenschaftliche Basis für die getroffenen Aussagen (vgl. PEARCE 1993: 115ff.; PAGE 1994: 205). Die hohe Bedeutung von Reisemotiven und Reiseverhalten für die touristische Angebotsgestaltung steht in deutlichem Widerspruch zum Endwicklungsstand der entsprechenden Forschungsmethoden (vgl. HIRTENLEHNER/MÖRTH/STECKENBAUER 2002: 94). So werden die psychologischen Begriffe oftmals ohne die dahinterstehenden theoretischen Überlegungen und Zusammenhänge sowie ohne ein methodisches Problembewußtsein verwendet. Im Ergebnis werden die so gewonnenen Reisemotive oder Touristentypologien unkritisch akzeptiert und für die Produktentwicklung verwendet. Inhalt, Konstrukt und Messung des Konstrukts werden häufig gleichgesetzt, was auf einen Mangel an Aufmerksamkeit für die Probleme der Operationalisierung, der Meßgültigkeit und -operationalisierung hindeutet (vgl. MAES 2002: 239).

Die ersten empirischen Untersuchungen zum Reiseverhalten wurden vom STUDIENKREIS FÜR TOURISMUS E. V. in Starnberg unter dem Titel *Reiseanalyse* mit einer jährlichen Stichprobengröße von ca. 6 500 gültigen Interviews durchgeführt. Nach dem Konkurs des Studienkreises wurde die Reiseanalyse von der FORSCHUNGSGEMEINSCHAFT URLAUB UND REISEN E. V. in Kiel weitergeführt. Neben Fragen zur Reise selbst (z. B. Dauer, Ziel, Reisezeit …) werden auch Reisemotive abgefragt. Allerdings weisen diese Fragen, wie auch viele andere Untersuchungen zu diesem Themenbereich, Schwächen auf (vgl. WALLERIUS/MAES 2001: 551f.): Es werden meist Itemlisten verwendet, die Reisebedürfnisse widerspiegeln sollen. Selten können jedoch spezifische, von einzelnen Forschern postulierte Motive in anderen Untersuchungen in gleicher Form faktorenanalytisch repliziert werden. Nach der Meinung von KAGELMANN erfolgt die *„Motivabfragerei"* in touristischen Untersuchungen ohne ausreichende theoretische Grundlage (vgl. BRITTNER 2002: 156). In der Regel beschränkt sich die Auswertung auf die Wiedergabe der Antwortverteilung zu möglichen Beweggründen einer Reise (vgl. HIRTENLEHNER/MÖRTH/STECKENBAUER 2002: 94). Lediglich der Faktor „Erholung" kann als stabiler Faktor in verschiedenen Untersuchungen extrahiert werden. Kritisch anzumerken ist allerdings, daß dieser Faktor auch als Stereotyp bezeichnet werden kann: Man macht Urlaub, um sich zu erholen. Wie der einzelne die Erholung wahrnimmt, wird aber in der Regel nicht erfaßt. Erholung kann jedoch in sehr unterschiedlichen Formen zum Ausdruck kommen. So ist es für den einen Erholung, wenn er sich in möglichst vielen neuen Sportarten versucht, während andere tagelang in der Sonne liegen, sich mühevollen Strapazen aussetzen oder auf Berge klettern. Eine vergleichbare Differenzierung der urlaubsbezogenen Erholungsfunktionen findet sich bei ALLMER (2000: 54f.). Dort wird zwischen dem Ausgleich beruflicher Über- und Unterforderung unterschieden. Im ersten Fall kann die Erholungsfunktion zwischen Relaxen und Regeneration differenziert werden. Der Urlaub im zweiten Fall kann einerseits als Herausforderung, andererseits als Stimulation angesehen werden.

Aus Sicht der Psychologie wird zu der touristischen Marktforschung kritisch angemerkt, daß es sich bei diesen Befragungen um Selbstberichte[73] handelt, die nur einen Teil der Motive zum Ausdruck bringen und häufig lediglich Meinungen widerspiegeln (vgl. WALLERIUS/MAES 2001: 551). Grundsätzlich wäre hier ein experimenteller Versuchsaufbau sinnvoller, um die kausalen Zusammenhänge aufdecken zu können. Ein weiterer kritischer Punkt ist, daß eine Itemliste lediglich eine willkürliche Auswahl möglicher Items repräsentiert. So kann der Proband nur aus einer vom Forscher festgelegten Motivvielfalt auswählen. Diese Vorgehensweise verdeutlich bereits, daß derartige Untersuchungen nicht in der Lage sein können, die tatsächliche reiseinduzierende Motivstruktur des einzelnen herauszuarbeiten.

Hinzu kommt, wie bei allen empirischen Erhebungen, daß die Antworten der Probanden, die für diese Analyse herangezogen wurden, aufgrund der persönlichen Ansprache durch die Interviewer vermehrt sozial erwünschte Antworttendenzen[74] aufweisen können, die wiederum zu einer Verzerrung der tatsächlichen Motivstruktur beitragen. Dabei kann es neben der Beantwortung i. S. der Konformität mit den gesellschaftlichen Normen auch zu einer Berücksichtigung der Werte, die der Proband dem Interviewer unterstellt, kommen (vgl. HARTMANN 1991: 52). Da die persönlichen Einstellungen und Werte des Probanden bei der Problematik der sozialen Erwünschtheit im Antwortverhalten eine wichtige Rolle spielen, unterscheiden

73 Selbstberichte sind „diejenigen Äußerungen über eigenes Erleben und Verhalten einer Testperson, die sie aufgrund einer Instruktion, wahrheitsgemäß zu antworten, produziert". (ANGLEITNER/RIEMANN 1996: 427).

74 Unter *sozial erwünschten* Antworttendenzen versteht man, daß die Probanden bei der Beantwortung von Fragen berücksichtigen, welche Antwortrichtung am ehesten den Normen der Gesellschaft entspricht. Unterstützt werden sozial erwünschte Antworttendenzen durch ein Bedürfnis der Individuen nach Anerkennung und die Überzeugung, daß Anerkennung durch eine kulturell und gesellschaftlich anerkannte Handlungsweise erlangt werden kann. (vgl. HARTMANN 1991: 45ff.) Zur sozialen Erwünschtheit in empirischen Erhebungen siehe ausführlich z. B. HARTMANN 1991, REINECKE 1991.

sich die Antworttendenzen individuell zwischen den einzelnen Probanden. Im Rahmen einer repräsentativen Marktanalyse konnte mit Hilfe einer experimentellen Variation der Fragestellung dieser Zusammenhang gezeigt werden: Sowohl die soziale Erwünschtheit als auch die Art der Frageformulierung beeinflussen die Zustimmung zu den gebräuchlichen Reisemotivkatalogen, wie sie in der touristischen Marktforschung regelmäßig Anwendung finden (vgl. WALLERIUS 2001: 158f.; MAES 2002: 239).

Das Verhalten wird durch eine Vielzahl gleichzeitig wirksamer Bedürfnisse bestimmt, die sich teilweise verstärken, aber auch teilweise widersprechen und in ihrer Verflechtung und Verkettung eine jeweils spezifische Struktur erkennen lassen. Die Aufgabe der Motivforschung ist es daher, diese Bedürfnisstruktur aufzuzeigen und ihre Verhaltensrelevanz zu verdeutlichen (vgl. SALCHER 1995: 185). Darüber hinaus ist es notwendig, die besonderen Bedingungen zu erfassen, unter denen ein Motiv zum Ausdruck gebracht wird und welche nachfolgenden und beobachtbaren Wirkungen dieses Motiv dann im Verhalten zeigen soll (vgl. Braun 1993b: 199). Dabei ist zu berücksichtigen, daß ein Motiv aus einer Vielzahl einzelner Parameter besteht, und es sich um ein theoretisches Konstrukt handelt (vgl. HECKHAUSEN 1989: 10).

Vor dem Hintergrund einer marktorientierten Motivanalyse sind nach SALCHER einige grundsätzliche Faktoren zu berücksichtigen und in die Analyse zu integrieren (1995: 185ff.):

- die Zahl der wirksamen Bedürfnisse,
- die Intensität der Bedürfnisse,
- die Interdependenz der verschiedenen Bedürfnisse,
- Klarheit und Bewußtheit der Bedürfnisse,
- Zielorientiertheit der Bedürfnisse,
- Realisierungschance von Bedürfnissen,
- emotionale Einflüsse,
- Einstellungen sind verfestigte Bedürfnisse.

Mit der *Zahl der wirksamen Bedürfnisse* ist gemeint, daß die Komplexität der Bedürfnisstruktur innerhalb eines Produktbereiches unterschiedlich stark ausfallen kann. Dabei ist einerseits der jeweilige Produktbereich, andererseits aber auch die angesprochene Zielgruppe von Bedeutung. Dient der Produktbereich der Befriedigung von Grundbedürfnissen, ist die zu Grunde liegende Bedürfnisstruktur in der Regel einfach. Je weiter sich der Produktbereich von den Grundbedürfnissen entfernt, desto komplexer wird die zu Grunde liegende Bedürfnisstruktur. Gleichzeitig wird mit einer zunehmenden Konkretisierung der Zielgruppe innerhalb einer Produktkategorie die Bedürfnisstruktur klarer, geordneter und homogener. **Zusammenfassend** kann festgehalten werden, daß die Zahl der einzelnen, voneinander unterscheidbaren Bedürfnisse als erstes Kennzeichen einer Bedürfnisstruktur herangezogen werden können.

Die verhaltensbestimmenden Bedürfnisse sind von unterschiedlicher Wichtigkeit. Dabei kann sich die *Intensität eines Bedürfnisses* aus dem Stellenwert im Vergleich zu anderen Bedürfnissen oder aus der Summe mehrerer ähnlicher Bedürfnisse ergeben.

*Die Interdependenz der verschiedenen Bedürfnisse* zeigt, daß die unterschiedlichen Bedürfnisse sich gegenseitig beeinflussen bzw. voneinander abhängig sind. Mit der Verkettung von Motiven wird zum Ausdruck gebracht, daß die Motivstruktur als ganzheitliches Phänomen verstanden werden muß, in der nicht einzelne Motive isoliert wirken. Die einzelnen Motive können sich dabei ergänzen und somit in ihrer Wirkung verstärken, oder sie können sich gegenseitig aufheben, wenn sie sich widersprechen und entgegenlaufen. Dies kann so weit führen, daß sich die Motive gegenseitig blockieren.

Mit der *Klarheit und Bewußtheit der Bedürfnisse* wird ein wesentliches Problem bei Motivuntersuchungen angesprochen. Oftmals sind die Bedürfnisse den Probanden nicht bewußt und können somit auch nicht artikuliert werden. Auf der anderen Seite können neue Produkte oder Leistungsangebote bestehende latente Bedürfnisse befriedigen. Untersuchungen haben gezeigt, daß neue Produkte keine Bedürfnisse schaffen, sondern bereits bestehende latente Bedürfnisse auf die Bewußtseinsebene anheben. Bewußten und klar definierbaren Bedürfnissen kann durch adäquate Leistungsangebote entsprochen werden.

Die *Zielorientiertheit der Bedürfnisse* bringt zum Ausdruck, daß es umso schneller zu einer Kaufentscheidung kommen kann, je genauer ein Bedürfnis mit einem Ziel verbunden werden kann. Sind die Zielvorstellungen jedoch unklar, so kann es zu einer Abschwächung der Bedürfnisspannung kommen.

Ein weiterer Faktor betrifft die *Realisierungschance von Bedürfnissen.* In der Regel werden vor der konkreten Bedürfnisbefriedigung rationale Kontrollmechanismen aktiviert, die zu dem Ergebnis führen können, daß zu viele Barrieren im Weg stehen. Diese können vom Individuum selbst ausgehen (Preis, zu teuer) oder auf gesellschaftlichen Normen beruhen. Im Ergebnis muß es nicht zu einer Zielaufgabe kommen, sondern es kann eine Zielverlagerung erfolgen.

Gelegentlich wird die rationale Kontrolle der Bedürfnisbefriedigung durch plötzliche Stimmungen (*emotionale Einflüsse*) außer Kraft gesetzt und führt zu Spontankäufen. Diese in der Regel auf emotionalen Reaktionen beruhenden Käufe finden meist nur bei niedrigpreisigen Produkten statt (vgl. auch die Ausführungen zum *Impulskauf*).

*Einstellungen* entsprechen *verfestigten Bedürfnissen.* Daher ist zu überprüfen, ob sich einzelne Bedürfnisse durch ihr häufiges Auftreten bereits derart verfestigt haben, daß man von grundlegenden Einstellungen sprechen kann, die zu festen Verhaltensgewohnheiten führen. Diese können bspw. durch vorhandene Kaufprogramme zum Ausdruck gebracht werden.

Mit Hilfe der Faktorenanalyse können aus einer Reihe von Items oder Aussagen, die von den Probanden auf einer Skala eingeschätzt wurden, die zugrundeliegenden Faktoren extrahiert werden. Diese Faktoren sind voneinander unabhängig und fassen zueinander ähnliche Variablen zusammen (vgl. BORTZ 1999: 497). Auf die Reisemotivforschung bezogen, können diese Faktoren Reisemotive darstellen. Allerdings wird diese Methode in der Reisemotivforschung nur selten angewendet. Eine intensive Auseinandersetzung mit dieser Methode erfolgte durch den STUDIENKREIS FÜR TOURISMUS E. V. in Starnberg. Nach dessen Konkurs sind die zum großen Teil unveröffentlichten Manuskripte leider nur sehr schwer, z. T. überhaupt nicht mehr zugänglich (vgl. HIRTENLEHNER/MÖRTH/STECKENBAUER 2002: 100). Von SOMMER wurden bereits 1974 in einer faktoranalytischen Untersuchung die vier Reisemotive

- Erholung und neue Kraft schöpfen,
- Aspekt „Bildung“,
- Vergnügen und Unterhaltung sowie
- Sport

herausgearbeitet, die auch heute noch allgemein als Reisemotive dokumentiert werden, auch wenn lediglich der erste Faktor in unabhängigen Studien mehrfach repliziert wurde (vgl. BRAUN 1993a: 7). In ihrer Untersuchung zur Problematik der Erfassung von Reisemotiven konnten von WALLERIUS (2001: 158) alle vier Faktoren repliziert werden. Die von SOMMER verwendeten Items werden in aktuellen Untersuchungen zur Reismotivation, wenn auch in z. T. abgewandelter Form, weiterhin verwendet. Kritisch ist an dieser Stelle anzumerken, daß die Güte der Ausgangsdaten und in diesem Zusammenhang die Auswahl der Items, das Ergebnis – die Faktoren, die mit Hilfe der Faktorenanalyse herausgearbeitet werden sollen – bereits vorbestimmen (vgl. BACKHAUS ET AL. 2000: 262). Werden in der Itembatterie andere Merkmale abgefragt, lassen sich im Ergebnis andere Faktoren herausarbeiten. Die Vorgabe von Antwortlisten bedeutet grundsätzlich eine Einschränkung der Antwortmöglichkeiten der Probanden, da sie lediglich zwischen den vorgegebenen Antworten auswählen können (vgl. WALLERIUS 2001: 157).

Durch eine Veränderung im Untersuchungsdesign auf Basis einer Itembatterie zu Ansprüchen an den Urlaub konnten HIRTENLEHNER, MÖRTH und STECKENBAUER mit Hilfe der Faktorenanalyse ein *Entdeckungs-*, ein *Erholungs-* und ein *Unterhaltungsmotiv* herausarbeiten. Die Befragung wurde für vier unterschiedliche Befragungsgesamtheiten durchgeführt[75], wobei die drei genannten Motive für die Urlaubsgäste vor Ort nur z. T. extrahiert werden konnten. Das Unterhaltungsmotiv splittete sich für diese Stichprobe in einen Faktor „Spaß“ und einen Faktor „Erlebnis“ auf (vgl. HIRTENLEHNER/ MÖRTH/STECKENBAUER 2002: 107f.).

Vor dem Hintergrund, daß die Motivstruktur nicht durch wenige Faktoren zu erläutern ist und die bisherigen Reisemotive nicht ausreichen, um die Reiseentscheidung zu erklären, wurde von WALLERIUS (2001) in der bereits vorstehend erwähnten Untersuchung die Itembatterie

75 Die Stichproben im einzelnen (vgl. HIRTENLEHNER/MÖRTH/STECKENBAUER 2002: 106):
- Repräsentative Befragung der Bevölkerung des Linzer Zentralraumes zum Reiseverhalten (n = 796),
- Bewohner von Fremdenverkehrsgemeinden in Mittel- und Oberösterreich (Göstling an der Ybbs, Haus im Ennstal, Hinterstoder, Ulrichsberg, am Böhmerwald; n = 790),
- Befragung der Anbieter touristischer Dienstleistungen in den bereits genannten Gemeinden (n = 226),
- Wintergäste in diesen Orten (n = 796).

von SOMMER (vgl. BRAUN 1993a: 7) ergänzt, um ein *Statusmotiv* im Rahmen der Reiseentscheidung herausarbeiten zu können. Neben einem Teil der Items, der die vier von SOMMER identifizierten Motive erklärt, wurden weitere Items[76] aufgenommen, von denen angenommen wurde, daß sie das Statusmotiv messen. Im Ergebnis konnte ein Statusmotiv als weiteres Motiv neben den bereits von SOMMER dargestellten Motiven identifiziert werden (vgl. WALLERIUS 2001: 156ff.).

Eine multivariate Methode zur Aufdeckung von Zusammenhängen zwischen einzelnen Variablen, hier zur Aufdeckung von Zusammenhängen zwischen den Motiven und den Reiseentscheidungskriterien, ist die Regressionsanalyse. Der Vorteil dieser Methode liegt darin, daß sie bestehende signifikante Zusammenhänge aufdecken sowie über die Wirkungsrichtung dieser Zusammenhänge Auskunft geben kann (vgl. BACKHAUS ET AL. 2000: 2ff.). Unter dem Begriff Zusammenhang ist hier zu verstehen, daß mit Hilfe der Regressionsanalyse untersucht wird, ob die Ausprägung einer Variablen zur Vorhersage eines anderen Ereignisses (Kriteriums) genutzt werden kann. Z. B. ist zu vermuten, daß mit steigender Ausprägung des Motivs Status auch die Wichtigkeit des Hotels als Kriterium für die Reiseentscheidung ansteigt. Darüber hinaus wird der Anteil an der Gesamtvarianz ausgegeben, der durch den Zusammenhang zwischen dem Motiv und den Reiseentscheidungskriterien – sofern er besteht – erklärt werden kann.

In einer Untersuchung des *Europäischen Tourismus Instituts an der Universität Trier GmbH* konnte gezeigt werden, daß die häufig in Untersuchungen zum Reiseverhalten herangezogenen Merkmale einer Reise[77] jeweils nur zu einem geringen Teil durch die Reisemotive erklärt werden. Die Wirkungszusammenhänge der einzelnen Merkmale wurden mit Hilfe einer Regressionsanalyse zu den von SOMMER dargestellten Motiven, ergänzt um das Statusmotiv von WALLERIUS, hergestellt. Vorweggenommen sei an dieser Stelle, daß die Erklärungsanteile der Regressionsanalysen sehr gering waren und nur ca. 10 % der Varianz erklären konnten. Dies deutet bereits darauf hin, daß es zwar einige schwache Zusammenhänge gibt, diese aber nicht sehr bestimmend für die Reiseentscheidung sind (vgl. FONTANARI ET AL. 2001a: 125ff.). Aufgrund der geringen Stärke der erklärenden Varianzanteile konnte in dieser Untersuchung lediglich die Richtung der Wirkungszusammenhänge dargestellt werden. Üblicherweise wird in der Praxis erst mit erklärten Varianzanteilen ab ca. 30 % gearbeitet. Es zeigt sich in der zitierten Untersuchung tendenziell eine zunehmende Bedeutung des Hotels als Merkmal der Reise-

76 Es handelte sich dabei um die folgenden Items, die von den Probanden (n = 804, aufgeteilt in drei Gruppen) auf einer sechsstufigen Skala von *völlig unwichtig* bis *sehr wichtig* eingeschätzt werden sollten (vgl. WALLERIUS 2001: 106f.):
- im Urlaub nicht ständig Leute treffen, die man von zu Hause kennt,
- anderen zeigen, was man sich leisten kann,
- nachher anderen vom Urlaub erzählen können,
- einen Urlaub machen, der „in" ist,
- Urlaubsfotos machen, die später gut ankommen.

77 In dieser Untersuchung sollten die Probanden auf einer sechsstufigen Skala von *völlig unwichtig* bis *sehr wichtig* einschätzen, wie wichtig ihnen die folgenden Merkmale sind, wenn sie jetzt eine Urlaubsreise planen würden: *Hotel*, *Reiseveranstalter*, *Klima/Wetter am Urlaubsort*, *Pauschalpaket eines Reiseveranstalters*, *Reisesicherheit*, *Empfehlung von Freunden und Bekannten*, *daß man nicht nur im Reisebüro buchen kann*, *Beratung im Reisebüro*, *Preis* und *frühere, eigene Erfahrungen*.

entscheidung, je stärker ausgeprägt die Motive Erholung und Status sind. Allerdings erklärt dieser Zusammenhang lediglich 5 % der Varianz (vgl. FONTANARI ET AL. 2001a: 126).

Situative und kurzfristig wirksam werdende Einflüsse scheinen die Reiseentscheidung stärker zu beeinflussen, was auch in dem abstrakten Modell von GOODALL bereits zum Ausdruck gebracht wurde (vgl. Abbildung 16). Daher sollte darüber nachgedacht werden, ob eventuell andere Forschungsmethoden als Alternative zu den in der touristischen Marktforschung verbreiteten Repräsentativbefragungen herangezogen werden können. Insbesondere die bereits angesprochene *Repräsentativität der Variablen* kann zu einer deutlichen Verbesserung der Forschungsergebnisse beitragen.

Da es oftmals zu einer Diskrepanz zwischen den geäußerten Beweggründen und dem tatsächlichen Verhalten kommt, erscheint es sinnvoll, die Untersuchungen auf unterschiedliche Zeiträume (vor, während und nach der Reise) aufzusplitten und Längsschnittuntersuchungen durchzuführen. So könnten die jeweils vorherrschenden externen Einflüsse erfaßt und berücksichtigt werden. Im Vorfeld könnten qualitative Untersuchungsmethoden, wie beispielsweise Tiefeninterviews, eingesetzt werden, die eine individuelle Steuerung der Befragungssituation durch den Forscher erlauben und so eine Reaktion auf die persönlichen Präferenzen des einzelnen erlauben (vgl. MEYER 1993: 529f.).

Für die Umsetzung in marketingrelevante Maßnahmen ist die Erkenntnis wichtig, daß Motivstrukturen nur sehr schwer zu erkennen sind und nur über einen langen Zeitraum beeinflußt oder verändert werden können.

Untersuchungen zur Bedeutung von Destinationen für die Reiseentscheidung sind bisher nur in geringem Umfang durchgeführt worden. In den meisten Fällen handelt es sich dabei um spezifische Untersuchungen, die sich auf ein einziges Land beschränken. Beispielsweise wird das Image eines Landes bei ausgewählten, zumeist ausländischen Probanden untersucht. Dabei werden in der Regel qualitative Verfahren angewendet, die aber den unterschiedlichen Kenntnisstand der Probanden bzgl. der einzelnen Länder meist nicht berücksichtigen. Hervorzuheben ist, daß in derartigen Untersuchungen lediglich Ausschnitte eines Imagesystems erfaßt werden können. Mehrstufige Untersuchungsansätze, um die relevanten Imagedimensionen zu erfassen, finden im Tourismus bisher keine Anwendung (vgl. MEYER 1993: 323). Ein beliebtes Instrument der touristischen Marktforschung, die Gästebefragung vor Ort, kann für die Ableitung verhaltenswirksamer Zusammenhänge im Rahmen der Reiseentscheidung nur bedingt herangezogen werden. Die Informationsbasis ist bestenfalls für die anwesenden Gäste relevant. Angaben von potentiellen Gästen, die sich für ein anderes Reiseziel entschieden haben, stehen nicht zur Verfügung. Diese Daten würden aber einen deutlich höheren Nutzen für die Entscheidungsträger in den Destinationen und touristischen Organisationen und Betrieben darstellen.

## 4.2 Ausgewählte Marktforschungsergebnisse zu touristischen Marken

In diesem Kapitel werden Ergebnisse unterschiedlicher empirischer Untersuchungen zum Themenbereich touristische Marken und Destinationen vorgestellt. Die Darstellung erhebt keinen Anspruch auf Vollständigkeit. Es wird ein besonderes Augenmerk auf die Ergebnisse gelegt, die für die in dieser Arbeit behandelte Thematik von Relevanz sind. Anzumerken ist, daß die Ergebnisse der einzelnen Untersuchungen grundsätzlich nicht miteinander vergleichbar sind, da sie jeweils eine andere Grundgesamtheit repräsentieren und auf unterschiedlichen Untersuchungsdesigns basieren. Leider ist diese Handhabung aber gerade in der touristischen Praxis sehr häufig anzutreffen, was dazu führt, das bereits kleine Abweichungen in den zentralen Aussagen der jeweiligen Untersuchungen als wesentliche Erkenntnis für die Gestaltung von Marketing- und Managementmaßnahmen angesehen werden. Auf der anderen Seite werden Details, die in der Regel den Hintergrund des Untersuchungsdesigns darstellen, vernachlässigt und tendenzielle Aussagen, die lediglich für einen begrenzten Erhebungsraum oder für eine ausgewählte soziodemographische Zielgruppe zutreffen, als Grundlage für eine umfassende Diskussion herangezogen. So wurde eine Untersuchung, die von den durchführenden Instituten als Pilotstudie bezeichnet wird, plakativ mit dem Titel „Die Karte in den Köpfen – Nur wenige Städte und Regionen haben sich bei potentiellen Gästen profiliert" veröffentlicht (vgl. JACOBS 2002: 81). Dies hat z. T. zu einer sorglosen Verwendung der Inhalte, insbesondere zu einer Verallgemeinerung der Aussagen, in der anschließenden Diskussion geführt.

In dem größten Teil der durchgeführten Marktforschungsstudien wird darüber hinaus nicht explizit nach Marken gefragt. Lediglich bei der Interpretation der Ergebnisse wird oftmals der Schluß gezogen, daß es sich um Marken handelt, oder es wird unkritisch von Marken gesprochen. Zulässig ist, daß die Schlußfolgerungen aus den einzelnen Untersuchungen für eine durchgehende Argumentation in einen Zusammenhang gestellt und weitere, notwendige Forschungsschritte daraus abgeleitet werden.

### 4.2.1 Spontane Assoziationen zu touristischen Marken

Bei dieser Studie handelt es sich um eine allgemeine Untersuchung im Auftrag der Zeitschriften FVW INTERNATIONAL und HORIZONT – ZEITUNG FÜR MARKETING, WERBUNG UND MEDIEN. In der Untersuchung wurden die Assoziationen abgeprüft, die die Probanden zum Thema Urlaub haben. Konkret handelte es sich um eine telefonische Befragung (CATI), die von TNS Emnid im Rahmen einer bundesweiten Repräsentativbefragung durchgeführt wurde. Die Stichprobengröße betrug n = 503 (vgl. WEIßHAAR 1999: 24ff.).

Die Probanden wurden unter anderem nach den Tourismusmarken gefragt, an die sie sich spontan erinnern können. Die Auswertung erfolgte getrennt für die Bereiche *Reiseveranstal-*

*ter* und *Fluggesellschaft*. Die Ergebnisse haben gezeigt, daß nur eine geringe Zahl von touristischen Unternehmen den Konsumenten bekannt ist, wenn die Frage ungestützt gestellt wird.

Im Reiseveranstaltersegment konnten sich ca. 61 % der Probanden spontan an den Namen *TUI* erinnern, an zweiter Stelle folgte *Neckermann Reisen* mit lediglich ca. 23 %, gefolgt von *LTU* (ca. 21 %). Die häufige TV-Präsenz sowie der Slogan „Schöne Ferien" hatte sich scheinbar bei den Probanden eingeprägt. Die weiteren Nennungen lagen bereits im einstelligen Vorkommabereich (vgl. Abbildung 21). Es zeigt sich, daß sich im *awareness set* der Probanden nur eine sehr geringe Anzahl von Optionen befindet.

**Abbildung 21: Ungestützte Bekanntheit touristischer Marken – Reiseveranstalter**

(Frage: „Welche touristischen Marken fallen Ihnen spontan ein?")
(Quelle: vgl. WEIßHAAR 1999: 24)

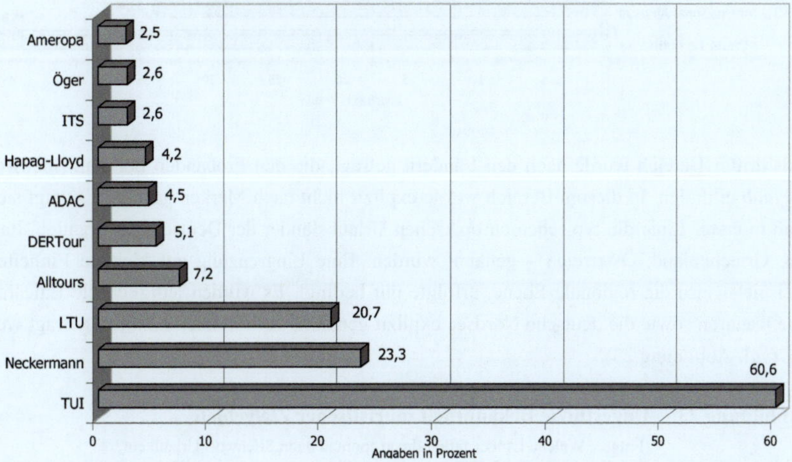


Bei den Fluggesellschaften lagen die Werte etwas dichter zusammen: Spitzenreiter in der ungestützten Bekanntheit war die *Deutsche Lufthansa AG* mit ca. 45 % der Nennungen, gefolgt von LTU International Airways (ca. 33 %), *Condor* (ca. 27 %) sowie *Hapag-Lloyd* (ca. 14 %) und *British Airways* (ca. 12 % – vgl. auch Abbildung 22). Mit Ausnahme der *Deutschen Lufthansa AG* handelt es sich bei den ersten Plazierungen um Charterfluggesellschaften, die einen großen Teil der deutschen Pauschalreiseurlauber zu ihren Urlaubszielen transportieren.

**Abbildung 22: Ungestützte Bekanntheit touristischer Marken – Fluggesellschaften**

(Frage: „Welche touristischen Marken fallen Ihnen spontan ein?")
(Quelle: vgl. WEIßHAAR 1999: 24)

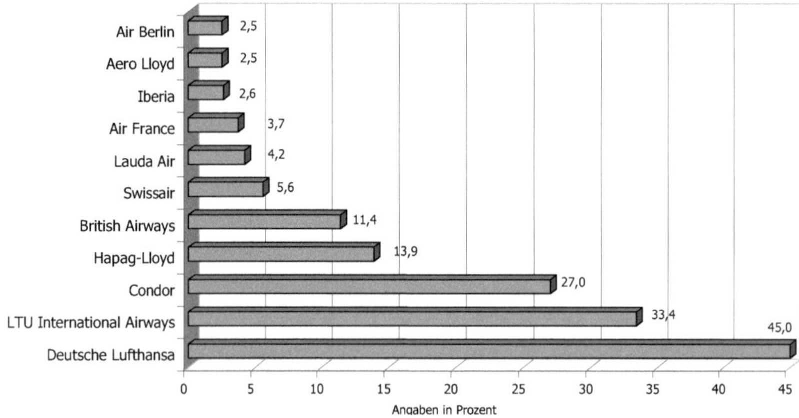


Als dritter Bereich wurde nach den Ländern gefragt, die den Probanden bei dem Stichwort *Urlaub* einfallen. In diesem Bereich wurde explizit nicht nach Marken gefragt. Es zeigt sich, daß in erster Linie die typischen europäischen Urlaubsländer der Deutschen – Spanien, Italien, Griechenland, Österreich – genannt wurden. Eine Eingrenzung auf kleinere Einheiten, beispielsweise die regionale Ebene, erfolgte nur bedingt. Es wurden lediglich die Balearen, die Kanaren sowie die deutsche Nordsee explizit genannt, obwohl nach *Ländern* gefragt wurde (vgl. Abbildung 23).

**Abbildung 23: Ungestützte Bekanntheit touristischer Zielgebiete**

(Frage: „Welche Länder fallen Ihnen spontan beim Stichwort Urlaub ein?")
(vgl. WEIßHAAR 1999: 24)

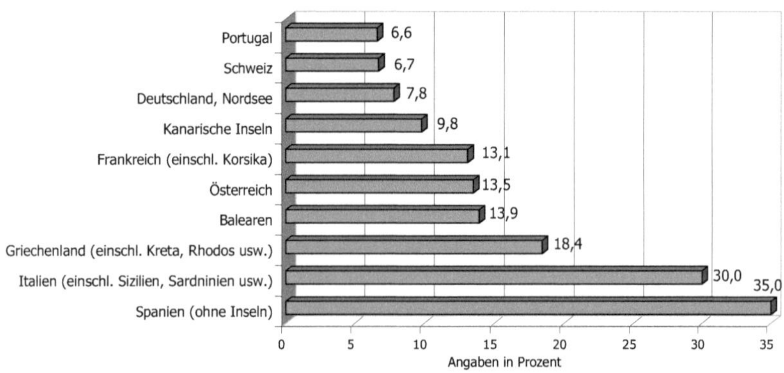

Dieses Ergebnis legt nahe, daß die am häufigsten genannten Urlaubsländer Ziele sind, die dem Urlaubsklischee „*Sonne, Sand und Meer*“ entsprechen. Einzig Österreich und die Schweiz – als klassische Wintersportgebiete, aber auch mit einem hohen Anteil an Familienurlaubern in den Sommermonaten, haben sich in dieser Auswahl positionieren können. Es ist naheliegend, die spontane Erinnerung an Urlaubsländer mit den Präferenzen für einen eigenen Urlaub und den bisherigen Reiseerfahrungen in Zusammenhang zu bringen (vgl. WÖHLER 1997: 175).

Die eingangs geäußerte Feststellung, daß sich der Reisende nach kleineren Organisationseinheiten richtet und die Destination anhand anderer Kriterien abgrenzt (vgl. auch Kapitel 2.1 ab S. 11), kann auf Basis dieser Untersuchung nicht näher betrachtet werden. Gerade bei den in Abbildung 23 genannten Ländern sollten die Probanden über ausreichende Kenntnisse und Erfahrungen verfügen, um ihr Reiseziel enger abgrenzen zu können.

**Zusammenfassend** hat diese Untersuchung gezeigt, daß die Probanden bei einer ungestützten Befragung nur eine vergleichsweise geringe Anzahl touristischer Unternehmen bzw. Regionen im jeweiligen *awareness set* haben. Allerdings kann aufgrund dieser Ergebnisse keine Aussage darüber getroffen werden, welche der genannten Marken bzw. Länder in einer konkreten Entscheidungssituation von den Probanden tatsächlich ausgewählt werden – oder ob zunächst weitere Kriterien notwendig sind, um der Entscheidungsfindung eine abgesicherte Basis zu verschaffen. Wie in Kapitel 3 bereits ausgeführt wurde, reduziert sich die Zahl der als positiv bewerteten Alternativen im *evoked set* gegenüber dem *awareness set* in einer konkreten Situation der Reiseentscheidung um ca. 10 bis 40 % der Alternativen (vgl. CROMPTON/ANKOMAH 1993: 466). Nach POMPL (1996: 21) werden insgesamt jedoch nicht mehr als sieben Alternativen im *evoked set* geprüft, bis es zu einer Entscheidung kommt. Schlüsselinformationen, die in der Regel auf Erfahrungen des Konsumenten beruhen, erleichtern die Bewertung dieser Alternativen (vgl. WEINBERG 1981: 99f.).

### 4.2.2 Markenbekanntheit touristischer Destinationen

Zu den Bereichen der Markenbekanntheit touristischer Destinationen oder gar deren Bedeutung für die Reiseentscheidung sind bisher nur wenige umfassende Untersuchungen durchgeführt worden. Die verfügbare Datenbasis ist daher zu unbefriedigend, um daraus konzeptionelle Ansätze, basierend auf der dieser Arbeit zu Grunde liegenden Fragestellung, zu entwickeln.

Im Sinne einer Vorstudie wurde vom Verfasser eine erste Untersuchung zu dem Themenkomplex *touristische Destinationsmarken* im Rahmen eines studentischen Forschungsprojektes mit Studierenden der Tourismuswirtschaft durchgeführt. Es wurde ein Fragebogen zum Thema *Marken und Tourismus* entwickelt sowie eine Befragung in der Stadt Dresden durchgeführt (n = 200). Diese Befragung hatte das Ziel, erste Erkenntnisse zu erbringen, ob touristische Marken im Bewußtsein der Konsumenten vorhanden sind und, wenn ja, ob diese Marken einen Einfluß auf die Reiseentscheidung haben. Die Stichprobenziehung wurde als willkürliche Auswahl[78] erhoben, ein für Vorstudien übliches Auswahlverfahren, da zunächst qualitative Merkmale gesammelt werden sollten (vgl. BEREKOVEN/ECKERT/ELLENRIEDER 1999: 51). Als einziges Merkmal der Probanden wurde vorgegeben, daß es sich um Übernachtungsgäste der Stadt Dresden handeln sollte. Es wurde davon ausgegangen, daß diese Probanden ihren Reiseentscheidungsprozeß in der Interviewsituation noch relativ deutlich vor Augen hatten.

Betrachtet man die soziodemographischen Merkmale der Probanden, zeigen sich einige Abweichungen gegenüber der Gesamtbevölkerung. So liegt das Durchschnittsalter der Probanden bei lediglich 33,5 Jahren, die Geschlechterverteilung dagegen entspricht mit 53 % weiblichen Probanden nahezu der bundesdeutschen Wohnbevölkerung. Bei der Reisehäufigkeit liegt der Wert auch deutlich über dem Bundesdurchschnitt, der laut der Reiseanalyse in den vergangenen Jahren bei ca. 1,3 Reisen pro Bundesbürger und Jahr liegt (vgl. z. B. Aderhold 2001: 24). Die Ergebnisse dieser Studie können nicht mit der Reiseanalyse verglichen werden, da hier bspw. nur Probanden in die Stichprobe gelangen konnten, die tatsächlich verreist waren. Nachfolgend werden die wichtigsten Erkenntnisse aus der Studie vorgestellt (vgl. SCHERHAG 1999: 18ff.).

Um die grundsätzliche Bedeutung von Markenartikeln im Konsumsystem der Probanden zu erfassen, wurde das Interview mit einer allgemeinen Frage zur Berücksichtigung von Markenartikeln beim Einkaufen begonnen („Wenn Sie einkaufen, kaufen Sie bewußt Markenartikel ein? Wenn ja, bei welchen Produkten?"). Demnach kaufen ca. 69 % der Probanden bewußt Markenartikel ein. Allerdings liegt dieses Set der Markenartikel mehrheitlich im Bereich der *convenience goods*, wie die detaillierte Nachfrage nach den Produktkategorien für Markenartikelkäufe gezeigt hat. Lediglich ca. 5 % der Befragten gaben an, im Bereich der Urlaubsreise Markenanbieter zu berücksichtigen (vgl. SCHERHAG 1999: 22).

Um konkretere Aussagen zu diesen Marken im Bereich Urlaubsreisen zu bekommen, wurde hierzu eine offene Frage formuliert: „Welche Markenzeichen/Marken fallen Ihnen spontan ein, wenn Sie an Verreisen und Urlaub denken?" Die Aussagen wurden für die Auswertung gruppiert, da eine Vielzahl der Ausprägungen nur von ein oder zwei Probanden benannt wurden. In diesen Fällen kann davon ausgegangen werden, daß die Nennung aufgrund der persönlichen Erfahrung der Probanden erfolgte, eine ungestützte Bekanntheit dieser Marken daher (noch) nicht gegeben ist. Eine Bekanntheit i. S. der vorgestellten Markentheorie kann daraus aber nicht ohne weiteres abgeleitet werden. Die Gruppen zeigen aber deutlich, daß insbesondere im Bereich der industriellen Marktsegmente (Reiseveranstalter und Fluggesellschaften) Markennamen bekannt sind. Lediglich 3,5 % der Nennungen entfallen auf Reisezie-

78 Bei einer *willkürlichen Auswahl* ist die Auswahlbasis nicht explizit festgelegt. Interviews auf offener Straße basieren i. d. R. auf diesem Auswahlverfahren, da die Probanden „aufs Geratewohl" angesprochen werden, also wahllos aus den Passanten ausgewählt werden (vgl. LÖFFLER 1999: 18).

le/Zielgebiete (siehe Abbildung 24). Die Reihenfolge der Einzelnennungen in den Kategorien Reiseveranstalter und Fluggesellschaften unterscheiden sich bei den jeweils am häufigsten genannten Unternehmen nicht von den Ergebnissen, die in Abbildung 21 und Abbildung 22 vorgestellt wurden.

**Abbildung 24: Kategorien, in denen Markennamen bewußt sind**

(Frage: „Welche Markenzeichen/Marken fallen Ihnen spontan ein, wenn Sie an Verreisen und Urlaub denken?"; Die Kategorienbildung erfolgte auf Basis der Einzelnennungen; Mehrfachnennungen)
(Quelle: eigene Erhebung, 1998)

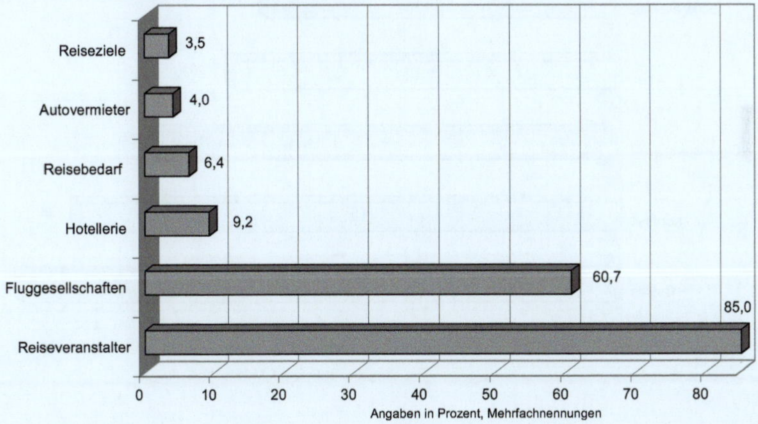


Aufgrund der theoretischen Vorüberlegungen wurde bei der ungestützten Frage nach touristischen Marken insbesondere der geringe Anteil an Nennungen im Bereich der touristischen Zielgebiete erwartet. Die Übertragung des Markenkonzeptes auf Regionen, Städte und Orte wird erst seit wenigen Jahren gezielt umgesetzt; der Markenbegriff ist für Regionen oder Städte bei den Konsumenten noch nicht stark verankert. Daher wurde in einer weiteren Frage zusätzlich explizit nach Urlaubsorten und -regionen gefragt, denen von den Probanden Markencharakter zugesprochen wurde („Welche Urlaubsorte und/oder Urlaubsregionen schätzen Sie als *starke Tourismus-Marke* ein?"). Dabei wurde separat nach in- und ausländischen Reisezielen gefragt. Knapp 25 % der Probanden haben bei dieser Frage angegeben, daß sie mit touristischen Zielgebieten keine Marken verbinden.

Bezogen auf den Deutschlandtourismus sind die mehrheitlichen Nennungen auf jene Regionen entfallen, die allgemein als die bevorzugten Urlaubsregionen in Deutschland gelten und auch in anderen Untersuchungen als profilierte Urlaubsregionen angesehen werden: Nordsee, Ostsee, Schwarzwald, Bayerischer Wald und die Alpen (vgl. Abbildung 25). In einer Untersuchung von KERN wurden nicht die Reisenden, sondern 110 Reisebüromitarbeiter gefragt, welche aus ihrer Sicht die fünf profiliertesten deutschen Urlaubsregionen sind. Im Ergebnis waren die in Abbildung 25 genannten Regionen auch in dieser Untersuchung unter den ersten sechs Nennungen, wenn auch in einer anderen Reihenfolge. Lediglich das Allgäu wurde bei KERN an der fünften Position gesehen (vgl. KERN 2001: 63ff.).

**Abbildung 25: Deutsche Urlaubsregionen mit Markencharakter**

(Frage: „Welche Urlaubsorte und/oder Urlaubsregionen schätzen Sie als *starke Tourismus-Marke* ein?" - Mehrfachnennungen)
(Quelle: vgl. SCHERHAG 1999: 25)

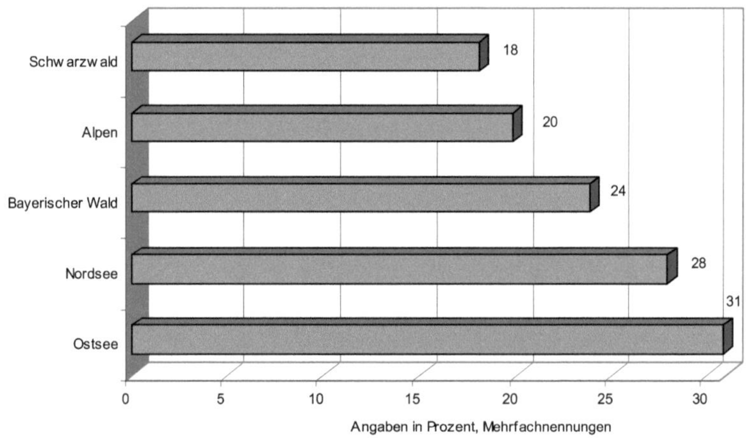


Eine vergleichende Betrachtung der einzelnen Untersuchungen ist aufgrund der stark unterschiedlichen Forschungsdesigns und den daraus resultierenden unterschiedlichen Fragestellungen nach wissenschaftlichen Kriterien nicht möglich. Daher werden hier lediglich Teilergebnisse der einzelnen Untersuchungen dargestellt. Insbesondere ist eine vergleichende Betrachtung der Kriterien, die zu den jeweiligen Positionen der Destinationen geführt haben, nicht möglich. Lediglich die Ergebnisse der Reiseanalyse beruhen auf objektiven Daten (tatsächlich durchgeführte Reisen der befragten Personen), während die Ergebnisse bei KERN und SCHERHAG auf subjektiven Einschätzungen und Präferenzen der Probanden beruhen.

Bei den ausländischen Zielgebieten wurde von den Probanden lediglich die Baleareninsel Mallorca mit ca. 19% der Nennungen als Destinationsmarke identifiziert. Darüber hinausgehende Nennungen sind von der jeweiligen Anzahl zu gering, um Aussagen zu deren Positionierung treffen zu können. Bei einer länderbezogenen Betrachtung zeigt sich im Vergleich zu dem Ergebnis von WEIßHAAR (vgl. Abbildung 23), daß die drei am häufigsten genannten Länder hinsichtlich ihrer Position identisch sind. Tendenziell ähnliche Ergebnisse zeigt auch eine Pilotstudie, die von der Uni München und dem Deutschen Wirtschaftswissenschaftlichen Institut für Fremdenverkehr e. V. (DWIF) durchgeführt wurde. Die in Abbildung 25 genannten Regionen finden sich in dieser Studie ebenfalls unter den am häufigsten genannten Regionen, wenn auch in abweichender Reihenfolge (vgl. JACOBS 2002: 81). Da diese Pilotstudie in München durchgeführt wurde, erscheint es verständlich, daß die Ziele in relativer Nähe zu München (Alpen, Schwarzwald, Bayerischer Wald) tendenziell häufiger genannt wurden. Hinzu kommt, daß die abweichende Fragestellung ebenfalls Städte als Zielgebiete zugelassen hat, was eine vergleichende Betrachtung der Ergebnisse weiter erschwert.

Ein weiterer Themenbereich in der Untersuchung von SCHERHAG war die Bereitschaft, bei der nächsten Urlaubsreise hinsichtlich der Zusammenstellung der Reisebestandteile markenbewußt vorzugehen. Allerdings bejahten diese Frage lediglich noch ca. 30 % der Probanden. Für ca. 25 % dieser Probanden kam noch eine Berücksichtigung von Zielgebieten mit Markencharakter in Frage. Dies entspricht einem Anteil von ca. 8 % an der Befragungsgesamtheit. Als ein wesentliches Argument gegen eine markenbewußte Reisegestaltung wurde mangelndes Vertrauen in touristische Marken und die damit verbundenen Qualitätsstandards angeführt. Für etwa die Hälfte der Probanden ist die Realisierung eines Preisvorteils wichtiger als ein großer Name (vgl. SCHERHAG 1999: 26f.).

**Zusammenfassend** kann als Ergebnis festgehalten werden, daß die Probanden bisher nur wenig auf Marken geachtet haben, wenn sie ihre Urlaubsreise vorbereitet, gebucht und durchgeführt haben. Andere Kriterien, die in dieser Untersuchung nicht thematisiert wurden, besitzen offenbar einen größeren Einfluß auf die Reiseentscheidung. Diese Folgerung scheint insbesondere für den Bereich der Zielgebiete zuzutreffen. In zukünftigen Untersuchungen zu diesem Thema sollte daher versucht werden, diese Einflußfaktoren zu ermitteln. Bei der in Kapitel 5.3 (ab S. 186) dargestellten Untersuchung wurden daher sowohl Markenmerkmale als auch allgemeine Destinationsmerkmale in der Itemliste berücksichtigt.

### 4.2.3 Marke und Reiseentscheidung

Als Vorüberlegung wurden Ergebnisse einer vom Verfasser durchgeführten Kurzbefragung zur Auswahl von Reisezielen mit Gästen der Stadt Dresden herangezogen (n = 183). In der Untersuchung wurden neun Items vorgegeben, zu denen die Probanden ausführen sollten, wie stark diese jeweils ihre persönliche Reiseentscheidung beeinflussen[79]. Mit Hilfe einer Faktorenanalyse konnten insgesamt drei Faktoren herausgearbeitet werden, die zur Beschreibung von Nachfragergruppen herangezogen werden können. Demnach ergaben sich ein *Qualitätstourist*, ein *Event-Tourist* und der *traditionelle Reisende*. Diese drei Faktoren erklären insgesamt ca. 70 % der Gesamtvarianz, was ein Hinweis darauf ist, daß die komplexe Reiseentscheidung noch durch weitere Faktoren beeinflußt wird und sich daraus möglicherweise wei-

79 „Nachfolgend sind einige Merkmale von Reisezielen genannt. Geben Sie bitte an, wie stark diese Merkmale Ihre Entscheidung für das Reiseziel Ihrer Haupturlaubsreise beeinflussen." Die Merkmale waren im einzelnen: verkehrsgünstige Lage; landschaftliche Gegebenheiten; Vielfalt des touristischen Angebotes; Qualität des Leistungsangebotes; Image des Reisegebietes; Preisgefüge; Spezielle Veranstaltungen; Es ist was los in der Gegend; Zielgebiet ist gerade „in" (vgl. SCHERHAG 1999: 30).

tere Reiseentscheidergruppen bilden können. Die dem *Qualitätstourist* zuordbaren Komponenten legen eine Markenorientierung bei diesem Typ nahe. Mit relativ hohen Faktorladungswerten sind die Merkmale „Qualität des Leistungsangebotes", „Image des Zielgebietes" und „Vielfalt des touristischen Angebotes" in diesem Faktor enthalten (vgl. SCHERHAG: 1999: 30f.). Da es sich hierbei ebenfalls um Komponenten handelt, die Markenartikel zugesprochen werden, kann die Hypothese aufgestellt werden, daß Destinationsmarken die Reiseentscheidung beeinflussen können.

Im Rahmen einer Marktforschungsstudie, die das *Europäische Tourismus Institut an der Universität Trier GmbH* im Sommer 2000 in Form einer computergestützten Telefonbefragung (CATI) zur Einstellung gegenüber unterschiedlichen Reisezielen durchgeführt hat, konnte der Verfasser einige ergänzende Fragen zum Themenkomplex *Marke und Reiseentscheidung* integrieren. Der oben aufgeworfenen Frage sollte in einer ersten Untersuchung nachgegangen werden. Die ergänzenden Fragen waren Bestandteil des Fragenkatalogs für die Stichprobe des Bundeslandes Baden-Württemberg, deren Umfang n = 379 Interviews betrug. Befragt wurden lediglich Probanden, die innerhalb der letzten drei Jahre eine Urlaubsreise von mindestens einer Woche Dauer unternommen haben. Nicht-Reisende sind mit der Eingangsfrage nach der Reiseerfahrung ausgefiltert worden. Die Auswahl der Probanden erfolgte zufällig, die soziodemographischen Merkmale entsprechen denen der bundesdeutschen Wohnbevölkerung.

Zunächst wurde allgemein danach gefragt, ob die Bekanntheit eines Reisegebietes die Reiseentscheidung vereinfacht bzw. erleichtern kann. Im allgemeinen wird unterstellt, daß zwischen den Reiseanlässen für Urlaubs- und Kurz-/Wochenendreisen[80] Unterschiede bestehen. Auch wird die Kurzreise nicht als Alternative, sondern als Ergänzung zur Urlaubsreise gesehen (vgl. ADERHOLD 2001: 43). Daher wurde bei der Fragestellung ebenfalls nach diesen beiden Reisekategorien unterschieden. Die Ergebnisse unterstützen diese Ausgangsüberlegung.

Darüber hinaus lassen die Ergebnisse den Schluß zu, daß die Bekanntheit des Reiseziels die Entscheidungsfindung bei der Urlaubsreise tendenziell in einem stärkerem Maße unterstützt, als dies bei der Kurz-/Wochenendreise der Fall ist (vgl. Abbildung 26)[81]. So liegt der Anteil der Befürworter einer unterstützenden Funktion (*stimme voll und ganz zu, stimme zu*) eines bekannten Zielgebietes bei der Entscheidung für eine Urlaubsreise um ca. 10% höher als bei der Kurz-/Wochenendreise. Mit ca. 49 % ist nahezu die Hälfte der Probanden der Meinung, daß ihre Reiseentscheidung durch die Bekanntheit des Zielgebietes erleichtert wird. Etwas

80 Eine Kurzreise ist eine Reise von zwei bis vier Tagen Dauer (ein bis drei Übernachtungen). Die Wochenendreise wird in den empirischen Auswertungen (bspw. in der *Reiseanalyse*) unter der Kategorie Kurzreise eingeordnet. Eine Urlaubsreise verläuft dagegen über einen längeren Zeitraum und umfaßt mindestens fünf Tage (vgl. ADERHOLD 2001: 39). Durchschnittlich liegt die Reisedauer der Deutschen bei Urlaubsreisen derzeit bei 13,8 Tagen (vgl. ADERHOLD 2001: 24).

81 Frage: Stimmen Sie der folgenden Aussage zu? Die Bekanntheit von Zielgebieten hilft Ihnen bei der Reiseentscheidung bzw. erleichtert Ihnen eine Reiseentscheidung. Wenn Sie dem voll und ganz zustimmen, geben Sie bitte eine 1, wenn Sie überhaupt nicht zustimmen, eine 6, oder stufen Sie Ihre Entscheidung auf einer Skala von 1 bis 6 ab.

Zur Differenzierung wurde diese Frage daraufhin in zwei Teilfragen aufgeteilt:
- Bezogen auf eine Urlaubsreise?
- Bezogen auf einen Kurzurlaub/Wochenendurlaub?

überraschend ist jedoch, daß immerhin ca. 10 % der Probanden überhaupt nicht durch die Bekanntheit einer Destination in ihrer Entscheidungsfindung unterstützt werden.

**Abbildung 26: Grad der Zustimmung bei der Frage, ob die Bekanntheit von Zielgebieten die Reiseentscheidung erleichtert**

(Quelle: Eigene Erhebung, 2000; n=379)

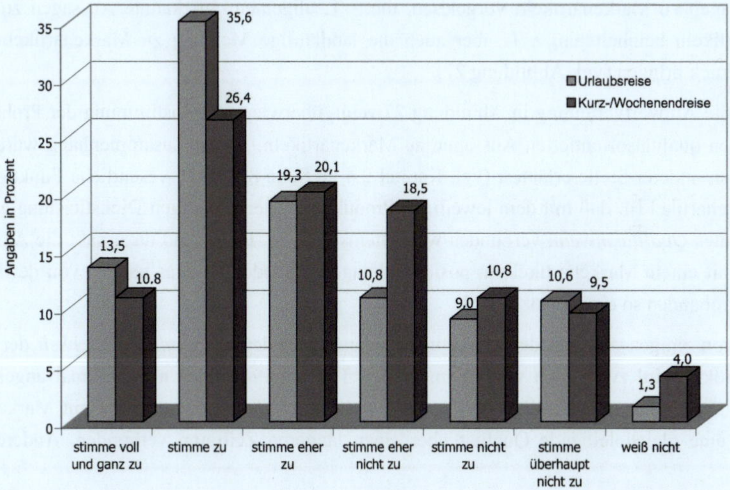


Zu den Anlässen von Kurz- und Wochenendreisen zählen in einem höheren Maße Besuche von Freunden und Verwandten, als dies bei Urlaubsreisen der Fall ist. Darüber hinaus ist der Anlaß einer Kurz-/Wochenendreise häufiger der Besuch einer Veranstaltung, eines Konzerts, einer Ausstellung oder allgemeiner eines Events. Das Reiseziel als solches verliert in diesem Zusammenhang an Bedeutung, da es nicht der eigentliche Anlaß für die Reise ist. Dieser Zusammenhang trifft insbesondere für Großveranstaltungen, sogenannte Mega-Events zu. Aber auch die Angebote der großen Musical-Veranstalter konnten als primärer Reiseanlaß identifiziert werden (vgl. ROTHÄRMEL 1996: 248). Ein umfangreiches Veranstaltungsangebot wird bei der Urlaubsreise z. T. als ergänzendes Angebot erwartet, hat aber nur einen untergeordneten Einfluß auf die tatsächliche Reiseentscheidung (vgl. z. B. LÜBBERT 1999: 173). Auf der anderen Seite werden Kurz- und vor allem Wochenendreisen auch schon einmal spontan durchgeführt. Bei einer spontanen Reiseentscheidung kann aber wiederum die Bekanntheit der Destination die Entscheidung unterstützen. Handelt es sich um ein bekanntes Reiseziel, ist der Reisende in der Lage zu überprüfen, ob die mit der spontanen Reise verbundenen Bedürfnisse mit dem möglichen Reiseziel befriedigt werden können.

Es sprechen also sowohl Argumente für eine starke als auch für eine weniger starke unterstützende Funktion des Bekanntheitsgrades des Reiseziels, insbesondere bei Kurz- und Wochenendreisen.

Bevor direkt danach gefragt wurde, welchen Einfluß auf die Reiseentscheidung Destinationen haben, die Merkmale von Markenartikeln aufweisen, wurde nach der grundsätzlichen Einstellung der Probanden gegenüber Markenartikeln gefragt[82]. Dazu wurden den Probanden acht Aussagen zu Markenartikeln vorgelesen, die z. T. allgemein anerkannte Aussagen zu Markenartikeln beinhalteten, z. T. aber auch die landläufige Meinung zu Markenartikeln zum Ausdruck bringen (vgl. Abbildung 27).

Wie die Antwortverteilung in Abbildung 27 zeigt, überwiegt die Zustimmung der Probanden bei den qualitätsorientierten Aussagen zu Markenartikeln. Dieser Zusammenhang wurde bereits an anderer Stelle erläutert (vgl. Kapitel 2.4 ab Seite 85): eine wesentliche Funktion der Markenartikel ist, daß mit dem jeweiligen Produkt oder der jeweiligen Dienstleistung ein bestimmtes *Qualitätsniveau* verbunden wird (Items 2, 4, 8). Ergänzend dazu paßt die Aussage, daß mit einem Markenartikel ein positives Image verbunden ist, was nahezu von der Hälfte der Probanden so eingeschätzt wird.

Die von einigen Autoren der Marketingforschung geforderte *Überallerhältlichkeit* der Markenartikel wird zwar noch von einem großen Teil der Probanden als Merkmal angesehen, steht aber hinter den Qualitätsmerkmalen etwas zurück. Insbesondere wird mit Markenartikeln eine gleichbleibende Qualität über einen längeren Zeitraum verbunden. Andererseits

**Abbildung 27: Zustimmung zu Aussagen über Markenartikel**

(Quelle: Eigene Erhebung, 2000; Angaben in Prozent; n=379)

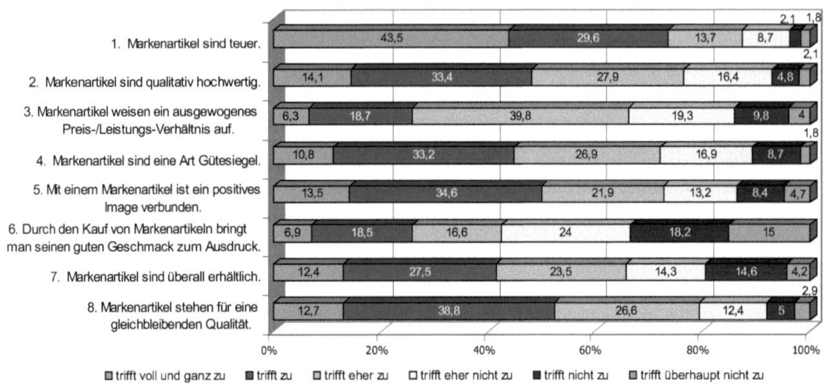


82 Frage: Markenartikel erleichtern meistens die Entscheidung beim Kauf von verschiedenen Produkten. Stimmen Sie den folgenden Aussagen zu Markenartikeln zu?
Wenn Sie dem voll und ganz zustimmen, geben Sie bitte eine 1, wenn Sie überhaupt nicht zustimmen, eine 6, oder stufen Sie Ihre Entscheidung auf einer Skala von 1 bis 6 ab.

kann durch die nicht realisierte *Überallerhältlichkeit* eine Verknappung erreicht werden, die zur Ausbildung von Exklusivität führen kann. Am höchsten fällt die Zustimmung bei dem Item „*Markenartikel sind teuer*“ aus. Ca. 73 % der Probanden haben dieser Aussage zugestimmt (*trifft voll und ganz zu, trifft zu*). Gleichzeitig wird den Markenartikeln nur von einem geringen Teil der Probanden ein ausgewogenes Preis-/Leistungs-Verhältnis zugesprochen (insgesamt 25 % in der Kategorie *trifft voll und ganz zu, trifft zu*). Dies läßt den Schluß zu, daß man für die Nutzung bzw. den Erwerb von Markenartikeln einen Markenaufschlag bezahlt, was aber von den Konsumenten akzeptiert wird. Andererseits könnte dieser Zusammenhang auch anders dargestellt werden: Markenartikel sind ihr Geld nicht wert, da der Name *mitbezahlt* wird. Allerdings handelt es sich hierbei um eine Behauptung, die zunächst noch nachgewiesen werden muß. Dies konnte aber mit der zu Grunde liegenden Fragestellung nicht geleistet werden.

Im Anschluß an den in Abbildung 27 dargestellten Fragenkomplex wurde explizit danach gefragt, ob Reiseziele die Reiseentscheidung erleichtern, wenn sie ähnliche Merkmale wie Markenartikel aufweisen würden[83]. Es zeigt sich, daß nur ein geringer Anteil der Probanden (vgl. Abbildung 28) Markenmerkmale bei touristischen Destinationen tatsächlich als ein Kriterium ansieht, das dazu beiträgt, die Reiseentscheidung zu erleichtern. Der Anteil der Probanden, die diese Frage sogar ablehnen, ist nahezu doppelt so hoch: so sehen lediglich 15 % der Probanden *auf jeden Fall* eine Erleichterung bei der Auswahl des Reiseziels für eine Urlaubsreise, knapp 30 % sind allerdings der Meinung, daß Markenmerkmale touristischer Destinationen *auf keinen Fall* die Reiseentscheidung erleichtern würden. Lediglich bei der letztgenannten Ausprägung zeigen sich deutliche Abweichungen zwischen Urlaubsreisen und Kurz-/Wochenendreisen. Vergleicht man die Ergebnisse in Abbildung 28 mit den Ergebnissen zur Frage nach der Bekanntheit von Destinationen (vgl. Abbildung 26), so liegt die Vermutung nahe, daß die Probanden die bloße Bekanntheit von Destinationen nicht unmittelbar mit den Merkmalen von Marken in Verbindung bringen. Der Anteil der Probanden, denen ein bekanntes Zielgebiet die Reiseentscheidung nicht bzw. eher nicht erleichtert, ist sowohl für die Urlaubs- als auch für eine Kurz-/Wochenendreise deutlich höher als der Anteil der Probanden, die bei ihrer Entscheidungsfindung durch eine markenähnliche Destination unterstützt werden.

Diese Aussage ist in einer weiteren Untersuchung zunächst dahingehend zu überprüfen, was unter einer Destinationsmarke von Reisenden grundsätzlich verstanden wird und welche Bedeutung diese Destinationsmarke letztendlich für die Reiseentscheidung hat (siehe hierzu die Ausführungen in Kapitel 5.3 ab Seite 186). Grundsätzlich muß für diese Art der Befragung kritisch festgehalten werden, daß unklar bleibt, inwiefern das, was die Probanden geantwortet haben, tatsächlich handlungsrelevant ist. Da es sich hier zum Teil um hypothetische Aussagen

83 „Wenn Reiseziele ähnliche Merkmale wie Markenartikel aufweisen, würde das Ihre Reiseentscheidung erleichtern?“ Wenn die Aussage voll und ganz auf Sie zutrifft, geben Sie bitte eine 1, wenn sie überhaupt nicht auf Sie zutrifft, eine 6, oder stufen Sie Ihre Entscheidung auf einer Skala von 1 bis 6 ab.

handelt, bleibt der Einfluß auf die konkrete Reiseentscheidung unklar. Bei Item 6 in Abbildung 27 ist darüber hinaus mit einer Verzerrung durch *soziale Erwünschtheit* zu rechnen. Konkret bedeutet dies hier, daß man nicht zugeben möchte, durch die Nutzung von Markenartikeln seinen guten Geschmack zeigen zu wollen (vgl. Aussage 6 in Abbildung 27).

**Abbildung 28: Erleichtern Reiseziele mit ähnlichen Merkmalen wie Markenartikel die Reiseentscheidung?**

(Quelle: Eigene Erhebung, 2000; n=379)

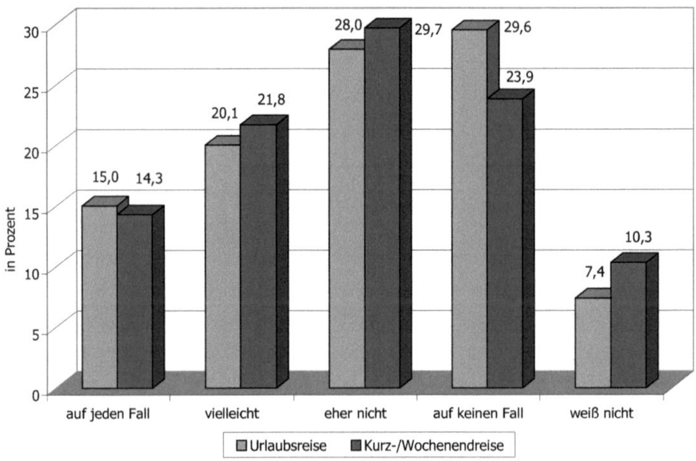


Ergänzt wurde die Frage nach der Erleichterung der Reiseentscheidung durch markenähnliche Reiseziele mit Vorschlägen von zusätzlichen Kriterien, die über die Markenmerkmale hinaus einen Einfluß auf die Entscheidung haben könnten („Oder benötigen Sie noch weitere Entscheidungshilfen?" – vgl. Abbildung 29). Allerdings wurde den Probanden nur eine kleine Auswahl von zusätzlichen entscheidungsunterstützenden Merkmalen angeboten. Auch bei dieser Frage konnte eine differenzierte Auswertung bzgl. einer Urlaubsreise sowie einer Kurz-/Wochenendreise berücksichtigt werden. Die Unterschiede zwischen den beiden Segmenten fallen allerdings nicht sehr deutlich aus. Eine wichtige Erkenntnis ist jedoch, daß sich nur ein vergleichbar niedriger Teil der Probanden von ca. 12% (Urlaubsreise) bzw. 13,3% (Kurz-/Wochenendreise) ohne weitere Informationen für ein Reiseziel entscheiden würde, wenn dieses Ziel markenähnliche Merkmale aufweisen würde. Demzufolge haben andere Kriterien einen höheren Stellenwert bei der Auswahl von Reisezielen.

Insbesondere stellten sich die beiden Merkmale *gute Unterkunft* und *günstiger Preis* als weitere wichtige Entscheidungshilfen heraus. Die hohe Zustimmung für diese beiden Merkmale wird auch in anderen empirischen Untersuchungen – wenn auch in unterschiedlicher Stärke – bestätigt (vgl. LÜBBERT 1999: 172ff.), unabhängig davon, ob sich eine Destination durch

Markenmerkmale auszeichnet oder ob es sich um ein weniger bekanntes Zielgebiet handelt. So ist die Unterkunft insbesondere für Pauschalreisetouristen ein wesentliches Entscheidungskriterium für ein Zielgebiet, wie eine Untersuchung des *Europäischen Tourismus Instituts an der Universität Trier GmbH* zum Reiseverhalten von Flugpauschaltouristen gezeigt hat (vgl. FONTANARI ET AL.: 2001a: 62ff.). Nicht umsonst gewähren die Reiseveranstalter der Hoteldarstellung in ihren Reisekatalogen einen vergleichsweise großen Raum und integrieren in der Regel eine vorteilhafte Abbildung der jeweiligen Fassade oder Zimmerdarstellung. Auch wird ein günstiger Preis von vielen Pauschalreisenden dem guten Namen eines Veranstalters vorgezogen (vgl. JAHRFELD 1999: 29).

**Abbildung 29: Weitere Kriterien zur Unterstützung der Reiseentscheidung**

(Quelle: eigene Erhebung, 2000; Mehrfachnennungen; n=379)

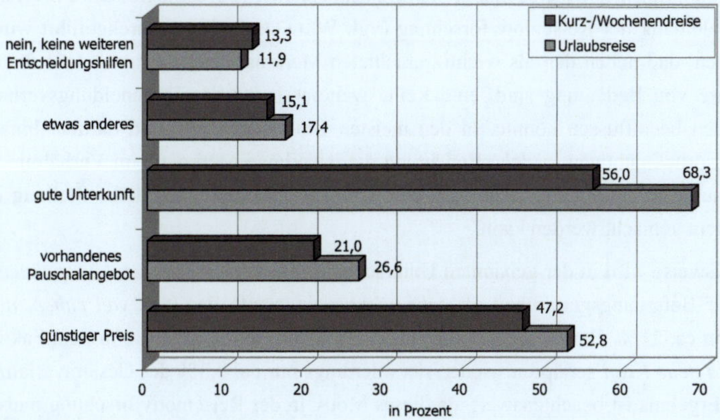


Die verhältnismäßig hohe Bedeutung eines günstigen Preises ist ebenfalls bei den Reisenden in Deutschland eine feste Größe, wie in anderen Untersuchungen bestätigt wird.[84] Eine Untersuchung im Auftrag des Umweltbundesamtes[85] verdeutlicht die hohe Bedeutung eines *günstigen Preises für die Urlaubsreise*. Er ist für ca. 60 % der Probanden, die im Ausland ihren Urlaub verbringen sowie für ca. 48 % derer, die im Inland Urlaub machen, ein wichtiger Aspekt der Reiseentscheidung. Übertroffen wird dieser Aspekt lediglich im Falle der Inlandsurlauber von *einer landschaftlich reizvollen Umgebung* (ca. 68 %); bei den Auslandsurlaubern liegt dieses Kriterium an dritter Stelle (51 %). Dazwischen liegen mit ca. 57 % *Bademöglichkeiten im Freien*, wobei dieses Kriterium lediglich für ca. 29 % der Inlandsurlauber ein wichtiger Aspekt für die Urlaubsentscheidung ist (vgl. LÜBBERT 1999: 173).

---

84 Auch dieses Ergebnis ist in mehreren Marktforschungsstudien des *Europäischen Tourismus Instituts an der Universität Trier GmbH* bestätigt worden.

85 Durchgeführt von *Gfm/GETAS* als repräsentative CAPI im Sommer 1998, n = 1000; der Anteil der Reisen in der Stichprobe lag bei ca. 67 %. (vgl. LÜBBERT 1999)

Diese Ergebnisse können aber nicht ohne weiteres verallgemeinert werden, da es in der Rangfolge der Kriterien zum Teil deutliche Unterschiede gibt, beispielsweise wenn eine länderspezifische Betrachtung durchgeführt wird. So hat das *Europäische Tourismus Institut an der Universität Trier GmbH* in mehreren bevölkerungsrepräsentativen Marktforschungsstudien Unterschiede darstellen können. In einer Untersuchung zum Thema *China als Urlaubsland* konnten z. T. deutliche Unterschiede zwischen den Probanden in Deutschland, Frankreich, Großbritannien, Italien und den Niederlanden zu allgemeinen Merkmalen der Reiseentscheidung und den mit einer Urlaubsreise verbundenen Ansprüchen erfaßt werden (vgl. FONTANARI ET AL. 2001b: 64ff.). Eine Untersuchung von Pauschalreisetouristen in Deutschland, Frankreich und Luxemburg zeigte ebenfalls länderspezifische Unterschiede, u. a. hinsichtlich Reiseentscheidungskriterien oder der Bedeutung einzelner Bestandteile eines Pauschalreisepaketes (vgl. FONTANARI ET AL.: 2001a: 62ff.).

Die Ergebnisse einer Untersuchung, die im Fachbereich 1 (Psychologie) der Universität Trier zur Problematik der Reisemotivforschung (vgl. WALLERIUS 2001) durchgeführt wurde, verdeutlichen, daß neben den als wichtig erachteten Merkmalsausprägungen[86], die für eine Urlaubsreise von Bedeutung sind, eine Reihe weiterer Items das Entscheidungsverhalten der Probanden beeinflussen könnte. In den meisten Untersuchungen wird darüber hinaus nicht zum Ausdruck gebracht, *welche* Bedeutung die jeweiligen Merkmale im Verhältnis zueinander einnehmen, geschweige denn, daß eine Aussage über die tatsächliche Stellung im Konsumsystem gemacht werden kann.

Beispielsweise wird in der genannten Untersuchung das Item *abschalten, ausspannen* von ca. 55 % der Befragungsgesamtheit als *sehr wichtig* eingestuft, das Item *viel ruhen, nichts tun* noch von ca. 21 %. Beide Items finden sich nach einer Faktorenanalyse in dem Faktor *Erholung und neue Kraft* schöpfen wieder, der allerdings nur ca. 8,3 % der Gesamtvarianz erklärt. Dieses Ergebnis ist beachtenswert, da dieses Motiv in der Reisemotivforschung meist als ein

86 In der genannten Untersuchung wurde im Zusammenhang mit Reisemotiven die nachfolgende Frage in drei unterschiedlichen Varianten mit den aufgelisteten Items gestellt. Mit der unterschiedlichen Frageformulierung sollte der Einfluß sozialer Erwünschtheit bei der Beantwortung untersucht werden, was an dieser Stelle jedoch nicht weiter ausgeführt wird.
Frage: Sagen Sie mir bitte anhand einer Skala von 1 – 6, wie wichtig die folgenden Dinge für Sie persönlich sind, wenn Sie in Urlaub fahren. 1 bedeutet *sehr wichtig für mich*, 6 bedeutet *völlig unwichtig*. Mit den Werten dazwischen können Sie Ihre Meinung abstufen.
Items:
1 abschalten, ausspannen
2 im Urlaub nicht ständig Leute treffen, die ich/man von zu Hause kennt
3 viel ruhen, nichts tun
4 den Horizont erweitern
5 anderen zeigen, was ich mir/man sich leisten kann
6 nachher anderen vom Urlaub erzählen können
7 etwas lernen, etwas für Kultur und Bildung tun
8 sich vergnügen
9 einen Urlaub machen, der „in“ ist
10 viel erleben, viel Abwechslung haben
11 aktiv Sport treiben
12 Urlaubsfotos machen, die später gut ankommen
13 etwas Außergewöhnlichem begegnen, auf Entdeckung gehen
14 mit netten Leuten zusammen sein, mit netten Leuten zusammen kommen

Hauptmotiv gesehen wurde.[87] Insgesamt gehen die 14 Items in fünf Faktoren auf, die insgesamt 61 % der Gesamtvarianz erklären. Der höchste Erklärungsanteil entfällt dabei auf einen Faktor *Statusmotiv*, der bisher in den Untersuchungen zur Reisemotivation nicht erhoben wurde (vgl. WALLERIUS 2001: 126). Es zeigt sich deutlich, daß weitere Einflußfaktoren in den Reisemotiven abgebildet werden, die in den durchgeführten Befragungen nicht thematisiert worden sind. Darüber hinaus wird gezeigt, daß es einflußstarke Faktoren gibt, die in der bisherigen Reisemotivforschung vernachlässigt werden.

Im Zusammenhang mit der Bedeutung von Markenartikeln für das Konsumverhalten ist das Vorhandensein eines *Statusmotivs* zur Unterstützung der Reiseentscheidung ein wichtiger Aspekt. Markenartikel tragen einerseits zwar zur Reduktion der Entscheidungsunsicherheit von Konsumenten in Kaufsituationen bei, andererseits bringt die Nutzung von Markenartikeln aber auch die Persönlichkeit zum Ausdruck oder kann das Ansehen der jeweiligen Person erhöhen. Auch ist die Markentreue in der Regel stärker, wenn das Produkt oder das Leistungsangebot einen hohen Prestigewert besitzen oder der Erwerb für den Konsumenten mit einem erhöhten Kaufrisiko verbunden ist (vgl. KROEBER-RIEL/WEINBERG 1999: 396). Allerdings kann die Identifikation durch die Verwendung von Markenartikeln so weit gehen, daß die Zugehörigkeit zu sozialen Gruppen über diese Markenartikel definiert wird, was insbesondere bei Jugendlichen vermehrt anzutreffen ist. Das Tragen bzw. Nicht-Tragen von Kleidung bestimmter Markenartikelhersteller entscheidet darüber, ob die Jugendlichen zu einer Clique gehören oder nicht (vgl. KRÄMER 2002: 5).

## 4.3 Zusammenführung

Die Ergebnisse der vorgestellten Untersuchungen verdeutlichen, daß es eine Vielzahl von Untersuchungen zum Reiseverhalten und zur Bedeutung einzelner Marken im Reiseveranstaltungsbereich gibt. Allerdings ist das *awareness set* der Konsumenten bei ungestützten Erhebungen verhältnismäßig klein. Für Zielgebiete und Destinationen wird die Markenthematik noch nicht auf einem Niveau behandelt, das zu fundierten Aussagen führt. In den verschiedenen Untersuchungen werden eher allgemeine Merkmale der Reiseentscheidung abgefragt, ohne auf mögliche Markenattribute von Destinationen einzugehen.

87 Beispielhaft werden hier die Ergebnisse unterschiedlicher Jahrgänge der Reiseanalyse bezüglich dieses Faktors dargestellt. Die Prozentangaben stehen für den Anteil der Probanden, die das jeweilige Item als wichtig angesehen haben.
Reiseanalyse 1972: Der Faktor **Erholung und neue Kraft schöpfen** enthält die Items *abschalten, ausspannen* mit 62 % und *viel ruhen, nichts tun* mit 64 % (zitiert nach Braun 1993a: 7).
Reiseanalyse 1991: Der Faktor **Entspannung/Erholung/Besinnung/Gesundheit** enthält die Items *abschalten, ausspannen* mit 77,5 % und *viel ruhen, nichts tun, nicht anstrengen* mit 41,6 % (zitiert nach Braun 1993a: 2).
Reiseanalyse 2001: Das Motiv-Cluster **Physische Erholung und psychologische Entspannung/Entspannung/Erholung** enthält die Items *entspannen, keinen Streß haben* mit 59 %, *frei sein, Zeit haben* mit 53 %, *Abstand zum Alltag gewinnen* mit 54 % und *Frische Kraft sammeln/auftanken* mit 50 %. Das Item *ausruhen/faulenzen* wurde dem Motiv-Cluster **Etwas für das Aussehen/den Körper tun** (vgl. ADERHOLD 2001: 144) zugeordnet. Die aktuelle Formulierung der Items hat sich im Zeitverlauf etwas verändert und dem allgemeinen Sprachgebrauch angepaßt.

Die offenkundigen Schwächen der touristischen Markforschung liegen zur Zeit in erster Linie darin, daß die individuellen Einflüsse in den Befragungen zu wenig berücksichtigt werden. Die Marktforscher sind mehr an einem repräsentativen Bild der Gesamtbevölkerung interessiert als an einem repräsentativen Sample der verhaltensbeeinflussenden bzw. -relevanten Variablen. Im Idealfall sollten empirische Studien sowohl Auskunft über die verhaltenswirksamen Variablen geben (*Repräsentativität der Variablen*) als auch einen Rückschluß auf die interessierenden Bevölkerungsgruppen ermöglichen (*Repräsentativität der Stichprobe* – vgl. MAES/WALLERIUS 2002: 72).

In den vorgestellten Marktforschungsstudien werden mögliche Einflußfaktoren der Reiseentscheidung und deren Bedeutung im Konsumsystem gezeigt. Da es sich aber in den meisten Fällen um Studien mit einem vorgegebenen Fragenkatalog (i. S. einer Itembatterie) handelt, können die Probanden nur aus diesen Kriterien auswählen. Individuelle Einflußfaktoren, die zu einem großen Teil situationsabhängig sind, werden in den Untersuchungen nicht berücksichtigt. Umfassende Längsschnittstudien sind bisher in der Reiseentscheidungsforschung nicht verbreitet und werden aus Kostengründen auch gescheut. Vielen Tourismusmanagern ist es wichtiger, eine große Stichprobe für ihre Untersuchung aufweisen zu können – damit die entsprechenden Daten in Schaubildern präsentiert werden können, statt mit einer fundierten und geeigneten Methodik einer spezifischen Fragestellung nachzugehen. Beispielsweise ist es für die Erforschung von Reisemotiven notwendig, die Probanden mit einer umfangreichen Itembatterie zu konfrontieren, statt mit einigen standardisierten Fragen. Mit der *Reiseverhaltensstudie* des ETI aus dem Jahr 1993 wurde in Form einer retrospektiven Untersuchung[88] u. a. das lebenslange Reiseverhalten der Probanden analysiert. Allerdings wurde in dieser Untersuchung die Bedeutung von Marken für die Reiseentscheidung nicht thematisiert.

**Abschließend** wird festgehalten, daß die Markenthematik in der touristischen Marktforschung noch keine lange Tradition hat und durchaus noch ausbaufähig ist. Gerade die Bedeutung von Destinationsmarken ist bisher nicht in einem ausreichenden Maß untersucht worden. Davon abgesehen ist nicht eindeutig geklärt, was eine Destinationsmarke ausmacht und welche Elemente eine Destination aufweisen bzw. welche Kriterien erfüllt sein müssen, um von einer Destinationsmarke sprechen zu können.

In dem nachfolgenden Kapitel werden zwei Untersuchungen vorgestellt, die der Bedeutung von Destinationsmarken auf Anbieter- und auf Nachfragerseite nachgehen. Es wird davon ausgegangen, daß der Markenbegriff auf der Anbieterseite z. T. sehr unterschiedlich verwendet wird. Gleichzeitig wird davon ausgegangen, daß auf der Nachfragerseite Destinationsmarken nur bedingt wahrgenommen werden. Es wird daher erwartet, daß ihre Relevanz bei der Reiseentscheidung nicht sehr ausgeprägt ist, bzw. daß eine bewußte Destinationsmarkenberücksichtung nur selten anzutreffen ist.

88 Bei diesem Untersuchungstyp werden neben aktuellen Merkmalsausprägungen ebenfalls die Ausprägungen zu bestimmten Merkmalen zu früheren Zeitpunkten *retrospektiv* aus dem Gedächtnis des Probanden erhoben (vgl. KAAS 1982: 241).

# 5 Empirische Untersuchungen zum Stellenwert von Destinationsmarken innerhalb der Reiseentscheidung

In den vorstehenden Ausführungen wurde bereits ausführlich dargelegt, daß die Verwendung des Begriffs *Destinationsmarke* sowohl auf der Anbieter- als auch auf der Nachfragerseite uneinheitlich erfolgt. Daher erschien es vor dem Hintergrund der Ableitung eines Markensystems für touristische Destinationen notwendig zu sein, die Akteure beider Marktseiten hinsichtlich ihrer Ansprüche an eine Destinationsmarke zu befragen. Die Ergebnisse sollten zum einen die Wahrnehmung von Destinationsmarken durch die Nachfrager und deren Bedeutung im Konsumsystem darstellen. Zum anderen sollte herausgearbeitet werden, welche Merkmale aus Sicht der Anbieter dazu beitragen, Destinationsmarken zu entwickeln und im Wettbewerb zu positionieren.

Bevor die beiden empirischen Untersuchungen im einzelnen erläutert werden, werden die zugrunde gelegten Forschungsfragen in einem Gesamtüberblick dargestellt.

## 5.1 Fragestellungen der empirischen Untersuchungen

Da bisher keine eindeutige Definition der Destinationsmarke besteht, wurde für die Durchführung der beiden Marktforschungsmodule ein explorativer Forschungsansatz[89] mit dem Ziel gewählt, qualitative und quantitative Daten zu gewinnen und auszuwerten. Primäres Ziel war es, Informationen über die Bedeutung von Markenaspekten im Destinationsmanagement zu sammeln und aus den Ergebnissen einen Ansatz zur Gestaltung eines Markensystems für touristische Destinationen abzuleiten. Dabei soll sowohl die Seite der Verbraucher als auch die der Anbieter berücksichtigt werden. Die empirisch-quantitative Exploration trägt dazu bei, bislang unberücksichtigte bzw. unentdeckte Muster und Zusammenhänge in Meßwerten darzustellen (vgl. BORTZ/DÖRING 1995: 346). Aufgrund der Vorüberlegungen, in denen die Ergebnisse der in Kapitel 4.2 vorgestellten Untersuchungen berücksichtigt wurden, können zwar bereits Annahmen getroffen werden, sie bieten aber kein stabiles Fundament für eine tiefergehende Spezialisierung der Forschungsfrage.

In den beiden empirischen Untersuchungen sollte den folgenden zentralen Fragen nachgegangen werden:

---

89 Bei der Marktanalyse kann zwischen *explorativer*, *deskriptiver* und *kausaler* Forschung unterschieden werden. Demnach wird eine *explorative* Vorgehensweise gewählt, wenn es primär darum geht, zu vernünftigen Annahmen zu gelangen und weniger darum, Annahmen zu überprüfen. Die Aufgabe der *deskriptiven* Forschung besteht vordergründig darin, Zusammenhänge zu beschreiben, Ursachen lassen sich nicht schlüssig nachweisen. Mit Hilfe plausibler Theorien kann jedoch ein Ergebnis präferiert werden. Um methodische Gründe für *kausale* Annahmen zu erhalten, sieht FELSER nur die Möglichkeit, ein entsprechendes Experiment durchzuführen. Die Ergebnisse einer Experimentalgruppe können mit denen einer Kontrollgruppe verglichen werden und so Erklärungsanteile für eine wissenschaftliche Theorie, aber auch für reales Kaufverhalten liefern. (vgl. FELSER 2001: 430ff.).

- *Gibt es bereits Destinationsmarken?* Diese Frage sollte sowohl aus Anbieter- als auch aus Nachfragersicht beantwortet werden. Dabei interessierte auch, ob die von beiden Marktseiten als Destinationsmarken genannten Zielgebiete identisch sind oder ob es bei dieser Frage gravierende Abweichungen gibt.
- *Welche Bedeutung kommt Destinationsmarken im touristischen Wettbewerb zu?* Wenn es bereits Destinationsmarken gibt, welche Bedeutung erhalten sie aus Sicht der Anbieter im Wettbewerb, bzw. welche Funktion besitzen diese bei der Auswahl von Reisezielen. Vor allem interessiert die Frage, ob Markendestinationen bevorzugt ausgewählt werden.
- *Welche Voraussetzungen müssen aus Anbietersicht erfüllt sein, damit Destinationsmarken entstehen können bzw. welche Merkmale soll eine Destinationsmarke aus Sicht der Konsumenten aufweisen?* Es wird davon ausgegangen, daß eine eindeutige Abgrenzung der Destination sowohl geographisch als auch in der Wahrnehmung am Markt als wichtige Markenmerkmale angesehen werden. Der Destinationsname erhält eher eine untergeordnete Bedeutung, da er i. d. R. bereits vor der Markenbildung feststand und eng mit dem geographischen Raum verbunden ist. Bei dieser Frage werden unterschiedliche Positionen der Anbieter- und der Nachfragerseite erwartet.
- *Wie wirken sich Markenmerkmale touristischer Zielgebiete auf die Auswahl von Reisezielen aus und welche Merkmale beeinflussen außerdem die Reiseentscheidung?* Es wird davon ausgegangen, daß mit Markenmerkmalen ausgestattete Destinationen den Konsumenten die Auswahl des Reiseziels erleichtern. Dies kann ebenfalls bedeuten, daß die Entscheidung für ein Reiseziel schneller getroffen werden kann.
- *Welche Informationen werden zur Unterstützung von Reisezielentscheidungen genutzt und werden dabei Destinationen mit Markencharakter bewußt berücksichtigt?* Dieser Frage wurde vor dem Hintergrund nachgegangen, daß bei der Nachfrage nach Markenartikeln i. d. R. ein geringerer Anteil an Informationen nachgefragt wird. Oftmals reduziert sich die Informationssuche auf wenige Schlüsselinformationen, wie bspw. Markenname oder Verfügbarkeit.
- *Wie gehen Konsumenten bei der Informationsaufnahme hinsichtlich neuer Reiseziele vor?* Da bei der Reiseentscheidung Emotionen – im Vergleich zu Kaufentscheidungen im Konsumbereich – einen vergleichsweise großen Einfluß haben, wird davon ausgegangen, daß zunächst die Informationen nachgefragt werden, die für den Urlaub von zentraler Bedeutung sind. Wird bspw. im Urlaub sehr viel Wert auf gutes Essen und Kulturveranstaltungen gelegt, sollten Informationen im Bereich des touristischen Angebotes bevorzugt abgerufen werden.

Zunächst werden die Ergebnisse der Anbieter- und Konsumentenbefragung getrennt vorgestellt. Einerseits handelt es sich unabhängig voneinander durchgeführte Untersuchungen, andererseits weichen die Fragestellungen etwas voneinander ab. In einem abschließenden Kapitel werden die wesentlichen Ergebnisse der beiden Marktforschungsteile diskutiert und Implikationen für das Destinationsmanagement abgeleitet.

## 5.2 Destinationsmarken aus Anbietersicht

Wie bereits mehrfach erläutert, werden die Begriffe *Marke* und vor allem *Destinationsmarke* auf der Anbieterseite inflationär verwendet. Damit gehen unterschiedliche Bedeutungsinhalte einher. Soll eine Destination mit einer Marke gleichgesetzt werden, erfolgt eine Abgrenzung nicht nach einheitlichen Kriterien oder mit vergleichbaren Argumenten. Oftmals scheint es bereits auszureichen, wenn der Destinationsmanager der Meinung ist, es handele sich bei seiner Destination um eine Marke. Eine Untersuchung darüber, welche Merkmale von der Anbieterseite her mit einer Destinationsmarke verbunden werden, erscheint deshalb notwendig zu sein, um ein Markensystem für touristische Destinationen erarbeiten zu können.

Es wird davon ausgegangen, daß nur ein geringer Teil der Anbieter mit dem Begriff der Destinationsmarke Markenmerkmale im eigentlichen Sinne verbindet, wie sie in Kapitel 2.3 vorgestellt und diskutiert wurden. Demgegenüber wird eine Vielzahl an Abgrenzungskriterien erwartet.

Darüber hinaus soll die Untersuchung Aufschluß darüber geben, welche Vorteile sich die Destinationsmanager von einer Destinationsmarke gegenüber nicht markierten Destinationen bzw. welche Vorteile sich die Anbieter von der Positionierung einer Destination als Marke versprechen. Ebenso werden Fragen zu den Maßnahmen und Schritten gestellt, die notwendig sind bzw. als notwendig erachtet werden, um ein Zielgebiet zu einer Destinationsmarke zu entwickeln.

Es wird davon ausgegangen, daß auf der Anbieterseite der Begriff der Destinationsmarke eine vielfältige, aber uneinheitliche Verwendung findet. Ein Markenverständnis im wissenschaftlichen Sinne oder im Sinne der Markentechnik wird in den meisten Fällen jedoch nicht mit dieser Abgrenzung in Einklang zu bringen sein. In engem Zusammenhang mit dieser Annahme steht die Ausgangsüberlegung: Ein großer Teil der Destinationsmanager spricht der eigenen Destination Markenattribute zu, ohne auf ein einheitliches Verständnis des Begriffsinhaltes *Destinationsmarke* zurückgreifen zu können.

### 5.2.1 Methodische Vorgehensweise

Die Befragung zu diesem Themenblock war in eine Mehrthemenbefragung eingebunden, die als CATI im Telefonstudio des *Europäischen Tourismus Institutes an der Universität Trier GmbH* im März 2002 durchgeführt wurde. Die Grundgesamtheit der Befragung bestand aus allen anerkannten Kurorten in Deutschland sowie den touristischen Regionalorganisationen. Gemeinsames Merkmal der letztgenannten Gruppe war ein überörtlicher Wirkungs- und Verantwortungsbereich. Ausgeklammert wurden Stadtmarketingorganisationen, da diese sich in der Regel auf ein professionelles Vermarkten ihrer Stadt beschränken und vom Aufgabenbereich her oftmals ein erweitertes Spektrum zu erfüllen haben, was die Vergleichbarkeit erschwert. Zu den wesentlichen Aufgaben dieser Stadtmarketingorganisationen zählen die Organisation, Vermarktung und Durchführung von Events und der Vermarktung von besonderen Highlights oder kulturellen Einrichtungen, aber auch City-Management i. S. von Marketing für den Einzelhandel (vgl. KONKEN 2000: 203ff.). Da es sich bei Städtereisen meist um Kurzreisen handelt, ist oft ein konkretes Event oder eine bestimmte kulturelle Einrichtung (z. B. das Deutsche Museum in München) der direkte Reiseanlaß, weniger die Stadt selbst (vgl. SCHERHAG 2000b). Dem stehen aber die Bemühungen und Anstrengungen der Tourismusmanager in Regional- und Kurortorganisationen gegenüber, Gäste für einen längeren Aufenthalt, bevorzugt für einen Urlaub, an den jeweiligen Ort zu binden.

Für die Auswahl der Interviewpartner wurde den Interviewern vorgegeben, entweder den Geschäftsführer, Amtsleiter oder Kurdirektor bzw. als Alternative die jeweiligen Stellvertreter oder die Marketingleiter[90] der jeweiligen Organisation zu befragen. Es wurde davon ausgegangen, daß diese Probanden sich mit den Inhalten der Befragung grundsätzlich auskennen.

Die Befragungsgesamtheit bestand aus 511 möglichen Interviewpartnern, aus der zufällig eine Stichprobe von 250 Probanden gezogen wurde. Die Reduzierung des Befragungsumfanges auf eine Stichprobe geschah vor dem Hintergrund, den Erhebungsaufwand zu reduzieren. Die Probanden dieser Stichprobe werden im folgenden vereinfacht *Destinationsmanager* genannt, auch wenn diese Bezeichnung nicht auf alle Personen der Stichprobe im Sinne der Begriffsabgrenzung zutreffend war.

Die Befragung zum Themenblock *Destinationsmarken* wurde mit acht Aussagen eingeleitet, zu denen die Probanden angeben sollten, wie sehr sie diesen zustimmen, bzw. wie sehr sie diese ablehnen. Die Aussagen geben Auskunft über den Stellenwert von Destinationsmarken im Wettbewerb und welche Bedeutung diesen in Zukunft beigemessen wird. Insgesamt spiegeln diese Aussagen eine Zusammenfassung der Diskussion in der aktuellen touristischen Presse zu diesem Thema wieder. Die Fragen wurden vor dem Hintergrund gestellt, zunächst einen Überblick über die Einstellung der Probanden zum Thema *Destinationsmarken* zu erhalten.

Es folgte eine Frage nach Destinationen, die dem Anspruch einer Marke bereits gerecht werden. Im Anschluß an die grundsätzliche Frage sollten im Falle einer Bejahung die entsprechenden Destinationen genannt werden. Wurde die Frage verneint, sollten die Probanden angeben, welchen Destinationen sie zutrauen würden, zukünftig als eine Destinationsmarke in den Wettbewerb einzutreten.

In dem darauffolgenden Teil wurde nach Merkmalen bzw. nach Voraussetzungen gefragt, die aus Sicht der Destinationsmanager gegeben sein müssen, um ein touristisches Zielgebiet als Destinationsmarke zu profilieren. Bei dieser offenen Frage wurde eine Vielzahl unterschiedli-

---

90 Marketingleiter wurden allerdings nur in den größeren Organisationen erwartet. In vielen Tourismusorganisationen ist das Marketing eine der Kernaufgaben des Geschäftsführers bzw. Amtsleiters (vgl. ETI 1999).

cher Merkmale erwartet. Daher folgte im Anschluß eine Statementbatterie mit aus der Markentheorie abgeleiteten Voraussetzungen zur erfolgreichen Positionierung einer Destinationsmarke am Markt. Auch hier wurde nach dem Grad der Zustimmung durch die Destinationsmanager gefragt. Insgesamt stellt dieser Fragenblock den Kern der Befragung dar, da er Rückschlüsse auf die Markenattribute einer Destination aus Sicht der Destinationsmanager erlaubt. Gleichzeitig zeigen sich hier Ansatzpunkte, die für die Implementierung eines Markenmanagements in touristischen Destinationen von Bedeutung sind.

Wie bereits dargestellt, handelte es sich um eine explorative Untersuchung. Durch die große Zahl an offenen Fragen lassen sich Kernaussagen ableiten, die einen guten Überblick über die aktuelle Diskussion in der Branche geben. Allerdings war es aufgrund der Vielfältigkeit der Antworten notwendig, die einzelnen Aussagen zu gruppieren. Um detaillierte Aussagen zu der Wahrnehmung durch die Destinationsmanager zu erhalten, wäre es für zukünftige Untersuchungen zu diesem Thema erforderlich, prägnante Merkmale der jeweiligen Organisationen mit zu erfassen. Deren Organisationsstruktur kann Auskunft über die Möglichkeiten geben, ein aktives Markenmarketing zu realisieren. Um dies zu gewährleisten, ist eine Mindestgröße der Organisation und eng damit verbunden eine Grundversorgung mit den notwendigen Ressourcen (in erster Linie Personal und Budget) erforderlich. Diese Kennzahlen können mit detailliertem Nachfragen erhoben werden. Leider hätte die Ausweitung der Erhebung um diese Fragen den zeitlichen Rahmen des Interviews gesprengt. Für telefonische Befragungen wird davon ausgegangen, daß eine Interviewdauer von ca. 20 Minuten, inklusive der Zeit für Begrüßung, Vorstellung und Verabschiedung, die obere Grenze darstellen sollte (vgl. BORTZ/DÖRING 1995: 221). Bei längeren Interviews sinkt die Aufmerksamkeit der Probanden in der Regel deutlich, was dazu führt, daß nicht mehr im notwendigen Umfang auf die Formulierung der Fragen geachtet wird. Da es sich um eine Mehrthemenbefragung handelte, mußte die Anzahl der Fragen auf ein notwendiges Minimum beschränkt werden.

Im folgenden Abschnitt sind die wesentlichen Ergebnisse der Befragung in Übersichtsform dargestellt.

### 5.2.2 Zentrale Aussagen aus der Befragung der Destinationsmanager

Von den 250 in der Stichprobe enthaltenen Probanden konnten insgesamt 178 für die Durchführung der Befragung gewonnen werden. Dies entspricht einem Anteil von ca. 71 %. Zunächst werden allgemeine Daten zu den Probanden dargestellt, die bei der Auswertung der eigentlichen Fragestellung eine unterstützende Funktion besitzen. Da davon ausgegangen wird, daß die Einschätzung der Markenpolitik für touristische Destinationen auch von der Rechtsform der jeweiligen touristischen Organisation beeinflußt wird, wurde nach der Rechtsform der jeweiligen Gesellschaft gefragt (vgl. Abbildung 30). Es zeigt sich, daß ca. 28 % der Organisationen als GmbH aufgestellt sind, wobei sich dieser Wert nahezu gleichmäßig auf die

Kurbetriebsgesellschaften und Tourismusorganisationen aufteilt[91]. Wie an anderer Stelle bereits ausgeführt, handelt es sich aber bei dem größeren Teil dieser Organisationen um Gesellschaften, die bis vor einigen Jahren noch in öffentlich-rechtlichen Gesellschaftsformen am Markt agierten. Beispielsweise traten die Kurbetriebe und Fremdenverkehrsämter als Eigen- oder Regiebetriebe (vgl. Fußnoten 8 und 9) der Kommunen auf. Da die Gesellschafterstruktur in vielen Fällen keine Öffnung hinsichtlich der Tourismuswirtschaft erfahren hat, sondern die vormals politischen Träger jetzt als Gesellschafter auftreten, kann oft nur von einer formalen Änderung der Organisationsform gesprochen werden. Es handelt sich bei diesen Organisationen dann um Eigengesellschaften der Verwaltung. Der faktische Einfluß der politischen Institutionen schränkt eine marktwirtschaftlich ausgerichtete Handlungsweise nach wie vor ein.

Die Vereins- und Verbandsstruktur ist mit ca. 23 % der Organisationen noch weit verbreitet. Oftmals sind diese Organisationen aus Vermietervereinen hervorgegangen, was sich z. T. noch in dem hohen Mitgliederanteil aus dem Beherbergungsgewerbe ausdrückt. Die Hälfte der Organisationen können als Amt bzw. als Teil der Verwaltung bezeichnet werden. Dabei handelt es sich sowohl um Touristinformationen als auch um Kurverwaltungen und Tourismusämter.

Bei den befragten Personen in diesen Organisationen konnten in ca. 81 % der Fälle der jeweilige Amtsleiter bzw. Geschäftsführer erreicht werden. Hinzu kommen knapp 5 % der Fälle, in denen die jeweiligen Vertreter sowie weitere ca. 9 %, in denen die jeweiligen Marketingleiter interviewt werden konnten. Bei den meisten der übrigen Fälle konnte diese Zielgruppe nicht erreicht werden, da in der formalen Struktur der Organisationen eine derartige Position nicht vorgesehen ist. Als in Frage kommender Interviewpartner stand dann meist ein Tourismusreferent zur Verfügung.

**Abbildung 30: Zusammensetzung der Befragungsgesamtheit nach der Rechtsform der touristischen Organisation**

(Quelle: eigene Erhebung März 2002)

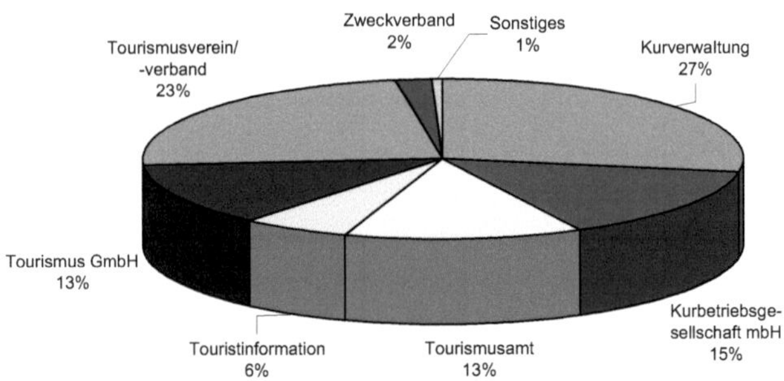


91 In der Regel fallen touristische Aufgaben, insbesondere Marketing für die Stadt/den Ort, ebenfalls in das Tätigkeitsfeld von Kurorganisationen. Allerdings gibt es oftmals neben der Kurorganisation noch zusätzlich eine Tourismus- oder Fremdenverkehrsorganisation, häufig aus einem Vermieterverein entstanden, die ähnliche Aufgaben im rein touristischen Bereich wahrnimmt. Zum Teil besteht zwischen beiden Organisationen eine Konkurrenzsituation.

Knapp 80 % der Probanden verfügen über einen Hochschulabschluß, davon wiederum ca. die Hälfte in Wirtschaftswissenschaften, 21 % haben einen Abschluß als Diplom-Geograph. Das Durchschnittsalter liegt bei 47,3 Jahren, wobei die Spanne von 25 bis 71 Jahre reicht.

#### 5.2.2.1 Die Bedeutung von Destinationsmarken im touristischen Wettbewerb

Um den Einstieg in die Befragung und die Auseinandersetzung mit der Thematik zu Beginn des Interviews etwas zu erleichtern, wurden zunächst acht Statements zu dem Thema *Destinationsmarke* vorgegeben. Die Probanden sollten auf einer Sechser-Skala von *„stimme voll und ganz zu"* *„stimme zu"*, *„stimme teilweise zu"*, *„lehne eher ab"*, *„lehne ab"* bis *„lehne völlig ab"* ihre Einschätzung zu diesen Aussagen abgeben. Für Ratingskalen werden meist vier- bis siebenstufige Skalen vorgegeben (vgl. BEREKOVEN/ECKERT/ELLENRIEDER 1999: 76). Das angewandte Antwortformat entspricht einer sechsstufigen Skala, die verbal und numerisch verkodet wurde und mit ihren sechs Abstufungen eine Tendenz zur Mitte im Antwortverhalten vermeiden soll (vgl. BORTZ/DÖRING 1995: 167). Aufgrund der Darstellung im Erhebungsmodul sind die mathematischen Voraussetzungen gegeben, um diese Skala bei der Auswertung wie eine Intervallskala zu behandeln (vgl. BEREKOVEN/ECKERT/ELLENRIEDER 1999: 74). Die in der praktischen Marktforschung übliche Zuordnung des Wertes „1" zur Bedeutung *„stimme voll und ganz zu"* und des Wertes „6" zu *„lehne völlig ab"* soll den Probanden eine Analogie zu Schulnoten anbieten. Insbesondere bei telefonischen Befragungen soll dies die Anschaulichkeit verbessern, da die Probanden insgesamt sechs Abstufungen präsent haben müssen. Für die Auswertung mittels der multivariaten Analysemethoden wurde eine Transformation[92] der Antwortratings durchgeführt, um die Ergebnisse nicht zu verfälschen.

Bei der Formulierung der Statements wurde darauf geachtet, daß eine eindeutige Position durch die Frage zum Ausdruck gebracht wird. Da die Interviews während der üblichen Geschäftszeiten durchgeführt wurden, konnte eine starke gedankliche Beteiligung der Probanden nicht in allen Fällen erwartet werden. In Abbildung 31 sind die Ergebnisse zusammengefaßt. Es wird deutlich, daß der größte Teil der Probanden von der Notwendigkeit einer Markenpolitik für touristische Destinationen überzeugt ist. Der Aussage *„Destinationsmarken werden zukünftig für den Erfolg oder Mißerfolg von touristischen Regionen verantwortlich sein"* stimmten 72,9 % der Destinationsmanager zu (*„stimme voll und ganz zu"* und *„stimme zu"*).

Insbesondere die beiden Aussagen bzgl. der Kundenansprache – *Reiseveranstaltervertrieb* und *neue Gäste* – verdeutlichen, daß die Destinationsmanager in einer erfolgreichen Markenpolitik eine strategische Notwendigkeit für die Zukunft sehen. Sowohl für die Kundenansprache durch Reiseveranstalter als auch für die Gewinnung neuer Gäste in der direkten Anspra-

92 Der Bedeutung *„stimme voll und ganz zu"* wurde der Wert „6" zugeordnet, die übrigen Werte entsprechend abgestuft, so daß *„lehne völlig ab"* den Wert „1" erhielt.

che wird der Marke eine hohe Bedeutung beigemessen. Jeweils ca. 90 % der Probanden stimmen dem jeweiligen Statement zu („*stimme voll und ganz zu*“ und „*stimme zu*“). Die Markierung der Destination wird als Wettbewerbsvorteil gesehen, um von den Konsumenten in der Vielzahl von Reiseveranstalterangeboten wahrgenommen zu werden. Ein ähnlicher Vorteil wird Destinationen zugesprochen, die Markenattribute aufweisen – im direkten Vergleich mit unmarkierten Destinationen.

**Abbildung 31: Beurteilung einzelner Statements zur Thematik „Destinationsmarken“ durch Destinationsmanager**[93]

(Quelle: eigene Erhebung, März 2002)

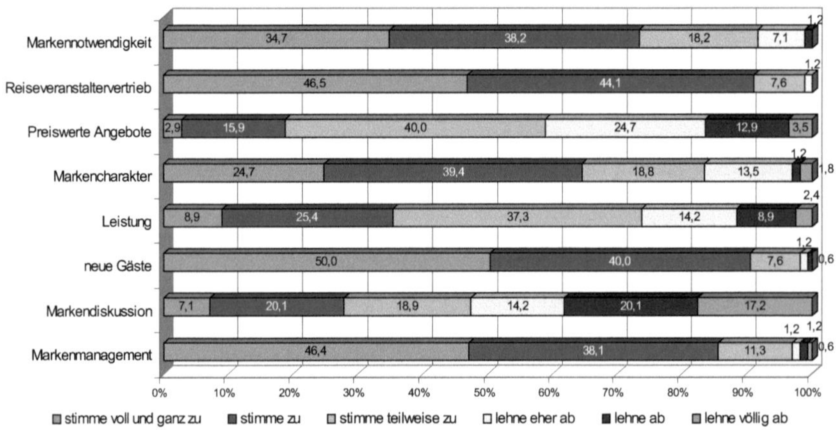


93 Die Frage wurde mit folgendem erläuternden Text eingeleitet:
*„Die Diskussion um Destinationsmarken wird in letzter Zeit in den Medien sehr intensiv geführt. Nachfolgend sind einige Aussagen aufgeführt. Bitte sagen Sie mir auf einer Skala von 1 bis 6, wie sehr Sie den jeweiligen Aussagen zustimmen bzw. wie sehr Sie diese ablehnen. Dabei bedeutet 1 = „stimme voll und ganz zu“, 2 = „stimme zu“, 3 = „stimme teilweise zu“, 4 = „lehne eher ab“, 5 = „lehne ab“ und 6 = „lehne völlig ab“.“*
Die Formulierungen der einzelnen Statements im Interview lauteten:
1. Destinationsmarken werden zukünftig für den Erfolg oder Mißerfolg von touristischen Regionen verantwortlich sein. [Markennotwendigkeit]
2. Ein bekannter Destinationsname ist für den Reiseveranstaltervertrieb ein wichtiges Element, welches die Reiseentscheidung der Reisebürokunden positiv beeinflußt. [Reiseveranstaltervertrieb]
3. Preiswerte Angebote werden bei der Reiseentscheidung gegenüber bekannten Destinationen bevorzugt. [Preiswerte Angebote]
4. Ohne Markencharakter werden touristische Destinationen zukünftig nicht wettbewerbsfähig sein. [Markencharakter]
5. Das Leistungsangebot der Destination ist während der Reiseentscheidung wichtiger als die Bekanntheit der Destination selbst. [Leistung]
6. Für die Gewinnung neuer Gäste bzw. neuer Gästegruppen sind Destinationen mit Markencharakter deutlich im Vorteil gegenüber nicht markierten Destinationen. [neue Gäste]
7. Ein touristisches Zielgebiet kann nicht im Sinne eines Markenartikels positioniert werden, da zu viele einzelne Anbieter zu berücksichtigen sind. [Markendiskussion]
8. Ein professionelles Markenmanagement ist für die erfolgreiche Vermarktung touristischer Destinationen in Zukunft unerläßlich. [Markenmanagement]

Bei der Aussage „*Ohne Markencharakter werden touristische Destinationen zukünftig nicht wettbewerbsfähig sein*“ lag die Zustimmung der Destinationsmanager bei ca. 64 % („*stimme voll und ganz zu*“ und „*stimme zu*“). Etwa 32 % der Probanden sind bei dieser Frage unentschlossen („*stimme teilweise zu*“, „*lehne eher ab*“), lediglich ca. 5 % lehnen diese Aussage ab („*lehne ab*“ und „*lehne völlig ab*“) und sehen die Wettbewerbsfähigkeit einer Destination unabhängig vom Markenstatus. Die Wettbewerbsfähigkeit von touristischen Destinationen wird aber durch weitere Kriterien beeinflußt. Insbesondere Bereiche, die von den Gästen direkt wahrgenommen werden, spielen hier eine große Rolle. Zu diesen weiteren Merkmalen können beispielsweise die *Angebotsqualität* und die *Leistungsfähigkeit der Akteure* gerechnet werden. Allerdings werden diese Merkmale bei der offenen Frage, welche Voraussetzungen erfüllt sein müssen, um eine Destination als Marke zu profilieren, etwas vernachlässigt. Anderen Merkmalen bzw. Voraussetzungen wird z. T. ein höherer Stellenwert zugestanden.

Die Bedeutung des Angebotes in der Phase der Reiseentscheidung wird von den Probanden im Vergleich zur Bekanntheit der Destination als deutlich wichtiger eingeschätzt. Insgesamt sind 34,3 % der befragten Destinationsmanager der Meinung, daß das *Leistungsangebot der Destination* im Prozeß der Reiseentscheidung wichtiger ist als die Bekanntheit der Destination an sich („*stimme voll und ganz zu*“ und „*stimme zu*“). Demnach würde in der konkreten Reiseentscheidung das Vorhandensein von Markenattributen hinter dem touristischen Angebot, wie es in Tabelle 2 (S. 18) skizziert wurde, als Entscheidungskriterium zurückstehen. Eine Aussage zur Beschaffenheit des Angebotes ist an dieser Stelle nicht möglich. Allerdings sollte es sich eher um qualitativ hochwertige Angebote handeln. Nur ein verhältnismäßig geringer Teil der Destinationsmanager ist der Meinung, daß *preiswerte Angebote* bei der Reiseentscheidung gegenüber bekannten Destinationen bevorzugt werden (18,8 % – „*stimme voll und ganz zu*“ und „*stimme zu*“). Einen ähnlichen Wert erreicht das entgegengesetzte Ende der Skala: ca. 16,4 % der Probanden sind der Meinung, daß dem Preis gegenüber Markenattributen eine untergeordnete Bedeutung bei der Reiseentscheidung zukommt. Tendenziell sieht die Mehrheit der Destinationsmanager den Preis gegenüber Markenattributen als das wichtigere Reiseentscheidungskriterium an.

Dem Statement „*Ein professionelles Markenmanagement ist für die erfolgreiche Vermarktung touristischer Destinationen in Zukunft unerläßlich*“ stimmten dagegen ca. 85 % der Probanden zu („*stimme voll und ganz zu*“ und „*stimme zu*“). Die eingangs erläuterten Statements zur Markennotwendigkeit werden durch diese Aussage unterstützt. Gleichzeitig wird zum Ausdruck gebracht, daß eine Positionierung im zukünftigen Wettbewerb der Destinationen nicht ohne ein Markenmanagement auskommt bzw. auskommen kann. Allerdings wird an dieser Stelle noch nicht deutlich, was die Probanden unter Markenmanagement verstehen, was aber mit Hilfe der offenen Fragen zum großen Teil geklärt werden konnte.

Ein häufig genannter Hinderungsgrund für ein effizientes Markenmanagement touristischer Destinationen ist die Vielschichtigkeit der Angebotskomponenten und damit verbunden die Vielzahl an einzelnen Betrieben und Leistungserstellern, die für das Gesamtangebot verantwortlich sind. Mit ca. 28 % (*Markendiskussion*) ist der Anteil der Probanden, die dieser Aussage zustimmen (*„stimme voll und ganz zu“ und „stimme zu“*), relativ groß. Die markenartikelähnliche Positionierung eines touristischen Zielgebietes scheitert demnach daran, daß zu viele einzelne Anbieter mit einer individuellen Zielvorstellung bei der Strategiebildung berücksichtigt werden müssen. Allerdings ist der Anteil der Probanden, die trotz der Angebotsvielfalt der Meinung sind, daß eine Markenpositionierung für touristische Destinationen möglich ist, mit ca. 40 % der Nennungen merklich höher (*„stimme voll und ganz zu“* und *„stimme zu“*). Das Ergebnis zu diesem Statement zeigt aber deutlich, daß bei diesem Thema in der Branche noch keine einheitliche Meinung besteht. Bei der offenen Frage nach den Voraussetzungen für die Profilierung eines touristischen Zielgebietes als Destinationsmarke werden einige Aussagen zu diesem Punkt gemacht.

**Zusammenfassend** wird bzgl. der Bedeutung von Destinationsmarken festgehalten, daß die Destinationsmanager grundsätzlich der Ansicht sind, daß der Markencharakter einer Destination die Positionierung im Wettbewerb erleichtert und somit für die Kundenansprache von Vorteil ist. Dieser Aspekt ist insbesondere bei der Ansprache neuer Gäste sowie bei dem Vertrieb mit Unterstützung von Reiseveranstaltern von Bedeutung. Der überwiegende Teil der Probanden ist allerdings der Meinung, daß das Leistungsspektrum der Destination für den Konsumenten in der Phase der Reiseentscheidung wichtiger ist als eine markenähnliche Positionierung. Demnach wird dem Markencharakter, entgegen seiner Funktion im Konsumgüterbereich, eine nachgeordnete Bedeutung zugesprochen. Einerseits wird ein professionelles Markenmanagement für touristische Destinationen gefordert, auf der anderen Seite besteht jedoch Skepsis dahingehend, ob ein Markenmanagement für touristische Destinationen überhaupt umgesetzt werden kann. Es kann auf Grund der Statementbeurteilung keine eindeutige Positionierung der Probanden erkannt werden. Grundsätzlich wird dem Markencharakter eine nicht unerhebliche Bedeutung zugestanden, doch dem touristischen Angebot der Destination wird eine höhere Bedeutung im Rahmen der Reiseentscheidung zugesprochen.

Die deutliche Diskrepanz zwischen der Forderung nach Destinationsmarken einerseits und deren eingeschränkter Bedeutung für die Reiseentscheidung andererseits legt den Schluß nahe, daß diese Problematik in der Branche z. T. nur eine oberflächliche Betrachtung erfährt. Eine fundierte Auseinandersetzung mit marketingtheoretischem Hintergrund scheint nicht zu erfolgen bzw. erfolgt nur in einem geringem Umfang.

In den Vorüberlegungen wurde ein Einfluß der beruflichen Position des Probanden auf die Einschätzung der Bedeutung von Destinationsmarken vermutet. So könnte es einen Unterschied in der Beurteilung machen, ob der Destinationsmanager der Geschäftsführer einer Tourismus/Kur GmbH ist, oder ob er als Amts- bzw. Werksleiter in einem Regie- oder Eigenbetrieb der Gemeinde oder Stadt tätig ist. Eine Auswertung der Statements mit Hilfe von Kreuztabellen, differenziert nach der beruflichen Position des Interviewpartners, hat aber keinen Einfluß auf die Bewertung der Statements aufdecken können. Sowohl Kurdirektoren als auch Geschäftsführer weisen etwa die gleiche Verteilung der Antworten auf die einzelnen Kategorien auf. Lediglich bei den Probanden ohne Leitungsfunktion (stellvertretender Geschäftsführer oder Kurdirektor, Tourismusreferent, Marketingfachleute) konnte eine etwas gemäßigtere Beurteilung der Statements festgestellt werden, d. h, diese Probanden tendierten eher zu den mittleren Antwortkategorien. Allerdings kann nicht von einem eindeutigen Ergebnis gesprochen werden. Hinzu kommt, daß die Anzahl der Probanden in diesen Kategorien zu niedrig war, um statistisch abgesicherte Aussagen treffen zu können.

Die geringe Abweichung bei der Beurteilung der Statements durch die Probanden in Führungspositionen kann aber auch damit zusammenhängen, daß in den vergangenen Jahren gerade im Bereich der Tourismusorganisationen ein Teil der kommunalen Eigenbetriebe in eine GmbH-Struktur überführt worden ist. Bei diesen öffentlichen GmbHs (vgl. Fußnote 10 auf S. 20) hat oftmals nur eine Änderung der Rechtsform stattgefunden. Das Primat der Politik ist in den jeweiligen Organisationen weiterhin vorhanden und kann nur sehr langsam abgebaut werden. Da mit diesem Prozeß der Einfluß der öffentlichen Verwaltung in einem nach außen wirksamen Bereich der Stadt, Gemeinde oder Kommune reduziert wird, ist er von der politischen Seite nur teilweise gewünscht. Auch bei der personellen Besetzung hat durch die Umstrukturierung oftmals keine Veränderung stattgefunden, so daß die Fortführung des „Bewährten" die tägliche Arbeit bestimmt. Vor diesem Hintergrund ist es keine Überraschung, wenn sich die Ergebnisse hinsichtlich der Position der Probanden nicht wesentlich voneinander unterscheiden.

Um Unterschiede in diesem Bereich, für den durchaus ein Forschungsinteresse besteht, aufdecken zu können, wäre eine vertiefende Untersuchung notwendig. Von der methodischen Seite her sollte dabei weniger mit standardisierten Fragebogen gearbeitet werden. Mit Hilfe von Tiefeninterviews können beispielsweise auch indirekte Abhängigkeiten und Zusammenhänge des Aufgabenspektrums aufgedeckt werden, die bei einer standardisierten Befragung i. d. R. nicht zur Sprache kommen. Allerdings handelt es sich bei dieser Methodik um eine sowohl vom Zeitbedarf als auch vom finanziellen Budget her aufwendigen Untersuchungsmethode, so daß für den Bereich von touristischen Organisationen in naher Zukunft nicht mit der Realisierung eines solchen Projektes gerechnet werden kann.

#### 5.2.2.2 Eingeführte Destinationsmarken aus Sicht der Destinationsmanager

Ein weiterer Aspekt in der Befragung befaßte sich mit bereits bestehenden Destinationsmarken. Auf die Frage „*Gibt es Ihrer Meinung nach bereits Destinationen, die dem Anspruch einer Marke gerecht werden*?" antworteten ca. 92 % der Probanden mit „Ja".

Neben der Feststellung, daß es bereits Destinationen mit Markencharakter gibt, sollte mit Hilfe einer offenen Frage herausgefunden werden, um welche Destinationen es sich dabei handelt. Wie zu erwarten war, wurde hier ein sehr breites Spektrum genannt – insgesamt 96 verschiedene Destinationen. Neben in- und ausländischen Reisezielen wurden auch einige wenige Hotelanlagen und Kooperationen genannt, die bei der weiteren Betrachtung nicht berücksichtigt werden.

Die 27 genannten ausländischen Destinationen erzielten gemeinsam einen Anteil von knapp 20 % der Nennungen. Neben einer Vielzahl von Destinationen mit lediglich einer oder zwei Nennungen hebt sich nur das Österreichische Bundesland *Tirol* mit 11,4 % der Fälle ab. Alle übrigen ausländischen Destinationen – mit Ausnahme von St. Moritz – bleiben deutlich unter der 5 %-Grenze (vgl. Tabelle 14).

**Tabelle 14: Reiseziele, auf die die Bezeichnung Marke aus Sicht der Destinationsmanager zutrifft**

(Frage: Gibt es Ihrer Meinung nach bereits Destinationen, die dem Anspruch einer Marke gerecht werden? Wenn JA, welche Destinationen sind das? – Mehrfachnennungen möglich)
(Quelle: eigene Erhebung März 2002)

| Region | Anteil der Fälle[a)] |
|---|---|
| Regionen im Inland[b)] | 35,6 % |
| Bayern | 21,5 % |
| Schwarzwald | 19,5 % |
| Städte im Inland[b)] | 15,4 % |
| Regionen im Ausland[b)] | 14,8 % |
| Nordsee | 13,4 % |
| Tirol | 11,4 % |
| Sylt | 10,7 % |
| Ostsee | 8,7 % |
| Berlin | 8,1 % |
| Bundesländer[b)] | 6,7 % |
| Resorts[b)] | 6,7 % |
| Städte im Ausland[b)] | 6,0 % |
| Hamburg | 6,0 % |
| Bodensee | 6,0 % |
| Kurmarken[b)] | 6,0 % |
| Mecklenburg-Vorpommern | 5,4 % |
| St. Moritz | 5,4 % |
| Bayerischer Wald | 5,4 % |
| Rügen | 5,4 % |
| Allgäu | 5,4 % |
| Länder[b)] | 4,7 % |

**Anmerkung**:

a) *Fälle* sind in diesem Zusammenhang gleichbedeutend mit *Destinationsmanager*. So sind bspw. 21,5 % der befragten Destinationsmanager der Meinung, daß *Bayern* den Ansprüchen an einen Markenartikel gerecht wird.

b) Diese Angaben sind aus den Einzelnennungen zusammengefaßt. Lediglich Destinationen, die mindestens 5 % der Fälle aufweisen konnten, sind in der Tabelle namentlich dargestellt.

Von den insgesamt 58 genannten deutschen Urlaubsregionen und -städten werden 12 Destinationen von mehr als 5 % der Destinationsmanager genannt. Unter den ersten fünf Destinationen finden sich drei wieder, die in der Untersuchung von SCHERHAG (1999) auch von Reisenden benannt wurden (siehe auch Abbildung 25 auf S. 152): Schwarzwald, Nordsee und Ostsee. Bei vielen der genannten Destinationen handelte es sich um Einzelnennungen, die in Kategorien zusammengefaßt wurden (Regionen im In- und Ausland, Städte im In- und Ausland, Kurmarken, Bundesländer, Ressorts – vgl. Tabelle 14). Insbesondere bei den inländischen *Markenregionen* scheint bei der Beantwortung der Wunsch, für eine Markendestination verantwortlich zu sein, häufig gegenüber der realistischen Einschätzung, was eine Markendestination ausmacht, überwogen zu haben. Der größte Teil der Nennungen ist mit 35,6 % auf die Kategorie „Regionen im Inland" entfallen. Allerdings sind zwei Drittel der in dieser Kategorie zusammengefaßten Regionen nur jeweils einmal genannt worden, und zwar wiederum überwiegend von Probanden, die für die Vermarktung der jeweiligen Region mindestens indirekt verantwortlich sind oder die Produkte der jeweiligen Region vertreiben. Unter den genannten Destinationen befinden sich sowohl die Insel Sylt als auch St. Moritz, die bereits als Destinationen vorgestellt wurden und die über ein eingetragenes Markenzeichen verfügen (vgl. Kapitel 2.3.3 ab S. 57). Das österreichische Bundesland Kärnten, für das seit ca. zehn Jahren ein eingetragenes Markenzeichen besteht (vgl. KÄRNTEN WERBUNG 2001: 13), wurde von den Experten allerdings nicht genannt.

Betrachtet man die Nennungen in Tabelle 14, können diese in zwei Gruppen aufgeteilt werden. Einerseits handelt es sich um Destinationen, die zu den bevorzugten Urlaubsregionen der Deutschen zählen (Schwarzwald, Nord- und Ostsee, Bodensee, Bayerischer Wald, Allgäu), andererseits handelt es sich um Destinationen, die eine überdurchschnittliche Medienpräsenz aufweisen. Dabei sind sowohl starke Landesorganisationen wie Bayern und Mecklenburg-Vorpommern als auch die starken Städte Berlin und Hamburg zu nennen, ebenso wie Sylt, St. Moritz, Tirol und Rügen als eigenständig positionierte touristische Destinationen. Letztere verfügen über ein relativ starkes Image als Urlaubsgebiet und werden auch in den Medien häufiger genannt.

**Zusammenfassend** kann festgehalten werden, daß die deutschen Destinationsmanager über das Vorhandensein von touristischen Destinationsmarken nicht einer Meinung sind. Teilweise werden zwar Regionen oder Städte benannt, die Markenkriterien erfüllen, aber sehr häufig ist die eigene Destination oder Stadt als Marke bezeichnet worden. Wie bereits im vorherigen Kapitel festgestellt wurde, mangelt es an einem einheitlichen Verständnis des markenrelevanten wissenschaftlichen Hintergrundes. Eine wesentliche Aufgabe der Tourismuswissenschaft sollte es daher sein, ein einheitliches Verständnis für diese Thematik und die damit verbundenen Zusammenhänge unter den touristischen Akteuren aufzubauen.

Zwei Kategorien in Tabelle 14 bedürfen noch einer näheren Erläuterung. In der Kategorie *Kurmarken* sind Nennungen zu den in einigen Bundesländern aufgestellten Kur- und Wellnesslabels (z. B. *Vita Park* Rheinland Pfalz und Saarland, *Vitalkur* Niedersachsen, *Wellvital* in

Bayern, *Die gesunden Fünf*) oder pauschale Aussagen zu Kurorten (z. B. einige Kurorte, Kaiserbäder auf Usedom) zusammengefaßt worden. Eine Differenzierung der Nennungen ist aufgrund der zu geringen Fallzahl nicht möglich. Bei der zweiten Kategorie handelt es sich um *Resorts*. Unter diesem Begriff sind Hotelketten und Club-Anlagen zusammengefaßt, da diese ebenfalls nur Einzelnennungen aufweisen, tendenziell aber einen etwas anderen Anspruch an die touristische Destinationsmarke kommunizieren. Es ist weniger die naturräumliche Einheit als vielmehr das zielgruppenspezifische umfassende Angebot in z. T. künstlich geschaffenen Erlebniswelten, das den Markencharakter zum Ausdruck bringt. Aus Sicht von Reiseveranstaltern handelt es sich dabei durchaus um profitable Marken, da oftmals ein höherer Gewinnanteil realisiert werden kann, als dies mit standardisierten Pauschalreisen möglich ist. Unter Berücksichtigung der Definitionen für Destinationen kann ein *Resort* durchaus als Destination verstanden werden, auch wenn diese Destinationsform nicht in den Rahmen der in dieser Arbeit behandelten Problematik paßt. Üblicherweise handelt es sich bei *Resorts* um hotelähnliche Betriebe, die zusätzlich über ein umfangreiches touristisches Angebotspotential verfügen, um dem Gast alle für den Aufenthalt und die Freizeitgestaltung notwendigen Einrichtungen zur Verfügung zu stellen. Meist handelt es sich dabei um geschlossene Anlagen, die weitgehend autonom sind (vgl. BIEGER 2000b: 59).

Die Destinationsmanager, die auf die eingangs gestellte Frage nach der Existenz von Destinationsmarken mit „Nein" geantwortet haben, wurden weitergehend danach gefragt, ob *„Sie sich Destinationen vorstellen können, die diesem Anspruch in Kürze gerecht werden können?"*. Da es sich mit ca. 8 % nur um einen sehr geringen Teil der Stichprobe handelt, können die Nennungen lediglich eine Tendenz wiedergeben. Darüber hinaus – da es sich jeweils um Einzelnennungen handelte – wurden zwei Kategorien gebildet: *Städte* und *Urlaubsgebiete*. Einerseits wurden große Städte als mögliche Destinationsmarken genannt, andererseits wurden einige der bereits in Tabelle 14 aufgeführten Destinationen als zukünftige Markendestinationen angesehen. Tendenziell werden von dieser Gruppe die gleichen Destinationen genannt wie auch von den übrigen Probanden, mit dem Unterschied, daß den Destinationen noch kein Markencharakter zugestanden wurde. Alle Probanden waren der Auffassung, daß es möglich ist, touristische Destinationen als Marken zu etablieren.

#### 5.2.2.3 Voraussetzungen für Destinationsmarken

Welche Voraussetzungen sollten aus Sicht der Destinationsmanager erfüllt sein, um überhaupt von Destinationsmarken sprechen zu können?

Hierzu wurde zunächst eine offene Frage formuliert, bei der die Probanden bis zu sieben Merkmale benennen konnten, die ihrer Meinung nach notwendig waren, um von Destinationsmarken sprechen zu können. Daran anschließend wurde den Probanden ein Block mit ausgewählten Statements vorgelesen, die sich auf mögliche Voraussetzungen bezogen, die für eine Destinationsmarke erfüllt sein sollten. Es sollte der Grad der Zustimmung ebenfalls mit einer Sechser-Skala („*stimme voll und ganz zu*“ „*stimme zu*“, „*stimme teilweise zu*“, „*lehne eher ab*“, „*lehne ab*“ bis „*lehne völlig ab*“) angegeben werden.

Die offene Frage wurde mit folgender Formulierung eingeleitet: „*Welche Voraussetzungen müssen Ihrer Meinung nach gegeben sein, um ein touristisches Zielgebiet als Destinationsmarke zu profilieren? Bitte nennen Sie die Ihrer Meinung nach wichtigsten Faktoren/Merkmale!*“.

Aufgrund der facettenreichen Diskussion dieses Themas in der touristischen Fachpresse wurde eine Vielzahl unterschiedlicher Aspekte erwartet. Im Durchschnitt hat jeder Destinationsmanager drei verschiedene Merkmale genannt, insgesamt wurden 475 Nennungen abgegeben. Nach der Bereinigung um ähnliche Formulierungen blieben noch 92 unterschiedliche Merkmale übrig. Auf ca. ein Drittel dieser Kriterien entfielen allerdings jeweils nur eine bis drei Stimmen. Ein Teil der genannten Merkmale konnte zusammengefaßt werden, da ihre Aussagen in die gleiche Richtung gingen und sich lediglich in der Formulierung unterschieden. Allerdings verblieben immer noch 50 unterschiedliche Merkmale. In Abbildung 32 sind diese Merkmale dargestellt, wobei die Merkmale, auf die maximal drei Nennungen entfallen sind, unter *sonstige Nennungen, sonstige Nennungen – Management* und *sonstige Nennungen – Angebotskomponenten* zusammengefaßt wurden.

Wenn man die einzelnen Nennungen genauer betrachtet, lassen sie sich in drei Hauptkategorien aufteilen. Die erste Kategorie beinhaltet im wesentlichen Merkmale des natürlichen und abgeleiteten Angebotes (siehe auch Tabelle 2 auf Seite 18). Eng damit verbunden ist die zweite Kategorie, in der unterschiedliche Gesichtspunkte des Marketings thematisiert werden, die mit der Vermarktung der Destination und den Destinationsleistungen zusammenhängen. In der dritten Kategorie werden die Aussagen zusammengefaßt, die zum Bereich *Management der Destination* gerechnet werden können. Die nach innen gerichteten Maßnahmen nehmen in dieser Kategorie einen breiten Raum ein. Nach Ansicht einiger Marketingwissenschaftler ist Marketing als eine zentrale Managementaufgabe zu verstehen und umfaßt wesentlich mehr Aufgaben als lediglich die Vermarktung von Produkten bzw. in diesem Falle einer Destination. Folgt man dieser Argumentation, so sind die in Abbildung 32 dargestellten Merkmale, bis auf die in einem landschaftlichen Kontext zu sehenden Merkmale, als Managementaufgaben zu betrachten. Außen- und innengerichtete Aufgaben sind zu unterscheiden. Die Markenführung touristischer Destinationen hängt demnach wesentlich von den Fähigkeiten des Managements ab.

Als markenbestimmendes Merkmal ist von den Destinationsmanagern mit ca. 33 % die *Angebotsstruktur* bzw. *-vielfalt* genannt worden. Somit wird eine der täglichen Hauptaufgaben im Destinationsmanagement als notwendiges Merkmal einer Destinationsmarke angesehen. Die weiteren Merkmale – *Qualität, Angebotshomogenität, einheitlicher Marktauftritt, USP, Marketing* – stehen in unmittelbarem Zusammenhang zur Angebotsstruktur. Erst an sechster Stelle wird das *Image* der Marke genannt. Damit wird aus Sicht der Destinationsmanager der bereits thematisierte Zusatznutzen, der mit dem Kauf von Markenartikeln verbunden ist (vgl. Abbildung 48 auf S. 246), lediglich an nachgeordneter Stelle berücksichtigt. Der Grundnutzen, der mit einer Urlaubsdestination verbunden ist und durch das touristische Angebot zum Ausdruck gebracht wird, gilt demnach als wesentliche Voraussetzung für die Profilierung einer Destinationsmarke. Das Image wird in der Regel über einen langen Zeitraum aufgebaut und ist daher relativ resistent gegenüber kurzfristigen Entwicklungen und Marktveränderungen. Daher hat die *touristische Tradition* einer Destination einen nicht unwesentlichen Einfluß auf die Entwicklung des Images und somit auch auf die Markenwahrnehmung. Um so erstaunlicher ist es, daß dieses Merkmal lediglich von 5,1 % der Probanden genannt wurde. Gerade wenn eine neue Marke lanciert werden soll, ist dieser Sachverhalt zu berücksichtigen. Es bedarf einer gewissen Zeit, um eine Marke zu positionieren, da zunächst eine Geschichte, eine Tradition für die Marke aufgebaut werden muß (vgl. ARNAULT/WETLAUFER 2002: 26).

**Abbildung 32: Notwendige Merkmale, um touristische Destinationen als Marke zu positionieren**

(Frage: Welche Voraussetzungen müssen Ihrer Meinung nach gegeben sein, um ein touristisches Zielgebiet als Destinationsmarke zu profilieren? Bitte nennen Sie die Ihrer Meinung nach wichtigsten Faktoren/Merkmale!)
(Quelle: eigene Erhebung März 2002)

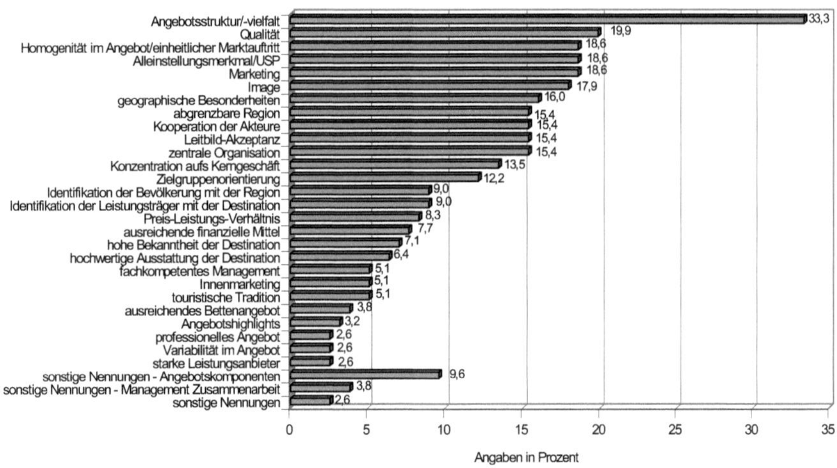


Weitere Markenmerkmale wie *hohe Bekanntheit* und ausreichende *finanzielle Mittel* werden erst mit deutlichem Abstand und lediglich von einem geringen Anteil der Probanden genannt (7,7 % bzw. 7,1 %). Die Merkmale der internen Markenführung werden ebenfalls nur von einem geringen Anteil der Destinationsmanager als notwendiges Merkmal für die Positionierung von Destinationsmarken angesehen. So wird Innenmarketing lediglich von 5,1 % der Probanden genannt. Auch die *Identifikation der Leistungsträger mit der Destination* sowie der

*Bevölkerung mit der Region* wird lediglich von jeweils 9% als notwendiges Merkmal angesehen. Mit ca. 18,6% der Nennungen werden dagegen die *Angebotshomogenität* bzw. ein *einheitlicher Marktauftritt* als notwendig angesehen.

An siebter und achter Stelle werden explizite Merkmale der Destination genannt. Neben *geographischen Besonderheiten* (16%) wird eine *abgrenzbare Region* (15,4%) gefordert. Bereits bei den anfänglichen Ausführungen zur Abgrenzung touristischer Destinationen (siehe Kapitel 2.1, ab S. 11) wurde die Notwendigkeit der Abgrenzbarkeit für ein zielführendes Marketing betont, was demzufolge ebenfalls für das Markenmanagement herangezogen werden muß. Vor diesem Hintergrund erscheint die Berücksichtigung der ursprünglichen im Vergleich zu den abgeleiteten Angebotsfaktoren (vgl. auch Tabelle 2 auf S. 18) etwas zu gering ausgefallen zu sein.

Im Anschluß an diese offene Frage wurden den Probanden einzelne Marken-Statements vorgelesen, die sie nach dem Grad ihrer Zustimmung einschätzen sollten. Betrachtet man den jeweiligen Grad der Zustimmung, zeigen sich z. T. deutliche Unterschiede. In dem geschlossenen Fragenkomplex ist insgesamt eine sehr hohe Zustimmung über alle Teilaussagen hinweg erkennbar. So stimmen – ausgenommen die beiden Statements zum Inhalt des Destinationsnamen – jeweils deutlich mehr als 80% der Probanden den jeweiligen Aussagen zu („*stimme voll und ganz zu*" und „*stimme zu*" – vgl. Abbildung 33).

Auch der Aussage, daß die Destination vom Gast als zusammengehörender Raum wahrgenommen werden muß, stimmen ca. 90% der Destinationsmanager zu. Somit wird die Bedeutung des primären Destinationsmerkmals bei der gestützten Befragung erkannt. Ähnlich verhält es sich mit der Einschätzung einer zentralen Destinationsmanagement-Organisation: Während sie in der ungestützten Frage lediglich von 15,4% der Probanden als notwendiges Merkmal für die Profilierung einer Destinationsmarke angesehen wurde, wird ihre Bedeutung als Koordinationseinheit für die Markenführung von ca. 93% der Probanden bejaht („*stimme voll und ganz zu*" und „*stimme zu*").

Die Bereitschaft der Akteure, die eigenen unternehmerischen Ziele an die gemeinsamen Ziele anzupassen, wird von ca. 91% der Destinationsmanager als Voraussetzung für die erfolgreiche Positionierung einer Destinationsmarke angesehen. Die Notwendigkeit eines geschlossenen Marktauftritts wird von den Probanden demnach durchaus erkannt.

Die Notwendigkeit eines einheitlichen Marktauftritts aller Akteure und Leistungsträger innerhalb der Destination verdeutlicht die Zustimmung („*stimme voll und ganz zu*" und „*stimme zu*") von ca. 86% der Destinationsmanager zu dem Statement über die Notwendigkeit eines einheitlichen Logos. Bei der offenen Frage ist dieser Aspekt zum Teil in dem Merkmal *einheitlicher Marktauftritt* enthalten, namentlich aber nur von ca. 2% der Probanden genannt worden.

Ca. 90% der Probanden stimmen der Forderung nach einem einheitlichen Destinationsnamen zu, wobei ca. 72% der Destinationsmanager einen Zusammenhang zur räumlichen Lage als notwendig erachten („*stimme voll und ganz zu*“ und „*stimme zu*“). Demnach sind die bisher gebräuchlichen Bezeichnungen für die touristischen Zielgebiete weiterhin zu verwenden. Lediglich knapp 8 % der Probanden unterstützen das Statement („*stimme voll und ganz zu*“ und „*stimme zu*“), nach dem es sich bei dem Destinationsnamen um einen von Marketingfachleuten entwickelten Phantasienamen handeln sollte. Ca. 40 % lehnen einen Phantasienamen ab („*lehne ab*“ und „*lehne völlig ab*“). Da die meisten touristischen Destinationen, wenn auch bei einem unterschiedlich großen Kundenkreis, bereits als Reiseziel bekannt sind, kann diese

**Abbildung 33: Zustimmung zu den Statements bzgl. Merkmalen, die eine Destination aufweisen sollte, um als Marke positioniert werden zu können**[94]

(Quelle: eigene Erhebung, März 2002)

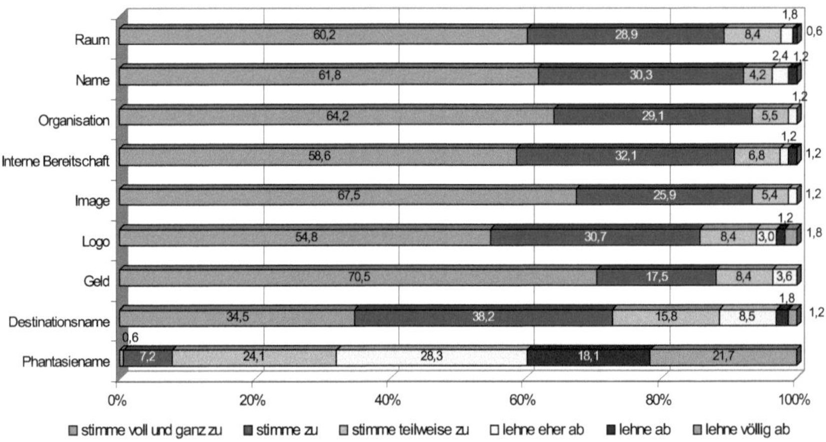


94 Dieser Komplex mit unterschiedlichen Aussagen wurde mit folgendem erläuternden Text eingeleitet: „*Welche der folgenden Voraussetzungen müssen erfüllt sein, um eine Destinationsmarke erfolgreich am Markt zu positionieren? Bitte sagen Sie mir auf einer Skala von 1 bis 6, wie sehr Sie den jeweiligen Aussagen zustimmen bzw. wie sehr Sie diese ablehnen. Dabei bedeutet 1=‚stimme voll und ganz zu‘, 2=‚stimme zu‘, 3=‚stimme teilweise zu‘, 4=‚lehne eher ab‘, 5=‚lehne ab‘ und 6=‚lehne völlig ab‘.*“ Für die Auswertung mittels der Faktorenanalyse wurde eine Transformation der Antwortratings durchgeführt – vgl. Fußnote 92.
Die einzelnen Aussagen lauteten (Abweichung zu 100 % aufgrund von Rundungsfehlern):

1. Die Destination muß vom Gast als zusammengehörender Raum wahrgenommen werden. [Raum]
2. Die Destination muß über einen einprägsamen Namen verfügen. [Name]
3. In der Destination muß es eine Organisation geben, die sich mit dem Markenmanagement beschäftigt und einzelne Maßnahmen koordiniert. [Organisation]
4. Bei den touristischen Akteuren in der Region muß die Bereitschaft bestehen, die eigenen Ziele an die Markenziele der Destination anzupassen. [Interne Bereitschaft]
5. In der Destination muß eine konsequente Imagepolitik betrieben werden. [Image]
6. Für die Destinationsmarke ist ein einheitliches Logo zu entwickeln, welches von allen Anbietern in der Destination genutzt wird. [Logo]
7. Ein professionelles Markenmanagement ist nur mit ausreichenden finanziellen Mitteln durchführbar. [Geld]
8. Der Name einer Destinationsmarke sollte einen direkten Zusammenhang zur räumlichen Lage der Destination besitzen. [Destinationsname]
9. Der Name der Destinationsmarke sollte ein zielgruppenspezifischer Phantasiename sein, der von Marketingfachleuten entwickelt wurde. [Phantasiename]

Forderung teilweise unterstützt werden. Allerdings ist ebenfalls festzuhalten, daß aufgrund unterschiedlicher Zuständigkeiten auf politischer Ebene sowie der Möglichkeit, einen Namen mit geographischem Bezug mehrfach zu verwenden, oftmals die Eindeutigkeit des Namens auf der Strecke bleibt. Soll jedoch eine Destination neu am Markt positioniert werden, kann es aus finanzieller und marketingtechnischer Sicht sinnvoll sein, einen Phantasienamen zu entwickeln. Der Aufwand bei der Markteinführung ist nahezu identisch, unabhängig davon, ob es sich um einen realen Namen oder einen kreativ entwickelten Namen handelt. Letzterer wird allerdings eine eindeutige Zuordnung der mit dem Namen kommunizierten Leistungsbestandteile gewährleisten. Ein Name mit geographischem Bezug kann dies nicht zwangsläufig. Beispielsweise kann der Urlaubsregion *Heidiland* ein relativ klar umrissenes Leistungsspektrum zugeordnet werden (Familienurlaub, Natur, Berge, klare Luft ...), was bei der Verwendung der in dieser Urlaubsregion zusammengefaßten Gemeindenamen, wie z. B. Bad Ragaz, Taminatal oder Kerenzerberg, deutlich schwieriger ist. Dies gilt insbesondere bei der Ansprache von Neukunden im Ausland, die oftmals keine genauen Vorstellungen von der geographischen Lage einer für sie neuen Urlaubsdestination besitzen.

Eine große Diskrepanz zwischen der Einschätzung eines Statements und der Berücksichtigung in der offenen Frage liegt bei der Bedeutung der finanziellen Ausstattung vor. Während in der ungestützten Frage lediglich von 7,7 % der Probanden eine ausreichende finanzielle Ausstattung gefordert wurde, stimmten dem Statement, daß ein professionelles Markenmanagement nur mit ausreichenden finanziellen Mitteln durchführbar ist, ca. 88 % zu.

Die einzelnen Statements können mit Hilfe einer konfirmatorischen Faktorenanalyse zu drei Gruppen zusammenfaßt werden, die jeweils eine zentrale Bedeutung im Destinationsmanagement haben. Die Zahl der zu extrahierenden Faktoren wurde mittels des Scree-Test ermittelt, da die Auswahl nach dem Kaiser-Kriterium (Eigenwerte ≥ 1 – vgl. BACKHAUS ET AL. 2000: 290f.) lediglich zwei Faktoren lieferte, jedoch zwei weitere nur knapp unterhalb der Grenze des Wertes von 1,0 lagen. Insgesamt erklären die drei extrahierten Faktoren 53,3 % der Gesamtvarianz. Die Überprüfung der Stichprobe und der Korrelationsmatrix nach dem Kaiser-Meyer-Olkin-Kriterium (KMK) liefert mit einem KMK-Wert von 0,629 ein „mittelmäßiges" Ergebnis (vgl. BACKHAUS ET AL. 2000: 269; KAISER/RICE 1974: 111ff.)[95]. In Tabelle 15 ist die erklärte Gesamtvarianz der extrahierten Faktoren dargestellt. Da die inhaltliche Besetzung der Faktoren plausibel erscheint, wird das Ergebnis genauer betrachtet.

95 Das KMK, auch als *measure of sampling adequacy* (MSA) bezeichnet, wird in der wissenschaftlichen Literatur als das beste zur Verfügung stehende Verfahren zur Prüfung der Korrelationsmatrix angesehen (vgl. BACKHAUS ET AL. 2000: 269). Für Faktorenanalysen wird ein KMK-Wert von 0,8 als wünschenswert angesehen. KAISER und RICE (1974: 112) haben die entsprechenden Werte zur Beurteilung der Korrelationsmatrix folgendermaßen eingeteilt (in Klammern die Interpretation von BACKHAUS ET AL 2000: 269):

| | | | |
|---|---|---|---|
| KMK ≥ 0,9 | marvelous | („erstaunlich") | |
| KMK ≥ 0,8 | meritorious | („verdienstvoll") → | dieser Wert wird von KAISER und RICE als wünschens- |
| KMK ≥ 0,7 | middling | („ziemlich gut") | wert bezeichnet |
| KMK ≥ 0,6 | mediocre | („mittelmäßig") | |
| KMK ≥ 0,5 | miserable | („kläglich") | |
| KMK < 0,5 | unacceptable | („untragbar") → nicht mehr für eine Faktorenanalyse geeignet. | |

**Tabelle 15: Erklärte Gesamtvarianz zur Faktorenanalyse**
(Quelle: eigene Erhebung, März 2002)

| | Anfängliche Eigenwerte | | | Summen von quadrierten Faktorladungen für Extraktion | | |
|---|---|---|---|---|---|---|
| Komponente | Gesamt | % der Varianz | Kumulierte % | Gesamt | % der Varianz | Kumulierte % |
| 1 | 2,280 | 25,329 | 25,329 | 2,280 | 25,329 | 25,329 |
| 2 | 1,535 | 17,058 | 42,388 | 1,535 | 17,058 | 42,388 |
| 3 | ,981 | 10,904 | 53,291 | ,981 | 10,904 | 53,291 |
| 4 | ,964 | 10,707 | 63,998 | | | |
| 5 | ,862 | 9,577 | 73,576 | | | |
| 6 | ,768 | 8,531 | 82,107 | | | |
| 7 | ,622 | 6,911 | 89,018 | | | |
| 8 | ,599 | 6,657 | 95,675 | | | |
| 9 | ,389 | 4,325 | 100,000 | | | |

Extraktionsmethode: Hauptkomponentenanalyse mit Varimax-Rotation.

Die Faktorladungen der einzelnen Items sind insgesamt als gut zu bewerten. Die Werte liegen alle über ≥ 0,50 und bilden fast alle Faktoren eindeutig ab. Lediglich das Item *Phantasiename* wird auf zwei Faktoren abgebildet. Die Faktorenstruktur ist in Tabelle 16 dargestellt, sie vereinfacht die Ergebnisdarstellung und zeigt konkrete Handlungsfelder für die Destinationsmanager für die Positionierung einer Destinationsmarke auf.

**Tabelle 16: Faktorstruktur zur Abgrenzung von Destinationsmarken**
(Quelle: eigene Erhebung, März 2002)

**Komponentenmatrix[a]**

| | Komponente | | |
|---|---|---|---|
| | 1 | 2 | 3 |
| Raum | ,229 | ,582 | -,032 |
| interne Bereitschaft | ,549 | -,343 | -,300 |
| Logo | ,680 | ,119 | ,122 |
| Geld | ,538 | ,076 | ,044 |
| Organisation | ,624 | -,052 | -,243 |
| Name | ,356 | ,341 | ,712 |
| Image | ,750 | -,161 | -,198 |
| Destinationsname | ,177 | ,707 | -,087 |
| Phantasiename | ,250 | -,643 | ,510 |

Extraktionsmethode: Hauptkomponentenanalyse.
a. 3 Komponenten extrahiert

Die drei extrahierten Faktoren können wie folgt benannt werden:

**Faktor 1**: Wahrnehmung am Markt.

Der erste Faktor, der insgesamt 25,3 % der Gesamtvarianz erklärt, enthält insgesamt fünf Items. Die höchsten Ladungen erreichen die beiden Items *Image* und *Logo*, die einen starken Einfluß auf die Wahrnehmung durch die Konsumenten haben: Die Destination muß eine *konsequente Imagepolitik* betreiben. Diese kann mittel- bis langfristig bewirken, daß das Fremdbild möglichst stark mit dem Eigenbild[96] übereinstimmt. Zur Darstellung nach außen wirkt ein einheitliches *Logo* unterstützend. Es soll von allen Anbietern in der Destination genutzt werden und das Wiedererkennen der Destinationsmarke erleichtern. Wenn diese beiden Merkmale miteinander korrespondieren, kann die Destination eindeutig im Wettbewerb positioniert werden. Die drei übrigen Merkmale können als Voraussetzung für eine erfolgreiche Imagepolitik angesehen werden: Ohne eine zentrale *Organisation* kann ein einheitlicher Marktauftritt einer Destination nur schwer erreicht werden, da die Einzelaktivitäten der Unternehmer oftmals nicht eindeutig miteinander harmonieren. Daher ist die *interne Bereitschaft* der Leistungsträger notwendig, sich mit der Destination zu identifizieren. Als weiteres Merkmal kennzeichnet das Item *Geld* diesen Faktor, denn ohne ausreichende finanzielle Mittel kann ein professionelles Destinationsmanagement nicht realisiert werden.

**Faktor 2**: Destination.
Der zweite Faktor erklärt 17,1 % der Gesamtvarianz und drückt in erster Linie den räumlichen Bezug der Destination aus. Er beinhaltet die Items *Destinationsname* und *Raum* sowie *Phantasiename*. Letzteres allerdings mit einem negativen Vorzeichen, d. h., es wird für den Faktor *Destination* als nicht wichtig angesehen. Die Destination soll nicht mit einen von Marketingfachleuten entwickelten künstlichen Begriff oder Name vermarktet werden. Durch die beiden anderen Items *Raum* und *Destinationsname* wird zum Ausdruck gebracht, daß eine Destination nur als ein zusammengehöriger Raum angesehen werden kann, deren Name in einem direkten Zusammenhang mit der räumlichen Lage der Destination stehen sollte.

**Faktor 3**: Name.
Dieser Faktor erklärt 10,9 % der Gesamtvarianz und beinhaltet die Items *Name* und *Phantasiename*. Letzteres Item ist mit einer Faktorladung von 0,51 allerdings nur knapp in diesem Faktor berücksichtigt. Unter dem Item *Name* ist ein einprägsamer Destinationsname zu verstehen, der sich im *evoked set* der potentiellen Gäste verankert und bei Bedarf abgerufen werden kann. Durch das Item *Phantasiename* wird noch einmal betont, daß es wichtig ist, einen Namen zu wählen, der einprägsam ist und sich aus der Angebotsvielfalt hervorhebt. Der Destinationsname wird zu einer Schlüsselinformation für den Konsumenten und erleichtert es ihm, ein (Vorstellungs-)Bild mit der Destination zu verbinden.

Diese drei Faktoren verdeutlichen die unterschiedliche Gruppierung der Merkmale, die für eine Destinationsmarke von Bedeutung sind. Dabei ist die *Wahrnehmung am Markt* mit ca. 25,3 % erklärter Varianz der bedeutendste Fakor. Neben dem Image und einem einheitlichen Logo ist als steuerndes Element eine funktionierende Organisation mit der Koordination und Umsetzung der notwendigen Aufgaben einzusetzen. Mit deutlichem Abstand folgen die Fak-

96 Das *Eigenbild* ist das Bild, daß die touristischen Akteure von ihrer Destination vor Augen haben, d. h., wie sie ihre Destination sehen. Das *Fremdbild* entspricht dem (Vorstellungs-)Bild des Konsumenten oder potentiellen und/oder realen Gast von der Destination, es wird auch als Image bezeichnet (vgl. z. B. KROEBER-RIEL/WEINBERG 1999: 196).

toren *Destination* und *Name*, wobei der Faktor *Destination* mit 17,1 % der Varianz der zweitwichtigste Faktor ist. Dem dritten Faktor *Name* wird mit einem Erklärungsanteil von knapp 11 % an der Gesamtvarianz eine geringere Bedeutung zugewiesen.

Gerade aber dem Namen wird in der Markentheorie eine hohe Bedeutung zugestanden, da er wesentlich zur Identifikation und dem Wiedererkennen der Marke beiträgt. Wie bereits einleitend dargestellt wurde, zeichnen sich überdurchschnittlich erfolgreiche Marken dadurch aus, daß sie zu einem Standard in ihrer Produktkategorie geworden sind und ihr Markenname für diese Kategorie steht (vgl. S. 3). Dieser hohe Stellenwert kann durch das Ergebnis dieser Faktorenanalyse nicht bestätigt werden.

### 5.2.3 Zusammenführung

Das Verständnis für eine Markengestaltung scheint bei den Destinationsmanagern in weiten Teilen nur wenig konkret vorhanden zu sein. Dies wird durch eine große Bandbreite bei der Darstellung der relevanten Kriterien für Destinationsmarken zum Ausdruck gebracht. Die Vielzahl der genannten Markenmerkmale weist darauf hin, daß es bisher nicht zu einer klaren Begriffsabgrenzung und somit zu einem einheitlichen Verständnis in der Branche gekommen ist. Durchschnittlich wurden von jedem Probanden drei Merkmale – insgesamt 475 – genannt, die zu ca. 50 unterschiedlichen Merkmalen zusammengefaßt werden konnten, da sie sich z. T. nur in der Formulierung, nicht aber in der Aussage unterschieden. Die Konzentration auf Produktmerkmale bei der Frage nach notwendigen Markenmerkmalen verdeutlicht, daß dieser Thematik im Destinationsmanagement bisher nur eine eingeschränkte bzw. oberflächliche Aufmerksamkeit gezollt wird. Die Notwendigkeit eines abgegrenzten und unter einem Namen vermarktbaren Raumes als Grundvoraussetzung für eine effiziente Markenpolitik wird in den offenen Fragen nur indirekt thematisiert.

Die Diskrepanz zwischen der hohen Zustimmung zu den vorgegebenen Statements und die deutlich niedrigeren Werte bei der offenen Frage lassen sich nicht alleine mit dem Unterschied offene/geschlossene Frage erklären. Auch die Auswertung der Frage nach bereits bestehenden Destinationsmarken illustriert (vgl. Tabelle 14), daß die Auseinandersetzung mit den Grundlagen des Markenmanagements noch einer deutlichen Präzisierung bedarf. Oftmals werden jene Destinationen als Marken bezeichnet, für deren Vermarktung die Probanden selbst verantwortlich sind. Eine objektive Beurteilung fehlt somit weitgehend, was auch die Zahl von insgesamt 96 genannten Markendestinationen zum Ausdruck bringt. Zu den genannten Markendestinationen zählen die bevorzugten Urlaubsregionen in Deutschland: Schwarzwald, Nord- und Ostsee, Bodensee, Bayerischer Wald sowie die mit einem Markenzeichen versehenen Destinationen Tirol, Sylt und St. Moritz (vgl. Tabelle 14). Betrachtet man das Wettbewerbsumfeld, so zeigt sich, daß nur wenige Zielgebiete bereits die Voraussetzungen erfüllen, um im Sinne der Markenführung von einer Destinationsmarke sprechen zu können.

Die für eine erfolgreiche Markenpositionierung relevanten Themen erhielten eine außerordentlich hohe Zustimmung durch die Probanden (vgl. Abbildung 33). Lediglich die Frage nach einem von Marketingfachleuten gestalteten Namen – einem Phantasienamen – wurde von der überwiegenden Zahl der Destinationsmanager abgelehnt. Nahezu 75 % der Probanden stimmten darin überein, daß Destinationsmarken in Zukunft eine ausschlaggebende Rolle bei dem Erfolg touristischer Regionen spielen werden (vgl. Abbildung 31). Gleichzeitig wird der Bedeutung des Angebotes in der Phase der Reiseentscheidung im Vergleich zur Bekanntheit der Destination ein deutlich höherer Stellenwert beigemessen. Insgesamt stimmen ca. 34,3 % der befragten Destinationsmanager der Aussage zu, daß das touristische Angebot der Destination (Leistungsangebot) im Prozeß der Reiseentscheidung wichtiger ist als die Bekanntheit der Destination an sich. Ein ähnlicher Wert (33 %) entfiel auf die Angebotsstruktur und -vielfalt als markenbestimmendes Merkmal in der offenen Frage. Es ist somit das am häufigsten genannte Merkmal. Demnach stehen in der Bedeutung für die Reiseentscheidung die Urlaubsinhalte gegenüber der Destination selbst im Vordergrund.

Wie bereits dargestellt, wurde den Statements in Abbildung 33 von dem größten Teil der Destinationsmanager zugestimmt. Um die unterschiedliche Gruppierung der Items zu verdeutlichen, wurde eine Faktorenanalyse durchgeführt, die drei Faktoren extrahieren konnte. Es handelt sich dabei um wesentliche Aufgabenbereiche für das Destinationsmanagement. Allerdings erklären die drei Faktoren insgesamt nur 53 % der Varianz, was verdeutlicht, daß es weitere Faktoren gibt, die für die Markenpositionierung einer Destination von Bedeutung sind. Im einzelnen handelt es sich dabei um die *Wahrnehmung am Markt* (Erklärungsanteil 25,3 %), die *Destination* selbst (Erklärungsanteil 17,1 %) und den *Namen* der Destination (Erklärungsanteil 10,9 %). Eine konsequente Imagepolitik in Verbindung mit einem einheitlichen Logo sowie ausreichende finanzielle Mittel zur Umsetzung der einzelnen Maßnahmen sind in dem Faktor *Wahrnehmung am Markt* enthalten. Gleichzeitig ist eine Organisation notwendig, die für einen abgestimmten Einsatz der verfügbaren Mittel sorgt und die Aktivitäten der touristischen Akteure in der Destination aufeinander abstimmt. Dabei ist die interne Bereitschaft der Akteure eine Voraussetzung für das Erreichen der gemeinsam erarbeiteten Destinationsziele. In dem Faktor *Destination* sind die Items enthalten, die ausdrücken, daß es sich bei einer Destination um einen zusammenhängenden Raum handeln sollte und deren Name wiederum in einem direkten Zusammenhang zu diesem Raum steht. Dem Gast wird so die geographische Einordnung der Destination erleichtert. Dem Faktor *Name* wird entgegen der Markentheorie nur eine vergleichsweise geringe Bedeutung zugewiesen.

Als Merkmale einer *Markendestination* läßt sich ein abgrenzbarer Raum darstellen, der vom Konsumenten auch als zusammengehörig angesehen wird. Für diesen Raum wird von einer (Destinations-)Managementorganisation eine abgestimmte Marktkommunikation umgesetzt, bei der die Wiedererkennung der Destination als Gesamtheit eine handlungsbestimmende Aufgabe ist. Unterstützt wird diese Aufgabe durch ein einheitliches Logo, das vom Konsumenten mit den Produkten der Destination in Verbindung gebracht werden kann. Zu den wichtigsten Aufgaben der Managementorganisation gehört das interne Marketing, daß einerseits für eine abgestimmte Vorgehensweise innerhalb der Destination sorgt, andererseits auch dazu beiträgt, die individuellen Zielvorstellungen der einzelnen Anbieter und Akteure miteinander abzustimmen. Weiterhin ist es notwendig, den touristischen Akteuren die mit einer Markendestination verbundenen Vorteile zu vermitteln, gleichzeitig aber auch auf die damit im Zusammenhang stehenden Pflichten hinzuweisen, ohne die der Markencharakter der Destination nicht kommuniziert werden kann.

Destinationsmarken sind für die Destinationsmanager ein wichtiges Element im zukünftigen Wettbewerb. Es wird der Standpunkt vertreten, daß Marken für ein erfolgreiches Destinationsmanagement in der Zukunft unerläßlich sind und insbesondere für die Ansprache von neuen Kundensegmenten und für den Vertrieb über Reiseveranstalter Wettbewerbsvorteile mitbringen. Dazu ist allerdings ein professionelles Markenmanagement in den Destinationen notwendig. Dies setzt aber voraus, daß sich die Destinationsmanager mit den mit einer Markenführung verbundenen Anforderungen auseinandersetzen und die Voraussetzungen für eine Umsetzung in ihren Destinationen schaffen.

## 5.3 Destinationsmarken aus Konsumentensicht

Neben der Anbieterseite sollte die Einstellung der Endverbraucher zu Destinationsmarken bzw. die Bedeutung von Destinationen im Rahmen der Reiseentscheidung empirisch untersucht werden. Im Gegensatz zur Anbieterseite konnte die Endverbraucherbefragung nicht mit Hilfe telefonischer Interviews durchgeführt werden, da das Instrument der *Information Display Matrix (IDM)*[97] angewendet werden sollte. Daher wurde die Form des persönlichen Interviews gewählt. Um die spätere Dateneingabe zu vermeiden, wurde das Interview direkt PC-gestützt durchgeführt.

Nachfolgend wird die methodische Vorgehensweise erläutert, bevor die Ergebnisse zu den einzelnen Fragestellungen dargestellt werden.

---

97 Die Methode der *Information Display Matrix* (IDM) wurde fast zeitgleich und unabhängig voneinander von JACOBY 1975 und PAYNE 1976 in die Konsumentenforschung eingeführt. Bei den ersten Techniken waren auf Tafeln oder Plexiglasscheiben geschriebene Informationen mit Klebeband verdeckt. Die Klebestreifen konnten vom Probanden nach Belieben entfernt werden. Weitere Formen waren Regale oder Kästen, die mit Fächern versehen waren, die je einem Feld der Matrix entsprechen. Jedes Fach enthält verdeckt mehrere Kärtchen mit der identischen Information. Der Proband kann dann nach Belieben Kärtchen aus den einzelnen Fächern – auch wiederholt aus dem gleichen Fach – entnehmen, die Information aufnehmen und dann ablegen. Auf diese Weise kann die Reihenfolge der Informationsaufnahme und die Häufigkeit der wiederholten Informationsnachfrage einzelner Kriterien festgehalten werden. Mittlerweile kann die IDM unproblematisch mit Hilfe von Computern durchgeführt werden, was auch die Möglichkeit des Einsatzes dieser Methode außerhalb von Testlabors am Point of Sale erlaubt (vgl. KUß 1987: 76ff.).

### 5.3.1 Methodische Vorgehensweise

Die Befragung wurde während der *Internationalen Tourismus Börse* in Berlin, der weltweit größten Verbrauchermesse zum Thema Reisen, vom 16. bis 20. März 2002 am Stand der Werbegemeinschaft der Ostfriesischen Inseln durchgeführt. Der Standort wurde gewählt, da in der betreffenden Messehalle weitere touristische Regionen aus Deutschland präsent waren. Deshalb konnte davon ausgegangen werden, daß von den Besuchern dieser Halle ein großer Teil an innerdeutschen Reisezielen interessiert ist. Das Interesse an innerdeutschen Reisezielen sollte bei den Probanden vorhanden sein, um die Zahl möglicher Reiseziele für die nächste Urlaubsreise einzugrenzen. Der Standort wurde aber auch aus untersuchungsspezifischen Gesichtpunkten gewählt: Die Befragung fordert als ein wesentliches Element von den Probanden eine Entscheidung zwischen drei fiktiven Reisezielen, die als deutsche Nordsee-Inseln beschrieben wurden. Durch die thematische Nähe zu den Ausstellern in dieser Messehalle wurde eine geringere Verweigerungsrate bei der Ansprache der Probanden erwartet.[98]

Der Aufbau der Befragung orientierte sich an den Möglichkeiten, die während einer Publikumsmesse gegeben sind. Grundsätzlich darf die Befragung nicht zu anspruchsvoll aufgebaut sein, da die Störfaktoren durch den großen Publikumsandrang relativ hoch sind. Die Konzentrationsfähigkeit der Probanden wird dadurch negativ beeinflußt. Die Auswahl der Probanden erfolgte nach dem Zufallsprinzip. Aufgrund des starken Publikumsverkehrs, der durch eine Vielzahl unterschiedlicher Aussteller und Anbieter durchmischt wurde, war es nahezu unmöglich, Quotierungskriterien umzusetzen. Da die durchgeführte Untersuchung erste grundsätzliche Erkenntnisse bzgl. der Fragestellung erbringen sollte, schien es vertretbar, für diese Untersuchung auf diese Form der Stichprobengenerierung zurückzugreifen. Ziel war es, herauszuarbeiten, welche Informationskategorien von den Probanden zur Reisezielentscheidung abgerufen wurden und wie sie bei der Auswahl vorgegangen sind. Einen Anspruch auf soziodemographisch repräsentative Ergebnisse erhebt die Untersuchung daher nicht.

Ein wichtiger Punkt, der ein wenig Durchsetzungsvermögen der Interviewerin erforderte, war, daß in die Befragung nicht die kollektive Meinung mehrerer Probanden (die sich gemeinsam auf einem *Messebummel* befanden), sondern lediglich die Meinung *eines* Interviewten einfließen durfte. Die Ansprache von älteren Personen bzw. deren Gewinnung für die Befragung wurde etwas dadurch erschwert, daß die Probanden während des ersten Teils der Befragung (*Information Display Matrix*) selbst mit der Maus am Bildschirm des Notebooks agieren mußten.

Für die Durchführung der Endverbraucherbefragung wurde das Programm *IDM Visual Processor 1.02*[99] sowie das *Data-Entry-Modul 2.0* von *SPSS* verwendet. Mit Hilfe der *Information Display Matrix* und dem *IDM Visual Processor 1.02* sollten die auf dem Weg zu einer

98 „Ich fahre nicht an die See“, „Ich reise nur ins Ausland“ oder ähnliche Aussagen, die bei derartigen Erhebungen mit einem vorgegebenen Reiseziel häufig geäußert werden, konnten so weitestgehend vermieden werden.

99 Das Programm *IDM-Visual Processor 1.02* wurde dem Verfasser von Dirk Schmücker, Lüneburg, zur Verfügung gestellt, der das Programm mit *Visual Basic* von *Microsoft* geschrieben hat.

Entscheidung für ein Reiseziel berücksichtigten Informationen aus einer vorgegebenen und somit begrenzten Menge an Basisinformationen aufgezeichnet werden. Für die statistische Auswertung wurde das Softwarepaket *SPSS 10.0 für Windows* verwendet.

Grundsätzlich läßt sich die Kaufentscheidung in drei Phasen untergliedern: Informationsaufnahme, -verarbeitung und -speicherung. Sie kann auch als Problemlösungsprozeß bezeichnet werden, in dessen Verlauf Informationen über den Leistungsgegenstand aufgenommen, verarbeitet und gespeichert werden (vgl. WEINBERG/SCHULTE-FRANKENFELD 1983: 63)[100]. Es wird davon ausgegangen, daß sowohl die Art, die Menge und die Verfügbarkeit der Informationen grundsätzlich das Entscheidungsverhalten beeinflussen. Dieses wird in der aktuellen Literatur zum Konsumentenverhalten bestätigt (vgl. z. B. KROEBER-RIEL/WEINBERG 1999: 242ff.; KUß/TOMCZAK 2000: 164ff.). Im Umkehrschluß bedeutet dies, daß die Art und Weise der Informationsbereitstellung die Entscheidung des Konsumenten grundsätzlich beeinflussen kann. Diese Zusammenhänge konnten mit dieser Untersuchung allerdings nicht nachgewiesen werden, da es sich bei der IDM nicht um das geeignete Instrument für diesen Forschungsansatz handelt. Die Probanden befinden sich in einer für die Kaufentscheidung unüblichen Situation, so daß bereits durch den Testaufbau eine Beeinflussung stattfindet. Beobachtung und Blickverfolgungstechniken sind eher geeignet, die unterschiedlichen Einflüsse, die während der Kaufentscheidung auf die Probanden einwirken, zu erfassen. In der aktuellen Untersuchung sollte in erster Linie überprüft werden, ob Destinationen, die grundlegende Merkmale eines Markenartikels aufweisen, bei der Auswahl eines Reiseziels bevorzugt werden. Um den Einfluß der Art und Weise der Informationsaufnahme zu reduzieren, wurde die Interviewsituation (Auswahl der Probanden, Vorgehensweise, Durchführung der Interviews, Standort der Interviewstation) während der fünf Messetage nicht verändert.

Die *Information Display Matrix* wird als geeignetes Instrument angesehen, um das Informationsverhalten im Rahmen der Reiseentscheidung zu untersuchen. Da es sich bei der Urlaubsreiseentscheidung in der Regel um eine extensive oder limitierte Kaufentscheidung handelt[101], kann der Einsatz einer IDM als geeignetes Analyseinstrument angesehen werden (vgl. WEINBERG/SCHULTE-FRANKENFELD 1983: 65f.). Impulskäufe, beispielsweise bei der Betrachtung eines Zielgebietsplakates, sind eher die Ausnahme. Habitualisierte Kaufentscheidungen dagegen sind auch im Rahmen der Reiseentscheidung anzutreffen. Als Beispiel können Stammgäste in den Urlaubsgebieten angeführt werden, die zum wiederholten Mal am gleichen Ort ihren Urlaub verbringen (vgl. DETTMER ET AL. 1999: 49). Letztere Möglichkeit wurde in dieser Untersuchung ausgeschlossen, da es sich zum einen um Reisezielalternativen handelte, die nicht real existieren. Zum anderen wurde in der Ansprache der Probanden explizit darauf hingewiesen, daß es sich um die Auswahl eines Reiseziels aus bisher nicht besuch-

100 Eine Diskussion der komplexen Zusammenhänge der menschlichen Informationsaufnahme und -verarbeitung kann an dieser Stelle nicht geleistet werden, da sie den Rahmen der vorliegenden Arbeit deutlich sprengen würde. Deshalb wird auf die einschlägige Literatur verwiesen, beispielsweise BETTMAN 1979; BETTMAN/PARK 1980, MITCHELL 1981 sowie zusammenfassend HOFACKER 1985 und die dort zitierte Literatur.

101 Vgl. auch die Ausführungen zur Kaufentscheidung ab S. 112.

ten Alternativen handelt. Dazu war ein einleitender Text auf dem Bildschirm des Computers zu sehen, der die Probanden vor der eigentlichen Befragung kurz mit der konkreten Fragestellung vertraut machen und auf die *Information Display Matrix* vorbereiten sollte (vgl. Abbildung 34). Nach dem Lesen der Instruktionen wurden die Probanden automatisch zur *Information Display Matrix* (vgl. Abbildung 35) weitergeleitet, wenn sie auf das Pfeilsymbol (→) klickten.

**Abbildung 34: Einleitungstext zur Information Display Matrix**
(Quelle: eigene Darstellung)

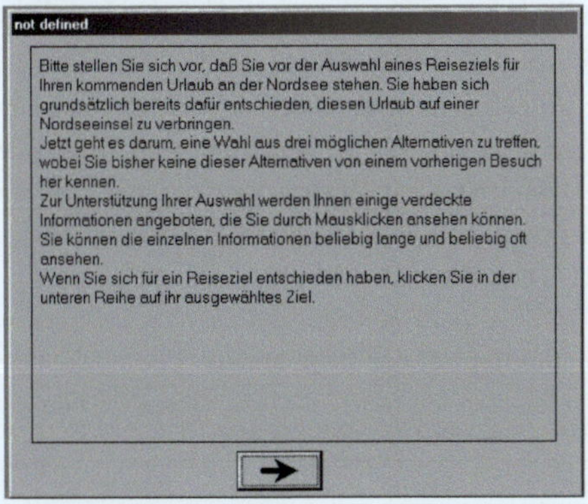


**Abbildung 35: *Information Display Matrix***
(Quelle: eigene Erstellung)

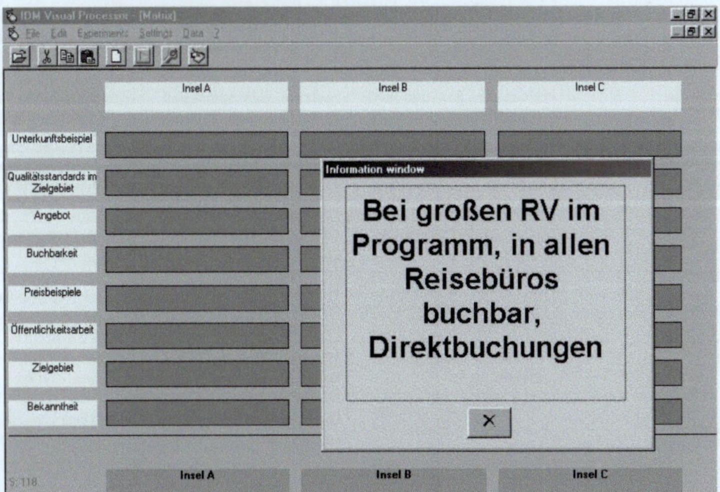

Den Probanden wurden in dieser drei mal acht-Matrix (vgl. Abbildung 35) begrenzte Informationen als Unterscheidungsmerkmale für die Entscheidung zwischen alternativen Reisezielen zur Verfügung gestellt. Im konkreten Fall standen drei mögliche Reisezielalternativen – *Insel A*, *B* und *C* – zur Auswahl, für die aus jeweils acht Kategorien Informationen abgerufen werden konnten. Es wurde bewußt darauf verzichtet, die Reiseziele mit realen Namen zu versehen, da zu erwarten war, daß dann Imagekomponenten und vorhandene Einstellungen der Probanden zu diesen Urlaubszielen die Entscheidung in dieser Untersuchung verfälschen würden. Die insgesamt 24 Informationsfelder lagen verdeckt vor und konnten von den Probanden per Mausklick aufgedeckt werden. Bevor eine weitere Information abgerufen werden konnte, mußte das geöffnete Informationsfenster wieder per Mausklick geschlossen werden.

Für den Aufbau der acht Informationskategorien der IDM wurde im dargestellten Versuchsaufbau folgende Vorgehensweise gewählt: Die als Markenmerkmale geltenden Kriterien – Qualitätsstandard, Buchbarkeit, Öffentlichkeitsarbeit und Bekanntheit (in Tabelle 17 grau hinterlegt) – wurden alternierend mit allgemeinen Destinationsinformationen, wie sie beispielsweise in Gästebefragungen Verwendung finden – Unterkunftsbeispiel, Angebot, Preisbeispiel und Zielgebiet –, dargestellt.

**Tabelle 17: Informationsfenster der IDM-Matrix**

(Quelle: eigener Versuchsaufbau – die Hervorhebung von ***Insel B*** mit Fettdruck erfolgt nur in dieser Tabelle, nicht im *IDM-Visual Processor*)

| Informationskategorie | Insel A | Insel B | Insel C |
|---|---|---|---|
| Unterkunftsbeispiel | wunderschönes Strandhotel, 3 Sterne, große Zimmer, Bad, WC, Balkon | **tolles Drei-Sterne-Hotel mit geräumigen Zimmern, Bad/WC, Balkon, Meerblick** | phantastisches Hotel, 3-Sterne, komfortable Zimmer, Bad, WC, Balkon, Blick aufs Meer |
| Qualitätsstandards im Zielgebiet | Eine Initiative zur Qualitätssicherung aus 2001 zeigt erste Erfolge | **hohe Kundenorientierung, verläßliche Qualität, ausgeprägtes Servicedenken** | Qualität variiert je nach Anbieter und Saisonzeit |
| Angebot | vielseitiges Sport- und Freizeitangebot, Kur- und Wellnesseinrichtungen, Museen, Kino | **Kur- und Wellness-zentrum, viele Sport- und Freizeitangebote, interessante Museen** | Kur- und Wellnesseinrichtungen, großes Sport- und Freizeitangebot, kulturelle Angebote |
| Buchbarkeit | Über verschiedene Reisebüros buchbar, Direktbuchungen | **Bei großen RV im Programm, in allen Reisebüros buchbar, Direktbuchungen** | Unterkünfte sind direkt bei der Tourist-Info der Insel buchbar |
| Preisbeispiele | Hauptsaison: 13 x ÜF, ab EUR 585,- p. P. | **1 ÜF in der Hauptsaison, ab EUR 45,- p. P.** | 6 ÜF ab EUR 270,- p. P. in der Hauptsaison |
| Öffentlichkeitsarbeit | hin und wieder Werbung, die meist von einzelnen Hotelbetrieben stammt | **viel Zeitschriftenwerbung, die man gleich am einprägsamen Logo erkennt** | in Form eines Anbieterverzeichnisses |
| Zielgebiet | Traumhafte deutsche Nordseeinsel | **Wunderschöne Insel vor Deutschlands Nordseeküste** | Phantastische Insel in der deutschen Nordsee |
| Bekanntheit | Viele kennen die Insel, haben aber keine genaue Vorstellung | **Diese Insel ist allen Leuten ein Begriff** | Viele Leute kennen diese Insel überhaupt nicht |

Zur Überprüfung der Fragestellung wurden die allgemeinen Destinationsinformationen unterschiedlich formuliert, sie sind aber in der inhaltlichen Ausgestaltung nahezu identisch. Die Markenmerkmale hingegen wurden entsprechend variiert, so daß eine Markendestination (*Insel B*), eine unbekannte und unscheinbare Destination (*Insel C*) sowie einer Destination mit nicht durchgängig präsenten Markenmerkmalen (*Insel A*) zur Auswahl standen. Die Darstellung der Variante *Insel C* erlaubt gleichzeitig eine Interpretation in Richtung *neue Ziele im Urlaub entdecken*, was in Untersuchungen zum Urlaubsverhalten oft als Reisemotiv dargestellt wird. Die Formulierungen der einzelnen Informationsfenster sind in Tabelle 17 zusammengefaßt. Aufgrund der (technisch bedingt) begrenzten Zeichenmenge, die in der Matrix zur Verfügung stand, konnten leider keine vollständigen Aussagesätze aufgenommen werden.

Die Struktur der Matrix läßt erwarten, daß die Probanden nicht durch die Informationsfülle von vorneherein eine selektierende Vorgehensweise bei der Informationsaufnahme wählen. Grundsätzlich benutzen Entscheider nur einen Teil verfügbarer Informationen, wobei die Anzahl der genutzten Informationen mit steigender Zahl an verfügbaren Informationen zunimmt. Allerdings steigt der Anteil der genutzten Informationen in einem geringerem Maße im Vergleich zum Zuwachs der verfügbaren Informationen (vgl. ASCHENBRENNER 1990: 157). Dem Probanden wurde überlassen, in welcher Reihenfolge und wie oft er sich die einzelnen Informationen anschaute oder einzelne Kategorien ganz ausließ. Wenn er der Meinung war, ausreichend Informationen aufgenommen zu haben, konnte er sich für eine Alternative entscheiden. Die Reihenfolge des Aufrufs und die Betrachtungsdauer der jeweiligen Informationsfelder wurde dabei von dem *IDM Visual Processor 1.02* aufgezeichnet.

Eine Auswertung der Betrachtungs- bzw. Informationsaufnahmezeit kann in dieser Untersuchung nicht seriös durchgeführt werden, da angenommen wurde, daß es deutliche Unterschiede in den einzelnen Interviewsituationen hinsichtlich des Lärmpegels in der Messehalle sowie der Ablenkung der Probanden durch externe Einflüsse (bspw. Show-Einlagen an anderen Messeständen) geben würde. Diese Annahme wurde im Verlauf der Untersuchung bestätigt. Die ermittelten Werte sind somit nicht vergleichbar. Die Zeitspanne, die zur Informationsaufnahme aufgewendet wurde, liegt zwischen ca. einer Minute und zehn Minuten; etwa die Hälfte der Probanden kommt mit ca. 3,5 Minuten aus, um eine Entscheidung zu fällen. Hinsichtlich der Informationszeit und der ausgewählten Insel lassen sich Zusammenhänge nicht fundiert aufzeigen, daher wird diese Information im weiteren Verlauf der Analyse nicht weiter berücksichtigt.

Mit der Methode der IDM kann die Relevanz von vorgegebenen Leistungsmerkmalen für eine Reiseentscheidung aufgezeigt werden. Durch die Vorgabe der einzelnen Merkmalskategorien kann der Proband zunächst eine Auswahl der Merkmale nach seinen persönlichen Prioritäten treffen. Die Reihenfolge des Informationsabrufes ermöglicht einen Überblick über die individuelle Vorgehensweise bei der Informationsaufnahme. Indem sowohl die Abrufhäufigkeit einzelner Informationsfenster als auch die Dauer der Informationsaufnahme (insgesamt und auf die einzelnen Fenster bezogen) erfaßt und ausgewertet werden kann, erhält der Forscher umfangreiche Daten zum Ablauf der Informationsverarbeitung. Insgesamt werden dieser Methode gute Ergebnisse hinsichtlich der Reliabilität und der Validität der Datenqualität zugesprochen (vgl. HOFACKER 1985: 117ff. und die dort zitierten Quellen). Zu Einschränkungen der Methode wird auf die kritische Diskussion in der Zusammenführung verwiesen (Kapitel 5.3.3 ab S. 224).

Die Probanden konnten zu jedem Zeitpunkt der Informationsabfrage eine Entscheidung zugunsten einer Modelldestination treffen. Die einzelnen Informationsfenster konnten beliebig oft aufgerufen werden.

Nach der Auswahl einer Insel-Alternative folgte der zweite Teil der Befragung, der ebenfalls PC-gestützt, aber als Interview durchgeführt wurde (CAPI). Neben der Auswertung der Informationsabfrage in der IDM wurden im ergänzenden Frageblock einige Items abgefragt, die in der praktischen Tourismusmarktforschung häufig in Gästebefragungen anzutreffen sind. Außer den Fragen zur Soziodemographie wurden ergänzende Fragen zum Reiseentscheidungsverhalten und zur persönlichen Einstellung gegenüber Destinationsmarken gestellt. Ähnlich der Destinationsmanagerbefragung wurde nach der Kenntnis von bereits eingeführten Destinationsmarken gefragt.

Dieser Fragenblock sollte die Auswertung der IDM-Ergebnisse unterstützen. Insgesamt dauerte ein Interview mit beiden Befragungsteilen durchschnittlich zwischen 15 und 20 Minuten, wobei der zeitbestimmende Faktor die Informationsaufnahme bei der Betrachtung der Information Display Matrix war.

### 5.3.2 Zentrale Aussagen aus der Befragung der Messebesucher

In diesem Abschnitt werden die Ergebnisse der beiden Befragungsblöcke der Konsumentenbefragung dargestellt. Die Analyse entspricht dabei nicht der Reihenfolge in der Befragung, da bei einzelnen Fragestellungen eine Auswertung der IDM-Ergebnisse im Zusammenhang mit Aussagen des zweiten Befragungsblockes erfolgen sollte.

Insgesamt konnten für die Befragung zunächst 89 Probanden gewonnen werden, von denen 71 beide Befragungsteile vollständig beantwortet haben. Die folgende Ergebnisdarstellung bezieht sich auf diese 71 Probanden. Mit diesem Stichprobenumfang ist eine genügend große Zahl erreicht worden, um erste Aussagen zu den interessierenden Fragestellungen zu erhalten.

Die Stichprobe setzte sich nahezu zu gleichen Teilen aus männlichen und weiblichen Probanden zusammen (49 % : 51 %), das Durchschnittsalter betrug 42,7 Jahre. Die gruppierte Altersverteilung ist in Abbildung 36 dargestellt. Demnach entfällt der größte Anteil der Befragten mit ca. 41 % auf die Altersgruppe der 29- bis 39-Jährigen. Damit ist diese Altersklasse im Vergleich zur Gesamtbevölkerung überrepräsentiert. Altersklassenbezogene Aussagen und

Interpretationen der Daten können somit nicht ohne weiteres durchgeführt werden. Die Altersspanne reichte von 19 bis 71 Jahre.

**Abbildung 36: Altersverteilung der Probanden**
(Quelle: eigene Ergebung, März 2002)

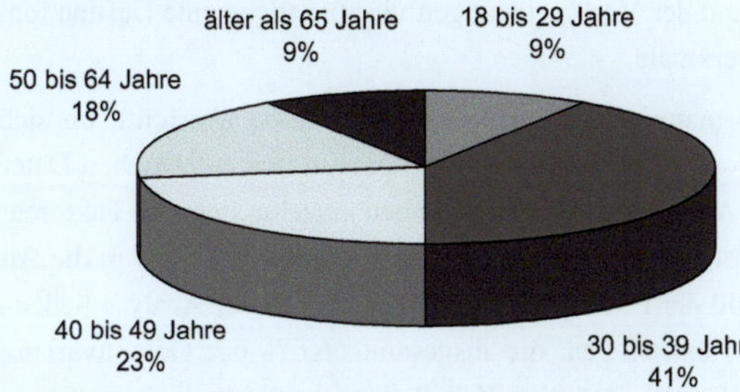


Der größere Teil der Probanden (38 %) ist ledig bzw. alleinstehend und kinderlos. Etwa ein Viertel lebt mit einem (Ehe-)Partner zusammen und hat mindestens ein Kind unter 14 Jahren. Ein weiteres Viertel der Stichprobe besteht aus Probanden, die mit einem (Ehe-)Partner zusammenleben, aber keine Kinder haben. Mit ca. 12 % ist der Anteil der Alleinerziehenden relativ groß, was möglicherweise mit dem großstädtischen Umfeld des Befragungsstandortes in Zusammenhang gebracht werden kann.

Der größte Teil der Probanden arbeitet in einem Angestelltenverhältnis (56 %), knapp ein Drittel davon in leitender Position. Mit 14 % ist der Anteil der Beamten etwas unterrepräsentiert, ebenso wie der Anteil der Hausfrauen/-männer mit lediglich ca. 2 % der Stichprobe. Der Anteil der Freiberufler und Selbständigen lag bei ca. 9 %, im Ruhestand befanden sich ca. 11 % der Probanden.

Der hohe Anteil der Probanden in Führungspositionen zeigt sich auch bei den Angaben zum verfügbaren Haushaltsnettoeinkommen. Knapp ein Viertel (ca. 24 %) kann monatlich über mehr als 2.000 Euro verfügen, weitere 17 % noch über einen Betrag zwischen 1.500 bis unter 2.000 Euro. Etwa 28 % der Probanden müssen mit weniger als 1.000 Euro im Monat auskommen. Mit ebenfalls ca. 17 % ist der Anteil der Antwortverweigerer bei dieser Frage deutlich niedriger als bei vergleichbaren Untersuchungen. Erfahrungswerte des *Europäischen Tourismus Instituts an der Universität Trier GmbH* für telefonische Befragungen liegen bei dieser Frage zwischen 30 und 45 %.

Nachfolgend werden die Daten hinsichtlich der eingangs formulierten Forschungsfragen ausgewertet. Zuvor wird die Güte der a priori postulierten Einteilung der Itemliste (vgl. Tabelle 17) in Marken- und Destinationsmerkmale überprüft.

#### 5.3.2.1 Überprüfung der IDM-Einteilung in Marken- und Destinationsmerkmale

Bevor mit der Analyse der mit der IDM gewonnenen Ergebnisse im Detail begonnen wird, erfolgt eine Überprüfung der Itemliste. Von den acht Kriterien, die in Tabelle 17 vorgestellt wurden, stehen aufgrund der Vorüberlegungen vier für allgemeine Destinationsinformationen und vier für Markenmerkmale.

Mit Hilfe einer konfirmatorischen Faktorenanalyse wurde überprüft, ob sich die gewählte Zweiteilung und die jeweilige Zuordnung der Items in den empirischen Daten wiederfinden läßt. Mit Hilfe dieses Analyseinstrumentes können einzelne Items zu Faktoren gruppiert werden (vgl. BACKHAUS ET AL. 2000: 253). Zunächst wurden alle Fälle in die Analyse einbezogen, um ein Gesamtbild der Probanden zu erhalten. Bei dieser Analyse ließen sich zwei Faktoren (Eigenwerte $\geq$ 1) extrahieren, die insgesamt 66,6% der Gesamtvarianz erklären. Die Überprüfung der Stichprobe und der Korrelationsmatrix nach dem Kaiser-Meyer-Olkin-Kriterium (KMK) liefert mit einem KMK-Wert von 0,848 ein „verdienstvolles" Ergebnis und liegt somit nach KAISER im wünschenswerten Bereich für eine Faktorenanalyse (vgl. BACKHAUS ET AL. 2000: 269; KAISER/RICE 1974: 111ff.)[102]. In Tabelle 18 ist die erklärte Gesamtvarianz der extrahierten Faktoren dargestellt.

**Tabelle 18: Erklärte Gesamtvarianz in der Faktorenanalyse zur durchschnittlichen Zeilenaufrufhäufigkeit der IDM**

(Quelle: eigene Erhebung, März 2002

| | Anfängliche Eigenwerte | | | Rotierte Summe der quadrierten Ladungen | | |
|---|---|---|---|---|---|---|
| Komponente | Gesamt | % der Varianz | Kumulierte % | Gesamt | % der Varianz | Kumulierte % |
| 1 | 4,298 | 53,730 | 53,730 | 3,305 | 41,307 | 41,307 |
| 2 | 1,032 | 12,904 | 66,633 | 2,026 | 25,326 | 66,633 |
| 3 | ,696 | 8,696 | 75,329 | | | |
| 4 | ,620 | 7,745 | 83,074 | | | |
| 5 | ,438 | 5,472 | 88,546 | | | |
| 6 | ,376 | 4,701 | 93,247 | | | |
| 7 | ,325 | 4,057 | 97,304 | | | |
| 8 | ,216 | 2,696 | 100,000 | | | |

Extraktionsmethode: Hauptkomponentenanalyse mit Varimax-Rotation.

Die Faktorladungen der einzelnen Items sind insgesamt als gut zu bewerten. Die Werte liegen alle deutlich über $\geq$ 0,50 und bilden die Faktoren eindeutig ab. Für die Faktorstruktur ergibt sich das in Tabelle 19 dargestellte Bild.

102 Vgl. Fußnote 95 auf S. 181.

**Tabelle 19: Faktorenstruktur zur IDM-Analyse**

(Quelle: eigene Erhebung, März 2002)

**Rotierte Komponentenmatrix[a]**

| | Komponente | |
|---|---|---|
| | 1 | 2 |
| Aufrufhäufigkeit der Zeile Unterkunft | ,886 | ,074 |
| Aufrufhäufigkeit der Zeile Qualitätsstandards | ,218 | ,729 |
| Aufrufhäufigkeit der Zeile Angebot | ,780 | ,277 |
| Aufrufhäufigkeit der Zeile Buchbarkeit | ,418 | ,678 |
| Aufrufhäufigkeit der Zeile Preisbeispiele | ,795 | ,204 |
| Aufrufhäufigkeit der Zeile Öffentlichkeitsarbeit | ,687 | ,422 |
| Aufrufhäufigkeit der Zeile Zielgebiet | ,759 | ,326 |
| Aufrufhäufigkeit der Zeile Bekanntheit | ,100 | ,791 |

Extraktionsmethode: Hauptkomponentenanalyse.
Rotationsmethode: Varimax mit Kaiser-Normalisierung.
a. Die Rotation ist in 3 Iterationen konvergiert.

Die beiden extrahierten Faktoren können wie folgt benannt werden:

**Faktor 1**: Allgemeine Destinationsmerkmale.
Der erste Faktor erklärt 41,3 % der Gesamtvarianz, er beinhaltet alle Items, die als allgemeine Kriterien zur Auswahl von Reisezielen in der IDM enthalten sind (*Unterkunft, Angebot, Preisbeispiel, Zielgebiet*). Darüber hinaus lädt das Item *Öffentlichkeitsarbeit* ebenfalls sehr stark auf diesem Faktor, das eigentlich als Markenmerkmal konzipiert war.

**Faktor 2**: Markenähnliche Destinationsmerkmale
Mit diesem Faktor werden weitere 25,3 % der Gesamtvarianz erklärt. In ihm sind die als Markenmerkmale herangezogenen Attribute (*Qualitätsstandards, Buchbarkeit, Bekanntheit*) der IDM enthalten. Lediglich das Item *Öffentlichkeitsarbeit* lädt höher auf dem ersten Faktor. Mit einem Wert von 0,42 lädt es allerdings ebenfalls noch relativ hoch auf diesem Faktor, wird aber für die Faktorinterpretation nicht herangezogen.

Die beiden Faktoren bestätigen relativ gut die Zweiteilung der Information Display Matrix hinsichtlich der allgemeinen Destinationsmerkmale und den Markenmerkmalen, die in der Ausgangsüberlegung festgelegt wurden. Die „Umgruppierung" des Items *Öffentlichkeitsarbeit* kann möglicherweise damit erklärt werden, daß die Probanden mit diesem Item in erster Linie Werbung und Destinationsinformationen verbinden, statt allgemeine Aktivitäten zur Steigerung des Bekanntheitsgrades des Zielgebietes im Sinne von Imagewerbung. Wie in Kapitel 5.3.2.3.1 ab S. 201 noch weiter ausgeführt werden wird, ist für dieses Item die geringste Aufrufhäufigkeit verzeichnet worden (vgl. Tabelle 21, S. 203).

Es kann ebenfalls gezeigt werden, daß die allgemeinen Destinationsmerkmale (Faktor 1) einen deutlich größeren Erklärungsanteil an der Gesamtvarianz haben als die Markenmerkmale

(Faktor 2). Damit werden die Ergebnisse aus den in Kapitel 4.2 bereits vorgestellten Untersuchungen teilweise repliziert. Neben den Markenmerkmalen werden aktuell scheinbar weitere Faktoren bei der Auswahl von Reisezielen berücksichtigt (vgl. auch Abbildung 28 auf S. 158 und Abbildung 29 auf S. 159).

Werden separate Faktorenanalysen auf Basis der ausgewählten Insel-Alternative durchgeführt, zeigt sich jeweils eine etwas veränderte Faktorenstruktur, die aber aufgrund der geringen Fallzahlen nicht weiter berücksichtigt werden. Tendenziell kann jedoch festgehalten werden, daß sich die jeweiligen Faktoren unterschiedlich zusammensetzen. Bei den Probanden, die sich für die Markenalternative *Insel B* entschieden haben, finden sich die als Markenmerkmale postulierten Items (vgl. Tabelle 17) in einem Faktor wieder. Demgegenüber fällt die Faktorenstruktur bei den Probanden, die sich für *Insel A* und *Insel C* entschieden haben, deutlich uneinheitlicher aus. Obwohl die geringen Fallzahlen hier eine inhaltliche Interpretation erschweren, könnte dies ein Indiz für die unterschiedliche Gewichtung von Markenmerkmalen bei den drei Probandengruppen sein.

#### 5.3.2.2 Auswirkungen von Markenmerkmalen touristischer Zielgebiete auf die Auswahl von Reisezielen

In diesem Kapitel werden die Untersuchungsteile ausgewertet, die Auskunft darüber geben sollen, ob die Probanden Destinationen mit Markenmerkmalen bei ihrer persönlichen Reisezielauswahl berücksichtigen.

Zunächst wird der Frage nachgegangen, für welche Insel-Alternative sich die Probanden entschieden haben. Durch die unterschiedlichen Inhalte der als Markenmerkmale definierten Items der IDM ist für die Probanden bei diesem Teil der Untersuchung nicht offenkundig, ob sie sich für die Markendestination (*Insel B*) entschieden haben. Aufgrund der Vorüberlegungen, daß komplexe Kaufentscheidungen – zu denen die Entscheidung für eine Urlaubsreise gezählt wird – einerseits eine intensive Informationsaufnahme bedingen, andererseits aber auch auf komplexitätsreduzierende Informationen – wie bspw. Marken und Markenattribute – zurückgreifen, läßt eine häufigere Auswahl der Alternative *Insel B* erwarten. Gleichzeitig wird es den Probanden durch die bereitgestellten Informationen ermöglicht, sich ein relativ genaues Bild von den zu erwartenden Leistungen zu machen.

Das in Abbildung 37 dargestellte Ergebnis bestätigt diese Annahme. Insgesamt wurde *Insel B* von 43,1 % der Probanden ausgewählt, also häufiger als *Insel A*, die von 29,3 % und *Insel C*, die von 27,6 % gewählt wurde. Diese beiden Alternativen waren nicht mit Markenattributen ausgestattet worden, obgleich *Insel A* in einigen Bereichen in Richtung Markendestination tendiert (Qualitätskriterium, Buchbarkeit; allerdings „keine genaue Vorstellung"). Die statistische Signifikanzprüfung mit einem Chi$^2$-Test ergab jedoch keinen signifikanten Unterschied

($chi^2=2{,}517$; $p=0{,}284$). Eine Rolle könnte hierbei die relativ kleine Stichprobe spielen. Erfreulich ist dennoch die hypothesenkonforme Richtung des Unterschiedes.

**Abbildung 37: Verteilung der Varianten der Information Display Matrix**

(Quelle: eigene Erhebung, März 2002)

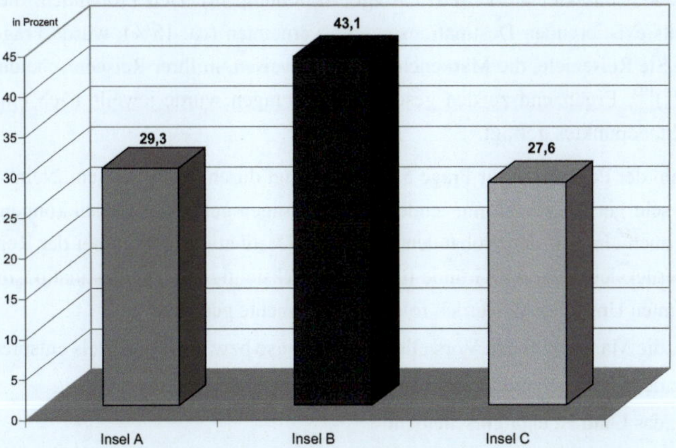


In den nächsten Analyseschritten wurden mit Hilfe von Kreuztabellen die soziodemographischen Merkmale dahingehend überprüft, ob sie einen Einfluß auf die Auswahl der Inselalternative besitzen. Bei dem Alter der Probanden konnte kein statistisch signifikanter Zusammenhang mit der Wahl der Inselalternative festgestellt werden. Bei einer Augenschein-Betrachtung des Ergebnisses kann allerdings festgestellt werden, daß bei den männlichen Probanden eine Tendenz zur Markenalternative (*Insel B*) zu erkennen ist. Etwa die Hälfte hat sich für diese Alternative entschieden. Dieser Zusammenhang sollte bei einer späteren Untersuchung verifiziert werden.

Das verfügbare Haushaltsnettoeinkommen der Probanden hat ebenfalls keinen Einfluß auf die Auswahl der Insel-Variante. Lediglich bei den Probanden mit mehr als 2.000 Euro Haushaltsnettoeinkommen zeigt sich eine leichte Tendenz zur Markenalternative. Da die Stichprobengröße allerdings nicht sehr hoch ist, kann diese Aussage nicht statistisch belegt werden. In einer späteren Untersuchung sollte ebenfalls überprüft werden, ob ein signifikanter Zusammenhang besteht.

Mit der IDM konnte gezeigt werden, für welche Insel-Alternative sich die Probanden entschieden haben, ohne daß ihnen bewußt war, ob es sich um eine Markendestination handelte oder nicht. Daher wurden im zweiten Teil der Befragung ergänzend Fragen nach der bewußten Berücksichtigung von Marken bei der Reisezielauswahl gestellt. Da nicht alle Probanden der Meinung waren, daß es bereits Destinationsmarken gibt (Frage 1 – vgl. Abbildung 42 auf S. 214), wurden hier zwei Fragevarianten gestellt.

Den Probanden, die auf Frage 1 nach bestehenden Destinationsmarken mit „Ja“ antworteten bzw. glaubten, daß es bereits Reiseziele mit Markencharakter gibt (ca. 67 % bzw. 18 %), wurde Frage 6 gestellt („Berücksichtigen Sie persönlich bei Ihrer Urlaubsentscheidung Reiseziele, die Markencharakter aufweisen?“ – vgl. Abbildung 38). Den Probanden, die die Frage nach bereits existierenden Destinationsmarken verneinten (ca. 15 %), wurde Frage 5 gestellt („Würden Sie Reiseziele, die Markencharakter aufweisen, in Ihrer Reiseentscheidung berücksichtigen?“)[105]. Ergänzend zu den geschlossenen Fragen wurde jeweils nach einer Begründung des Standpunktes gefragt.

Die Fallzahl der Probanden für Frage 5 war – bedingt durch den niedrigen „Nein“-Anteil von Frage 1 – sehr gering, so daß nur tendenzielle Aussagen getroffen werden können. Demnach kann sich auch ein Teil der Probanden vorstellen, Destinationsmarken bei der Reiseentscheidung zu berücksichtigen. Als Gründe für eine Berücksichtigung von Destinationsmarken „unter bestimmten Umständen“ wurden folgende Argumente genannt:

- „die Marke muß den Vorstellungen der Reise bzw. des Reiseziels entsprechen“,
- „der Markencharakter entspricht nicht den eigenen Interessen“,
- „das Land ist eher entscheidend“,
- „eine genaue Recherche ist notwendig“.

**Abbildung 38: Die Berücksichtigung von Reisezielen mit Markencharakter und Variante der Information Display Matrix**

(Frage: „Würden Sie Reiseziele, die Markencharakter aufweisen, in Ihrer Reiseentscheidung berücksichtigen?“ – „Ja, auf jeden Fall“; „unter bestimmten Umständen“, „eher nicht“, „auf keinen Fall“)
(Quelle: eigene Befragung, März 2002)

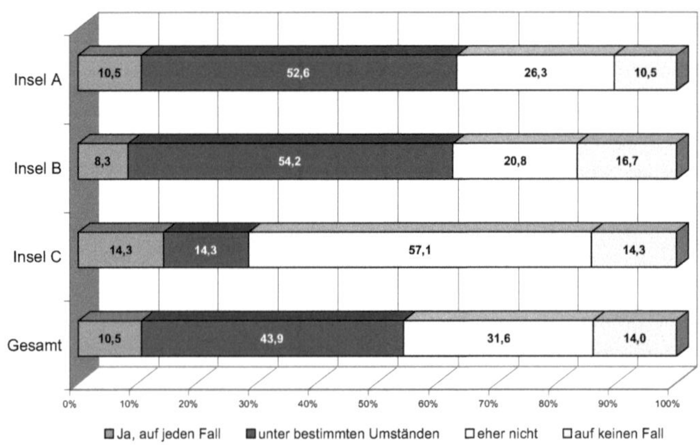

Gemeinsam haben diese Aussagen, daß dem Markencharakter eher eine *entscheidungsunterstützende* Funktion beigemessen wird, d. h., andere Faktoren werden als bedeutender angesehen. Die Probanden, die Destinationsmarken bei ihrer Reiseentscheidung nicht berücksichtigen wollen, haben ihren Standpunkt nicht begründet.

Bei Frage 6 war die Zahl der Probanden deutlich höher, so daß hier ebenfalls eine Auswertung bzgl. der gewählten Variante nach dem Ausfüllen der Information-Display-Matrix durchgeführt werden konnte. Wie Abbildung 38 verdeutlicht, sind die auf die Randausprägungen („*Ja, auf jeden Fall*"; „*Nein, auf keinen Fall*") entfallenen Nennungen relativ gering. Darüber hinaus zeigt das Ergebnis, daß *Insel C* einen höheren Zuspruch von Probanden erhalten hat, die bei ihrer Reiseentscheidung Destinationsmarken nicht berücksichtigen. Die Verteilungen bei den IDM-Optionen *Insel A* und *Insel B* sind annähernd gleich. Der Anteil für „unter bestimmten Umständen" ist ebenfalls für beide Varianten annähernd gleich. Daraus kann zunächst geschlossen werden, daß der Markencharakter nicht das ausschlaggebende Kriterium bei der Reiseentscheidung ist. Ein $Chi^2$-Test verfehlte knapp die statistische Signifikanz für die Unterschiede zwischen den Inselvarianten.

Die Antwortbegründungen der Probanden gehen in unterschiedliche Richtungen. Es handelt sich zu einem großen Teil um Einzelnennungen, die sich aber von ihrer Aussage her durchaus zusammenfassen lassen.

Bei denjenigen, die Markendestinationen „auf keinen Fall" berücksichtigen wollen, überwiegt als Begründung, daß Individualreisen bevorzugt werden. Von diesen Probanden hat sich aber mehr als die Hälfte nach der Informationsaufnahme mit der Information Display Matrix für die Markendestination *Insel B* oder für *Insel A* entschieden, die ebenfalls bereits Markenattribute aufweist. Weitere Argumente, die gegen eine Berücksichtigung von Destinationsmarken sprachen, waren, daß „Markenreiseziele zu teuer sind" oder „ein eher negatives Image besitzen". Das „Entdecker"-Argument wurde allerdings nur von einem Probanden genannt, d. h., er legt Wert darauf, im Urlaub Neues zu entdecken und kennenzulernen. In den allgemeinen Untersuchungen zu Reisemotiven gehört dieses Item zu den häufiger genannten Merkmalen.

Ähnliche Argumente wurden auch von den Probanden genannt, die Markendestinationen „eher nicht berücksichtigen": Mit Markendestinationen wird ein erhöhtes Gästeaufkommen verbunden, das mit dem negativ belegten Ausdruck *Massentourismus*[103] assoziiert wird. Durch Markenattribute wird darüber hinaus die Austauschbarkeit der Destinationen gefördert, da eine Vergleichbarkeit in zentralen Merkmalen damit verbunden wird. Auch wird mit Markendestinationen ein ungünstiges Preis-Leistungs-Verhältnis verbunden. Das ist ebenfalls ein häufiger Kritikpunkt, der im Zusammenhang mit Markenartikeln genannt wird („Man bezahlt den Namen mit.").

103 Massentourismus wird von KASPAR (1996: 17f.) zunächst neutral als „massiertes Auftreten von Touristen [bezeichnet], wobei negative Erscheinungen je nach Art und Umwelt bereits bei einer Kleinzahl oder erst bei einer Vielzahl von Touristen auftreten können".

Die Argumente, die von den Probanden angeführt wurden, die „auf jeden Fall" Destinationsmarken berücksichtigen, beinhalten alle Aspekte der Unsicherheitsreduktion bzw. der Unterstützung der Entscheidungssicherheit. Mit der Berücksichtigung von Markendestinationen wird verbunden, daß die eigenen Erwartungen an den Urlaub bzw. das Reiseziel erfüllt werden. Explizit wurde beispielsweise genannt:

- mit der Destinationsmarke ist eine „Sicherheit für die Reiseentscheidung" verbunden,
- „die Reise ist keine Fahrt ins Ungewisse",
- „die Marke steht für Qualität und Sicherheit".

Von den Probanden, die „unter bestimmten Umständen" Destinationsmarken berücksichtigen, werden einzelne Reiseformen genannt, bei denen dies der Fall ist. Dazu gehören u. a. Auslandsreisen, Kur-/Wellnessangebote, Städtereisen oder ein Kurzurlaub. Es handelt sich dabei um Reiseformen, bei denen die Informationsbeschaffung und -bewertung i. d. R. schwieriger ist und man daher vermehrt auf Merkmale achtet, die die Reiseentscheidung erleichtern können. So sind Informationen zu unbekannteren ausländischen Destinationen meist weniger umfangreich vorhanden als dies bei hoch frequentierten Reisezielen der Fall ist. Bei Kurz- und Städtereisen erleichtern Markenattribute die Reiseentscheidung, da insbesondere für die an diesen Reiseformen Interessierten die Ziele etwas besonderes sein sollten – auch wenn „etwas besonderes" nicht genau umrissen werden kann. Dies hängt mit den individuellen Inhalten und Anlässen für die konkrete Reise eng zusammen (vgl. SCHERHAG: 2000b). Bei Kur- und Wellness-Angeboten helfen markenähnliche Merkmale dabei, die Leistungsqualität der Anwendungen und entsprechenden Einrichtungen in den Zielgebieten einzuordnen und so ein den Vorstellungen entsprechendes Reiseziel auszuwählen.

Destinationsmarken helfen, die „Richtung" der Reise vorzugeben. Auch von diesen Probanden wird hervorgehoben, daß die Destinationsmarken die Entscheidungssicherheit erhöhen. Mit den Marken wird demnach ein Qualitätsniveau verbunden, das den eigenen Ansprüchen genügt und somit zur Entscheidungsunterstützung herangezogen werden kann. Allerdings kann die Unterstützung der Reiseentscheidung auch dahin gehen, daß gerade aufgrund der Vorstellungen und Bilder, die mit der Destination in Verbindung gebracht werden, dieses Reiseziel abgelehnt wird.

Auch bei dieser Frage sollte mit Hilfe einer Kreuztabellierung (Frage 6 und Insel-Variante) überprüft werden, ob ein Zusammenhang zwischen dem Ergebnis zu dieser Frage und der im ersten Teil der Befragung ausgewählten Insel besteht. Die Analyse sollte herausfinden, ob Probanden, die Insel A als Reiseziel ausgewählt haben, zu einem größeren Anteil bereits Markendestinationen auswählen. In der Darstellung ergibt sich eine drei mal vier-Matrix. Ein $Chi^2$-Test nach Pearson lieferte keine signifikanten Ergebnisse ($chi^2=8{,}231$; $p=0{,}222$). Allerdings ist die erwartete Häufigkeit von sieben Zellen kleiner fünf, was einem Anteil von 58,3 % entspricht. Nach SIEGEL (1976: 107) darf dieser Wert maximal bei 20 % liegen, d. h., die Belegung der einzelnen Zellen ist zu gering, um verläßliche Ergebnisse liefern zu können. Reduziert man die Kreuztabelle auf eine zwei mal drei-Matrix und klammert die eindeutigen Aussagen hinsichtlich der Markenberücksichtigung aus („Ja, auf jeden Fall“ und „auf keinen Fall“), wird das Ergebnis auf dem 2%-Niveau signifikant ($chi^2=7{,}892$; $p=0{,}019$). Probanden, die Markendestinationen „eher nicht berücksichtigen“ haben sich mehrheitlich für *Insel C* entschieden.

Bei diesem Ergebnis ist eine Richtung erkennbar, allerdings sollte diese ebenfalls in einer späteren Untersuchung verifiziert werden.

### 5.3.2.3 Informationen zur Unterstützung der Reisezielauswahl

Eine weitere zentrale Fragestellung in der Untersuchung bezieht sich darauf, welche Informationen von den Probanden genutzt werden, um zu einer Reiseentscheidung zu finden und welche Strategien für die Informationsaufnahme angewendet werden.

#### 5.3.2.3.1 Anzahl der Informationsschritte und Anteil genutzter Informationen

Der Auswertung der Frage, wie viele Informationen von den Probanden abgerufen werden, um zu einer Entscheidung zu kommen, lag die Überlegung zu Grunde, daß Marken zur Komplexitätsreduktion der Kaufentscheidung beitragen. Daraus folgte die Erwartung, daß die Probanden, die sich für die Insel-Alternative mit Markencharakter (*Insel B*) entschieden haben, diese Entscheidung mit der geringsten Anzahl an Informationsabrufen treffen konnten.

Bei der Informationsaufnahme durch die Probanden zeigt sich folgendes Bild: Im Durchschnitt wurden 19,2 der 24 Zellen betrachtet, was einem Anteil von ca. 80% der verfügbaren Informationen entspricht. Dabei wurden durchschnittlich 23,5 Informationsfenster geöffnet. Lediglich knapp 30% der Probanden haben sich alle Informationsfenster angesehen. Die maximale Zahl der geöffneten Informationsfenster betrug 63, d. h., dieser Proband hat jede Information mindestens zweimal abgerufen. Aufgrund der hohen Anzahl an Zellen (24 Informationsfenster) und einer daher bei einigen Zellen geringen Besetzung mit Fällen kann eine statistische Signifikanzprüfung nicht erfolgen.

Differenziert man den Abruf der Informationsfenster nach der ausgewählten Insel-Alternative, zeigen sich einige Verschiebungen vom Gesamt-Durchschnitt. Werden im Durchschnitt über alle Alternativen 23,5 Informationen abgerufen (Zeile 1 in Tabelle 20), sind es bei *Insel A* mit 26,1 Informationsschritten deutlich mehr. Relativ dicht am Durchschnittswert liegt mit 23 Schritten die Alternative *Insel C*, während *Insel B* durchschnittlich die geringste Anzahl an Informationsschritten verzeichnet. Wird die durchschnittlich betrachtete Zellenzahl von 19,2 –

maximal standen 24 Zellen zur Auswahl (Zeile 2 in Tabelle 20) – analysiert, rücken die Werte der drei Alternativen etwas zusammen. Aber auch bei diesem Kriterium liegen die Probanden, die *Insel A* ausgewählt haben, über dem Durchschnitt. Zur Überprüfung dieser deskriptiv erkennbaren Unterschiede auf statistische Signifikanz sollte hier grundsätzlich eine einfaktorielle Varianzanalyse angewendet werden. Da aber die Gruppen (*Insel A, B, C*) ungleich groß sind, kann dieses Verfahren nicht angewendet werden.[104]

**Tabelle 20: Allgemeine Auswertung der Schritte in der IDM**
(Quelle: eigene Untersuchung, März 2002)

| Zeile | Merkmal | gesamt | Insel A | Insel B | Insel C |
|---|---|---|---|---|---|
| 1 | Durchschnittliche Anzahl der Schritte innerhalb der IDM | 23,5 | 26,1 | 22,0 | 23,0 |
| 2 | Durchschnittliche Anzahl der betrachteten Zellen der IDM (maximal 24 Zellen) | 19,2 | 20,8 | 18,8 | 18,1 |
| 3 | Anteil der Probanden, der mehr als die Hälfte der Informationsfenster angesehen hat | 93,1% | 94,1% | 88,0% | 100% |
| 4 | Durchschnittliche Anzahl wiederholter Abrufe von Informationsfenstern | 4,3 | 5,4 | 3,2 | 4,9 |

Vergleicht man beide Werte miteinander, zeigt sich, daß die Probanden, die *Insel A* ausgewählt haben, am häufigsten eine Informationszelle wiederholt aufdecken, die Probanden, die sich für *Insel B* entschieden haben, dagegen augenscheinlich deutlich weniger Zellen wiederholt betrachten (Zeile 4 in Tabelle 20). Dieser Zusammenhang deutet darauf hin, daß die Probanden mit *Insel B* tendenziell mehr nach Schlüsselinformationen suchen, während sich die Probanden, die *Insel A*, aber auch diejenigen, die *Insel C* ausgewählt haben, intensiver mit den Informationen auseinandersetzen und häufiger auf bereits betrachtete Zellen zurückgehen.

Verwendet man als weitere Analysekennzahl den Anteil der Probanden, die mindestens die Hälfte der zur Verfügung stehenden Informationen abgerufen haben, zeigen sich ebenfalls Unterschiede. Während alle Probanden, die *Insel C* ausgewählt haben, mehr als die Hälfte der verfügbaren Informationen abgerufen haben, sind es bei *Insel B* lediglich 88 %. Dieses Ergebnis könnte ein erster Hinweis darauf sein, daß die mit Markeninformationen versehene *Insel B* die Reisezielentscheidung erleichtert bzw. eine weniger umfangreiche Informationssuche erfordert, da mehr Schlüsselinformationen zur Verfügung stehen.

Diese Interpretation wird allerdings nur teilweise bestätigt, wenn untersucht wird, wie die Verteilung der Probanden aussieht, die *alle* Informationen mindestens einmal abgerufen haben. Mit ca. 32,8% ist der Anteil der Probanden, die alle Informationen abgerufen haben, überraschend hoch, da in der Regel nur ein Teil der verfügbaren Informationen abgerufen wird (vgl. ASCHENBRENNER 1990: 157).

104 Bei insgesamt eher kleinen Stichproben – wie die hier vorliegende – ist die Varianzanalyse unter Umständen nicht robust gegenüber ungleichen Gruppengrößen (vgl. BORTZ 1993: 235ff.).

Etwas mehr als die Hälfte der Probanden, die sich für *Insel A* entschieden hat, hat alle verfügbaren Informationen abgerufen. Bei den beiden übrigen Alternativen waren es jeweils nur knapp 25 %. Somit konnte sowohl die Entscheidung für die Markendestination (*Insel B*) als auch gegen die Markendestination (*Insel C*) anhand einer geringeren Anzahl an Informationen getätigt werden. *Insel A* als nicht eindeutig positionierte Alternative fordert demnach eine intensivere Betrachtung der vorhandenen Informationen.

**Zusammenfassend** stützen die Daten die aus den Vorüberlegungen resultierende Annahme, nach der Marken die Kaufentscheidung erleichtern. Voraussetzung ist allerdings, daß die Konsumenten Marken grundsätzlich positiv gegenüberstehen. Die mit Markenmerkmalen beschriebene Alternative *Insel B* kann von den jeweiligen Probanden schneller ausgewählt werden. Die Komplexität der Reisezielentscheidung wird tendenziell durch das wiederholte Öffnen der Informationsfenster zum Ausdruck gebracht, ebenso wie die vergleichsweise hohe Zahl der Probanden, die sich alle verfügbaren Informationen angesehen haben.

Ein weiterer Aspekt bei der Auswertung der Ergebnisse aus der Betrachtung der Information Display Matrix ist die **Abrufhäufigkeit der Markenitems** durch die Probanden. Die durchschnittlichen Zugriffe auf die einzelnen Zellen der Informationsmatrix sind in Tabelle 21 zusammengefaßt. Es wurde davon ausgegangen, daß vor dem Hintergrund einer extensiven Entscheidung von den Probanden eine hohe Zahl von Zellen abgerufen und eine vergleichende Betrachtung der Alternativen durchgeführt wird, bevor eine Entscheidung für ein Reiseziel gefällt wird.

Von den 71 Probanden starteten 48 (ca. 62 %) ihre Informationsaufnahme mit dem *Unterkunftsbeispiel*, 44 davon bei *Insel A*, drei bei *Insel B* und ein Interviewter bei *Insel C*. Die übrigen Probanden starteten mit unterschiedlichen Informationsfenstern zu *Insel A*: zehn Per-

**Tabelle 21: Auswertung der durchschnittlichen Zellabrufe in der IDM**
(Quelle: eigene Untersuchung, März 2002)

| Zeile | Merkmal (die *Markenmerkmale* sind grau hervorgehoben) | gesamt | Insel A | Insel B | Insel C |
|---|---|---|---|---|---|
| 1 | - Unterkunft | 3,6 | 4,3 | 3,0 | 3,9 |
| 2 | - Qualitätsstandards | 2,8 | 2,7 | 3,0 | 2,7 |
| 3 | - Angebot | 2,8 | 3,1 | 2,5 | 2,8 |
| 4 | - Buchbarkeit | 2,3 | 2,7 | 2,0 | 2,4 |
| 5 | - Preisbeispiel | 3,1 | 3,4 | 2,9 | 3,0 |
| 6 | - Öffentlichkeitsarbeit | 1,9 | 2,5 | 1,6 | 1,7 |
| 7 | - Zielgebiet | 3,2 | 3,7 | 2,7 | 3,5 |
| 8 | - Bekanntheit | 2,7 | 2,3 | 2,6 | 3,1 |
| **Durchschnittliche Aufrufhäufigkeit der Spalte** | | | | | |
| 9 | - Insel A | 8,2 | 9,8 | 7,5 | 7,8 |
| 10 | - Insel B | 7,4 | 7,6 | 7,4 | 7,3 |
| 11 | - Insel C | 7,2 | 7,9 | 6,2 | 7,8 |

sonen begannen mit dem Zielgebiet, weitere sechs mit dem Angebot. Die übrigen verteilten sich wie folgt: dreimal *Qualitätsstandards im Zielgebiet*, zweimal *Buchbarkeit* und je einmal *Preisbeispiel* und *Bekanntheit*. Da die drei Alternativen anonymisiert waren, ist es nicht sehr verwunderlich, daß der größte Teil der Probanden mit dem ersten Informationsfenster in der Matrix begonnen hat. Es lagen noch keinerlei Informationen vor, um eine Präferenz zum Ausdruck zu bringen. Die vergleichsweise hohe Bedeutung des *Zielgebietes* selbst für die Reiseentscheidung wird dadurch angedeutet, daß immerhin zehn der Probanden ihre Informationsaufnahme mit diesem Merkmal beginnen. Ebenfalls kann die hohe Bedeutung der *Unterkunft* für die Reiseentscheidung bestätigt werden, auch wenn ein Teil der Probanden sicherlich mit der Unterkunft begonnen hat, weil es sich dabei um die erste Zeile der IDM handelt.

Im Abschnitt zur Reiseentscheidung wurde bereits ausgeführt, daß die Unterkunft die Reiseentscheidung bzw. die Auswahl des Reiseziels relativ deutlich beeinflußt (vgl. auch Abbildung 29, S. 159). Die Informationen zur Unterkunft wurden auch bei der vorliegenden Untersuchung insgesamt am häufigsten aufgerufen – unabhängig von der ausgewählten Alternative (vgl. Zeile 1 in Tabelle 21). Bei *Insel B* scheint das Merkmal *Unterkunft* allerdings keine so dominierende Funktion zu besitzen, denn es wird im Vergleich zu den beiden anderen Alternativen und der Befragungsgesamtheit unterdurchschnittlich häufig aufgerufen. Auch bei den übrigen Merkmalen zeigen sich Unterschiede zwischen den Probanden bzgl. der ausgewählten Alternativen.

Auch die weiteren, als allgemeine Destinations-Informationen definierten Merkmale werden von den Probanden „*Insel B*" unterdurchschnittlich häufig abgerufen. Genau das Gegenteil trifft auf die Probanden zu, die sich für *Insel A* entschieden haben, was auf eine umfangreiche Informationsbeschaffung hindeutet. Die Werte für die Probanden *Insel C* liegen relativ dicht an den Durchschnittswerten.

Bei den als Markenmerkmale definierten Attributen ist der Zusammenhang zur ausgewählten Alternative nicht so eindeutig feststellbar. Als wichtigste Attribute stellen sich *Qualitätsstandards* und *Bekanntheit* heraus. Sie werden von den Markenmerkmalen im Durchschnitt am häufigsten aufgerufen. Allerdings liegen die allgemeinen Merkmale von der Zugriffshäufigkeit her insgesamt vor den Markenmerkmalen. Werden die Aufrufhäufigkeiten separat betrachtet, so läßt sich keine eindeutige Zuordnung zur Markendestination *Insel B* erkennen. Lediglich das Merkmal Qualitätsstandard wird von diesen Probanden am häufigsten abgerufen. Dagegen werden die Attribute *Buchbarkeit* und *Öffentlichkeitsarbeit* überdurchschnittlich häufig von den Probanden *Insel A* und am wenigsten von den Probanden *Insel B* abgerufen. Zur Interpretation kann hier ebenfalls auf die vergleichsweise intensive Informationssuche der Probanden, die sich für *Insel A* entschieden haben, hingewiesen werden. Insbesondere das Attribut *Öffentlichkeitsarbeit* wird deutlich überdurchschnittlich von den Probanden aufgerufen, die *Insel A* ausgewählt haben. Bei den beiden anderen Gruppen liegen die Werte deutlich unter dem Durchschnitt. Das Attribut *Bekanntheit* wird mit Abstand am häufigsten von den Probanden *Insel C* aufgerufen. Da sich diese Probanden eindeutig für eine vergleichsweise unbekannte Destination entschieden haben, kann dieser Zusammenhang damit interpretiert werden, daß sie bewußt die Bekanntheit des Zielgebietes abgefragt haben, um sich gegen eine bekannte Destination entscheiden zu können.

**Zusammenfassend** ist festzuhalten, daß die allgemeinen Destinationsinformationen im direkten Vergleich zu den Markeninformationen häufiger abgerufen werden. Dies deutet darauf hin, daß die allgemeinen Destinationsinformationen für die Auswahl von Reisezielen eine wichtige Rolle spielen. Diese Merkmale besitzen darüber hinaus auch einen größeren Informationsanteil bzgl. der jeweiligen Destination, was unterstreicht, daß es sich bei der Reiseentscheidung um eine extensive Kaufentscheidung handelt. Extensive Kaufentscheidungen sind in der Regel mit einer umfangreichen Informationssuche verbunden. Weiterhin kann festgehalten werden, daß die Markeninformationen zumindest implizit zu einer schnelleren Entscheidungsfindung beitragen. Sowohl die Probanden die sich für die Markenalternative (*Insel B*) als auch die Probanden, die sich gegen die Markenalternative (*Insel C*) entschieden haben, kamen durchschnittlich mit weniger Informationen aus als die Probanden, die sich für *Insel A* (die zum Teil Markenmerkmale aufweist) entschieden haben.

#### 5.3.2.3.2 Informationsverarbeitungsstrategien

Bei der Informationsaufnahme können grundsätzlich unterschiedliche Strategien angewendet werden. Diese können mit Hilfe der IDM aufgedeckt werden; der *IDM-Visual Processor* zeichnet die individuelle Vorgehensweise der Probanden auf und ermöglicht eine entsprechende Auswertung. Aufgrund der Erfahrungen, die in der Markenartikelforschung bereits gesammelt wurden, wird davon ausgegangen, daß ein attributweises Vorgehen bei der Betrachtung einzelner Kriterien bei markenorientierten Probanden anzutreffen ist. Aus einer begrenzten Anzahl von Alternativen muß aufgrund unterschiedlich ausgeprägter Merkmale eine Entscheidung getroffen werden, die dann häufig von einem Schlüsselreiz ausgelöst wird (limitierte Kaufentscheidung – vgl. WEINBERG 1981: 13f.).

Zur Analyse der Reiseentscheidung wird die Informationsaufnahme dann in *Transitionen* zerlegt; sie sind das Grundelement der qualitativen Analyse der Informationsnutzung. Als Transition wird der Übergang von einer Information zur nächsten bezeichnet. Es können grundsätzlich vier Typen unterschieden werden (vgl. JACOBY et al. 1976: 309; ASCHENBRENNER 1990: 157):

- *Typ 1* ist das zweimal aufeinanderfolgende Betrachten der gleichen Information (z. B. zweimaliges Aufdecken des *Preisbeispiels* bei *Insel B*).
- *Typ 2* steht für das Betrachten unterschiedlicher Attribute einer Alternative (z. B. wird nach dem *Angebot* von *Insel A* als nächste Information das *Zielgebiet* bei *Insel A* aufgerufen). Dieser Typ steht für eine alternativenweise Informationsaufnahme.

- Bei *Typ 3* wird das gleiche Merkmal bei unterschiedlichen Alternativen betrachtet (z. B. wird nach der *Unterkunft* bei *Insel C* die *Unterkunft* bei *Insel A* aufgerufen). Dieser Typ steht für die attributweise Informationsaufnahme.
- *Typ 4* steht für das Betrachten unterschiedlicher Merkmale bei unterschiedlichen Alternativen (z. B. *Öffentlichkeitsarbeit* bei *Insel B* und *Buchbarkeit* bei *Insel A*).

Der Prozeß der Informationsaufnahme läßt sich somit als eine Folge von Transitionen darstellen. Die Werte wurden sowohl für die gesamte Befragung als auch für die einzelnen Alternativen ausgewertet. Die Ergebnisse sind in Tabelle 22 im Block *Single Transition* in den Zeilen eins bis vier dargestellt. Es fällt unmittelbar auf, daß *Typ 1* so gut wie überhaupt nicht vorkommt (Zeile 1). Die weitere Betrachtung verdeutlicht, daß die attributorientierte Informationsaufnahme (*Typ 3*) vorherrscht. Die alternativenorientierte Vorgehensweise (*Typ 2*; Zeile 2) ist bei den Probanden, die *Insel C* ausgewählt haben, im Vergleich zum Durchschnittswert *gesamt* deutlich stärker vertreten. Werden die Werte der *Typen 1* bis *4* aufsummiert, sollte sich ein Wert von 100% ergeben. Aufgrund von Rundungen kann es bei der Mittelwertberechnung allerdings zu geringfügigen Abweichungen kommen.

Eine ähnliche Verteilung zeigt auch Abbildung 39, in der die Verteilung der bevorzugten Vorgehensweise bei der Informationsaufnahme durch die Probanden wiedergegeben ist. D. h., es wird die jeweils überwiegende Vorgehensweise je Proband ausgedrückt. Die alternativenweise Informationsaufnahme ist bei ca. 35% der Probanden, die Insel C ausgewählt haben, die bevorzugte Vorgehensweise zur Informationsaufnahme. Insgesamt haben sich ca. 20,7% der Probanden für eine vorwiegend alternativenweise und ca. 77,6% für eine vorwiegend attributweise Informationsaufnahme entschieden. Bei diesen beiden Strategien findet sich auch ein geringer Anteil an Probanden wieder, die diese Vorgehensweise quasi in Reinform angewendet haben. So sind ca. 25% der Probanden streng attributweise (mit einer sogenannten

**Tabelle 22: Auswertung der Informationsaufnahmestrategien der IDM**
(Quelle: eigene Untersuchung, März 2002)

| Zeile | | gesamt | Insel A | Insel B | Insel C |
|---|---|---|---|---|---|
| | **Single Transition** (Zweiertransitionsanalyse) | | | | (Durchschnittswerte) |
| 1 | Typ 1 (selbe Zelle) | 1,06 % | 1,61 % | 0,64 % | 1,14 % |
| 2 | Typ 2 (selbe Insel) | 23,45 % | 20,07 % | 19,42 % | 33,34 % |
| 3 | Typ 3 (selbes Merkmal) | 52,62 % | 56,66 % | 53,57 % | 46,84 % |
| 4 | Typ 4 (sonstiges) | 22,76 % | 21,57 % | 26,25 % | 18,58 % |
| | **3-Step-Transitions** (Dreiertransitionsanalyse) | | | | (Durchschnittswerte) |
| 5 | Alternative Index (ALI) | 0,212 | 0,182 | 0,176 | 0,299 |
| 6 | Attribute Index (ATI) | 0,456 | 0,506 | 0,466 | 0,389 |
| 7 | Pairwise Comparison Index (CPI) | 0,107 | 0,079 | 0,119 | 0,119 |
| 8 | Structural Change Index (SCI) | 0,128 | 0,128 | 0,143 | 0,104 |
| 9 | Irregular Index (IRI) | 0,098 | 0,105 | 0,098 | 0,090 |

Z-Struktur) vorgegangen. D. h., sie haben sich eine Attributreihe nach der anderen angesehen. Weitere ca. 11 % sind streng alternativenorientiert vorgegangen, d. h., sie haben sich eine Alternative nach der anderen angesehen. Erst nachdem alle 24 Informationsfenster abgerufen worden sind, hat ein Teil dieser Probanden noch einmal, dann aber meist unstrukturiert oder im Paarvergleich, auf einige der Informationen zurückgegriffen, bevor sie zu einer Entscheidung gekommen sind. Lediglich 1,7 % haben sich für eine unstrukturierte Vorgehensweise (*Typ 4*) entschieden.

**Abbildung 39: Bevorzugte Informationsstrategie bei der Betrachtung der Merkmale in der IDM (Zweiertransitionsanalyse)**

(Quelle: eigene Erhebung, März 2002)

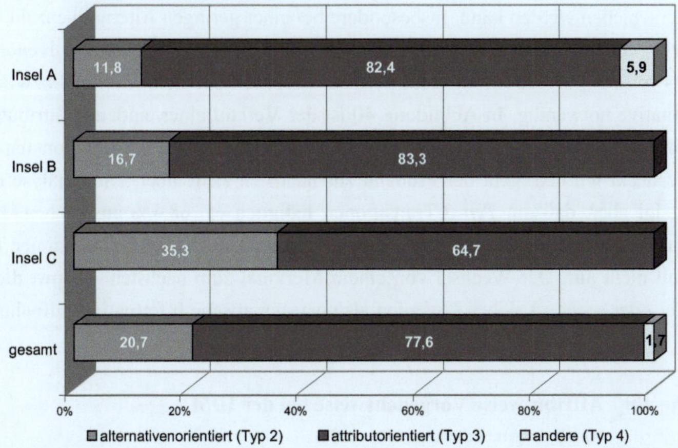


Vergleicht man das Ergebnis aus Abbildung 39 mit den Ergebnissen zur *Single Transition* in Tabelle 22, zeigen sich dort etwas andere Werte. Diese Zahlen setzen sich aus den Anteilen der jeweiligen Informationsstrategien zusammen, die von den Probanden bevorzugt angewendet wurden. Die *Typ 4*-Transitionen erhalten durchschnittlich noch einen Wert von 22,8 % (Zeile 4). *Insel B* liegt mit ca. 26,3 % deutlich über dem Durchschnittswert. An dieser Stelle wird eine Schwäche dieser Analyse der *Single Transitions* deutlich: Der vergleichsweise hohe Wert für die unstrukturierten Informationsaufnahmen entsteht bereits, wenn bspw. eine streng attribut- oder alternativenorientierte Vorgehensweise gewählt wird. Der Wechsel von der letzten Ausprägung eines Merkmals zur ersten Ausprägung des nächsten Merkmals wird als eine unstrukturierte Informationsaufnahme gewertet (gleiches gilt für die alternativenorientierte Informationsaufnahme). Insgesamt haben 15,5 % der Probanden eine *reine* attributorientierte Vorgehensweise verfolgt; sie haben die einzelnen Ausprägungen für die Merkmale miteinander verglichen. Es wurden keine zwei Merkmale einer Alternative nacheinander aufgerufen, d. h., es erfolgten keine Transitionen vom *Typ 2*. Beispielsweise wurde als erste Information

*Unterkunft* von *Insel A, B* und *C* abgerufen. Der nächste Schritt ging dann zu den *Qualitätsstandards im Zielgebiet*, wiederum in der Reihenfolge *Insel A, B* und *C*. Diese Probanden weisen in der Einzelauswertung jeweils einen Wert zwischen ca. 25 % und 35 % für die *Typ 4*-Transitionen auf. *Typ 2*-Transitionen treten jeweils keine auf, ebenso wie *Typ 1* nicht ausgeprägt ist. Mit einer zunehmenden Zahl an Alternativen sinkt tendenziell der Wert für die *Typ 4*-Transitionen bei einer streng attributorientierten Informationssuche. Die Werte für die unsystematische Vorgehensweise liegen bspw. bei einer strengen alternativenorientierten Vorgehensweise lediglich zwischen ca. 7% und 11%. Für diesen Weg haben sich aber nur ca. 7 % der Probanden entschieden.

Die Problematik bei der Analyse liegt darin, daß anhand der errechneten Werte eine unsystematische Vorgehensweise bei der Informationssammlung nur schwer von einer systematischen unterschieden werden kann. Insbesondere bei einer geringen Alternativenzahl, wie auch in der vorliegenden Untersuchung, sind auch bei streng attribut- bzw. alternativenorientierter Vorgehensweise *Typ 4*-Transitionen für den Wechsel zum nächsten Merkmal bzw. zur nächsten Alternative notwendig. In Abbildung 40 ist der Verlauf einer eindeutig attributorientierten Informationsaufnahme dargestellt (Z-Struktur). Nachdem die Informationsfenster einer Zeile aufgedeckt wurden, geht der Proband zur nächsten Zeile über. Die Analyse der Transitionen zeigt aber, daß die *Typ 3*-Transitionen lediglich ca. 68,4 % ausmachen. Insgesamt 31,5 % entfallen auf *Typ 4*-Transitionen; sowohl *Typ 1* als auch *Typ 2*-Transitionen treten bei diesem Fall nicht auf. Der Wechsel von einem Merkmal zum nächsten – bspw. die Schritte drei zu vier oder sechs zu sieben – werden als unsystematische Informationsaufnahme klassifiziert.

**Abbildung 40: Attributweise Vorgehensweise bei der IDM**
(Quelle: eigene Erhebung, März 2002)

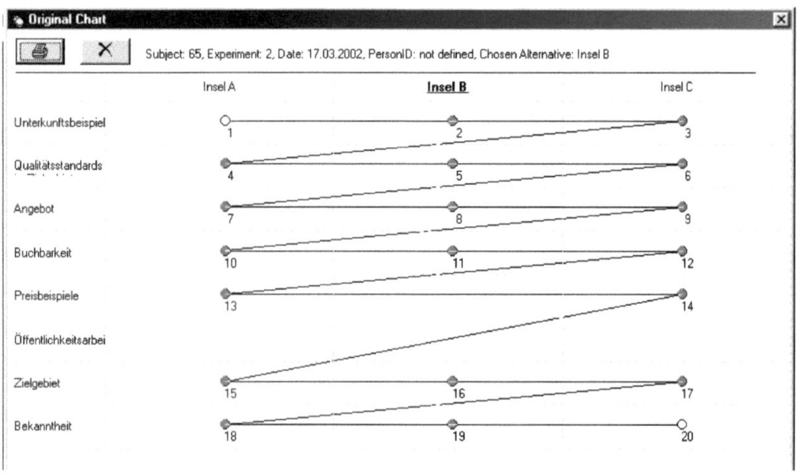

Führt der Proband darüber hinaus Paarvergleiche durch, wächst der Anteil der *Typ 4*-Transitionen ebenfalls rasch an, was aber aufgrund der Daten einer unstrukturierten Vorgehensweise entspricht. Als Lösungsansatz hat HOFACKER die Erweiterung des Transitionskonzeptes auf mindestens drei aufeinander folgende Informationseinheiten vorgeschlagen (vgl. HOFACKER 1985: 143f.). In diesem Konzept werden die Übergänge zwischen drei direkt nacheinander abgerufenen Informationen erfaßt. Gegenüber dem Konzept der Zweiertransition wird der Informationsprozeß deutlich differenzierter betrachtet. Gleichzeitig wird aber auch eine größere Zahl von Transitionstypen notwendig, da die Richtung der drei unmittelbar nacheinander abgerufenen Informationen stark variieren kann. Insgesamt ergeben sich 27 unabhängige Variationen.

HOFACKER (1985: 144) hat diese Variationen zu jeweils fünf Transitionsklassen zusammengefaßt. In Klasse I sind die Transitionen enthalten, die entweder eine Alternative oder ein Merkmal betreffen; Klasse III enthält dagegen diejenigen, die drei Alternativen bzw. Merkmale beinhalten. Die Transitionen, die zwei Alternativen/Merkmale betreffen, werden in drei Fälle unterschieden: in Klasse II A beziehen sich die Transitionen zunächst zweimal auf die gleiche Zeile/Spalte und dann auf eine andere. Klasse II B bezieht sich auf eine und dann zweimal auf die gleiche andere Zeile/Spalte, in Klasse II C bezieht sich die Transition auf eine, dann auf eine andere und dann wieder auf die erste. Aus diesen unterschiedlichen Transitionen hat Hofacker eine fünf mal fünf-Matrix mit insgesamt 25 unterschiedlichen Transitionen erstellt (vgl. Abbildung 41). Neben dieser von HOFACKER dargestellten Dreiertransition wurde von JACOBY ET AL. (1976: 310ff.) ebenfalls ein solches Modell entwickelt. Allerdings werden dabei alle Transitionen, die zwei Alternativen bzw. Merkmale betreffen, zu einer Klasse zusammengefaßt. In dieser Klasse sind dann 18 der insgesamt 27 Variationen enthalten, was zu einem nur schwer interpretierbaren Transaktionstyp (*Typ 4*) führt.

In Abbildung 41 sind die einzelnen Transitionsmuster nach HOFACKER graphisch dargestellt. Die Typen eins bis fünf entlang der Hauptdiagonalen sind unstrukturierte Transitionen. Oberhalb dieser Linie handelt es sich vermehrt um eine attributweise Vorgehensweise, während es sich unterhalb um eine vorwiegend alternativenorientierte Informationsaufnahme handelt. Aber auch bei der Dreiertransition sind nicht alle Typen eindeutig zuzuordnen. So werden die Typen sechs und sieben in 26 bzw. 27 umkodiert, wenn es sich um attributweise Paarvergleiche handelt. Die Paarvergleiche sind durch den Zusatz „PC“ (*pairwise comparison*) gekennzeichnet.

Bei den Transitionstypen 28 bis 33 handelt es sich ebenfalls um umkodierte Typen; sie repräsentieren strukturbedingte Wechsel im Fortlauf der Informationsaufnahme. Bspw. fällt der Schritt von drei zu vier in Abbildung 40 in diese Kategorie. Diese strukturbedingten Wechsel lassen sich nur erkennen, wenn die vor- und nachgelagerten Transitionen mit in der Analyse berücksichtigt werden. Sie sind durch den Zusatz „SC“ (*structural change*) gekennzeichnet.

**Abbildung 41: Transitionsmatrix der Dreiertransitionsanalyse**

(Quelle: HOFACKER 1985: 145; übernommen aus SCHMÜCKER 2002: 54)

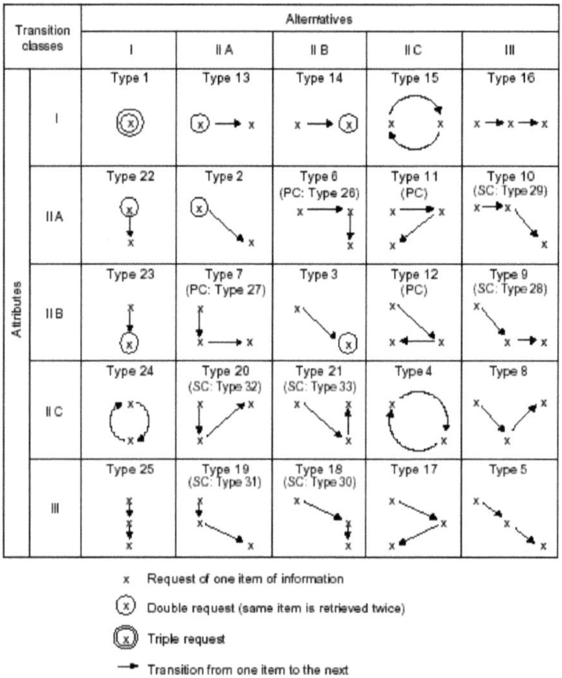


Aus diesen insgesamt 33 Transitionstypen lassen sich Indizes berechnen, die die Bedeutung unterschiedlicher Vorgehensweisen während der Informationsaufnahme darstellen. Die Berechnung dieser Indizes, ebenso wie die Ableitung einer notwendigen Umkodierung wird durch die Software *IDM Visual Processor 1.02* geleistet. Die Mittelwerte für die durchgeführte Untersuchung sind in Tabelle 22 unter *3-Step-Transitions* in den Zeilen 5 bis 9 dargestellt. In der Summe ergeben die fünf Indizes den Wert 1, wobei es hier ebenfalls aufgrund von Rundungsfehlern zu geringfügigen Abweichungen kommen kann.

Die fünf Indizes, die auch als Informationsstrategien bezeichnet werden, stehen für (vgl. HOFACKER 1985: 147):

- ein alternativenweises Vorgehen,
- ein attributorientiertes Vorgehen,
- einen attributweisen Paarvergleich,
- einen strukturbedingten Wechsel,
- ein unstrukturiertes Vorgehen.

Vergleicht man beide Indizes, zeigt sich, daß sich die Werte für eine alternativenweise und eine attributorientierte Vorgehensweise nur geringfügig unterscheiden. Bei der *3-Step-Transition* liegen die Werte allerdings durchweg etwas niedriger. Dies überrascht jedoch nicht, da ein zusätzlicher Index ermittelt wird. Der Wert der *Typ 3*-Transition für den in Abbildung 40 dargestellten Fall liegt bei 68,4% (Zweiertransition), während der *Attribute Index* (Dreiertransition) bei 0,61 liegt. Ergänzt wird dieser Wert mit dem *Structural Change Index* (0,22) und dem *Pairwise Comparison Index* (0,11). Somit können ca. 94% der Informationsschritte als geplantes Vorgehen interpretiert werden. Der Wert für den *Irregular Index* liegt lediglich bei 0,06, während er bei der *Single Transition* noch ca. 31,5% ausmachte (vgl. Tabelle 23).

**Tabelle 23: Auswertung der Transitionen zum Beispiel in Abbildung 40**

(Quelle: eigene Erhebung, März 2002)

| Single Transitions | | | | 3-Step-Transitions | |
|---|---|---|---|---|---|
| | Transitionen | Anteil | | Alternative Index (ALI): | **0,00** |
| Type 1 (same cell): | 0 | **0%** | | Attribute Index (ATI): | **0,61** |
| Type 2 (same alternative): | 0 | **0%** | | Pairwise Comparison Index (CPI): | **0,11** |
| Type 3 (same attribute): | 13 | **68,4%** | | Structural Change Index (SCI): | **0,22** |
| Type 4 (other): | 6 | **31,5%** | | Irregular Index (IRI): | **0,06** |
| | 19 | 100% | | | **1,00** |

Demnach zeigt sich ein deutlicher Unterschied bei der unstrukturierten Informationsaufnahme. Vergleicht man die Aufzeichnung der einzelnen Schritte zu Abbildung 40, zeigt sich, daß vier der sechs *Typ 4*-Transitionen der *Single Transition* bei der Analyse nach der Dreiertransitionsanalyse in einen Strukturwechsel-Typ umgewandelt wurden. Es handelt sich dabei um die Schritte 4, 7, 10 und 18, die jeweils einen Wechsel vom Zeilenende eines Merkmals zum Zeilenanfang des folgenden Merkmals repräsentieren (vgl. Tabelle 24). Der in Zeile 15 protokollierte Schritt wird bei der Dreiertransition als Paarvergleich des *Typ$^{III}$ 11*[105] (vgl. Abbildung 41) definiert. Die noch verbleibende sechste *Typ 4*-Transition wird als attributweises Vorgehen (*Typ$^{III}$ 10*) interpretiert. Der Anteil der unstrukturierten Transitionen kann demnach durch die Dreiertransition deutlich reduziert werden. Darüber hinaus werden auch die übrigen Schritte in ein differenzierter abgegrenztes Raster eingefügt, da zusätzlich ein Wert für den strukturbedingten Wechsel und den Paarvergleich eingeführt wurde.

**Zusammenfassend** ist zu den beiden Transitionskonzepten zu bemerken, daß bezogen auf die alternativenweise Informationsbeschaffung zwischen den beiden Transitionsmodellen keine sehr großen Unterschiede bestehen, wie auch ein Vergleich der Mittelwerte in Tabelle 22 zeigt. Die Unterschiede zwischen dem *Attribute Index* (Zeile 6) und dem *Typ 2* (Zeile 2) sind

105 Zur Unterscheidung zwischen der Bezeichnung der Transitionstypen zwischen der Zweier- und der Dreiertransitionsanalyse werden die Typen der letztgenannten (vgl. Abbildung 41) mit einer hochgestellten „III" versehen.

relativ gering. Ein wesentlicher Grund hierfür ist, daß bei dieser Informationsstrategie keine Paarvergleiche vorkommen – die im Modell der Zweiertransition allerdings auch nicht dargestellt werden können. Hierin liegt der wesentliche Vorteil des Dreiertransitionskonzeptes, das eine detaillierte Analyse der Informationsaufnahme bei einer attributorientierten Vorgehensweise ermöglicht. Ein Vergleich zwischen der grundsätzlichen Richtung der Informationsaufnahme (attribut- oder alternativenorientiert) ist zwischen beiden Modellen möglich. Der Anteil der unstrukturierten Informationsaufnahme wird im Konzept der Dreiertransition deutlich reduziert (vgl. HOFACKER 1985: 147).

**Tabelle 24: Protokoll der Informationsschritte zu Abbildung 40**
(Quelle: eigene Erhebung, März 2002)

**IDM Visual Processor - Data Retrieval Protocol**

Subject: **65** Person ID:

Experiment: Experiment Date **17-Mär-02**

| Step | Line | Column | Relative Stage | View Time (secs.) | Transition Typ | Three Step* | |
|---|---|---|---|---|---|---|---|
| | | | | | | Orig. | Rec. |
| 1 | 1 Unterkunftsbeispiel | 1 Insel A | 0,00 | 15 | 0 | 0 | 0 |
| 2 | 1 Unterkunftsbeispiel | 2 Insel B | 0,05 | 11 | 3 | 0 | 0 |
| 3 | 1 Unterkunftsbeispiel | 3 Insel C | 0,11 | 11 | 3 | 16 | 16 |
| 4 | 2 Qualitätsstandards | 1 Insel A | 0,16 | 9 | 4 | 10 | 29 |
| 5 | 2 Qualitätsstandards | 2 Insel B | 0,21 | 10 | 3 | 9 | 28 |
| 6 | 2 Qualitätsstandards | 3 Insel C | 0,26 | 16 | 3 | 16 | 16 |
| 7 | 3 Angebot | 1 Insel A | 0,32 | 7 | 4 | 10 | 29 |
| 8 | 3 Angebot | 2 Insel B | 0,37 | 3 | 3 | 9 | 28 |
| 9 | 3 Angebot | 3 Insel C | 0,42 | 4 | 3 | 16 | 16 |
| 10 | 4 Buchbarkeit | 1 Insel A | 0,47 | 7 | 4 | 10 | 29 |
| 11 | 4 Buchbarkeit | 2 Insel B | 0,53 | 10 | 3 | 9 | 28 |
| 12 | 4 Buchbarkeit | 3 Insel C | 0,58 | 10 | 3 | 16 | 16 |
| 13 | 5 Preisbeispiele | 1 Insel A | 0,63 | 14 | 4 | 10 | 10 |
| 14 | 5 Preisbeispiele | 3 Insel C | 0,68 | 9 | 3 | 12 | 12 |
| 15 | 7 Zielgebiet | 1 Insel A | 0,74 | 7 | 4 | 11 | 11 |
| 16 | 7 Zielgebiet | 2 Insel B | 0,79 | 4 | 3 | 9 | 9 |
| 17 | 7 Zielgebiet | 3 Insel C | 0,84 | 8 | 3 | 16 | 16 |
| 18 | 8 Bekanntheit | 1 Insel A | 0,89 | 8 | 4 | 10 | 29 |
| 19 | 8 Bekanntheit | 2 Insel B | 0,95 | 5 | 3 | 9 | 28 |
| 20 | 8 Bekanntheit | 3 Insel C | 1,00 | 7 | 3 | 16 | 16 |

*In der Spalte *Three Step* sind die Transitionstypen aus Abbildung 41 benannt.

Die Analyse der Informationsstrategien hinsichtlich der Auswahl der Insel-Alternativen verdeutlicht Unterschiede in der Vorgehensweise. Für diese Auswertung werden lediglich die Werte der Dreiertransition berücksichtigt, da aus den genannten Gründen so eine deutliche

Reduktion der unstrukturierten Informationsaufnahme erreicht wird und eine genauere Interpretation erfolgen kann.

Die Vorgehensweise der Probanden, die *Insel C* ausgewählt haben (also die Alternative, die am wenigsten Markencharakter aufweist), unterscheidet sich stark vom Informationsverhalten der übrigen Probanden. Mit rund 30 % erreicht die alternativenorientierte Vorgehensweise einen deutlich höheren Wert als bei den beiden anderen Alternativen (*Insel A* 18,2 %, *Insel B* 17,6 % – vgl. Zeile 5 in Tabelle 22). Dieser Zusammenhang zeigt sich auch durch die Auswertung der insgesamt präferierten Vorgehensweise der Probanden bei der Informationsaufnahme, die in Abbildung 39 dargestellt ist. Demnach wird die alternativenorientierte Vorgehensweise von den Probanden, die *Insel C* ausgewählt haben, mit Abstand häufiger angewendet als von den übrigen Probanden. Bei der Auswahl dieser Reisezielalternative spielt scheinbar das häufig in Urlauberbefragungen benannte Motiv des *Kennenlernens von neuen Reisezielen und fremden Kulturen* eine Rolle. Der Gesamteindruck, den der Proband vom Reiseziel gewonnen hat, spielt bei der Auswahl der wenig bekannten Destination eine wichtigere Rolle. Dieser kann durch die alternativenorientierte Informationsaufnahme besser gewonnen werden als durch den Vergleich einzelner Merkmale.

Im Gegensatz zu diesem Ergebnis präferieren ca. die Hälfte der Probanden (50,6 %), die *Insel A* ausgewählt haben, eine attributorientierte Informationssuche mit einem deutlich unterdurchschnittlichen Anteil an Paarvergleichen. Dagegen wiesen diese Probanden den höchsten Wert bei der unstrukturierten Vorgehensweise auf (vgl. Tabelle 22, Zeile 5 - 9). Eine Erläuterung kann in der Funktion von Marken gefunden werden. Demnach erleichtert die Marke dem Konsumenten die Informationssuche und die Bewertung der in Frage kommenden Alternativen. Da es sich bei *Insel A* um die Alternative handelt, die nur teilweise markenrelevante Merkmale aufweist, fehlen dem Probanden wichtige Schlüsselinformationen bei der Beurteilung der Alternative. Gleichzeitig weisen diese Probanden überdurchschnittlich hohe Zugriffswerte bei den Informationszellen mit den allgemeinen Destinationsinformationen auf.

Diese Informationen werden dagegen von den Probanden, die *Insel B* – also die mit Markenmerkmalen versehenen Alternative – ausgewählt haben, unterdurchschnittlich häufig abgerufen. Demnach verlieren die allgemeinen Destinationsinformationen bei der Berücksichtigung von Markenmerkmalen an Bedeutung; sie werden zunehmend als Standardmerkmal der Destination angesehen. Diese Merkmale stellen für diese Probanden Schlüsselinformationen dar, die lediglich auf ihr Vorhandensein geprüft werden müssen. Solange noch ein intensiver Vergleich der Merkmale durchgeführt wird, wie beispielsweise von den Probanden, die *Insel A* ausgewählt haben, erfolgt oftmals auch ein wiederholter Aufruf der Informationsfelder.

**Abschließend** kann zur Informationsaufnahme festgehalten werden, daß insgesamt ein attributweises Vorgehen vorherrscht, auch wenn es erkennbare Unterschiede bzgl. der Gruppierung nach dem ausgewählten Reiseziel gibt. Bedingt durch den höheren Anteil der alternativenorientierten Strategie der Probanden, die *Insel C* präferiert haben, ist der Wert für den strukturbedingten Wechsel deutlich niedriger ausgefallen. Bei den Probanden, die *Insel B* bevorzugt haben, ist dieser Wert im Vergleich mit 14,3 % am höchsten ausgefallen. Dies deutet auf eine vergleichende Betrachtung von Schlüsselinformationen hin, die auch durch Markeninformationen zum Ausdruck kommen können – was dann i. d. R. zu einem fallweisen Ausschluß einzelner Alternativen führt. Diese Vorgehensweise läßt eine differenziertere Beurteilung der Alternativen zu und trägt dazu bei, daß deren Besonderheiten im Entscheidungsprozeß besser berücksichtigt werden können (vgl. ASCHENBRENNER 1990: 157ff.). Die Strategien zur Informationsaufnahme passen einerseits zu einer extensiven Kaufentscheidung, andererseits aber auch zur Berücksichtigung von Marken.

### 5.3.2.4 Reiseziele mit Markencharakter

Ähnlich wie bei der Befragung der Destinationsmanager wurden die Konsumenten danach gefragt, ob ihnen Reiseziele bekannt sind, die bereits Markenattribute aufweisen. Von ca. 67 % der Probanden wurde diese Frage mit „Ja" beantwortet, weitere 18 % glauben schon, daß es bereits Reiseziele mit Markencharakter gibt (vgl. Abbildung 42).

Mit Hilfe einer Kreuztabellierung wurde überprüft, ob ein Zusammenhang zwischen dem Ergebnis zu dieser Frage und der im ersten Teil der Befragung ausgewählten Insel besteht. Die Analyse sollte herausfinden, ob Probanden, die *Insel B* als Reiseziel ausgewählt haben, zu einem größeren Anteil der Meinung sind, daß es bereits Destinationen mit Markencharakter gibt. Die Berechnungen lieferten jedoch keine signifikanten Ergebnisse.

Es kann aufgrund der Befragungsergebnisse keine Aussage dahingehend getroffen werden, ob Probanden, nach deren Meinung es keine Destinationen mit Markencharakter gibt, bevorzugt Reiseziele auswählen, die keine Markenmerkmale aufweisen. Es kann lediglich aufgrund der Stimmenverteilung die Vermutung formuliert werden, daß Probanden, die der Meinung sind, daß es keine Destinationen gibt, die Markenmerkmale aufweisen, tendenziell eher *Insel C*

**Abbildung 42: Reiseziele als Markenartikel**

(Frage 1: „Im täglichen Leben begegnet man in den unterschiedlichsten Bereichen ständig Markenartikeln. Gibt es so etwas Ihrer Meinung nach auch im Bereich von Reisezielen?")
(Quelle: eigene Ergebung, März 2002)

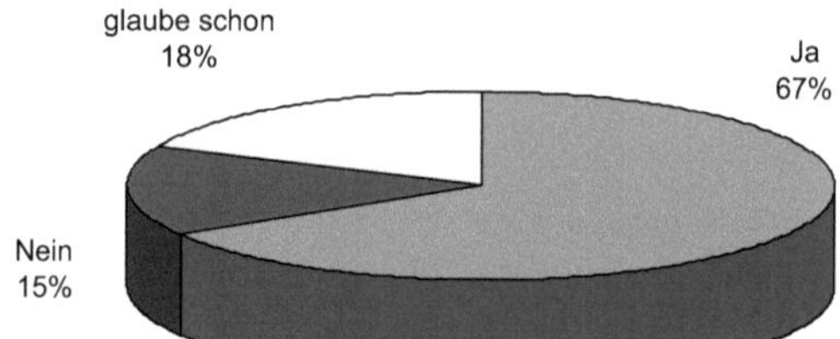

ausgewählt haben. Um diese Vermutung in einer empirischen Untersuchung zu bestätigen, sollte in einer zukünftigen Untersuchung eine gleichmäßige Zellenbesetzung erzielt werden.

Nach dieser Frage sollten die Probanden entsprechende Reiseziele benennen, auf die ihrer Meinung nach die Bezeichnung Marke zutrifft. Die Probanden wurden durch ihre Antwort in Frage 1 gefiltert. D. h., die Probanden, die der Meinung waren, daß es keine Destinationsmarken gibt, wurden ausgefiltert. Von den verbleibenden ca. 85% konnten knapp 79% Destinationen benennen; lediglich 9% gaben an, keine entsprechenden Zielgebiete zu kennen. Die verbleibenden ca. 12% konnten spontan keine Reiseziele mit Markencharakter benennen.

Von den ausgefilterten Probanden waren lediglich 25% der Meinung, daß es auch zukünftig keine Zielgebiete mit Markencharakter geben wird, was einem Anteil von knapp 6% an der Gesamtstichprobe entspricht.

Insgesamt wurden 87 verschiedene Zielgebiete genannt, die in Tabelle 25 zusammengefaßt sind. Die einzelnen Nennungen weisen allerdings nur eine geringe Ähnlichkeit mit den Nennungen der Destinationsmanager auf (vgl. Tabelle 14). Lediglich Sylt, St. Moritz und Berlin werden in beiden Stichproben häufiger genannt. Ein direkter Vergleich der Anteile ist nicht zulässig, da es sich um zwei unterschiedliche Stichproben handelt, die sich u. a. in der Stichprobenziehung, der Auswahl der Probanden, der Durchführung der Befragung sowie dem Stichprobenumfang deutlich voneinander unterscheiden.

Ähnlich wie bei der Destinationsmanager-Befragung wurden eine Vielzahl von Nennungen abgegeben, die keine eindeutige Aussage bzgl. eines Markencharakters von touristischen Destinationen zulassen. Diese wurden zu Kategorien zusammengefaßt. Es ist naheliegend, daß die persönliche Reiseerfahrung bei der Beantwortung dieser Frage einen großen Einfluß hat. Die Nennungen sind sehr unterschiedlich und beinhalten neben klassischen Pauschalreisezielen auch sehr häufig Länder und Städte (z. B. Dominikanische Republik, Spanien, Griechenland, Türkei, Italien, Karibik, Südsee, Teneriffa, Ibiza oder Riviera).

Eine Besonderheit läßt sich aus den Einzelnennungen der Destinationen herauslesen: Von den Probanden wurden 19 verschiedene Inseln, sowohl in Deutschland als auch in Europa und Übersee, als Destinationsmarken genannt. Dies entspricht einem Anteil von ca. 23%. Zusammengenommen entfallen 63 der Einzelnennungen auf Inseln, was wiederum einem Anteil von ca. 40% an allen Nennungen entspricht. Eine mögliche Erklärung für den hohen Anteil der Inseln ist, daß die Interviewerin am Messestand der Nordsee GmbH auf der Internationalen Tourismusbörse untergebracht war.

Den ausgefilterten Probanden wurde die Frage gestellt, ob es denn in absehbarer Zeit so etwas wie Reisezielmarken geben könnte. Von den Probanden, die im Bereich von Reisezielen noch keine Markenartikel sehen, sind ca. 60% der Meinung, daß es zukünftig durchaus Destinationsmarken geben könnte. Somit verbleibt nur ein geringer Anteil der Probanden, die auch in der Zukunft keine Destinationsmarken erwarten.

**Tabelle 25: Reiseziele, auf die die Bezeichnung Marke aus Konsumentensicht zutrifft**

(Frage 2: „Kennen Sie Reiseziele, auf die die Bezeichnung Marke oder Markenartikel zutrifft? Wenn JA, nennen Sie diese bitte! – Mehrfachnennungen möglich")
(Quelle: eigene Erhebung, März 2002)

| Region | Anteil der Fälle[a)] |
|---|---|
| Regionen im Inland[b)] | 49,1 % |
| Sylt | 36,4 % |
| Regionen im Ausland[b)] | 36,4 % |
| Länder[b)] | 30,9 % |
| Mallorca | 29,1 % |
| Städte im Ausland[b)] | 29,1 % |
| Städte im Inland[b)] | 16,4 % |
| St. Moritz | 10,9 % |
| Malediven | 9,1 % |
| Berlin | 9,1 % |
| New York | 7,3 % |
| Toskana | 7,3 % |
| Resorts[b)] | 7,3 % |
| Harz | 5,5 % |
| Bundesländer[b)] | 4,6 % |

**Anmerkung**:
a) *Fälle* sind in diesem Zusammenhang gleichbedeutend mit *Probanden*. So sind bspw. 21,5 % der befragten Konsumenten der Meinung, daß *Bayern* den Ansprüchen an einen Markenartikel gerecht wird.
b) Diese Angaben sind aus den Einzelnennungen zusammengefaßt. Lediglich Destinationen, die mindestens 5 % der Fälle aufweisen konnten, sind in der Tabelle namentlich dargestellt.

### 5.3.2.5 Merkmale von Destinationsmarken

Zur Beantwortung dieser Frage wurden einige Statements vorgegeben, die Aussagen zu möglichen Merkmalen beinhalteten, die dazu beitragen können, daß Destinationen als Marke bzw. Markenartikel angesehen werden können. Die Probanden wurden gefragt, inwieweit sie den Aussagen zustimmen bzw. diese ablehnen[106]. Die Ergebnisse sind in Abbildung 43 zusammengefaßt. Auf den ersten Blick wird hier eine kritischere Einschätzung der Merkmale deutlich, als dies bei den Destinationsmanagern der Fall war (vgl. Abbildung 33; S. 180), wenn auch nur ein Teil der Merkmale eine vergleichbare Aussage beinhaltet.

106 „Welche Markenmerkmale sollte ein Zielgebiet haben, um als Marke bzw. als Markendestination gelten zu können?" Zwischen folgenden vier Antwortkategorien konnte gewählt werden: „auf jeden Fall", „sollte schon der Fall sein", ist nicht unbedingt notwendig" und „nicht notwendig". Die 4er-Abstufung wurde bei dieser Frage gewählt, da die Formulierung einer sechsstufigen Skala im Pre-Test Verständnisprobleme aufgeworfen hat und keine eindeutige Differenzierung ermöglichte.

Als wesentliche Markenmerkmale werden von den Konsumenten gefordert, daß das Zielgebiet einen abgrenzbaren Raum repräsentiert und die angebotenen Leistungen und Werbeauftritte mit einem einprägsamen Logo versehen sind. Beiden Statements stimmten jeweils ca. 40% der Probanden mit „auf jeden Fall" zu. Darüber hinaus sind weitere ca. 29,5% bzw. 27,4% der Meinung „es sollte schon der Fall sein", daß diese Merkmale erfüllt sind. Somit werden die Merkmale als am wichtigsten eingeschätzt, die ein Wiedererkennen der Destination oder Destinationsangebote am ehesten erleichtern.

Die Bekanntheit der Destination selbst, grundsätzlich ein wichtiges Markenmerkmal, wird von den Probanden in der Summe als nicht ganz so wichtig angesehen. So ist für ca. 42% eine internationale Bekanntheit des Zielgebietes „nicht unbedingt notwendig", womit dieser Wert die beiden zustimmenden Ausprägungen um knapp 1% übersteigt (16,4% „auf jeden Fall"; 24,6% „sollte schon der Fall sein"). Für ca. 34% ist eine deutschlandweite Bekanntheit „nicht unbedingt notwendig", was von ca. 50% allerdings noch gefordert wird.

**Abbildung 43: Markenmerkmale von Zielgebieten**

(Frage 4: „Welche Merkmale sollte ein Zielgebiet haben, um als Marke bzw. als Markenartikel gelten zu können?"[107])
(Quelle: eigene Erhebung, März 2002)

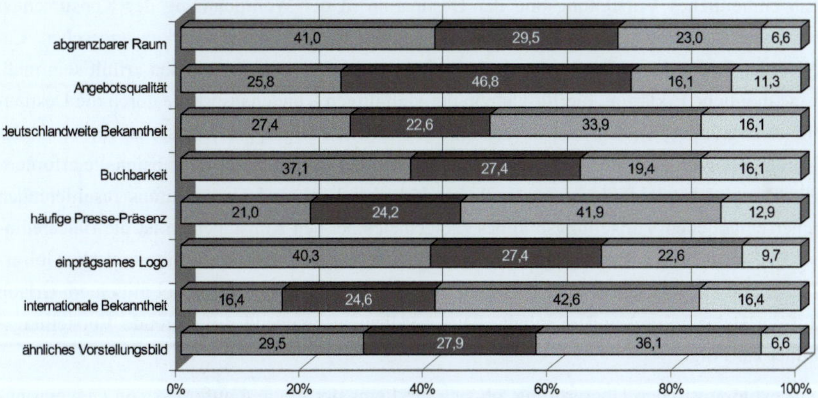


107 Ausformuliert lauten die einzelnen Statements zu Frage 4:
- Das Zielgebiet muß einen abgrenzbaren Raum darstellen. [abgrenzbarer Raum]
- Es ist ein konstant hohes Niveau bei allen Leistungsträgern notwendig. [Angebotsqualität]
- Das Zielgebiet muß den Reisenden in ganz Deutschland ein Begriff sein. [deutschlandweite Bekanntheit]
- Angebote des Zielgebiets müssen von überall buchbar sein. [Buchbarkeit]
- Das Zielgebiet muß eine häufige Präsenz in der Presse (Zeitungen/Zeitschriften) aufweisen. [häufige Presse-Präsenz]
- Das Zielgebiet muß seine Leistungen und Werbung durch ein einprägsames Logo kennzeichnen. [einprägsames Logo]
- Das Zielgebiet muß international bekannt sein. [internationale Bekanntheit]
- Der größte Teil der Reisenden muß ein ähnliches Bild des Reiseziels in seiner Vorstellung besitzen. [ähnliches Vorstellungsbild]

Eine ähnliche Einschätzung wird der häufigen Präsenz in der Presse (Zeitungen und Zeitschriften) beigemessen. Für ca. 45 % der Probanden ist dies ein Merkmal, welches Markendestinationen aufweisen sollten. Allerdings ist die Pressepräsenz für ca. 42 % „nicht unbedingt notwendig".

Die Angebote der Destination sollten nach Auffassung von ca. 74,5 % der Probanden von überall aus buchbar sein. Damit wird ein häufig thematisiertes Markenmerkmal, die Überallerhältlichkeit, auch für die Buchung von Markendestinationen gefordert.

Ein weiteres Markenmerkmal wird ebenfalls von etwas mehr als 72 % der Probanden gefordert: Es ist ein konstant hohes Qualitätsniveau über alle Leistungsträger hinweg notwendig. Daß mit ca. 47 % der größere Anteil der Meinung ist, dieses Kriterium *„sollte schon erfüllt sein"* kann durchaus mit der aktuellen Qualitätsdiskussion in den deutschen Urlaubsregionen in Zusammenhang gebracht werden. Die Forderung nach einer hohen Qualität wird vom Gast nicht vordergründig thematisiert, sondern als integraler Bestandteil des touristischen Produktes angesehen. So wird ein bestimmtes Qualitätsniveau als Grundbestandteil des Angebotes angesehen und nicht mehr explizit gefordert. Erst wenn diese Leistung nicht erfüllt wird, erlangt sie für den Gast eine Bedeutung: er wird unzufrieden sein, da eine Basisleistung des Angebotes nicht erfüllt ist (vgl. z. B. BIEGER 2000a: 190ff.; FREYER 2001: 444ff.).

Ein einheitliches Vorstellungsbild der Destination in der Wahrnehmung der Konsumenten wird von den Probanden nur teilweise als wichtig für Destinationsmarken angesehen. Ca. 57 % der Probanden sehen hierin ein Kriterium, welches von Destinationen erfüllt sein muß. Eine mögliche Erklärung hierfür kann in der vielfältigen Kundenansprache durch die Destinationen begründet liegen. Meist werden unterschiedliche Zielgruppen angesprochen, was in der Kommunikation dann die Thematisierung voneinander abgrenzbarer Urlaubsinhalte erfordert. Ein Beispiel hinsichtlich unterschiedlicher Urlaubsinhalte und einem daraus resultierenden unterschiedlichen Vorstellungsbild des Zielgebietes bei den Konsumenten ist die Baleareninsel Mallorca. Neben dem klassischen Badeurlauber werden bspw. Kulturinteressierte, Golfurlauber und Party-Urlauber angesprochen. Jede dieser Zielgruppen verbindet mit einem Urlaub auf der Baleareninsel andere Inhalte. Dies hat dementsprechend differierende Vorstellungsbilder zur Folge.

Zur exploratorischen Überprüfung, ob sich die Items der Frage 4 aufgrund von Gemeinsamkeiten zu Faktoren gruppieren lassen, wurde mit diesen Daten eine Faktorenanalyse durchgeführt. Für diese Untersuchung ergab sich ein KMK-Wert von 0,639, womit ein „mittelmäßiges" Ergebnis erzielt werden konnte. Es konnten drei Faktoren extrahiert werden, die insgesamt 62,1 % der Gesamtvarianz erklären (vgl. Tabelle 26).

**Tabelle 26: Erklärte Gesamtvarianz zur Faktorenanalyse „Markenmerkmale von Zielgebieten"**

(Quelle: eigene Erhebung, März 2002)

| Komponente | Anfängliche Eigenwerte | | | Rotierte Summe der quadrierten Ladungen | | |
|---|---|---|---|---|---|---|
| | Gesamt | % der Varianz | Kumulierte % | Gesamt | % der Varianz | Kumulierte % |
| 1 | 2,608 | 32,605 | 32,605 | 2,295 | 28,693 | 28,693 |
| 2 | 1,244 | 15,554 | 48,159 | 1,425 | 17,808 | 46,501 |
| 3 | 1,116 | 13,956 | 62,114 | 1,249 | 15,613 | 62,114 |
| 4 | ,899 | 11,232 | 73,347 | | | |
| 5 | ,689 | 8,618 | 81,965 | | | |
| 6 | ,626 | 7,825 | 89,789 | | | |
| 7 | ,452 | 5,649 | 95,438 | | | |
| 8 | ,365 | 4,562 | 100,000 | | | |

Extraktionsmethode: Hauptkomponentenanalyse mit Varimax-Rotation.

Die Faktorladungen der Items zu den einzelnen Faktoren sind eindeutig und laden jeweils nur auf einem Faktor hoch. Die Faktorenstruktur ist in Tabelle 27 dargestellt, sie kann folgendermaßen interpretiert werden:

**Faktor 1**: Marktpräsenz.

Der erste Faktor erklärt ca. 28,7% der Gesamtvarianz. In ihm sind die Items zusammengefaßt, die in direktem Zusammenhang mit der Marktpräsenz stehen. Neben einer *deutschlandweiten* und *internationalen Bekanntheit* sind die Items *Buchbarkeit*, *einprägsames Logo* sowie *häufige Pressepräsenz* in diesem Faktor enthalten. Somit wird eine wesentliche Funktion von Markenartikeln ausgedrückt, ohne die eine Destinationsmarke nicht erfolgreich sein kann. Das Item *häufige Pressepräsenz* lädt insgesamt am höchsten auf diesem Faktor und verdeutlicht so, daß die Beachtung durch die Medien für einen Markenartikel durchaus von Bedeutung ist.

**Faktor 2**: Destinationsbild.

Dieser Faktor erklärt 17,8% der Gesamtvarianz. In ihm sind die Items *Angebotsqualität* und *ähnliches Vorstellungsbild* enthalten. Qualitätsaspekte sind für die Wahrnehmung und Differenzierung von Marken, insbesondere von Dienstleistungsmarken, von hoher Wichtigkeit, was auch durch die hohe Ladung dieses Items ausgedrückt wird. Somit handelt es sich um die beiden Items, die für ein imaginäres Bild der Destination sorgen und gleichzeitig dazu beitragen, daß verschiedene Konsumenten eine ähnliche Erwartungshaltung gegenüber den zu erwartenden Angeboten der Destination aufbauen können.

**Faktor 3**: abgrenzbarer Raum.

Da dieser Faktor, der insgesamt 15,6% der Gesamtvarianz erklärt, nur von einem Item gebildet wird, kann dessen Bezeichnung als Faktorname übernommen werden. Ein abgrenzbarer Raum ist für die geographische Verortung der Destination von großer Wichtigkeit. Gerade die räumliche Vorstellung trägt wesentlich zu dem Bild der Destination bei, welches die Konsumenten mit möglichen Zielen für ihre Urlaubsreise in Verbindung bringen. Darauf aufbauend werden die Erwartungen an die jeweilige Urlaubsdestination aufgebaut.

**Tabelle 27: Faktorenstruktur der „Markenmerkmale von Zielgebieten"**
(Quelle: Eigene Erhebung, März 2002)

**Rotierte Komponentenmatrix[a]**

| | Komponente | | |
|---|---|---|---|
| | 1 | 2 | 3 |
| abgrenzbarer Raum | -,037 | -,049 | ,932 |
| Angebotsqualität | -,066 | ,907 | -,080 |
| deutschlandweite Bekanntheit | ,576 | ,238 | ,225 |
| Buchbarkeit | ,557 | ,468 | -,015 |
| häufige Pressepräsenz (Zeitungen/Zeitschriften) | ,833 | -,142 | -,016 |
| einprägsames Logo | ,561 | ,125 | ,276 |
| internationale Bekanntheit | ,693 | ,055 | -,265 |
| ähnliches Vorstellungsbild | ,397 | ,533 | ,419 |

Extraktionsmethode: Hauptkomponentenanalyse.
Rotationsmethode: Varimax mit Kaiser-Normalisierung.
a. Die Rotation ist in 6 Iterationen konvergiert.

Durch die Faktorenanalyse wurden die wesentlichen Merkmale aus der vorgegebenen Auswahl, die von den Konsumenten von Destinationsmarken erwartet werden, relativ überschaubar zusammengefaßt. Es wurden drei Faktoren extrahiert, die die drei wesentlichen Differenzierungsmerkmale von touristischen Destinationen – räumliche Abgrenzung, Angebotsqualität und allgemein der Bekanntheit des Zielgebietes – gut abbilden und zur Entwicklung von Destinationsmarken berücksichtigt werden sollten.

#### 5.3.2.6 Einflußfaktoren auf die Reiseentscheidung

Als letzter Themenbereich wurden noch einige Merkmale abgefragt, die im Zusammenhang mit der Reiseentscheidung eine direkte oder indirekte Rolle spielen. Bei diesem Fragenkomplex wurden Items verwendet, die mit dem Bekanntheitsgrad des Zielgebietes, aber auch mit den Erfahrungen und Vorstellungen des Entscheiders bzgl. einer Destination zusammenhängen. Diese Items sind in ähnlicher Form in touristischen Marktforschungsstudien zu finden. In Abbildung 44 sind die Ergebnisse zusammengefaßt. Die abgefragten Items helfen den Probanden insgesamt überwiegend „stark" und „sehr stark" bei der Entscheidung für ein neues Reiseziel. Lediglich die Werbepräsenz in Printmedien wird geringer bewertet, nur ca. 13,6 % der Probanden werden durch sie „stark" bzw. „sehr stark" bei der Reisezielwahl unterstützt. Mit 25,8 % ist der Anteil derer größer, die „kaum" bzw. „überhaupt nicht" durch die Werbepräsenz angesprochen werden. Eine positive Berichterstattung in der Presse hilft mit ca.

37,9 % ebenfalls nur einem vergleichsweise niedrigen Teil der Probanden „sehr stark" und „stark" bei der Auswahl eines neuen Urlaubszieles. Einen deutlich höheren Stellenwert erhalten die Erfahrungen von Freunden und Bekannten, die für ca. 66,7 % einen „starken" bzw. „sehr starken" Einfuß auf die Entscheidungsfindung hat. Somit haben die Erfahrungen anderer einen um ca. 10 % größeren Einfluß als die eigenen Reiseerfahrungen. Mit Abstand die größte Unterstützung bei der Reiseentscheidung liefert die eigene Vorstellung von dem Urlaubsgebiet selbst. Für 52,3 % der Probanden liegt darin eine „starke", für 38,5 % eine „sehr starke" Hilfe bei der Reiseentscheidung.

**Abbildung 44: Merkmale zur Entscheidungsunterstützung**

(Frage 7: „Wir haben hier noch einige Merkmale bzw. Informationsquellen aufgelistet, die oftmals bei der Reiseentscheidung helfen. Sagen Sie mir bitte, wie stark Ihnen die jeweiligen Merkmale helfen, wenn es sich um die Entscheidung für ein neues, also bisher noch nicht besuchtes Reiseziel geht.")[108]
(Quelle: eigene Erhebung, März 2003)

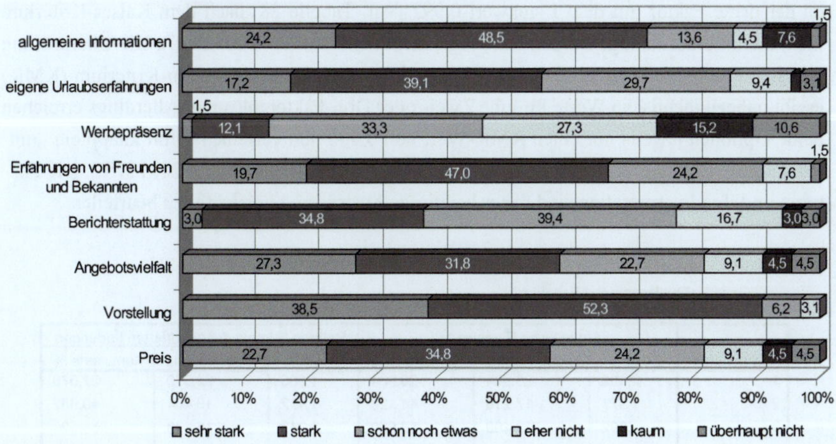


Ergänzt wird dieses Resultat durch den hohen Wert für die durch die jeweiligen Touristinformationen bereitgestellten allgemeinen Reiseinformationen. Ca. 72,7 % der Probanden sehen darin eine „starke" bis „sehr starke" Unterstützung bei der Entscheidungsfindung. Mit Hilfe

108 Ausformuliert lauten die einzelnen Aussagen zu Frage 7 wie folgt:
- Allgemeine Reiseinformationen, die von der Touristinformation angefordert werden können. [Allgemeine Informationen]
- Meine Erfahrungen mit Urlaubsreisen allgemein. [eigene Urlaubserfahrungen]
- Häufige Werbeanzeigen des Zielgebietes in Zeitschriften und Tageszeitungen. [Werbepräsenz]
- Die Erfahrungen, die Freunde und Bekannte mit dem Reiseziel bereits gesammelt haben. [Erfahrungen von Freunden und Bekannten]
- Eine positive Berichterstattung in der Presse. [Berichterstattung]
- Umfangreiche Angebote für die Gestaltung des Aufenthaltes (Freizeit, Gastronomie, Kultur, Sport). [Angebotsvielfalt]
- Mein persönliches Bild, das ich mir von dem Zielgebiet bereits gemacht habe. [Vorstellung]
- Ein günstiger Preis für den Aufenthalt (insbesondere die Unterkunft). [Preis]

dieser Informationen ist der Reisende in der Lage, sich ein eigenes Bild von dem Reiseziel zu erarbeiten und mit seinen Urlaubserwartungen abzugleichen.

Dieses Ergebnis unterstützt die Einschätzung der Destinationsmanager, daß Destinationsmarken zukünftig einen erheblichen Einfluß auf den Erfolg von touristischen Regionen ausüben werden und somit ein professionelles Markenmanagement unerläßlich sein wird (vgl. Abbildung 31, S. 170).

Zur Exploration von Zusammenhängen zwischen den vorgegebenen Merkmalen wurde mit den Variablen der Frage 7 eine Faktorenanalyse durchgeführt. Es wird unterstellt, daß die in Abbildung 44 dargestellten Merkmale voneinander unabhängige Urteile der Probanden darstellen.

In Tabelle 28 ist die erklärte Gesamtvarianz der extrahierten Faktoren dargestellt. Es lassen sich drei Faktoren darstellen, die insgesamt 56,5 % der Varianz erklären. Im vorliegenden Fall wurde die Zahl der zu extrahierenden Faktoren wiederum mit Hilfe des Scree-Tests ermittelt, da der dritte Faktor mit dem Eigenwert 0,992 (vgl. Tabelle 28) nach dem Kaiser-Kriterium nicht mehr berücksichtigt worden wäre (vgl. BACKHAUS ET AL. 2000: 289f.). Die Überprüfung der Stichprobe und der Korrelationsmatrix nach dem Kaiser-Meyer-Olkin-Kriterium (KMK) ergibt nahezu identische Werte für eine Zwei- oder Drei-Faktorenlösung. Allerdings erreichen beide Optionen jeweils nur einen KMK-Wert von 0,596 und verfehlen somit knapp ein „mittelmäßiges“ Ergebnis (vgl. BACKHAUS ET AL. 2000: 269; KAISER/RICE 1974: 111ff.). Die Faktoren und ihre Interpretation sind daher bei dieser Auswertung vorsichtig zu beurteilen.

**Tabelle 28: Erklärte Gesamtvarianz zur Faktorenanalyse (Frage 7)**
(Quelle: eigene Erhebung)

| | Anfängliche Eigenwerte | | | Rotierte Summe der quadrierten Ladungen | | |
|---|---|---|---|---|---|---|
| Komponente | Gesamt | % der Varianz | Kumulierte % | Gesamt | % der Varianz | Kumulierte % |
| 1 | 2,152 | 26,904 | 26,904 | 1,806 | 22,579 | 22,579 |
| 2 | 1,377 | 17,216 | 44,120 | 1,472 | 18,404 | 40,982 |
| 3 | ,992 | 12,400 | 56,520 | 1,243 | 15,538 | 56,520 |
| 4 | ,938 | 11,720 | 68,240 | | | |
| 5 | ,827 | 10,337 | 78,577 | | | |
| 6 | ,797 | 9,966 | 88,543 | | | |
| 7 | ,485 | 6,061 | 94,604 | | | |
| 8 | ,432 | 5,396 | 100,000 | | | |

Extraktionsmethode: Hauptkomponentenanalyse mit Varimax-Rotation.

Die Faktorladungen der einzelnen Items sind bis auf eine Ausnahme insgesamt als gut zu bewerten. Die Werte liegen alle deutlich über ≥ 0,50, was in der praktischen Anwendung bereits als hohe Ladung bezeichnet wird (vgl. BACKHAUS ET AL. 2000: 292). Lediglich das Item *Preis* liegt mit 0,477 knapp unter dieser Schwelle. Das Item allgemeine Informationen lädt auf zwei Faktoren, wobei einmal ein positives und einmal ein negatives Vorzeichen die Richtung angibt. Für die Faktorstruktur ergibt sich das in Tabelle 29 dargestellte Bild.

**Tabelle 29: Faktorstruktur reiseentscheidungsunterstützender Merkmale (Frage 7)**
(Quelle: eigene Erhebung, März 2002)

**Rotierte Komponentenmatrix[a]**

| | Komponente | | |
|---|---|---|---|
| | 1 | 2 | 3 |
| allgemeine Informationen | ,508 | -,220 | -,579 |
| eigene Urlaubserfahrungen | ,136 | -,100 | ,784 |
| Werbepräsenz | ,834 | ,013 | ,070 |
| Erfahrungen von Freunden und Bekannten | ,054 | ,771 | ,024 |
| Berichterstattung | ,348 | ,627 | ,369 |
| Angebotsvielfalt | ,692 | ,252 | ,066 |
| Vorstellung | ,055 | ,532 | -,157 |
| Preis | ,477 | ,282 | -,350 |

Extraktionsmethode: Hauptkomponentenanalyse.
Rotationsmethode: Varimax mit Kaiser-Normalisierung.
a. Die Rotation ist in 5 Iterationen konvergiert.

Die drei extrahierten Faktoren können wie folgt benannt werden:

**Faktor 1**: Angebot der Destination.

Faktor 1 erklärt 22,6% der Gesamtvarianz, er beinhaltet die Items *allgemeine Informationen*, *Werbepräsenz, Angebotsvielfalt* und *Preis*. Gemeinsam haben diese Merkmale, daß sie Informationen über die Destination transportieren und vermitteln, was während eines Aufenthaltes erlebt werden kann. Es werden die mit dem Leistungsangebot der Destination verbundenen Elemente dargestellt und bewertet. Es werden die unterschiedlichen Angebotsfaktoren, verbunden mit allgemeinen Informationen kommuniziert und durch die Werbepräsenz penetriert. Der Preis hat insgesamt eine etwas untergeordnete Bedeutung gegenüber den Angebotselementen.

**Faktor 2**: Vorstellungsbild.

In diesem Faktor, der insgesamt 18,4% der Gesamtvarianz erklärt, sind die Items *Erfahrungen von Freunden und Bekannten, Berichterstattung* und *Vorstellung* enthalten. Bei diesen Items handelt es sich um Elemente, die die Vorstellung der Konsumenten von der Destination unterstützen. Einerseits beeinflußt die Erfahrung von Freunden und Bekannten die Einstellung gegenüber der Destination nicht unerheblich, andererseits wird die Erwartung gegenüber den möglichen Leistungen der Destination durch die Berichterstattung in der Presse unterstützt. Beide Elemente unterstützen das Vorstellungsbild einer Destination, über das die Konsumenten bereits verfügen. In dem Kapitel zum Image wurde erläutert, daß es sich bei dem Vorstellungsbild um das Image der Destination handelt, das durch unterschiedliche Maßnahmen und Aktivitäten entstanden ist. Es ist über einen längeren Zeitraum entstanden und daher auch relativ dauerhaft. Das Bild der Destination in der Vorstellung des Konsumenten ist eine Schlüsselinformation, die die Auswahl des Reiseziels erleichtert.

**Faktor 3**: Eigene Urlaubserfahrungen.
Dieser Faktor wird durch das Item *eigene Urlaubserfahrungen* und *allgemeine Informationen* beschrieben; er erklärt 15,5 % der Gesamtvarianz. Die Erfahrungen, die der Proband auf seinen bisherigen Reisen gesammelt hat, spielen eine nicht unerhebliche Rolle bei der Vorbereitung neuer Reisen. In engem Zusammenhang mit diesem Item dürfte die Reisehäufigkeit stehen, die in unmittelbarem Zusammenhang mit der eigenen Erfahrung steht. Die *allgemeinen Informationen* sind für diesen Faktor allerdings mit einer negativen Wichtigkeit versehen, d. h., daß sie keinen großen Einfluß auf die Urlaubserfahrungen besitzen.

Die Bedeutung von Faktor zwei für die Auswahl und Bewertung von neuen Destinationen wird auch durch die starke Zustimmung der Probanden zu dem Item *Vorstellung* unterstützt (vgl. Abbildung 44). Kein Proband hat dieses Merkmal völlig aus seinen Überlegungen für die Reiseentscheidung ausgeklammert, lediglich für 3,1 % ist dieses Merkmal „eher nicht" von Bedeutung. Eine wichtige Funktion des Markenartikels, dem Konsumenten ein Bild des markierten Produktes bzw. Leistungsbündels zu vermitteln, wird von den Probanden von Destinationsmarken indirekt gefordert.

### 5.3.3 Zusammenführung

Die durchgeführten Faktorenanalysen replizierten weitestgehend die beiden Kategorien (*allgemeine Destinationsmerkmale* und *markenähnliche Destinationsmerkmale*), die in der *Information Display Matrix* dargestellt wurden. Lediglich das Attribut *Öffentlichkeitsarbeit* ist aufgrund der Analyseergebnisse dem Faktor *allgemeine Destinationsmerkmale* zuzuordnen (vgl. Kapitel 5.3.2.1, S. 194). Die Probanden haben scheinbar mit dieser Formulierung eher Marketing- und Werbeaspekte verbunden und weniger informationsorientierte Aufgabenbereiche, wie bspw. allgemeine Berichterstattung. Es wird deutlich, daß die allgemeinen Destinationsinformationen einen größeren Einfluß auf die Reisezielentscheidung besitzen als die Merkmale, die den Markencharakter unterstreichen. Dadurch wird allerdings die hohe Bedeutung der Reisezielentscheidung innerhalb der Reiseentscheidung unterstrichen und gleichzeitig der extensive Charakter dieser Entscheidung bestätigt.

Allerdings wird beiden Aspekten der Außenkommunikation im Rahmen der Reiseentscheidung (vgl. Abbildung 44) eine etwas weniger große Rolle bei der Entscheidungsunterstützung zugestanden. Der hohe Stellenwert der *allgemeinen Informationen* spiegelt sich auch in der Aufrufhäufigkeit der IDM-Fenster wider. Sie wurden insgesamt häufiger aufgerufen als dies bei den Markeninformationen der Fall war.

*Eigene Urlaubserfahrungen, Erfahrungen von Freunden und Bekannten* sowie das persönliche Bild, das sich die Probanden von einem Urlaubsziel bereits gemacht haben (*Vorstellung*), konnten mit der IDM nicht abgefragt werden. Dabei handelt es sich um individuelle Informationen, die nicht ohne weiteres in den Versuchsaufbau integriert werden können.

Die Annahme, daß Markendestinationen die Reisezielentscheidung unterstützen, konnte zunächst bestätigt werden, da *Insel B* (= Markenvariante) von ca. 43 % der Probanden als Ergebnis der IDM ausgewählt wurde. Die statistische Signifikanzprüfung mit einem Chi²-Test ergab jedoch keinen signifikanten Unterschied, was möglicherweise mit der relativ kleinen Stichprobe zusammenhängt. Dennoch zeigt sich eine hypothesenkonforme Richtung des Unterschiedes. Es kann tendenziell gezeigt werden, daß Markenmerkmale dazu beitragen, die Entscheidung zu erleichtern. Die Probanden, die sich für *Insel B* entschieden haben, benötigten im Durchschnitt weniger Informationen, um ihre Wahl zu treffen. Ebenso verhält es sich mit den Probanden, die *Insel C* ausgewählt haben: sie benötigen ebenfalls weniger Informationen als der Durchschnitt, um sich gegen eine Markendestination zu entscheiden (vgl. Tabelle 21, S. 203).

Weiterhin konnte gezeigt werden, daß die Vorgehensweise der Probanden bei der Informationsanalyse unterschiedlich ist. Die Probanden, die *Insel C* ausgewählt haben, weisen einen deutlich höheren Anteil an alternativenweiser Informationsaufnahme auf (vgl. Abbildung 39, S. 207 und Tabelle 22, S. 206). Für weniger bekannte Destinationen ist daher eine umfassende Informationspolitik zu empfehlen, wenn sie im Wettbewerb wahrgenommen werden wollen, da der Konsument einen Gesamteindruck der Destination gewinnen möchte. Tendenziell kann ebenfalls gezeigt werden, daß die Probanden, die sich für die mit Markenattributen versehene Alternative *Insel B* entschieden haben, mit einer geringeren Anzahl an Informationen auskommen. Ein ähnliches Bild zeigt diese Auswertung zu *Insel C*. Dies kann ein Hinweis darauf sein, daß diese Probanden Markenmerkmale sehr wohl in ihre Reiseentscheidung einbeziehen, sich aber für Zielgebiete entscheiden, die nur eine geringe Zahl dieser Merkmale aufweisen. Mit einem hohen Bekanntheitsgrad einer Destination ist meist ebenfalls eine hohe Besucherintensität verbunden, so daß einerseits ein sehr heterogenes Publikum anzutreffen ist, andererseits aber auch Massentourismus auftreten kann.

Die attributorientierte Informationssuche in der IDM kann als die Suche nach entscheidungsunterstützenden Schlüsselreizen interpretiert werden, die beim Kauf von Markenartikeln häufig anzutreffen ist. Demnach unterscheidet sich die Vorgehensweise bei der Auswahl von Reisezielen nicht wesentlich von derjenigen bei der Entscheidung von Markenartikeln einer bestimmten Kategorie. Insbesondere bei den *Inseln A* und *B* wird diese Vorgehensweise präferiert. Da beide Alternativen Merkmale im Sinne der Markentheorie aufweisen, kann die Entscheidung zu diesen beiden Alternativen tendenziell als limitierte Kaufentscheidung angesehen werden. Gleichzeitig kann dann ebenfalls von einer *High-Involvement*-Entscheidung gesprochen werden, da in der Regel eine Vielzahl an Informationen berücksichtigt werden, bevor eine Entscheidung getroffen wird (siehe auch Tabelle 12, S. 119). Habitualisiertes Entscheidungsverhalten konnte mit diesem Versuchsaufbau nicht dargestellt werden, da die möglichen Alternativen theoretische Konstrukte waren und keine realen Urlaubsziele repräsentierten.

Ein wesentlicher Punkt, der bei dem Kauf von Markenartikeln eine Rolle spielt, konnte in dieser Untersuchung nicht berücksichtigt werden. Da die Auswahlalternativen keinen realen Zielgebieten zugeordnet waren, konnte die Wirkung von Destinationsimages und -namen auf die Reiseentscheidung nicht abgefragt werden. Für nachfolgende Arbeiten könnte diese Fragestellung eine interessante Erweiterung des Untersuchungsdesigns sein.

Die Ergebnisse zur *Information Display Matrix* haben gezeigt, daß eine *attributorientierte* Vorgehensweise bei der Informationsaufnahme durch die Probanden vorherrscht. Damit unterscheidet sich die Informationsaufnahme für die Reiseentscheidung in diesem Merkmal nicht wesentlich von der Informationsaufnahme in anderen Markenartikel-Bereichen. Durchschnittlich werden ca. 80 % der verfügbaren Informationen, z. T. auch mehrfach, abgerufen. Mit nahezu einem Drittel ist die Zahl der Probanden relativ hoch, die alle Informationsfenster abgerufen haben (vgl. ASCHENBRENNER 1990: 157ff.). Da die drei Zielgebietsalternativen anonymisiert waren, konnten keine Entscheidungen aufgrund von Schlüsselinformationen, die den Probanden aus anderen Zusammenhängen (z. B. Image, Werbung, Events, allgemeine Berichterstattung ...) bereits bekannt gewesen wären, erfolgen. Somit konnte ebenfalls nicht der in der Regel hohe Einfluß des Markennamens überprüft werden.

Ein Kritikpunkt beim Einsatz der IDM ist, daß die Informationsreihenfolge – sowohl bzgl. der Merkmale als auch der Alternativen – durch den Marktforscher vorgegeben wird und dadurch die Reihenfolge der Betrachtung und demzufolge auch der Auswahl einer Alternative beeinflußt wird. Es wurde versucht, diesem Kritikpunkt zu begegnen, indem die interessierenden Markenmerkmale (in Tabelle 17 grau hinterlegt) abwechselnd mit den standardisierten Merkmalen der Reiseentscheidung aufgelistet wurden. Eine Randomisierung der Merkmale und der Alternativen wäre eine geeignete Vorgehensweise gewesen, konnte in der vorliegenden Erhebung aber nicht umgesetzt werden. Es wurde erwartet, daß eine zu geringe Zahl an Interviews während der Messe realisierbar sein würden, so daß keine ausreichende Fallzahl erreicht worden wäre, um fundierte Aussagen hinsichtlich der randomisierten Matrizen treffen zu können. Bei einer Wiederholung dieser Untersuchung sollte diese Möglichkeit im Versuchsaufbau berücksichtigt und eine genügend große Zahl an Probanden ausgewählt werden.

Einschränkend muß an dieser Stelle noch einmal angemerkt werden, daß durch die Vorgabe der Entscheidungsmerkmale bereits eine Vorauswahl bzgl. der relevanten Merkmale getroffen wurde und die Probanden daher ihre Entscheidung nur anhand dieser Merkmale treffen können. Dies gilt jedoch als generelles Problem dieser Art der Konsumentenbefragung. Eine vorherige Diskussion der entscheidungsrelevanten Merkmale und deren Aufnahme in eine deutlich umfangreichere *Information Display Matrix* war für den angewendeten Versuchsaufbau nicht realisierbar. Eine derartige Untersuchung kann sinnvoll nur in einem Laborexperiment umgesetzt werden, um dem deutlich höheren Zeitaufwand des Ablaufes gerecht zu werden. Gleichzeitig können so externe (Stör-)Einflüsse von den Probanden ferngehalten werden.

Darüber hinaus treffen die für Befragungen zum Entscheidungsverhalten grundsätzlich geltenden Kritikpunkte ebenfalls zu: Durch den Versuchsaufbau und die Befragungssituation selbst wird ein Rahmen vorgegeben, der mit einer realen Entscheidungssituation nur noch bedingt vergleichbar ist und auf die einzelnen Probanden einen unterschiedlichen Einfluß ausüben kann (vgl. KAAS/HOFACKER 1983: 77f.). Dieser Sachverhalt kann aber gleichzeitig als konstanter Faktor angesehen werden, der den Einfluß der abgefragten Merkmale vergleichbar macht (ceteris paribus).

Das Instrument der *Information Display Matrix* ist weniger geeignet, um beispielsweise Imagefaktoren, emotionale und soziale Einflüsse, konkrete Erfahrungen mit Produkten und Dienstleistungen oder Dienstleistungsanbietern zu erfassen. Ebenso kann die aktive Informationssuche, die mit Kreativität und/oder der Initiative des jeweiligen Probanden zusammenhängt, nicht in der Matrix berücksichtigt werden (vgl. KUß 1987: 81). Ein oft genannter Kritikpunkt an dem Aufbau der IDM bezieht sich auf die Matrixform im Versuchsaufbau, die dem Probanden die Möglichkeit eröffnet, sowohl attributweise als auch alternativenorientiert vorzugehen. In der Realität dominiert in der Regel letztgenannte Option, wenn es darum geht, einen ersten Überblick über die in Frage kommenden Alternativen zu bekommen, da zumindest Produkte meist als Ganzes betrachtet werden (vgl. WEINBERG 1981: 66). In Testberichten oder in Katalogen werden die einzelnen Merkmale allerdings ebenfalls häufig in Matrix-Form dargestellt. Auch besteht – zumindest bei vertrauten Produkten und Leistungen – die Tendenz dazu, die alternativenweise aufgenommen Informationen attributweise zu zerlegen und zu speichern (vgl. ASCHENBRENNER 1990: 159). Ziel ist es dabei, einen umfassenden Überblick über die unterschiedlichen Merkmale der Alternativen zu erlangen. Ist eine Vorauswahl getroffen, erfolgt in der Regel ein attributweiser Vergleich der unterschiedlichen Merkmale. Beispielsweise vergleicht der Konsument Verpackungen oder Inhaltsmengen verschiedener Kaufoptionen miteinander (vgl. KAAS/HOFACKER 1983: 89ff.; KUß 1987: 82).

Um dieser Vorgehensweise im Versuchsaufbau gerecht zu werden, bietet sich eine IDM an, die es erlaubt, Informationstafeln offen nebeneinander zu betrachten. Wie PAYNE und RAGSDALE (1978: 576) gezeigt haben, tendieren die Konsumenten dazu, zunächst einen großen Teil der Informationen aufzudecken und somit eine simultane Informationsaufnahme zu ermöglichen. Nachdem die Vorauswahl getroffen wurde, erfolgt dann der attributweise Vergleich der unterschiedlichen Merkmale. Wird diese Verfahrensweise in der IDM verwendet, kann aber das wiederholte Heranziehen bereits aufgedeckter Informationsfelder nicht mehr nachvollzogen werden. Um diesem Umstand gerecht zu werden, empfiehlt sich die Kombination der IDM mit einer Blickverfolgungsaufzeichnung, da so die Betrachtungsreihenfolge und -dauer erfaßt werden kann. Dieses Instrument konnte bei der Durchführung der vorliegenden Untersuchung nicht eingesetzt werden, da es einen unverhältnismäßig hohen Aufwand (technisch und finanziell) bedeutet hätte. Daher wurde die IDM so eingestellt, daß ein offenes

Informationsfenster erst wieder geschlossen werden mußte, bevor ein weiteres geöffnet werden konnte.

## 5.4 Verknüpfung der Ergebnisse auf Anbieter- und Nachfragerseite

Die beiden vorgestellten Marktforschungsmodule haben gezeigt, daß es unterschiedliche Vorstellungen von den Markenmerkmalen touristischer Destinationen auf der Anbieter- und Nachfrageseite gibt. Die wesentlichen Aussagen, die aus beiden Untersuchungen herausgezogen werden können, sollen an dieser Stelle analysiert werden. Einschränkend ist anzumerken, daß die Ergebnisse der beiden Untersuchungen nicht unmittelbar gegenübergestellt werden können, da es sich um völlig unterschiedliche Untersuchungsdesigns handelt. Es ist lediglich möglich, die jeweiligen Ergebnisse hinsichtlich einer tendenziellen Richtung hin zu interpretieren.

Auf die Frage, ob es bereits Destinationen gibt, die dem Anspruch einer Marke gerecht werden, antworteten ca. 92 % der Destinationsmanager, aber nur ca. 67 % der Reisenden mit „Ja". Etwa 18 % der Konsumenten waren sich nicht sicher, ob es Destinationsmarken gibt. Auch bei der Benennung dieser Destinationen gibt es merkbare Unterschiede. Die Antwortvielfalt war in beiden Untersuchungen relativ hoch. Von den Destinationsmanagern wurden insgesamt 96, von den Verbrauchern 63 verschiedene Destinationen genannt, die dann zu einem großen Teil in Kategorien überführt werden mußten, um weiterhin in der Untersuchung handhabbar zu sein (vgl. Tabelle 14 und Tabelle 25). Nur wenige Destinationen erhielten von einem größeren Anteil der jeweiligen Stichprobe eine höhere Zahl an Nennungen, so daß sie einzeln ausgewertet werden konnten. Die Wahrnehmung von Destinationsmarken erfolgt insgesamt sehr uneinheitlich und kann als nicht sehr stark bezeichnet werden.

Die Anteile zu den angegebenen Destinationen können lediglich bei den Einzelnennungen miteinander verglichen werden. Unter diesen befinden sich jeweils die bereits mit Markenzeichen versehenen Destinationen *Sylt* und *St. Moritz*, wenn auch mit deutlich unterschiedlichen Anteilen auf Anbieter- und Nachfragerseite. Insgesamt werden auf Seiten der Endverbraucher bevorzugt beliebte Reiseziele genannt, während die Anbieter ihre eigenen Destinationen gerne als Destinationsmarke darstellten. Ein deutlicher Unterschied besteht bspw. bei der Insel *Mallorca*. Während ca. 29 % der Konsumenten hier eine Markendestination sehen, waren es auf der Anbieterseite lediglich 1,5 % der Befragten. Andererseits sehen nur jeweils ca. 1,3 % der Konsumenten in den „profiliertesten deutschen Urlaubsregionen" – Nordsee und Ostsee[109] – eine Destinationsmarke. Die Vorstellungen (oder die Wahrnehmungen), was als Destinati-

109 Siehe auch die Ausführungen auf S. 151. Allerdings beziehen sich die dort dargestellten Untersuchungen auf innerdeutsche Regionen, wogegen in den vorstehend ausgewerteten Marktforschungsmodulen diesbezüglich keine Einschränkungen gemacht waren.

onsmarke bezeichnet werden kann, gehen weit auseinander und verdeutlichen, daß Anbieter und Konsumenten in diesem Bereich nicht dieselbe Sprache sprechen.

Auch was die Bedeutung von Destinationsmarken für die Reiseentscheidung angeht, scheinen unterschiedliche Einschätzungen vorzuliegen. Auf Seiten der Konsumenten war die Bereitschaft, Destinationsmarken bei der Reiseentscheidung zu berücksichtigen, nicht sehr hoch ausgeprägt. Lediglich 10,5 % wollen *„auf jeden Fall"* Reiseziele mit Markencharakter berücksichtigen. Allerdings wollen weitere knapp 44 % *„unter Umständen"* ebenfalls Markendestinationen berücksichtigen. An dieser Stelle bietet sich für weitere Untersuchungen ein interessanter Ansatzpunkt, da diese *Umstände* nicht näher konkretisiert werden konnte. Differenziert man diese Aussagen noch nach den in der IDM ausgewählten Destinationen, verändert sich das Bild etwas (vgl. Abbildung 38, S. 198). Insbesondere die Probanden, die sich für die unbekannte Destination (*Insel C*) entschieden haben, sprechen sich relativ deutlich gegen Markendestinationen aus. Allerdings hat die Auswertung der IDM gezeigt, daß die Markeninformationen von diesen Probanden mindestens im gleichen Umfang abgerufen wurden wie von den übrigen. Im Ergebnis haben diese Informationen aber zu einer anderen Entscheidung beigetragen.

Destinationsmarken sind für die Destinationsmanager ein wichtiges Element im zukünftigen Wettbewerb. Es wird der Standpunkt vertreten, daß Marken für ein erfolgreiches Destinationsmanagement in der Zukunft unerläßlich sind und insbesondere für die Ansprache von neuen Kundensegmenten und für den Vertrieb über Reiseveranstalter Wettbewerbsvorteile bringen. Dazu ist allerdings ein professionelles Markenmanagement in den Destinationen notwendig. Nur ein geringer Teil ist der Meinung bzw. ist teilweise der Meinung (ca. 16,5 %), daß weiterhin auch Destinationen ohne Markencharakter wettbewerbsfähig sein können (vgl. Abbildung 31, S. 170). Unterstützt wird diese Position durch das Votum der Konsumenten, von denen ca. 14 % Destinationen mit Markencharakter auf keinen Fall als Reiseziel berücksichtigen wollen, weitere knapp 32 % wollen Markendestinationen eher nicht berücksichtigen (vgl. Abbildung 38, S. 198). Somit scheint ein ausreichendes Potential für Destinationen ohne Markencharakter am Markt vorhanden zu sein. Die Problematik für diese Destinationen zeigt sich aber darin, wie sie ihre Existenz an die entsprechende Zielgruppe kommunizieren können. Bei einer intensiven Kommunikation besteht die Gefahr, daß alleine aufgrund der Marktkommunikation und dem damit verbundenen Zuwachs an Bekanntheit ein markenähnlicher Status erreicht wird. Andererseits können ohne ein Minimum an Werbung nur schwer neue Gäste gewonnen werden.

Gleichzeitig sehen die Destinationsmanager nach wie vor eine relativ hohe Bedeutung des Preises bei der Auswahl einer Urlaubsdestination. So sind knapp 59 % der Meinung, daß ein günstiger Preis mehr zur Entscheidung für ein Reiseziel beiträgt als dessen Bekanntheit. Auch diese Aussage wird durch die Konsumentenbefragung bestätigt. So fühlen sich 57,6 % dieser Probanden durch einen günstigen Preis für den Aufenthalt, insbesondere für die Unterkunft, stark unterstützt, wenn es um die Auswahl eines neuen, bisher noch nicht besuchten Reiseziels geht. Tendenziell steht somit scheinbar die Realisierung von Kostenvorteilen gegenüber dem Urlaub in einer *Markendestination* im Fokus des Konsumentenverhaltens. Dieser Sichtweise etwas entgegen steht die verhältnismäßig umfangreiche Informationssuche, die sich im Zusammenhang mit der Information Display Matrix gezeigt hat. Demnach sind neben den Preisinformationen doch eine Reihe weiterer Informationen relevant für die Destinationswahl. Gleichzeitig unterstreicht die umfangreiche Informationssuche, die Ausdruck kognitiver Informationsverarbeitungsprozesse ist, den extensiven Charakter der Reisezielentscheidung.

Mit einer zunehmenden Zahl an Informationen, die für eine Entscheidung herangezogen werden, reduziert sich der Umfang des *evoked set*, d. h., desto mehr nähert sich der Konsument einer Entscheidung (vgl. BELONAX 1979, zitiert in WEINBERG 1981: 99). Bei habitualisierten Kaufentscheidungen werden außer dem *evoked set* i. d. R. keine weiteren Informationen zu Rate gezogen. Die Auswahl wird anhand des Rankings der Alternativen und deren Verfügbarkeit im *evoked set* getroffen. Allerdings handelt es sich bei der Entscheidung für ein neues, bisher nicht besuchtes Reiseziel nicht um eine derartige Reiseentscheidung. Lediglich bei Stammgästen kann von einer habitualisierten Reiseentscheidung gesprochen werden. Ansonsten handelt es sich mehr um eine extensive, mit zunehmender Reiseerfahrung auch um eine limitierte Kaufentscheidung. Es werden Informationen aufgenommen und nach Schlüsselinformationen untersucht. Vor diesem Hintergrund gewinnen markenähnliche Destinationen für die Konsumenten zunehmend an Bedeutung, da sie helfen, die eigenen Vorstellungen von einem Reiseziel mit Inhalten zu füllen. Die Bestrebungen der Destinationsmanager, ihren Produkten markenähnlichen Charakter zu verleihen, können somit als logische Konsequenz aus diesem Kundenverhalten angesehen werden.

## 5.5 Zusammenführung

In Kapitel 4 wurde ein Überblick über Marktforschungsansätze gegeben, die sich, wenn auch nur zum Teil, mit Fragestellungen bzgl. touristischer Marken befaßt haben. Allerdings gehen die vorgestellten Untersuchungen nicht sehr in die Tiefe, sondern analysieren meist nur einige wenige Aspekte dieses umfangreichen Themenfeldes. Der Bereich *Destinationsmarken* wird derzeit noch nicht intensiv in der Forschung behandelt. Gleichzeitig erfährt diese Thematik auch in der touristischen Praxis nur eine oberflächliche Berücksichtigung. Trotzdem wird sie kontrovers diskutiert, auch wenn bisher keine ausreichende Datengrundlage besteht, die Implikationen für das Destinationsmanagement mit sich bringt.

Vor diesem Hintergrund sind die beiden dargestellten empirischen Untersuchungen durchgeführt worden. Ziel war es, sowohl aus Sicht von Destinationsmanagern als auch aus Sicht der Konsumenten eine Einschätzung zur Bedeutung von Destinationsmarken zu erhalten. Gleichzeitig sollte die Existenz von Destinationen abgefragt werden, denen heute bereits ein Markencharakter zugesprochen werden kann.

Es konnte gezeigt werden, daß die Bedeutung von Destinationsmarken von beiden Marktseiten unterschiedlich wahrgenommen wird. Von den Destinationsmanagern wird in der Marke die Basis für den zukünftigen Erfolg im Wettbewerb gesehen, wenn auch bisher kein einheitliches Verständnis bzgl. Destinationsmarken besteht. Hinzu kommt, daß aufgrund eines unkonkreten Markenverständnisses ein eher unprofessioneller Umgang mit Markenstrategien anzutreffen ist. Aus Sicht der Konsumenten ist eine Destinationsmarke bisher lediglich *ein* Informationsbaustein zur Vorbereitung einer Reiseentscheidung. Ein großer Teil der Konsumenten ist durchaus bereit, Markendestinationen bei der Reisezielentscheidung *unter gewissen Umständen* zu berücksichtigen. D. h. aber auch gleichzeitig, daß weitere Informationen ebenfalls eine wichtige Rolle in diesem Entscheidungsprozeß besitzen.

In der Konsumentenbefragung wurde neben den grundsätzlichen Aussagen mit Hilfe einer Information Display Matrix die Vorgehensweise bei der Informationsaufnahme für ein neues Reiseziel untersucht sowie die Art der abgerufenen Information analysiert. Es konnte gezeigt werden, daß sich die Informationsaufnahme in einer Art und Weise darstellt, wie sie bei extensiven Kaufentscheidungen zu finden ist. D. h., die Probanden haben sich intensiv mit den verfügbaren Informationen auseinandergesetzt und dann erst ihre Entscheidung gefällt. Dabei herrschte insgesamt eine attributorientierte Informationsfolge vor, wie sie auch bei dem Vergleich von Markenartikeln zu finden ist. Es werden nacheinander die für den Konsumenten wichtigen Attribute miteinander verglichen. Bei den Probanden, die bei ihrer Reisezielentscheidung Destinationsmarken eher nicht berücksichtigen wollen, zeigt sich im Vergleich zu den übrigen ein deutlich höherer Anteil an einer alternativenorientierten Informationssuche. Dies weist darauf hin, daß sich die Konsumenten zunächst einen Gesamteindruck von einer Auswahloption verschaffen wollen, bevor die einzelnen Alternativen miteinander verglichen werden.

Die Ergebnisse verdeutlichen, daß für den größeren Teil der Probanden Destinationsmarken durchaus eine Unterstützung bei der Reisezielwahl darstellen würden, auch wenn diese Hilfe bisher nur selten aktiv in Anspruch genommen wird. Bisher ist der Umgang mit solchen Marken allerdings noch nicht weit verbreitet, wie ebenfalls gezeigt werden konnte. Eng damit hängt zusammen, daß das Verständnis sowohl auf der Anbieter- als auch auf der Konsumentenseite hinsichtlich dieser Thematik noch weit auseinandergeht.

Um Destinationsmarken im Wettbewerb erfolgreich führen zu können, sind zunächst Schritte und Maßnahmen notwendig, die dazu beitragen, ein einheitliches Verständnis aufbauen zu können, so daß die Konsumenten die Möglichkeit haben, auf Marken zurückzugreifen, wenn es um die Auswahl eines Reiseziels für den nächsten Urlaub geht.

# 6 Überlegungen zur Gestaltung eines Markensystems für touristische Destinationen

Die Ausführungen in den vorausgegangenen Kapiteln haben gezeigt, daß es sich bei der Reiseentscheidung um ein komplexes Konstrukt handelt. Einerseits werden mehrere Einzelentscheidungen getroffen, bevor letztendlich die Reiseentscheidung erfolgen kann. Andererseits sind an der Reiseentscheidung i. d. R. mehrere Entscheider beteiligt. Es handelt sich somit häufig um eine Gruppenentscheidung. Vor diesem Hintergrund ist es nachvollziehbar, die Reiseentscheidung als extensive Kaufentscheidung darzustellen. Mit zunehmender Reiseerfahrung kann sie sich hin zu einer limitierten Kaufentscheidung entwickeln, da nicht mehr alle als notwendig erachteten Informationen überprüft werden müssen. Einen wichtigen Beitrag liefern an dieser Stelle bereits touristische Marken und Qualitätsmerkmale auf der Leistungsträgerebene. Beispielsweise erleichtern die Markenhotellerie oder kommunizierte Klassifizierungskennzeichen die Auswahl eines Beherbergungsbetriebes. Im Bereich der Pauschalreisen sind dies die Reiseveranstaltermarke selbst bzw. die in den Pauschalreisen enthaltenen Leistungsträger.

Habitualisierte Kaufentscheidungen sind ebenfalls im Zusammenhang mit der Entscheidung für eine Urlaubsreise anzutreffen. Sie zeigen sich vor allem bei Stammgästen, d. h., bei Gästen, die sich zum wiederholten Mal in derselben Urlaubsregion und häufig sogar im selben Beherbergungsbetrieb aufhalten. Im Deutschlandtourismus erreicht dieses Gästeklientel einen durchschnittlichen Anteil von ca. 25 % (vgl. BREIDENBACH 2002: 75), der in typischen Tourismusorten auch deutlich überschritten werden kann. Man trifft nicht selten auf Gäste, die bereits 10 mal oder häufiger am selben Ort waren. Bspw. konnte das *Europäische Tourismus Institut an der Universität Trier GmbH* in einer umfangreichen Gästebefragung im Sommer 2002 (n = 3.065) in der *Region Ostfriesland*[110] zeigen, daß der Anteil der Erstbesucher in der Region bei ca. 26 % lag. Bezogen auf den Urlaubswohnort innerhalb der Region lag der Wert mit ca. 43 % Erstbesuchern deutlich höher. Gleichzeitig wurden für die Stammgäste[111], d. h., Gäste, die bereits mindestens fünfmal vor Ort bzw. in der Region waren, ca. 26 % bzw. ca. 40 % der Befragungsgesamtheit ermittelt (vgl. ETI 2002: 8). Die positive Erfahrung der Gäste mit den vergangenen Aufenthalten wird als häufigstes Argument für den wiederholten Besuch genannt.

Die bisherigen Erfahrungen der Reisenden sind demnach für die Reiseentscheidung ein wichtiges Entscheidungskriterium, wie auch die Marktforschungsergebnisse in Kapitel 4.2 (ab S. 146) und 5.3 (ab S. 186) gezeigt haben. Die persönliche Vorstellung von dem potentiellen

110 Die *Region Ostfriesland* wird in der genannten Untersuchung durch die Landkreise Ammerland, Aurich, Friesland, Leer und Wittmund sowie die kreisfreien Städte Emden und Wilhelmshaven repräsentiert.

111 Die Verwendung des Begriffs *Stammgäste* erfolgt uneinheitlich. Teilweise werden Gäste, die zum dritten Mal an einem Ort Urlaub machen, bereits als Stammgäste bezeichnet. Würde dieser Wert übernommen, so liegen die Anteile der Stammgäste bei ca. 41 % (vor Ort) bzw. 61 % (in der Region).

Zielgebiet hat einen erheblichen Einfluß auf die Reiseentscheidung (vgl. auch Abbildung 44 auf S. 221 und Tabelle 29 auf S. 223). Vor diesem Hintergrund ist der Aufbau von Destinationsmarken sinnvoll, da Marken eine entscheidungsvereinfachende Funktion besitzen und so die individuelle Reiseentscheidung erleichtern können. Insbesondere für die Neukundenansprache ist die Destinationsmarke von Bedeutung, da sie dem Konsumenten und potentiellen neuen Gast bereits eine Vorstellung von dem Zielgebiet vermitteln kann. Das setzt aber ein effizientes Markenmanagement voraus, so daß dem Nachfrager ein umfassendes Bild der Destination vermittelt werden kann. Mit der Marke wird gleichzeitig ein Image transportiert, das dem Konsumenten die Wertschätzung des Destinationsangebotes im Vergleich zu anderen Angeboten erleichtert und dazu beitragen kann, daß ein höherer Preis im Vergleich zu nichtmarkierten Destinationsangeboten bzw. weniger profilierten Zielgebieten realisiert werden kann. Verfügt die Destination bereits über ein Image, kann darauf aufbauend eine Markenführung relativ unproblematisch umgesetzt werden, da bereits ein Vorstellungsbild und eine Erwartungshaltung gegenüber dem Destinationsangebot bestehen.

Die Befragungsergebnisse in Kapitel 5 (ab S. 163) haben gezeigt, daß die Bedeutung von Destinationsmarken im Rahmen der Reiseentscheidung von Verbrauchern und Anbietern unterschiedlich eingeschätzt wird. Während die Anbieter von einer stark zunehmenden Bedeutung ausgehen und Destinationsmarken im zukünftigen Wettbewerb als strategische Notwendigkeit betrachten, werden sie von den Konsumenten eher als hilfreiche, entscheidungsunterstützende Information betrachtet. Die Marke ergänzt die allgemeinen Destinationsinformationen und hilft, die Anzahl der notwendigen Entscheidungsmerkmale zu reduzieren.

Mit der Erweiterung auf Dienstleistungsanbieter und deren Leistungen ist das Markenkonzept in den vergangenen Jahren sowohl in der Breite als auch in der Tiefe gewachsen. Neue Ansätze machen eine differenzierte Betrachtung und neue Strukturen notwendig. Vom klassischen Markenartikel, der sich lange als Herstellermarke präsentiert hat, wie bspw. *Milka*-Schokolade oder *Mercedes-Benz*, hat sich die Marke zu einem umfassenden Kommunikationskonzept entwickelt. Neben der Entwicklung von der Einzel- zur Dachmarke und zur Markenfamilie ist der Erlebniswert der Marke zu einem wichtigen Erfolgsfaktor angewachsen. Im Mittelpunkt eines modernen Markenkonzeptes steht vor allem die Kommunikation. Markenmanagement kann in diesem Sinne mit einem umfassenden Kommunikationsmanagement gleichgesetzt werden (vgl. TROMMSDORFF 1997: 1). Dieser Zusammenhang wurde in den Ausführungen zum integrierten Markenmanagement (vgl. Abschnitt 2.3.4 ab S. 64) ausführlich dargestellt, wobei auch die Bedeutung eines internen Markenmanagements zum Ausdruck gebracht wurde, das für die Gestaltung von Destinationsmarken eine zentrale Aufgabe ist.

In diesem Kapitel werden Überlegungen zur Gestaltung von Destinationsmarken aus den Ausarbeitungen und Ergebnissen der vorstehenden Kapitel zusammengeführt. Es folgt eine Überprüfung, ob die allgemeinen Markenstrategien auf Destinationsmarken ohne weiteres angewendet werden können und ob sich eine ideale Strategie erkennen läßt. Weiterhin wird eine Vorgehensweise skizziert, die als Handlungsrahmen angesehen werden kann, wenn es darum geht, ein Markensystem für eine touristische Destination zu gestalten.

Zur Visualisierung einzelner Schritte werden Erfahrungen aus einem Beratungsprojekt des *Europäischen Tourismus Institutes an der Universität Trier GmbH* eingebracht. Es handelt sich dabei um die Entwicklung eines Leitbildes und Tourismuskonzeptes für den Raum Ostfriesland mit der Option, eine Destination Ostfriesland zu bilden. An der Durchführung des Projektes war der Verfasser maßgeblich beteiligt. Es wurde von Herbst 2001 bis Frühjahr 2003 durchgeführt. Um eine Transparenz des Prozesses und der Vorgehensweise für die Touristiker in der Region herzustellen, wurde ein Diskussionsforum im Internet eingerichtet (http://www.eti.de/Ostfriesland-Forum). Auf dieser Web-Site wurden ebenfalls Informationen zum aktuellen Projektstand zur Verfügung gestellt. Bei den in dieser Arbeit verwendeten Informationen handelt es sich um dort veröffentlichte Daten, die als Download-Dateien verfügbar waren.

## 6.1 Voraussetzungen für Destinationsmarken

Unabhängig von Markenzeichen oder Logos fehlt es vielen Destinationen an Profilierungsmerkmalen, die dem Konsumenten eine eindeutige Identifikation des Reiseziels ermöglichen würden. Zu ähnlich sind die Angebotsbestandteile, mit denen um die Gunst der Kunden geworben wird. Spielende Kinder am Strand oder der Sonnenuntergang am Meer tragen nicht dazu bei, eine unverwechselbare Assoziation mit der Destination auszubilden.

Hinzu kommt, daß die Gesamtleistung touristischer Destinationen von einer Vielzahl einzelner Anbieter und Leistungsträger, die häufig unabhängig voneinander agieren, gestaltet wird, wodurch die Markenbildung zu einem schwierigen und aufwendigen Prozeß wird. Auch ist eine (visuelle) Markierung der immateriellen Dienstleistung, also des Destinationsproduktes, nicht möglich. An die Stelle der Leistung selbst treten auch im Falle des Destinationsproduktes stellvertretend als Träger des Markenzeichens alle Personen, die in die Leistungserstellung involviert sind. Eine Beurteilung der Urlaubsqualität erfolgt somit zu einem wesentlichen Teil über die Leistungsfähigkeit und Kompetenz des Kundenkontaktpersonals, also der Human-Ressourcen der Region. Hinzu kommen alle Objekte des jeweiligen Anbieters, die im Zusammenhang mit der Leistungserstellung stehen (vgl. SCHERHAG 1999: 19). Die Zahl dieser Objekte ist für touristische Destinationen wesentlich höher und unübersichtlicher als bei Einzelunternehmen. Das in weiten Bereichen noch stark ausgeprägte Konkurrenzdenken der touristischen Akteure erschwert eine gemeinsame Arbeit innerhalb der Destination und blockiert z. T. auch eine gemeinsame Markenführung.

Ein weiterer, für die Markenführung wichtiger Aspekt, erfordert einen ernorm hohen internen Kommunikationsaufwand. Eine destinationsweite Qualitätssicherung wird durch die i. d. R.

unabhängig voneinander erfolgende Leistungserstellung der Einzelakteure, die individuelle Leistungen für einzelne Gäste und Gästegruppen erbringen, stark erschwert. Im Gegensatz zu einem Unternehmen besteht bei der Leistungserstellung in Destinationen keine klare Weisungsbefugnis einer zentralen Stelle (wie dies z. B. bei einem Unternehmen durch die Geschäftsführung gegeben ist). Ebenso sind die Erfolgsindikatoren nur schwer zu definieren und daher auch entsprechend nur schwer zu bewerten (vgl. BIEGER 2002a: 62). Daher ist als erster Schritt bei der Bildung einer Destinationsmarke eine Destinationsmanagement-Organisation (DMO) zu implementieren, die für die Markenbildung und -führung verantwortlich, mit den entsprechenden Ressourcen (finanziell und personell) ausgestattet ist und über Handlungsfreiheit bzgl. der Maßnahmenumsetzung verfügt. Gerade der letzte Punkt ist häufig in den deutschen Destinationen nicht gegeben, da politische Ressentiments die Entscheidungen einer solchen Organisation stark beeinflussen oder blockieren.

Die bisherigen Ausführungen haben gezeigt, daß die meisten der anerkannten Markenkonzepte und -strategien aus dem Konsumgüterbereich nur bedingt auf touristische Destinationen übertragbar sind. Die Destination stellt sich als komplexes System dar, das nicht mit einer Monomarke zu vergleichen ist. Aber auch die Übertragung der Markenführungskonzepte von Dienstleistungen ist nicht ohne weiteres möglich. Gerade die Angebotsvielfalt und die hohe Zahl an individuellen Akteuren, machen die Entwicklung eines eigenständigen Markenkonzeptes notwendig. Im Gegensatz zu einer Konsumgütermarke, die über einen einstufigen Aufbau verfügt, wird die Destinationsmarke aus einem Leistungsbündel zusammengesetzt, welches unterschiedlichen Anforderungen genügen muß. Dabei sind unterschiedliche Leistungsstufen zu berücksichtigen, auf denen Akteure mit eigenen individuellen unternehmerischen Zielen agieren und eine abgestimmte Vorgehensweise erfordern. Um die angebotsseitige Vielfalt muß eine Klammer gelegt werden, die in der Lage ist, ein einheitliches Auftreten im Wettbewerb zu gewährleisten.

Als erste Aufgabe muß die DMO innerhalb der Destination die Voraussetzung für einen abgestimmten, einheitlichen und geschlossenen Marktauftritt der Destination schaffen. Ohne die Bündelung der komplementären Leistungen des touristischen Angebotes und eine koordinierte Vermarktung unter einem einheitlichen Namen ist der Aufbau einer Destinationsmarke nicht möglich (vgl. KASPAR 1995: 33). Dazu ist eine Zielformulierung zu erarbeiten, in der die Belange der unterschiedlichen Interessengruppen in der Destination berücksichtig werden. D. h., die touristischen Akteure innerhalb der Destination müssen sich in den Destinationszielen wiederfinden und sich mit dem gemeinsamen Weg identifizieren können. Damit ist eine Umgestaltung der bisherigen Strukturen innerhalb der Destination, eine Neugestaltung der Organisationsstrukturen und die Neudefinition der Aufgabenfelder verbunden. Ohne ein touristisches Leitbild kann eine Destination keine wirkungsvolle Gestaltung der Zukunft sicherstellen (vgl. BIEGER 2002a: 48).

Zur Erarbeitung eines Leitbildes sind die touristischen Akteure der Destination in einen gemeinsamen Willensbildungsprozeß einzubeziehen, in dem die zu erwartenden Vorteile, aber auch die Gefahren und vor allem ein Zeithorizont sowie mögliche Hürden bei der Umsetzung thematisiert werden. Am Ende dieses Prozesses sollte die Vorgehensweise, aber auch die Kompetenzverteilung für die Umsetzung der Markenbildung, gemeinsam erarbeitet worden sein. Um eine Region von einem Urlaubsziel hin zu einer Destinationsmarke zu entwickeln, sind umfangreiche Änderungen und Neuerungen zu ergreifen. In Abbildung 45 ist die Leistungsfähigkeit des Systems Destination während der Markenbildung dargestellt. Dabei wird auf die Überlegungen von LEWIN (1947) zur Leistungsfähigkeit von Systemen in den Phasen des Wandels[112] verwiesen. Vor der Initiierung der Markenbildung (*moving*) stellt sich die Destinationsleistung primär durch die individuellen Leistungen der Einzelbetriebe dar. In dieser Phase kann strenggenommen nicht von einem Destinationsmanagement, sondern bestenfalls von einer Vermarktung der Leistungsträger gesprochen werden. Einen Markencharakter weist die Destination in dieser Phase ebenfalls nicht auf. Soweit bereits Marken aufgebaut wurden, stehen sie für die einzelnen Betriebe und unterstützen den Gast bspw. bei der Auswahl des Beherbergungsbetriebes für seinen Aufenthalt.

**Abbildung 45: Veränderung der Leistungsfähigkeit einer Destination durch Markenmanagement**

(Quelle: in Anlehnung an LEWIN 1947: 26ff; vgl. STAEHLE/CONRAD/SYDOW 1999: 592)

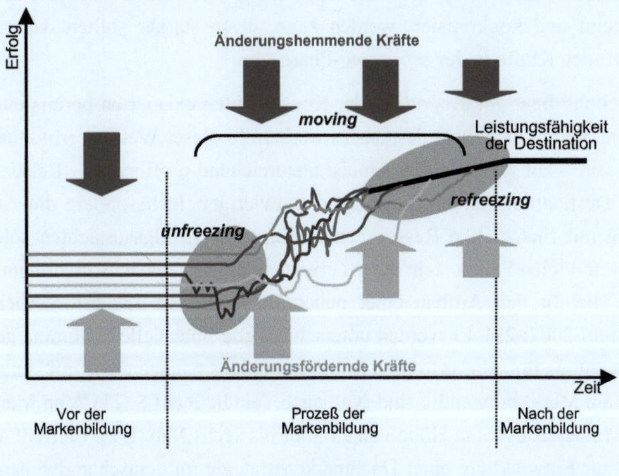


Am Übergang zur Markenbildung müssen die bisherigen Strukturen aufgebrochen werden (*unfreezing*). Es muß die Identifikation der Einzelbetriebe mit den zukünftigen Zielen der Destination eingeleitet werden. Da es sich bei den Leistungsträgern um Einzelbetriebe handelt, wird dieses Aufbrechen der bisherigen Strukturen zu unterschiedlichen Zeitpunkten erfolgen und auch unterschiedliche Konsequenzen für die Betriebe nach sich ziehen. Ebenso unterschiedlich wird die Integration in das (Marken-)Management der Destination erfolgen. Die

112 Vgl. auch Fußnote 48 auf S. 83.

Phase der Festigung der neuen Strukturen (*refreezing*) wird sich ebenfalls über einen längeren Zeitraum hinziehen, da davon auszugehen ist, daß sich zunächst nicht alle Betriebe, Einrichtungen und Organisationen an der Neuausrichtung der Destination beteiligen werden. Daher wird die Leistungsfähigkeit der Destination auch nach der Integration der meisten Betriebe und Leistungsträger weiter ansteigen, bis der größte Teil aller Anbieter sich an dem „neuen" Destinationssystem beteiligt hat. Erst wenn sich diese Strukturen im Alltag bewährt haben und eine Routine in die zu bewältigenden Aufgaben eingezogen ist, wird sich die Leistungsfähigkeit der Destination auf einem konstanten Niveau einpendeln. Weitere Veränderungen sind dann auf Aktivitäten des Managements und des Marktes zurückzuführen und nicht mehr im Prozeß der Markenbildung zu suchen.

Während des gesamten Prozesses können in dem dargestellten Modell änderungshemmende, aber auch -fördernde Kräfte auftreten. Während der *moving*-Phase werden beide Kräftepole am stärksten sein und den Prozeß in unterschiedliche Richtungen steuern. Um erfolgreich zu verlaufen, ist eine permanente Begleitung der Akteure und Kommunikation mit ihnen notwendig. Im Verlauf der *unfreezing*-Phase werden in der Regel die änderungshemmenden Kräfte am stärksten sein, da einerseits der künftige Zustand noch verhältnismäßig unklar und somit die Unsicherheit der Akteure am größten ist, andererseits der Widerstand gegen das Neue und somit die Aufgabe des Bewährten erst akzeptiert werden muß. Je klarer das Ziel vor Augen erscheint und konkretisiert werden kann, desto stärker sollten daher auch die änderungsfördernden Kräfte in der *refreezing*-Phase sein.

In der Vorstellung bzw. im *evoked set* der Konsumenten existierten bereits eine Vielzahl an Destinationen, die um die Gunst des Gastes werben. In dieser Wettbewerbssituation mit einer großen Zahl von – zur Zeit allerdings meist unzureichend profilierten – Reisezielen wird der Aufbau von Destinationsmarken zunehmend schwieriger. Insbesondere die Ausstattung der Destinationen mit finanziellen Ressourcen begrenzt die Erfolgsaussichten solcher Maßnahmen deutlich. In vielen Fällen steht der zu erwartende Gästezuwachs in keinem Verhältnis zu den Mitteln, die für den Aufbau einer neuen Destinationsmarke erforderlich wären (vgl. FRIGGE/HOUBEN 2002: 29). Es werden unterschiedliche finanzielle Volumina genannt, die als Mindestausstattung für ein erfolgreiches Destinationsmanagement mit unterschiedlichen Reichweiten am Markt notwendig sind (vgl. auch Tabelle 3 auf S. 21). Von Marketingagenturen werden Mindestbudgets in Höhe von ca. fünf bis sechs Mio. Euro (verteilt auf fünf Jahre) genannt, die zur Entwicklung einer Dachmarkenstrategie im deutschlandweiten Wettbewerb, bspw. für die Positionierung einer neuen Gesundheitsmarke eines Bundeslandes, notwendig sind. Diese Mittel sind als Ergänzung zu den bisherigen Aktivitäten zu sehen, da diese auch weiterhin zur Kundenansprache zu nutzen sind – zumindest, bis die neue Marke im Markt positioniert ist und Verkehrsgeltung erlangt hat. Hinzu kommt, daß die Markenstrategien zunächst eine größere Bedeutung bei der Neukundengewinnung besitzen, da diese erst an die Destination herangeführt werden müssen. Dieser hohe finanzielle Aufwand führt bereits dazu, daß nicht alle Destinationen als erfolgreiche Marken aufgebaut werden können (vgl.

HAEDRICH 2001: 48). Dabei spielt der anvisierte Zielmarkt der Marktkommunikation, insbesondere seine Größe und Ausdehnung, ebenfalls eine wesentliche Rolle. Begrenzt sich die Kommunikation einer Marke beispielsweise auf das benachbarte Land, wird eine geringere Investition notwendig sein, als wenn die Marke europa- oder weltweit kommuniziert werden soll. Beispielsweise wird die *Preussag AG* in den internationalen Aufbau ihrer Dachmarke *World of TUI* innerhalb von drei Jahren ca. 90 Millionen Euro investieren (vgl. PAPERLEIN 2001: 24). Für die Neueinführung einer Marke auf dem US-amerkanischen Markt wird bspw. ein Mindestvolumen von ca. 30 Mio. US $ veranschlagt (vgl. QUELCH/KENNY 1994: 154).

Vor der Entscheidung, eine Markenstrategie zu entwickeln, ist es notwendig, den Raum der Destination hinsichtlich einer marktfähigen Größe abzugrenzen. Auch diese Aufgabe ist von der DMO wahrzunehmen, da die Destination als Ganzes berücksichtigt werden muß. Dabei sollte einerseits das Zielgruppenpotential, andererseits aber auch die Ausstattung mit marktfähigen touristischen Angebotsfaktoren betrachtet werden. Auf der Basis dieser Analyseergebnisse können die nächsten Schritte zur Markengestaltung eingeleitet – oder aber über tragfähigere Alternativen nachgedacht werden. BRATL und SCHMIDT empfehlen in ihrem *Handbuch Destination Management*, das sie im Auftrag des österreichischen Bundesministerium für wirtschaftliche Angelegenheiten erstellt haben, daß sich mehrere Orte zu einer schlagkräftigen Destination zusammenschließen und mit einer gemeinsamen Organisation die notwendigen Aufgaben gemeinsam erfüllen (vgl. BRATL/SCHMIDT 1998: D). Auf diese Weise kann die Bündelung sowohl finanzieller als auch personeller Ressourcen erreicht werden. Als Beispiel für diese Vorgehensweise kann die *Ferienregion Heidiland* in der Schweiz genannt werden, in der sich 26 Gemeinden zu einer Vermarktungseinheit zusammengeschlossen haben. Ähnliche Beweggründe gab es bei der Gründung der Marketinggesellschaft *Nordsee GmbH - Sieben Inseln eine Küste*, in der sich die 16 niedersächsischen Kur- und Urlaubsorte an der Nordseeküste und den sieben ostfriesischen Inseln zusammengeschlossen haben. Von dieser Organisation wird eine gemeinsame Vermarktung der niedersächsischen Nordsee durchgeführt, organisatorische und administrative Aufgaben werden nach wie vor von den einzelnen Orten eigenständig wahrgenommen. Im Sinne einer Destinationsmarke kann dieses Beispiel daher nur teilweise herangezogen werden, da die Produktgestaltung und Bündelung des Leistungsangebotes weiterhin auf der Ortsebene erfolgt und somit nicht zur Bildung einer Destinationsidentität beitragen kann. Die verbindende Klammer beinhaltet lediglich die Komponenten Urlaub und Nordsee, woraus sich aber keine markenprofilierenden Merkmale ableiten lassen.

Bei der von BRATL und SCHMIDT dargestellten Vorgehensweise besteht die Gefahr, daß die an der Destinationsbildung beteiligten Orte ihre Identität nicht aufgeben wollen. Es ist daher notwendig, eine Einheit für die gemeinsamen Aktivitäten zu bilden. Bei der Definition der Destination gibt es zwei wesentliche Sichtweisen, die nicht unbedingt kompatibel sein müssen: Aus Sicht der Gäste erfolgt die Abgrenzung sehr häufig auf Basis ihres Aktivitätenradiuses. Die Anbieter werden die Destinationsabgrenzung eher aufgrund von gemeinsamen Strukturen, geographischen Merkmalen oder auch administrativen Grenzen durchführen, wobei diese Merkmale z. T. auch den Aktivitätsradius der Gäste beeinflussen (vgl. Kapitel 2.1 ab S. 11).

Bei der Markengestaltung sind beide Sichtweisen nur noch von nachgeordneter Bedeutung, da der Vorteil bzw. die Identität einer Destinationsmarke primär mit einem Leistungsversprechen und einem wahrnehmbaren Nutzenvorteil verbunden ist. Letzterer ist schwerer aufzubauen, da es sich um die Kommunikation der inneren Markenwerte handelt, die erst über einen längeren Prozeß bei den touristischen Akteuren verankert werden können. Oftmals werden aktuelle Trends aufgenommen und in die Destinationskommunikation integriert. Dies führt aber dazu, daß der Markenkern ständig verjüngt und die Markenaussage entsprechend angepaßt werden muß. Andererseits sind diese emotionalen Werte im Gegensatz zu konkreten Leistungs- und Ausstattungsmerkmalen durch die Konkurrenz nur schwer imitierbar (vgl. KOTLER/BLIEMEL 2001: 737f.).

Kann eine Region bereits auf ein bestehendes Image oder hervorstechende geographische Merkmale zurückgreifen, können diese für die Abgrenzung der Destination herangezogen werden. So wird bspw. die Region Ostfriesland als Ferienregion räumlich bereits relativ eindeutig abgegrenzt – zumindest, wenn Gäste befragt werden, die dort Urlaub machen. In Abbildung 46a werden die Landkreise Aurich (49), Friesland (50), Leer (55) und Wittmund (51) sowie die beiden kreisfreien Städte Emden (53) und Wilhelmshaven (52) in Verbindung mit den Ostfriesischen Inseln (42-48) deutlich als Ostfriesland abgegrenzt. Die Nennungen dieser Landkreise liegen in einer Spanne von 60% bis 90% Zustimmung durch die Probanden, die als Gäste der Region befragt wurden. Auch bei Betrachtung der Karte verdeutlicht diese Abgrenzung eine geographische Einheit, die für die Positionierung einer möglichen Destinationsmarke Ostfriesland herangezogen werden kann. Der Grad der Zustimmung zu dem abgegrenzten Raum fällt weniger eindeutig aus, wenn sie durch Probanden erfolgt, die in diesem Raum noch keinen Urlaub verbracht haben (vgl. Abbildung 46b). Die Nennungen für die Landkreise Aurich, Friesland und Wittmund sowie die beiden kreisfreien Städte liegen nur

**Abbildung 46: Räumliche Abgrenzung von Ostfriesland...**
(Quelle: ETI 2002b: 14 und 17)

a) ...durch Gäste, die in der Region Urlaub machen.

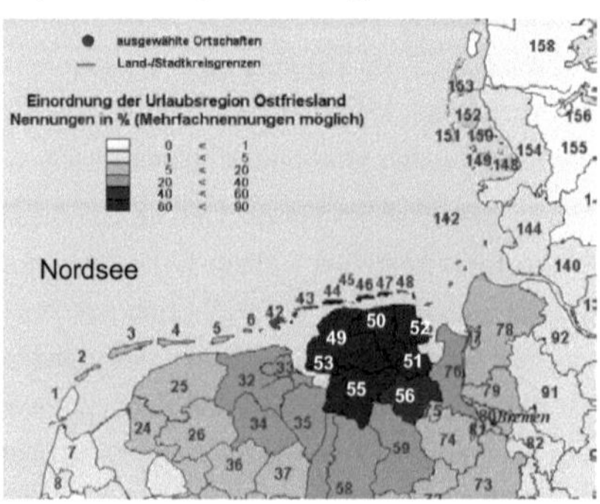


b) ...durch Probanden, die in der Region bisher noch keinen Urlaub gemacht haben.

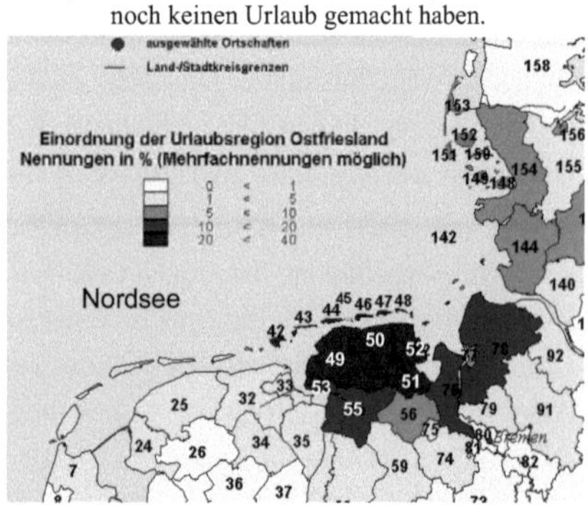

noch zwischen 20 und 40%. Der Landkreis Leer, der auch historisch zu Ostfriesland zählt, wird nur noch von 10 bis 20%, der Landkreis Ammerland gar noch von 5 bis 10% der Probanden genannt. Einen ähnlichen Anteil der Nennungen können Nordfriesland (154) und die Nordfriesischen Inseln (148 bis 153) aufweisen. Allerdings lassen sich trotz der fehlerhaften räumlichen Verortung Gemeinsamkeiten erkennen. Insbesondere die deutsche Nordseeküste wird mit der Region Ostfriesland in Verbindung gebracht, was für die Identitätsbildung ein wichtiger Punkt ist.

Für die Identität des Raumes zeigen sich somit bereits erste Ansatzpunkte, die aber gleichzeitig verdeutlichen, daß es sich dabei nicht um einzigartige Merkmale handelt. An dieser Stelle wird der *identitätsorientierte* Ansatz der Markenführung (vgl. Kapitel 2.3.4.1 ab S. 67) für die Gestaltung von Destinationsmarken zu einem wichtigen Instrument. Im Vordergrund stehen psychologische Markeninhalte, die auch in der Wahrnehmung von Zielgebieten für den Konsumenten von Bedeutung sind. Gleichzeitig wird die Bedeutung des internen Marketings für den Markenaufbau verdeutlicht. Die vorstehend als Ostfriesland identifizierten Landkreise verfügen über Tourismusorganisationen, die in erster Linie für die Vermarktung des jeweiligen administrativen Gebietes verantwortlich sind. Eine Ausnahme sind die Landkreise Friesland und Wittmund, die mit der *Friesland Touristik GmbH* über eine gemeinsame Organisation verfügen. Eine weitere Hürde, die durch Prozesse des internen Marketings genommen werden muß, ist die Identifizierung der touristischen Akteure mit dem Raum. Die von den Probanden durchgeführte Abgrenzung entspricht nicht den historischen Grenzen, auch wenn sie vor dem Hintergrund der Destinationsabgrenzung im touristischen Wettbewerb eine vermarktungsfähige Einheit bildet.

Die zentrale Aufgabe einer identitätsorientierten Markenführung wird es sein, in der Arbeit der einzelnen Organisationen den Grundstein für eine gemeinsame Identität zu legen. Gleichzeitig muß eine funktionsübergreifende Vernetzung aller nach außen gerichteten Aktivitäten erfolgen (vgl. MEFFERT/BURMANN 1996: 15), ohne die eine Wahrnehmung als Destination nicht möglich sein wird. Hierzu gehört auch, daß die einzelnen Leistungsträger gemeinsam die Identität der Destinationsmarke entwickeln. Für beide Aufgaben ist eine DMO erforderlich, die mit den notwendigen Kompetenzen ausgestattet sein muß, um strategische Maßnahmen umsetzen zu können. In Abbildung 12 (siehe S. 75) ist bereits dargestellt worden, daß sich Eigen- und Fremdbild einer Marke aufgrund verschiedener Zusammenhänge unterscheiden können. Das Destinationsimage kann auch durch Teilleistungen des touristischen Angebotes entstehen, insbesondere, wenn das Gesamtangebot durch spezifische Bestandteile dominiert wird. So werden Urlaubsorte in den Alpen in erster Linie mit Wintersportaktivitäten in Verbindung gebracht. Dabei haben insbesondere die Rahmenbedingungen in Form des Après-Ski-Angebotes eine imagebildende Funktion. Sommeraktivitäten in diesen Regionen sind nur einem wesentlich geringeren Teil der Reisenden bekannt. Ähnlich verhält es sich mit einigen Sommerdestinationen. So werden die Baleareninseln Ibiza und Mallorca von einem großen Teil potentieller Gäste als *Partyinseln* angesehen und erhalten so ein damit verbundenes Image. Mit diesem Image kann aber nur eine spezifische Zielgruppe angesprochen werden, die sich zu einem großen Teil aus Jugendlichen rekrutiert und nur bedingt über ausreichende finanzielle Budgets verfügt, um das abgeleitete Angebot der Leistungsträger vor Ort in Anspruch zu nehmen. Als Folge werden diese Angebote nicht bei der Beurteilung des Destinationsangebotes und somit bei der Imagebildung berücksichtigt.

Auch bzgl. der Region Ostfriesland haben die Probanden in den vorstehend bereits erwähnten Untersuchungen ein spezifisches Bild vor Augen, das sehr häufig mit landschaftlichen Merkmalen in Verbindung gebracht wird. Dabei sind das flache weite Land sowie die Nähe zur Nordsee die wesentlichen Merkmale. Weitere Angebotsbestandteile werden nur noch uneinheitlich genannt. Trotz der unterschiedlichen Aktivitäten der Landkreisorganisationen, wird Ostfriesland von den Gästen als zusammengehöriger Raum angesehen. Ergänzend kommen die in weiten Bereichen vergleichbaren Kernkompetenzen im touristischen Angebot des Binnenlandes – z. B. Rad- und Wasserwandern, Urlaub auf dem Bauernhof – hinzu, die dazu beitragen, daß der Gast eine Einheit wahrnimmt (vgl. LUFT 1999: 47). Lediglich bei spezifischen Angeboten, die von den jeweiligen Landkreisorganisationen angeboten werden, wird dem Gast bewußt, daß es sich um separat vermarktete Räume handelt. Diese Unterschiede treten insbesondere dann in den Vordergrund, wenn er sich umfassend informieren möchte und dadurch mit der eingeschränkten Zuständigkeit der jeweiligen Organisationen konfrontiert wird. Bei manchen Angebotsbestandteilen ist es notwendig, daß der Gast bei allen Landkreisorganisationen Informationen anfordert.

Um eine einheitliche Kommunikation des Raumes zu ermöglichen und somit die Voraussetzung für den Aufbau einer Destinationsmarke zu erfüllen, ist eine abgestimmte Vorgehensweise dieser Organisationen notwendig. Konsequent wäre allerdings die Zusammenführung der Landkreisorganisationen zu einer gemeinsamen DMO für ganz Ostfriesland. Diese Organisation übernimmt die strategische Markenführung und überwacht den Einsatz des Markendesigns. Gleichzeitig lassen sich so Synergien realisieren und Mittel bündeln, die dann für ein effizientes Destinationsmarketing eingesetzt werden können. Bereits bestehende Kooperationen zwischen den Landkreisorganisationen, bspw. für ostfrieslandweite Radroutenangebote, sollten auf Produktebene in die DMO integriert werden.

Auf dem Weg zur Bildung einer Destinationsmarke sind einige Stolpersteine zu überwinden, die sich in der Handlungsweise der touristischen Organisationen im Deutschlandtourismus gefestigt haben (vgl. BRYSCH 2001: 38f.): Die Markengestaltung und -planung wird in vielen Regionen durch eine schwache strategische Orientierung verhindert (vgl. auch TÖDTER 2000: 185). Vielerorts wird noch ein umfangreiches Sortiment mehr oder weniger unabhängig voneinander angeboten. Diese unstrukturierte Vorgehensweise führt auch zu einer breiten Streuung verfügbarer Marketingbudgets. Da jede Organisation ihren individuellen Marketing- und Werbeplan besitzt, der nicht mit den Akteuren innerhalb der Destination abgestimmt ist, kann in der Regel keine effiziente Markenführung und -positionierung umgesetzt werden. Gleichzeitig zeigen sich Schnittstellenprobleme zwischen den einzelnen Gliedern der Dienstleistungskette, die einen konsistenten Marktauftritt und ein konsistentes Urlaubserlebnis für den Gast verhindern. Er wird mit unterschiedlichen Leistungskomponenten konfrontiert, die er als Einzelleistung aufnimmt und bewertet. In vielen Destinationen fehlen die organisatorischen Voraussetzungen für eine Markenführung. Einerseits können die Tourismusorganisationen nicht unabhängig am Markt agieren, andererseits sind die Mitarbeiter dieser Organisationen oftmals nicht in der Lage, ein professionelles Markenmanagement zu betreiben, da sie mit den notwendigen Methoden nicht vertraut sind. Ein weiterer Bereich, der bereits im *Gap*-Modell (vgl. Abbildung 5, S. 32) thematisiert wurde, ist, daß Leistungsversprechen durch Werbemedien zwar kommuniziert, in der Realität aber nicht erfüllt werden.

Der Gast wird dadurch in seiner Leistungserwartung enttäuscht, was einen Einfluß auf seine Urlaubszufriedenheit hat. Die Emotionen der Konsumenten spielen aber bei der Reiseentscheidung zunehmend eine wichtigere Rolle. Die Steuerung der Qualität und die Festlegung einheitlicher Standards für die verschiedenen Leistungsträgerstufen in der Destination muß von der DMO wahrgenommen werden. Auch die emotionale Aufladung der Destinationsmarke wird durch die Markenführung vorgegeben und führt dazu, daß der Gast auf den unterschiedlichen Ebenen der Leistungserstellung durchweg vergleichbare Standards bei der Leistungserstellung erfahren kann. Dieses adäquate Erleben führt zu einer konsistenten Imagebildung, das auch in der Kommunikation mit Freunden und Bekannten, einer wichtigen Informationsquelle bei der Reiseentscheidung (vgl. Abbildung 44, S. 221), weitervermittelt wird.

## 6.2 Markenstrategien

Für die Bearbeitung von Märkten stehen den Destinationsmanagement-Organisationen eine Reihe von Strategien zur Verfügung. In der Praxis findet man in der Regel keine *Reinformen* dieser Optionen vor; vielmehr werden Elemente aus den verschiedenen Strategiemöglichkeiten zu einem Strategiemix zusammengefügt. So spricht PORTER von drei grundlegenden Strategietypen (*umfassende Kostenführerschaft*; *Differenzierung* und *Konzentration auf Schwerpunkte*), die getrennt oder in Kombination angewendet werden können, immer aber die spezifische Situation des jeweiligen Unternehmens berücksichtigen müssen. D. h., die beste Strategie ist letztendlich eine einmalige Kombination (vgl. PORTER 1999b: 70f.). Weiter werden in der Literatur die Ausrichtung auf die Qualität der angebotenen Leistungen sowie den Preiswettbewerb diskutiert (vgl. z. B. PORTER 1999a: 35ff.; BECKER 1998: 180). Diese Polarisierung wird auch den zukünftigen Wettbewerb auf den touristischen Märkten bestimmen (vgl. KREILKAMP 1998b: 343; MEFFERT 2002: 54). Bei der konkreten Ausgestaltung der jeweiligen Strategieformen gibt es unterschiedliche Grundüberlegungen. Weitestgehend Einigkeit besteht darin, daß der Qualitätswettbewerb nahezu ohne preisliche Steuerungsinstrumente auskommt (vgl. Becker 1998: 180). Im Zusammenhang mit dem Preiswettbewerb sind die

Überlegungen vielfältiger. Während PORTER von der *Kostenführerschaft* spricht (vgl. PORTER 1999b: 71ff.), derzufolge es nur *ein* erfolgreiches Unternehmen mit dieser Strategie in einem Marktsegment geben kann, spricht BECKER von einer *Preis-Mengen-Strategie*. Bei diesem Konzept versucht der Anbieter mit unterschiedlichen Preis- und/oder Qualitätsstufen, Käufer für sein Angebot zu finden und dieses auf eine bestimmte Zielgruppe hin auszurichten (vgl. BECKER 1998: 180f.).

Mit diesen beiden grundlegenden strategischen Stoßrichtungen der Marktbearbeitung werden unterschiedliche Zielgruppen angesprochen (vgl. Abbildung 47). Während die beiden oberen Märkte vermehrt Markenkäufer ansprechen, dominiert im unteren Segment der preisorientierte Konsument, für den der niedrigste Preis meist das ausschlaggebende Kriterium ist (vgl. BECKER 1998: 180). Um langfristig im Wettbewerb bestehen zu können, muß sich der Anbieter grundsätzlich entscheiden, welche strategische Stoßrichtung er einschlagen möchte, da er ansonsten für den Konsumenten keinen wahrnehmbaren Vorteil bietet und daher auch nicht trennscharf wahrgenommen wird (vgl. BECKER 1998: 182 u. 227; Porter 1999b: 71). Er befindet sich dann in der kritischen Übergangszone, was von PORTER (1999b: 78ff.) auch als Strategie zwischen den Stühlen bezeichnet wird und keinen langfristigen Erfolg erwarten läßt. Die Nachfrage wird gegen Null gehen – vorausgesetzt, die Konsumenten verfügen über die relevanten Informationen zur Beurteilung der Leistungsversprechen.

**Abbildung 47: Idealtypische Markteinteilung mit entsprechender Marktbearbeitungsstrategie**

(Quelle: Becker 1998: 181)

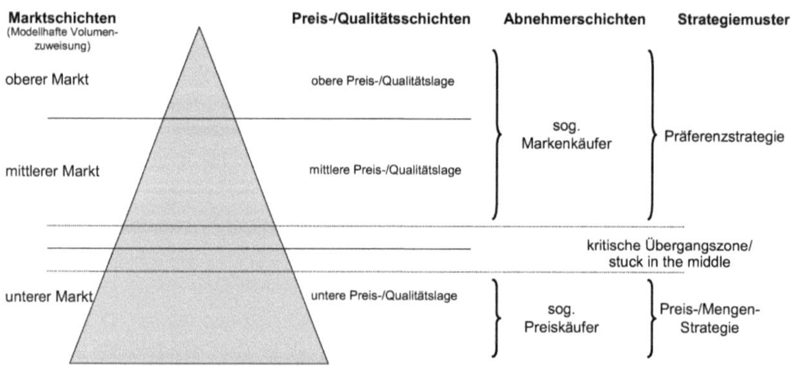


Die Marktforschungsergebnisse im vorstehenden Kapitel haben gezeigt, daß die Relevanz des Preises bei der Reiseentscheidung hoch ist. Auf den ersten Blick scheint das Marktsegment der Preiskäufer für den Wettbewerb der Destinationen von Bedeutung zu sein. Auch wenn die Vergleichsmaßstäbe nicht immer eine objektive Grundlage besitzen, finden sich im Konsumsystem Bewertungsschemata, die eine Aussage zum Preis-Leistungs-Verhältnis des Angebotes erlauben. Wird berücksichtigt, daß die Konsumenten zunehmend detailliertere Informationen über die einzelnen Angebotsfaktoren erhalten und sie gleichzeitig in der Lage sind, diese Angebote miteinander zu vergleichen und separat auszuwählen, stellt sich die Relevanz des Preises sogar als wichtige Komponente für die Auswahl einzelner Leistungsbausteine dar (vgl. DUDENHÖFFER 2001: 428). Allerdings besitzen eine Reihe weiterer Merkmale ebenfalls einen merkbaren Einfluß auf die Reiseentscheidung. Die unterschiedliche Wertigkeit, die den einzelnen Angebotsmerkmalen durch die Konsumenten zugesprochen wird, erschwert aber die Angebotsgestaltung. Zu verschieden werden die einzelnen Module im Angebotspaket durch den Konsumenten bewertet. So kann die Lage eines Hotels (bspw. Meerblick) im Vergleich zur Sternekategorie (z. B. 4 Sterne) oder dem vermittelten Ambiente je nach den Ansprüchen des Probanden sehr unterschiedlich bewertet werden. Die Beurteilung der unterschiedlichen Angebotsbestandteile führt, ähnlich wie bei höherwertigen Konsumprodukten, dazu, daß eine intensive Auseinandersetzung mit den Leistungsmerkmalen erfolgt. Wird bspw. ein Hotelbetrieb mit einer persönlichen Atmosphäre und einem demzufolge individuellen Service gesucht, verliert die Lage des Betriebes im Urlaubsort an Bedeutung. Je nach den Ansprüchen des Konsumenten wird ein höherer Preis für das Gesamtpaket akzeptiert, wenn es den wesentlichen Bedürfnissen genügt. Für die Anbieterseite ergeben sich aus diesen unterschiedlichen Bewertungskriterien nahezu unüberschaubare Kombinationsmöglichkeiten der Leistungsbestandteile.

Die sogenannten Preiskäufer orientieren sich bei der Auswahl der Urlaubsdestination per Definition in erster Linie am Preis. Es werden Grundanforderungen an die Qualität der Betriebe und Leistungen gestellt, die als Ausschlußkriterium angesehen werden. Diesen Merkmalen steht eine Preisgrenze bzw. -spanne gegenüber, innerhalb derer sich das entsprechende Angebot befinden muß, um in die engere Auswahl (in das *evoked set*) zu gelangen. Das Einhalten eines bestimmten Preisrahmens erhält hier ein hohes Gewicht bei der Kaufentscheidung. Der Zusatznutzen (vgl. Abbildung 48), der mit diesem Leistungspaket verbunden ist, wird durch den günstigen Preis ausgedrückt, den der Konsument realisieren konnte.

Für das Markenmanagement insgesamt verlieren die tatsächlichen Produktleistungen immer mehr an Bedeutung in der Kommunikationspolitik. Es werden zunehmend zusätzliche Nutzenaspekte betont, die um die Kernleistung herum bestehen. Diese wird zwar als Grundvoraussetzung angesehen, aber nicht mehr zur Differenzierung der Leistung unterschiedlicher Anbieter herangezogen. Zu diesen Zusatzleistungen gehören sowohl ästhetische Werte, die in der Angebotspräsentation, im Design oder im Ambiente am Ort der Leistungserstellung zum Ausdruck kommen, als auch soziale Eigenschaften im gesellschaftlichen Kontext (vgl. z. B. MEFFERT 2000: 332ff.; KOTLER/BLIEMEL 2001: 716ff.). Erst über die zusätzlichen Leistungen, die noch einmal in zwei Kategorien aufgeteilt werden können (vgl. Abbildung 48), erfolgt eine Differenzierung durch den Konsumenten. Das Kaufverhalten hat sich von einem Versorgungs- zu einem Erlebniskonsum entwickelt. Emotionale Zusatzleistungen, die die Erlebnisqualität eines Produktes erhöhen, tragen wesentlich zur Differenzierung bei und gewinnen an Bedeutung für die individuelle Zielgruppenansprache. Damit einhergehend verliert der reine Preiskauf an Bedeutung, da bei diesem i. d. R. auf Zusatzleistungen verzichtet werden muß. Unterstrichen wird dieser Zusammenhang durch den Angebotsüberhang auf den einzelnen Märkten, d. h., einer begrenzten Nachfrage steht ein deutlich höheres Angebot gegenüber. Die Konsumenten können aus einer Vielzahl von Alternativen das Leistungspaket auswählen, das ihren Bedürfnissen am ehesten entspricht. Das eventuelle Fehlen von Basisleistungen führt dann in der Regel dazu, daß dieses Leistungsangebot nicht weiter berücksichtigt wird.

**Abbildung 48: Basis- und Zusatznutzen**
(in Anlehnung an MEFFERT 2000: 333; BIEGER 2000a: 191; FREYER 2001: 71)

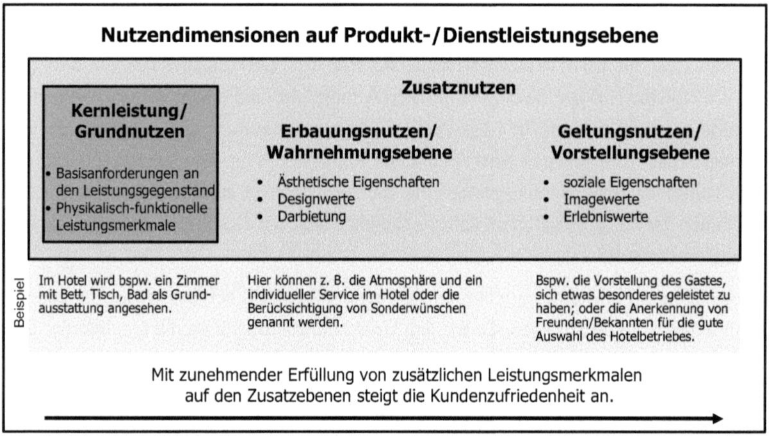


Die Strategieoption für die beiden oberen Märkte wird von BECKER auch als *Präferenzstrategie* bezeichnet, da sie auf qualitativen Präferenzen der angebotenen Leistungen und der Vorstellung des Wettbewerbsvorteils bei den Konsumenten aufbaut (vgl. BECKER 1998: 182). Diese Orientierung hält immer stärkeren Einzug in die Reiseentscheidung. Neben einem landschaftlich ansprechenden Zielgebiet wird die Leistungsfähigkeit der touristischen Anbieter für die Auswahl eines Reiseziels immer wichtiger. Qualitativ mittelmäßige oder gar schlechte Einrichtungen tragen in hohem Maße dazu bei, daß ein Gast mit seinem Urlaubserlebnis unzufrieden ist. Da die Erfahrung von Freunden und Bekannten bei der Reisezielwahl eine erhebliche Rolle spielt, kann sich eine Destination eine solche schlechte Kommunikation im Wettbewerb nicht leisten. Insbesondere bei Erstbesuchern kann eine schlechte Erfahrung dazu beitragen, für den nächsten Urlaub eine andere Destination auszuwählen und nicht nur auf einen anderen Beherbergungsbetrieb zurückzugreifen.

Neben der Marktbearbeitung auf Basis von Preis- und Qualitätsvorteilen werden einige grundsätzliche Markenstrategien im horizontalen Wettbewerb unterschieden. Dabei handelt es sich um Einzel- und Dachmarken- sowie Markenfamilienstrategien (vgl. BECKER 1998: 196ff; MEFFERT 2000: 856ff.). Darüber hinaus unterscheidet MEFFERT noch Markenstrategien im vertikalen und internationalen Wettbewerb. Letzterer kann für die Markenführung touristischer Destinationen vernachlässigt werden, da auf unterschiedlichen Märkten keine unterschiedlichen Destinationen vermarktet werden können. Lediglich bei den vermarkteten Angeboten können unterschiedliche Schwerpunkte hinsichtlich der länderspezifisch bevorzugten Urlaubsinhalte und -motive gelegt werden. Auch bei der Wahl von Kommunikationsmedien und -inhalten sollten die Besonderheiten auf den jeweiligen internationalen Märkten berücksichtigt werden. Allerdings ist es wichtig, gerade bei der internationalen Vermarktung einer Destination darauf zu achten, daß der Markenkern und die Markenbotschaft identisch sind. Ansonsten kann es passieren, daß eine Destination von einer Zielgruppe als Billig-Reiseziel betrachtet wird und in einem anderen Land als Studienreiseziel für qualitätsorientierte Tourismus vermarktet wird. Die daraus resultierende unterschiedliche Gästeklientel bauten eine völlig verschiedene Erwartungshaltung an ihren Urlaub auf, die von den Leistungsträgern nicht immer in der gewünschten Form erfüllt werden kann. Beispielsweise gilt Mexiko in der Bundesrepublik Deutschland als ein eher exklusiveres Reiseziel, welches häufig noch mit Studien-/Bildungsreisen (Inka-Kultur) in Verbindung gebracht wird. In den USA gelten dagegen Reisen in das Nachbarland als Billigreisen. Von der Anbieterseite her ergeben sich aus diesem Zusammenhang verständlicherweise Probleme bei der Angebotsgestaltung und der Marktkommunikation. Aber auch das Verhalten der touristischen Akteure wird unterschiedlich ausfallen, je nach anwesendem Gästeklientel.

Die Strategieoptionen im vertikalen Wettbewerb werden nicht im Detail betrachtet, da eine Unterteilung in Eigen-, Handels- und Gattungsmarken für Destinationsmarken von untergeordneter Bedeutung ist. Die Leistungsbündelung wird jeweils mit nahezu den identischen Leistungsträgern erfolgen. Wird die Destination von einem Reiseveranstalter (einer Handelsstufe in der touristischen Leistungskette) in ein Pauschalangebot integriert, bleibt die Destination an sich und somit das Angebot sowie das Image zunächst unverändert. Mittelfristig könnte aber durch eine Marktkommunikation, die nicht mit dem Selbstbild der Destination konform ist, ein Imagewandel erreicht werden.

Die Führung von **Einzelmarken** ist verhältnismäßig aufwendig und kostspielig, da nur geringe Synergieeffekte zu weiteren Marken bzw. Aufgabenbereichen des Unternehmens bestehen. Eine Einzel- oder Individualmarke ermöglicht aber eine genaue Charakterisierung der Leistung oder des Produkts und dementsprechend eine Vermarktung unter Hervorhebung der individuellen Besonderheiten und somit des Markenkerns (vgl. HALLER 1997: 151). Für jede Marke kann eine eigene Markenpersönlichkeit mit einem eigenen Markencharakter und -image aufgebaut werden. Meist werden abgrenzbare Marktsegmente nur von einer Marke des jeweiligen Unternehmens bearbeitet, da es sonst Probleme bei der Abgrenzung der eigenen Markeninhalte geben kann. Überschneidungen zu anderen Produkten oder Leistungen des Unternehmens bestehen i. d. R. nicht, daher können sich negative Entwicklungen bei einer

Marke nur geringfügig oder gar nicht auf andere Marken des Unternehmens auswirken (vgl. MEFFERT 2000: 856f.).

Die wesentlichen Vor- und Nachteile der Einzelmarkenstrategie sind in Tabelle 30 zusammengefaßt. Wird die Destination als ein zusammengehöriger Raum vermarktet, kann durchaus eine Einzelmarkenstrategie verfolgt werden. Allerdings wird sich diese Markenstrategie nur sehr schwer durchsetzen lassen, da die von der Destination angesprochenen Zielgruppen zu heterogen sind. Auch die unterschiedliche unternehmerische Ausrichtung der Leistungsträger in der Destination wird die Umsetzung einer Einzelmarkenstrategie deutlich erschweren. Die erste Hürde – ein tragfähiges Marktpotential abzugrenzen – ist oft bereits zu hoch, um diese Strategie erfolgreich umzusetzen, insbesondere wenn sich die Destination auf ein spezielles Marktsegment konzentrieren will. Denn die einzelnen Anbieter müssen sich ebenfalls mit ihrem Angebot auf dieses Segment ausrichten.

**Tabelle 30: Wesentliche Vor- und Nachteile der Einzelmarkenstrategie**
(Quelle: vgl. BECKER 1994: 471)

| Vorteile | Nachteile |
|---|---|
| • Klare Profilierung der Destination ist möglich<br>• Konzentration auf eine definierte Zielgruppe<br>• Die Wahl einer spezifischen Positionierung ist gegeben<br>• Gute Darstellungsmöglichkeiten des Innovationscharakters des Destinationsangebotes<br>• Profilierungs- und Positionierungsfreiheiten im Produktlebenszyklus (Relaunch-Maßnahmen)<br>• Vermeidung eines Badwill-Transfereffektes bei Mißerfolg des Produktes auf andere Produkte/andere Dienstleistungen des Unternehmens | • Ein Produkt/eine Dienstleistung muß den gesamten Markenaufwand (Budget) alleine tragen<br>• Voraussetzung ist ein tragfähiges Marktvolumen/-potential<br>• Der Aufbau einer Markenpersönlichkeit (*brand identity*) bedarf eines längeren Zeitraumes<br>• Bei immer kürzeren Produktlebenszyklen besteht die Gefahr, daß der Break-even nicht erreicht wird<br>• Durch Strukturwandel von Märkten kann die Überlebensfähigkeit produktspezifischer Marken gefährdet sein<br>• Es wird immer schwieriger, geeignete und schutzfähige Markennamen zu finden (was insbesondere für Dienstleistungen zutrifft)<br>• Schlägt die Positionierung fehl, beginnt der Markenaufbau für die Destination von vorne |

Auch die Zielgruppenansprache muß geschlossen aus der Destination heraus erfolgen, da der Konsument diese möglicherweise ansonsten aus einem anderen Blickwinkel heraus wahrnimmt. Werden wiederum unterschiedliche Zielgruppen von der Destination angesprochen, bedeutet dies, daß mehrere Einzelmarken parallel geführt werden müßten, was aber bereits bei der Budgetierung zum Scheitern verurteilt sein dürfte. Hinzu kommt, daß die Destination bei unterschiedlichen Zielgruppen durchaus mit einem abweichenden Image in Verbindung gebracht werden kann, was einige Probleme bei der Leistungserstellung in der Destination verursachen wird, da nur auf die vorhandenen Leistungsträger zurückgegriffen werden kann. *Ein* Leistungsträger kann aber nur schwer verschiedene Zielgruppen ansprechen und dabei jeweils mit einem unterschiedlichen Image wahrgenommen werden. Eine glaubwürdige Markendifferenzierung in der Kommunikation nach außen kann nur mit einem hohen finanziellen Aufwand erreicht werden. Allerdings kann diese Differenzierung vom Kundenkontaktpersonal bei der Leistungserstellung in der Destination i. d. R. nicht eingehalten werden. Hinzu kommt, daß innerhalb der Destination noch eine Vielzahl an Einzelbetrieben aktiv um die Gunst des Gastes wirbt, die dann ebenfalls in diese verschiedenen Strategien eingebunden werden muß. Oder aber, die Leistungsträger werden den einzelnen Markenstrategien zugeordnet, was theoretisch zwar möglich wäre, faktisch aber nicht realisierbar ist. D. h., ein Teil der Leistungsträger wird in Produkt A (bspw. Familientourismus) integriert, ein anderer Teil in Produkt B (bspw. Kulturreisen). Da die Urlaubsinhalte aber oftmals einer Kombination unterschiedlicher Produktkategorien entsprechen, wird dadurch die Kundenansprache faktisch nicht erleichtert.

Aus den genannten Gründen erscheint die Einzelmarkenstrategie somit nicht die geeignete Option bei der Destinationsmarkenbildung zu sein.

Große Markenartikelunternehmen wie bspw. *Henkel* oder *Procter + Gamble* verfügen oft über mehrere Marken im selben Marktsegment. Diese Unternehmen stellen ihre eigene Identität hinter den unterschiedlichen Markennamen wie bspw. *Ariel*, *Meister Proper, Vizir*, *Coral* oder *Pampers* (Procter + Gamble) zurück. Oder der Firmenname wird nur klein im Zusammenhang mit dem jeweiligen Markennamen genannt (z. B. *Persil von Henkel*, *Spee von Henkel*). Ähnlich verhält es sich auch bei den großen Reiseveranstaltern wie *TUI Group* (vgl. LAMBERTZ/MEFFERT 2002: 576) oder *Thomas Cook*, die ebenfalls mit unterschiedlichen Veranstaltermarken, die sich durch ihren Marktauftritt voneinander abheben, mit z. T. vergleichbaren Leistungsmerkmalen differenzierte Kundengruppen ansprechen.

Diese Strategie der „Konkurrenz aus dem eigenen Haus" wird häufig in Märkten mit geringer Markentreue angewendet, da man so Markenwechsler eher im eigenen Sortiment halten kann, statt sie direkt an die Konkurrenz zu verlieren. Da den Konsumenten eine geringe Bindung an Tourismusmarken nachgesagt wird (vgl. MEFFERT 2002: 49), kann die **Mehrmarkenstrategie** in den Überlegungen zur Destinationsmarkenbildung berücksichtigt werden. Von einer Destination werden dann mindestens zwei Marken angeboten, die auf unterschiedliche Zielgruppen ausgerichtet sind und somit unterschiedliche Markenmerkmale bzw. Kommunikationsschwerpunkte aufweisen. Der Umsatz der einzelnen Marken wird in diesem Fall i. d. R. sinken, insgesamt kann allerdings ein höherer Umsatz erzielt werden. Ein weiterer Vorteil ist, daß man in der Lage ist, eine Billigmarke zu lancieren, ohne das Image und die Preisgestaltung der übrigen Marken zu gefährden (vgl. MEFFERT: 2000: 858f.). Allerdings erscheint diese Option für Destinationen wenig sinnvoll zu sein, da weder die ursprünglichen noch weite Teile der abgeleiteten Angebotsfaktoren (vgl. auch Tabelle 2 auf S. 18) entsprechend dem jeweiligen Markenkern verändert werden können. Auch wird die Destination als Ganzes wahrgenommen. Eine Differenzierung in mehrere Marken erscheint daher nicht umsetzbar zu sein, es sei denn, es werden abgrenzbare Teilräume der Destination differenziert vermarktet.

Für diese Strategieform ist ein deutlich höherer Mitteleinsatz zur Markenführung notwendig, da die Kommunikation für mindestens zwei Marken parallel erfolgen muß. Bereits an diesem Umstand wird die Umsetzung einer Mehrmarkenstrategie für touristische Destinationen in der Praxis in den meisten Fällen scheitern. Auch kann sich die Rentabilität trotz des Umsatzanstieges durch mehrere Marken im Vergleich zu einer Monomarkenstrategie verschlechtern (vgl. QUELCH/KENNY 1994: 155f.). Eine weitere Gefahr besteht darin, daß durch die Verteilung der finanziellen und personellen Ressourcen die starken Marken vernachlässigt werden und deren Marktposition darunter leiden kann (vgl. MEFFERT: 2000: 859). In der Praxis liegt die Verantwortung für die einzelne Marke jeweils in der Hand eines eigenständigen Markenmanagers. Gleichzeitig erfordert die Mehrmarkenstrategie von den Destinationsmanagern und den touristischen Akteuren in der Destination eine stringente und vor allem für den Konsumenten nachvollziehbare Aufteilung der vorhandenen Angebotselemente. In Ansätzen kann die Vermarktung der Insel Sylt mit einer Mehrmarkenstrategie in Verbindung gebracht werden, auch wenn eine Markenführung nur auf der Sylt-Ebene stattfindet und somit die Voraussetzung für eine Dachmarkenstrategie gegeben wäre. Die sieben Inselgemeinden sprechen unterschiedliche Zielgruppen mit ihrem Ortsangebot an, profitieren aber alle vom touristischen Image der Insel Sylt.

Eine weitere Alternative stellt die **Dachmarkenstrategie** dar. Sie faßt im Gegensatz zur Mehrmarken- und Markenfamilienstrategie alle Leistungen und Produkte eines Unternehmens unter einem Markendach zusammen. Da der Markenname häufig mit dem Firmennamen identisch ist, wird in diesem Fall auch von Firmenmarke gesprochen (vgl. BECKER 1998: 197). Neugestaltete Leistungspakete lassen sich meist unproblematisch unter das Dach der Marke fassen und bergen daher ein geringeres Flop-Risiko. Insbesondere im Dienstleistungsbereich hat die Dachmarkenstrategie eine herausragende Position bei der Marktbearbeitung eingenommen. Bei nahezu 80 % der angemeldeten Dienstleistungsmarken handelt es sich um Dachmarken. Einer der wesentlichen Vorteile gegenüber der Markenfamilienstrategie liegt darin, daß eine spezifische Marken- und Unternehmensidentität aufgebaut werden kann (vgl. MEFFERT 2000: 862). Alle Angebote und Leistungspakete der Dachmarke zeichnen sich durch die gleiche Markierung (i. d. R. Logo, Wort-/Bildmarke) aus und verdeutlichen so ihre Herkunft (vgl. POMPL 1996: 165). Die wesentlichen Vor- und Nachteile der Dachmarkenstrategie sind in Tabelle 31 zusammengefaßt.

Für Destinationen und ihre touristischen Leistungsersteller bietet sich mit der Dachmarkenstrategie eine gute Chance zum Aufbau eines eigenen Markenimages. Durch den direkten Kontakt zum Konsumenten können die Ansprüche der Nachfrager an die Marke genau erfaßt und – soweit möglich – sofort bei der Leistungserstellung umgesetzt werden. Somit kann der Markenkern unmittelbar an den Konsumenten kommuniziert werden. Ist die Marke allerdings nicht in der Lage, die Ansprüche des Konsumenten in adäquater Weise zu erfüllen, hat dies negative Folgen für die gesamte Destination und somit für ihr Markenimage. Die Konsequenzen gehen dabei tiefer, als dies bei der Markenfamilienstrategie der Fall ist, da nur *eine* Marke für *alle* Produkte zur Verfügung steht. Diese Gefahr besteht vor allem auch dann, wenn neue

Leistungsbestandteile unter dem Markendach kommuniziert werden sollen, die Konsumenten der Marke aber nicht die entsprechenden Kompetenzen zusprechen. Die Marke wird in den Augen der potentiellen Gäste und der Stammgäste unglaubwürdig. Bspw. bedarf es eines großen Kommunikationsaufwandes, um als Badedestinationen für den Sommerurlaub ausgewiesene Küstenorte als Reiseziel für einen Kultururlaub zu positionieren. Einerseits wird eine völlig neue Zielgruppe mit z. T. deutlich abweichenden Urlaubsansprüchen und -bedürfnissen angesprochen, andererseits wird die Identität der Destination beeinflußt, was von den Leistungsträgern im Umgang mit den Gästen *gelebt*, d. h., ausgedrückt werden muß.

**Tabelle 31: Wesentliche Vor- und Nachteile der Dachmarkenstrategie**

(Quelle: vgl. BECKER 1994: 473)

| Vorteile | Nachteile |
|---|---|
| • Alle Destinationsleistungen und -produkte tragen den notwendigen Markenaufwand (Budget) gemeinsam<br>• Eine eingeführte Dachmarke erlaubt relativ leicht die Einführung neuer Destinationsleistungen und -produkte<br>• Jedes neue Produkt/jeder neue Leistungsbestandteil kann am Goodwill der Dachmarke partizipieren (Starthilfe)<br>• Die Destination kann sich auch in kleineren Teilmärkten engagieren<br>• Kurze Produktlebenszyklen (z. B. Trends) bei einzelnen Produkten/Leistungsbestandteilen gefährden nicht die gesamte Ökonomie der Marke<br>• Man ist nicht auf den aufwendigen Prozeß der Suche nach neuen schutzfähigen Marken bei der Neueinführung von Produkten/Leistungsbestandteilen angewiesen | • Eine klare Profilierung eines ganzen Programms unter einer Marke ist nur schwierig zu realisieren (nur *runde* Profilierung möglich)<br>• Die Konzentration auf einzelne Zielgruppen ist im Prinzip nicht möglich<br>• Als Positionierung kann nur eine allgemeine, eher unspezifische Lage gewählt werden<br>• Auf Besonderheiten der Profilierung einzelner Programmteile kann keine Rücksicht genommen werden<br>• Innovationen können nicht spezifisch profiliert bzw. ausgelobt werden (das einzelne ordnet sich dem Ganzen unter)<br>• Im Falle des Scheiterns eines Produktes/einer Leistung ergeben sich Badwill-Transfereffekte auf die Marke und somit alle Produkte und Leistungsbestandteile |

Als Anwendungsbeispiel einer Dachmarkenstrategie für touristische Regionen kann der Harz genannt werden. Die Dachmarke *Der Harz* wurde mit einer Reihe von Submarken ergänzt, die sich an unterschiedlichen Urlaubsinhalten ausrichten. Sie drücken durch ihren Namen und ihre graphische Gestaltung bereits eine inhaltliche Spezialisierung aus, so daß die Markeninhalte verdeutlicht werden können. Die mit den jeweiligen Submarken verbundenen Themenbereiche werden durch Pauschalangebote vermittelt, an deren Gestaltung jeweils nur entsprechend ausgewiesene Orte beteiligt sind (vgl. LÜCKE 2001: 8ff.). Das Markendach wird durch einen einheitlichen Schriftzug (*Der Harz*) ausgedrückt, der für die Submarken mit einem Thema durchbrochen ist (z. B. *Der* Märchen *Harz*, *Der* Sport *Harz* ...) und einer themenspezifischen graphischen Darstellung ergänzt wird. Offen ist allerdings noch, ob die aus Anbietersicht kommunizierte Inhalte durch den Gast bzw. den potentiellen Gast in der beabsichtigten Form auch wahrgenommen werden können. Denn häufig ist innerhalb der Destination z. T. nur eine geringe Bereitschaft zu finden, die Zusammengehörigkeit einzelner Angebotsbestandteile zu einer Dachmarke auch nach außen zu kommunizieren. Das Erkennen der Zugehörigkeit wird aber als eine wichtige Funktion der Dachmarke angesehen (vgl. VON MATT 1990: 170).

Dieses Problem einer unstrukturierten Außendarstellung haben viele Destinationen und touristische Zielgebiete, die den Anspruch haben, als (Dach-)Marke auftreten zu wollen, noch zu lösen: Zu unterschiedlich sind die Werbeauftritte der einzelnen Leistungsträger und Betriebe einer Destination, so daß für den Konsumenten ein Wiedererkennen der Destination in unterschiedlichen Marktauftritten nicht ohne weiteres auf den ersten Blick möglich ist. Gerade für die Darstellung einer Marken-Erlebniswelt, die mit der Destination verbunden sein soll, ist ein einheitlicher Gesamtauftritt aller integrierten Betriebe und Unternehmen sowie der Destination als Ganzes in allen Medien der Selbstdarstellung unabdingbar (vgl. WEINBERG/DIEHL 2001: 196). Als Beispiel kann hier noch einmal die Insel Sylt angeführt werden. Einerseits verfügt die Insel bzw. die Bädergemeinschaft Sylt GmbH als Marketingeinrichtung für die gesamte Insel über eine Wortbildmarke, die als Markenzeichen registriert ist. Auf der anderen Seite treten die einzelnen Orte jeweils noch mit einem eigenen Logo in unterschiedlicher Gestaltung und Farbzusammensetzung am Markt auf (vgl. Abbildung 49), das sich auf den jeweiligen Ortsprospekten sowie auf der jeweiligen Homepage wiederfindet. Hinzu kommt, daß die Marktbearbeitung und Kundenansprache durch die Orte nicht immer abgestimmt erfolgt. Vielmehr entwickeln einzelne Orte eigene Strategien und versuchen, diese ohne die Mitwir-

**Abbildung 49: Logos und Namenszüge der Urlaubsorte auf der Nordseeinsel Sylt**
(Quelle: NATÜRLICH SYLT 2001)

List

Rantum

Kampen

Hörnum

Wenningstedt

Westerland

Sylt-Ost

kung der restlichen Orte umzusetzen. Dies trägt nicht zu einer Erleichterung bei der Orientierung potentieller Gäste bei, insbesondere, wenn es sich dabei um mögliche Erstbesucher handelt. Andererseits verdeutlichen die unterschiedlichen Logos dem Gast von vornherein, daß die einzelnen Orte der Insel Sylt eine eigene Identität besitzen. Allerdings werden die Merkmale dieser Identitäten durch die verwendeten Logos nicht zum Ausdruck gebracht.

Das österreichische Bundesland Kärnten hat es dagegen geschafft, ein einheitliches Logo auf verschiedene politische und wirtschaftliche Bereiche im Bundesland zu übertragen und sie als Multiplikatoren für die Dachmarke Kärnten zu nutzen (vgl. Abbildung 50). Neben Unternehmen der Lebensmittelbranche haben selbst öffentliche Institutionen, Ämter und die Landesregierung das Kärnten-Logo in ihre Kommunikationsmedien aufgenommen. Dadurch wird auf der einen Seite die interne Identifikation mit der Strategie gefestigt und eine hohe emotionale Bindung zur eigenen Marke aufgebaut. Auf der anderen Seite wird der Gast durch eine Vielzahl von Produkten nicht nur während seines Aufenthaltes mit dem Kärnten-Logo konfrontiert. Dadurch kann eine überregionale Bekanntheit der entsprechenden Produkte und des Bundeslandes Kärnten selbst erreicht werden. Um eine einheitliche Verwendung der graphischen Merkmale zu gewährleisten, ist ein *Corporate Design Manual* entwickelt worden, welches die exakte Darstellung der Marke Kärnten in unterschiedlichen Bereichen und Werbemedien vorschreibt. Seit 1992 ist der Kärnten-Schriftzug mit dem Slogan „Urlaub bei Freunden“ als geschütztes Markenzeichen registriert, der Markeninhaber ist die KÄRNTEN WERBUNG.

Nach Darstellung der KÄRNTEN WERBUNG verfügt die „Dachmarke Kärnten… mit dem Kärnten-Schriftzug [über] ein Markenzeichen mit überdurchschnittlich starker Symbolik und strahlt Stärke, Sympathie, Vertrauen und Persönlichkeit aus.“ (vgl. KÄRNTEN WERBUNG

**Abbildung 50: Multiplikatoren der Dachmarke Kärnten**
(Quelle: KÄRNTEN WERBUNG 2001: 4)

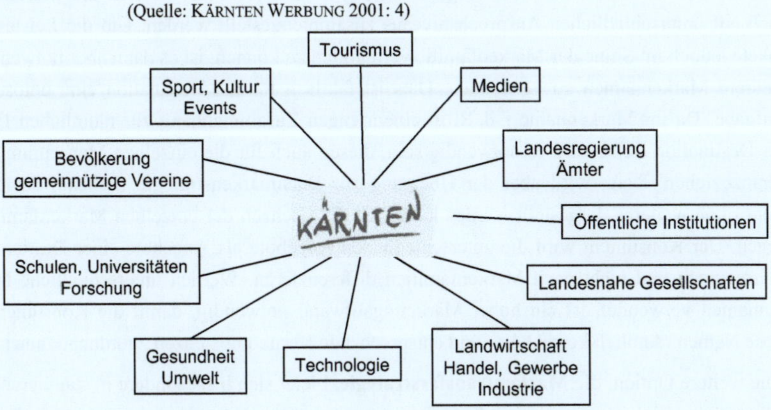

2001). Gegenüber dem Konsumenten und in erster Linie gegenüber den Urlaubsgästen wird so ein konsequenter Imageaufbau betrieben. Ziel ist es einerseits, eine positive Grundeinstellung gegenüber den einzelnen Produkten, aber auch dem Bundesland selbst aufzubauen. Andererseits soll eine langfristige Bindung gegenüber den Trägern des Markenzeichens erreicht werden.

Die **Markenfamilienstrategie** stellt eine Erweiterung der Mehrmarkenstrategie dar. Sie nimmt eine mittlere Position zwischen Einzel- und Dachmarkenstrategie ein (vgl. BECKER 1998: 199). Dabei können ebenfalls mehrere Marken parallel geführt werden, allerdings werden i. d. R. mehrere artverwandte Produkte unter einer Marke geführt, ohne direkt den Unternehmensnamen mit einzubeziehen. Hierin liegt auch der wesentliche Unterschied zur Dachmarkenstrategie: es werden mehrere Marken nebeneinander geführt. Beispielsweise führt die *Beiersdorf AG* die Marke *Nivea* mit unterschiedlichen Produkten im Körperpflegebereich, ebenso wie die Marke *Tesa* mit unterschiedlichen Produkten aus dem Bereich Büromaterial. Ein wesentlicher Vorteil bietet diese Strategie bei einer Erweiterung der Produktpalette der jeweiligen Markenfamilie. Dabei profitieren insbesondere neue Produkte durch die Marktposition und das Image der eingeführten Marke. Gerade in diesem Punkt liegt gleichzeitig aber auch, wie auch bei der Dachmarkenstrategie, eine Gefahr für die gesamte Markenfamilie. Durch negative Kommunikation eines Teils der Markenfamilie und daraus ableitbarer Ausstrahlungseffekte kann die Position der gesamten Markenfamilie verschlechtert werden. Weiterhin besteht eine Gefahr für die gesamte Marke, wenn Teilelemente in preislich und/oder qualitativ unterschiedlichen Marktsegmenten positioniert werden (vgl. MEFFERT 2000: 861f.). Die mit einer Markenfamilienstrategie verbundenen wesentlichen Vor- und Nachteile sind in Tabelle 32 zusammengefaßt.

Touristische Destinationen sprechen i. d. R. sehr viele unterschiedliche Kundengruppen an. Daher kann die Markenfamilienstrategie als Strategiealternative für Destinationen angesehen werden, die über ein vielfältiges Angebot verfügen. Auf diese Art können die Leistungen auch auf unterschiedlichen Anspruchsniveaus zusammengestellt werden. Um die Leistungspakete jedoch im Sinne der Markenfamilie vermarkten zu können, ist es dann aber notwendig, mehrere Markennamen zu verwenden. Dies ist faktisch für die Destination eine unlösbare Aufgabe. Da ihr Markenname i. d. R. in einem engen Zusammenhang zur räumlichen Lage der Destination steht, wird es notwendig sein, diesen auch für die einzelnen Markenfamilien heranzuziehen. Dann wird aber der Übergang zur Dachmarkenstrategie fließend, da nicht mehr ohne weiteres dargestellt werden kann, wo die Grenzen der einzelnen Markenfamilien liegen. Der Konsument wird die unterschiedlichen Angebote als Angebote einer Destination wahrnehmen und nicht nach Markenfamilien differenzieren. Werden unterschiedliche Markennamen verwendet, ist ein hoher Marketingaufwand notwendig, damit die Konsumenten diese Namen räumlich korrekt ein- und entsprechende Kernkompetenzen zuordnen können.

Eine weitere Option, die **Markentransferstrategie**, bietet sich insbesondere in stagnierenden Märkten an. Ziel ist es, positive Imagekomponenten einer Hauptmarke zu nutzen, sie auf

Submarken zu übertragen und so in einem neuen Marktsegment aufzutreten (vgl. AAKER 1998: 46). Gleichzeitig kann mit dieser Vorgehensweise das Image einer Marke genutzt werden, um in andere Marktbereiche zu gelangen. Auf ähnlichen Überlegungen basiert die Einführung von neuen Leistungspaketen oder Produkten im Rahmen einer Markenfamilien- oder Dachmarkenstrategie. Das Image einer bestehenden Marke wird auf die neue Komponente transferiert, um so bei den Konsumenten einen Vertrauensvorsprung auszunutzen. Allerdings wird bei der Markentransferstrategie in der Regel der Imagetransfer von der Haupt- auf eine Transfermarke vollzogen, die nicht zum Kerngeschäft des Markeninhabers gehört. Voraussetzung für einen erfolgreichen Transfer ist eine hohe Übereinstimmung von sachbezogenen und emotionalen Assoziationen (Denotationen und Konnotationen) bei bestimmten Produkteigenschaften (vgl. HÄTTY 1989: 82;). Eine wichtige Voraussetzung ist dabei, daß eine Ähnlichkeit zwischen der Haupt- und der Transfermarke besteht, damit die Übertragung des Markencharakters auch glaubwürdig erscheint. Bei der Automobilmarke *Jaguar* wird diese Imageklammer durch Exklusivität und Prestige ausgedrückt, was genutzt wird, wenn der Name auf Brillen, Bekleidung oder Schreibgeräte transferiert wird (vgl. MEFFERT 2000: 867). Von einigen Unternehmen wird das Image touristischer Regionen bereits auf Konsumgüter übertragen, um so vom meist exklusiven Image zu profitieren. Bspw. wird unter dem Bekleidungslabel *Trek & Travel* mit dem Namen *Sylt*, in Verbindung mit der Inselkontur (die das „l" ersetzt) eine Reihe im Bereich eleganter Outdoor- und Freizeitbekleidung geführt. Der mit Markenschutz belegte Namenszug von St. Moritz wird in Lizenz u. a. für eine exklusive Brillenreihe und Uhrenkollektion genutzt (siehe auch S. 62).

**Tabelle 32: Wesentliche Vor- und Nachteile der Markenfamilienstrategie**
(Quelle: vgl. BECKER 1994: 475)

| Vorteile | Nachteile |
|---|---|
| • Spezielle Profilierungsmöglichkeiten (vor allem bei einer speziellen *Nutzenphilosophie* für Produktlinien)<br>• Mehrere Produkte/Dienstleistungen tragen den notwendigen Markenaufwand (Budget)<br>• Neue Produkte/Dienstleistungen partizipieren am Goodwill der Familienmarke (Starthilfe)<br>• Insbesondere bei Vorhandensein einer spezifischen Nutzenphilosophie ergeben sich gute Ausschöpfungsmöglichkeiten von (neuen) Teilmärkten (≈ Satellitenstrategie)<br>• Jede/s neue *philosophiegerechte* Produkt/Dienstleistung stärkt das Markenimage<br>• Die Familienmarke ermöglicht die Bildung eigenständiger *strategischer Geschäftsfelder* (SGF – Organisationseinheiten mit eigenen strategischen Erfolgsfaktoren) | • Der *Markenkern* der Ausgangsmarke begrenzt die Innovationsmöglichkeiten<br>• Andererseits besteht die Gefahr der Markenüberdehnung bzw. -verwässerung durch nicht philosophie-adäquate Neuprodukte (≈ *rubber effect*)<br>• Bei der Profilierung einzelner Produkte/Dienstleistungen muß Rücksicht auf die Basispositionierung genommen werden<br>• Wettbewerbsbedingte Restrukturierungsmaßnahmen (Relaunch) sind relativ begrenzt, insbesondere gegenüber starken Einzelmarken<br>• Die Familienmarke ist nur dort einsetzbar, wo die Konsumenten Angebotssysteme mit entsprechenden Nutzenklammern akzeptieren<br>• Familienmarkensysteme sind gefährdet, wenn der Handel (hier: Reisebüro und -veranstalter) solche Systeme nicht komplett aufnimmt bzw. nicht als System präsentiert |

Zum Aufbau einer Destinationsmarke kann eine Markentransferstrategie unter mehreren Voraussetzungen genutzt werden. In erster Linie dann, wenn eine Destination bereits unter einem Namen eingeführt ist und die Konsumenten mit diesem Namen touristische Leistungen verbinden. Diese Voraussetzung ist bei den meisten Urlaubsregionen gegeben, in der Regel wird ein Bezug zur geographischen Lage hergestellt. Weiterhin sollte die Destination mit einer positiven Assoziation verbunden sein, so daß für den Markentransfer auf einem vorhandenen *Goodwill* der Konsumenten aufgebaut werden kann. Ebenso kann das Image einer Destination für den Vertrieb regionaler Produkte genutzt werden. Zum Teil weisen landwirtschaftliche Erzeugnisse nach wie vor in ihrem Namen einen regionalen und/oder geographischen Bezug i. S. einer Herkunftsbezeichnung auf (Tiroler Nußschinken; Ostfriesischer Tee ...), auch wenn dieser faktisch nicht mehr unbedingt gegeben sein muß. In den österreichischen Bundesländern Tirol und Kärnten können die Erzeuger landwirtschaftlicher Produkte diese in Lizenz mit dem eingetragenen Markenzeichen der Region versehen. In welcher Form die landwirtschaftlichen Produkte oder auch die Regionen von diesen Transfers profitieren, kann jedoch nicht eindeutig belegt werden. Unterstützt durch EU-Fördermaßnahmen soll in 18 deutschen Modellregionen ein Konzept zur naturnahen Nahrungsmittelproduktion, -verarbeitung und Vermarktung erarbeitet werden. Eine dieser Modellregionen ist die Region Ostfriesland, in der der eigens gegründete Verein *Region Ostfriesland e. V.* ein Markenzeichen für die ostfriesischen Produkte entwickeln soll, das gleichzeitig Einheimische und Touristen anspricht (vgl. ALTMANN 2002: o. S.). Gelingt dieser Prozeß, können mittelfristig sowohl die landwirtschaftlichen als auch die touristischen Betriebe von dieser Initiative profitieren.

Auf Überlegungen zum Markentransfer basierte der Aufbau der Marke *Ferienregion Heidiland.* Man ist davon ausgegangen, daß mit dem möglichen Image-Transfer der *Heidi*-Saga eine schnelle Positionierung, vor allem in der Außendarstellung, erreicht werden kann (vgl. KAPPLER 1996: 3ff.). Die Figur der *Heidi* gehört weltweit zu den bekanntesten Kinder- und Jugendgeschichten und wurde in mehr als 30 Sprachen übersetzt. Hinzu kommt die filmische Verwertung. Sie verfügt über eine ähnliche Bekanntheit wie *Coca Cola* oder *Audi* (vgl. KAPPLER/KAMBER 1998: 81): Um eine effiziente Vermarktung in den Quellmärkten erreichen zu können, wurde eine zentrale Stelle *Heidiland-Tourismus* installiert, die die Aufgaben der Koordination und Entwicklung der Marketingaktivitäten nach außen, aber auch nach innen übernehmen soll. Die einzelnen Orte der Region werden unter diesem Dach weiterhin namentlich vermarktet. Ein wesentlicher Faktor für eine erfolgreiche Umsetzung ist die Bereitschaft der lokalen Leistungsträger, sich an diesem Konzept zu beteiligen und ihre eigenen Marketingaktivitäten mit dem übergeordneten Konzept abzustimmen (vgl. KAPPLER 1996: 9). Um das Marketingbudget für die *Ferienregion Heidiland* zu erhöhen, werden Lizenzen an Produzenten lokaler Erzeugnisse vergeben. Die *Marke Heidiland* wird somit weiter gedehnt und auf regionale Produkte (z. B. Mineralwasser, Kosmetiklinie...) transferiert (vgl. KAMBER 2000: 4).

Ein weiteres Markenkonzept ist die **Systemmarke**, bei der es sich um Produktdienstleistungskombinationen handelt, die aus Elementen verschiedener Leistungsträger bestehen und bündig miteinander unter einem Markensymbol verknüpft werden. Dabei kann der Markeninhaber durchaus ein virtuelles Unternehmen sein, dessen Wertschöpfung durch die Vermarktung und/oder den Vertrieb der markierten und vernetzten Einzelleistungen entsteht (vgl. DUDENHÖFFER 1998: 146f.). Im Kern handelt es sich um eine Dienstleistungsmarke, auch wenn in dem Produktbündel durchaus tangible Produkte enthalten sein können. Der direkte Kundenkontakt spielt bei diesem Konzept eine herausragende Rolle, da er dazu beiträgt, die Leistungserstellung an den Kundenbedürfnissen auszurichten. Von DUDENHÖFFER (1998: 124) wird das *Club-Med*-Konzept als Beispiel einer Systemmarke genannt, da neben den Pauschalreiseelementen (z. B. Transfer, Beherbergung, Verpflegung) Erlebnis- und Erholungspakete – bei deren Vermittlung oder Inanspruchnahme ein direkter und unmittelbarer Kontakt zwischen dem Gast und dem Club-Personal erfolgen muß – zentrale Angebotsbestandteile darstellen. Ohne diesen Kontakt und die Mitwirkungsbereitschaft der Gäste kann keine Leistungserstellung erfolgen. Vor diesem Hintergrund kann die Destinationsmarke durchaus als Systemmarke bezeichnet werden, da das Produktbündel, welches vom Gast in Anspruch genommen wird, sich als additives Produkt der einzelnen Dienstleister auf unterschiedlichen Leistungsstufen innerhalb der Destination darstellt. Allerdings wird der Gast in den meisten Destinationen bisher nur eingeschränkt während seines Aufenthaltes betreut.

An diesem Punkt muß die Ausgestaltung der Systemmarke Destination ansetzen: da für die Leistungserstellung nicht ein, sondern mehrere Unternehmen verantwortlich sind, ist eine intensive Abstimmung zwischen den einzelnen Akteuren notwendig. Es muß eine vertikale Vernetzung der Leistungsträger auf den unterschiedlichen Wertschöpfungsstufen erfolgen, um den Markencharakter des Leistungspaketes nach außen kommunizieren zu können. Erst die erfolgreiche Bündelung von Leistungsbestandteilen trägt dazu bei, daß die Destination als Anbieter dieser Leistungsbündel angesehen wird. Die Basis für den Erfolg der Systemmarke sieht DUDENHÖFFER im *Relationship-Marketing* (vgl. Abbildung 51), das sich u. a. durch die folgenden Merkmale auszeichnet (vgl. DUDENHÖFFER 1998: 152ff.): Der Kern liegt in einer gezielten Kontaktpflege zum Kunden (*Consumer-Relationship*), so daß ihm jederzeit ein auf seinen Bedürfnissen basierendes Leistungspaket angeboten werden kann. Diese Beziehung zielt darauf ab, Stammkunden zu gewinnen und optimal zu betreuen. Im Rahmen der Leistungserstellung in Destinationen erfährt diese Bindung eine Erweiterung. So wird sie auch auf der Ebene der jeweiligen Partner bei der Leistungserstellung (*Customer-Relationship*; hauptsächlich Leistungsträger in der Destination) zum tragen kommen, wobei der Kontakt von der Leistungsfähigkeit der einzelnen Mitarbeiter abhängt. Bei den *Mitarbeiter-Relations* wird die wichtige Funktion des internen Marketings ausgedrückt. Es trägt dazu bei, daß die Mitarbeiter sich untereinander zuarbeiten und so gemeinsam an der Leistungserstellung der Destinationsleistung beteiligt sind (interne Kunden-Lieferanten-Beziehung – vgl. auch Kapitel 2.3.4.2 ab S. 76). Zu den Wettbewerbsbeziehungen wird angeführt, daß einerseits eine wahrnehmbare Abgrenzung zu den wichtigsten Konkurrenten erfolgt, andererseits aber auch Kooperationsmöglichkeiten gesucht werden.

Für die Markenführung einer Systemmarke ist die vertikale Integration der Leistungsebenen zu einem Gesamtprodukt eine notwendige Voraussetzung, ohne die kein einheitliches Produktbild entstehen kann. Diese Integration ist für die Bildung von Destinationsmarken allerdings eine schwierige, wenn auch unerläßliche Aufgabe. Die Ist-Situation in den deutschen Zielgebieten läßt es zur Zeit nicht zu, daß dieses Konzept umgesetzt werden kann. Zu groß sind noch die Unterschiede in der Leistungsfähigkeit zwischen einzelnen Leistungsträgern innerhalb einer Destination (vgl. TÖDTER 2000: 182f.). Gleichzeitig ist der Fokus der eigenen Aktivitäten zu sehr auf das eigene Unternehmen ausgerichtet. Solange die einzelnen Leistungsträger noch primär nach eigenem Gutdünken agieren und die Vorgaben einer DMO nur empfehlenden Charakter besitzen, kann die effiziente Führung einer Destination i. S. einer Systemmarke nicht realisiert werden. Nahezu alle Beziehungen, die in Abbildung 51 dargestellt sind, werden eher temporär genutzt. In erster Linie werden über diese Kanäle Informationen gesammelt, die einen positiven Einfluß auf die eigene Wettbewerbssituation haben. Aktivitäten, die eine Destinationsmarkenentwicklung unterstützen und die Bereitschaft, die persönlichen Interessen hinsichtlich einer Destinationsmarke anzupassen, finden sich daher nur bei einem geringen Teil der touristischen Akteure.

**Abbildung 51: Relationship-Marketing vernetzt die Systemmarke Destination**
(Quelle: in Anlehnung an DUDENHÖFFER 1998: 155)

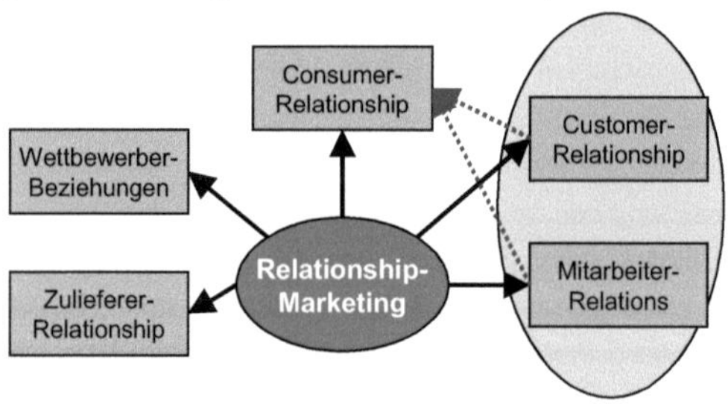


In den touristischen Regionen finden sich bisher nahezu ausschließlich Ansätze von Dachmarkenstrategien, auch wenn einheitliche Qualitätskriterien über alle Leistungsebenen bisher i. d. R. nicht zu finden sind. Sie bieten sich aber für Destinationen an, da sich die einzelnen Leistungsbestandteile in den unterschiedlichsten Kombinationen zu einer Gesamtleistung zusammensetzen. Diese Pakete lassen sich nicht eindeutig voneinander abgrenzen und daher auch nicht differenziert im Wettbewerb positionieren (vgl. BECKER 1998: 197). Allerdings ist noch einmal zu betonen, das bisher nur in wenigen Destinationen tatsächlich eine koordinierte Markenführung vorzufinden ist, wie bspw. in St. Moritz, Kärnten oder Tirol. Das österreichische Bundesland Tirol verfügt über eine *Marke Tirol Management GmbH*, die mit der Markenführung und der Koordination der Lizenznehmer betraut ist (vgl. MARGREITER 2001: 32). In den meisten Destinationen ist ein zielgruppenorientiertes Marketing vorzufinden, daß von den Verantwortlichen z. T. bereits als Markenmanagement bezeichnet wird, ohne konkret Markenaspekte in der Gestaltung von Kommunikationsmaßnahmen zu berücksichtigen bzw. unterschiedliche Produkte und Leistungspakete unter einem einheitlichen Namen und/oder Logo zu vertreiben.

Eine Kombination von **Dachmarken**- und **Markenfamilienstrategie** ist ebenfalls in einigen Regionen zu finden. Ansätze in diese Richtung zeigt die *Ferienregion Heidiland* in der Schweiz. Zur Ansprache von Neukunden, insbesondere von jungen Familien, aber auch potentiellen Gästen aus Fernquellmärkten, ist diese Marke positiv besetzt. Mit dem Namen *Heidiland* verbinden eine große Zahl von Menschen ein bestimmtes Image und eine räumliche Lage. So kann eine erste Assoziation zur Ferienregion hergestellt werden. Für Gäste, die die Region kennen und bereits bereist haben, bietet es sich an, direkt auf der Ortsebene Informationen anzufordern, sofern die Ortsauswahl bereits durchgeführt wurde. Hier ist ebenfalls noch das Logo der Ferienregion Heidiland anzutreffen, allerdings wird die örtliche Kommunikation im Vordergrund der Aktivitäten stehen. Wenn die Ortsnamen ebenfalls im Sinne einer Markenstrategie geführt werden, zeigen sich hier bereits Ansätze für eine Markenfamilienstrategie.

BECKER spricht bei dem Übergang von einer Dachmarkenstrategie auf eine Markenfamilienstrategie von einer *Markenrestrukturierung*. D. h., die vielen Akteure, die zuvor von ihren Wohnungen aus unkoordiniert Werbung gestaltet haben, werden dazu befähigt, eine Produktgruppe unter dem Markendach der Destination zu entwickeln. Im Gegensatz dazu spricht man bei dem Übergang von einer Einzelmarke zur Familienmarke von einer *Markenevolution*. Die Markeninhalte werden erweitert und zum Teil auf andere Produkte übertragen (vgl. BECKER 1998: 202f.). Diese Vorgehensweise wird im Destinationsmanagement allerdings eher selten anzutreffen sein, da bereits zu Beginn einer Markenstrategie mehrere Produkte zu vermarkten sind, was mit Einzelmarkenstrategien sowohl zeitlich als auch finanziell sehr aufwendig ist. Darüber hinaus ist ein abgrenzbarer Raum notwendig, der sich im Zeitverlauf touristisch weiterentwickeln kann. In diesem Zusammenhang kann die touristische Entwicklung der Insel Sylt betrachtet werden: Zu Beginn der touristischen Nutzung der Nordseeinsel begrenzte sich der Bädertourismus zunächst noch auf wenige Betriebe an der Ostseite der Insel, da dort der Hafen für die Fährschiffe lag. Spätestens mit der Inbetriebnahme der Bahnverbindung über den Hindenburgdamm Anfang des 20. Jahrhunderts breitete sich die touristische Entwicklung über die ganze Insel aus und profitierte dabei bereits von dem zu diesem Zeitpunkt bestehenden Image einer exklusiven Urlaubs-/Erholungsinsel.

Ein wesentliches Kriterium für die Ausgestaltung einer Markenstrategie ist die Reichweite, die die Marke erlangen soll. Handelt es sich um eine Marke, die auf einem regionalen Markt vertrieben wird, ist sie mit anderen Elementen auszustatten, als wenn es sich um eine internationale Marke handelt, die dazu beitragen soll, Gäste aus dem Ausland zu gewinnen. Insbesondere das jeweilige Konkurrenzumfeld erfordert unterschiedliche Vorgehensweisen und Kommunikationsmittel.

Welche Strategie für eine Marke die geeignetste ist, muß an unterschiedlichen Kriterien festgemacht werden. Neben dem Potential der eigenen Marke ist es notwendig, den Markt und die Wettbewerber zu analysieren. Eine diametral ausgerichtete Strategie basiert in der Regel auf unterschiedlichen Bewertungen der Kundenwahrnehmung. Der Erfolg einer Marke hängt aber ausschließlich von der Akzeptanz (und dem Kauf) der angebotenen Leistungen ab. In den letzten Jahren ist es im „Markenwald“ der unterschiedlichsten Segmente zu einer Bereinigung zu Lasten von Einzelmarken gekommen. Das *Deutsche Patent- und Markenamt* verzeichnete in diesem Zusammenhang für das vergangene Berichtsjahr einen Rückgang der Markenneuanmeldungen um ca. 22,6% (vgl. DEUTSCHES PATENT- UND MARKENAMT 2002: 26ff.).

Aus den vorgestellten Markenstrategien sticht die **Systemmarke** als ideale Strategie für Destinationsmarken hervor. Die Kombination mehrerer Leistungsstufen zu einem Leistungspaket zeichnet das Destinationsprodukt aus und wird von DUDENHÖFFER als Kern der Systemmarke bezeichnet. Hinzu kommt, daß die Produktgestaltung nicht aus einer Hand erfolgt, sondern mehrere eigenständige Unternehmen daran beteiligt sind. Diese Unternehmen stehen im direkten Kontakt zu den Gästen der Destination und bauen durch ihre Interaktion eine Beziehung zwischen Anbieter und Nachfrager auf, die zur Imagebildung beiträgt. Das Zusammenführen der daraus resultierenden Einzelaktivitäten unter einem einheitlichen Dach ist eine der wesentlichen Aufgaben des Managements von Systemmarken. Hinzu kommt die Ausgestaltung der unterschiedlichen Beziehungsebenen (vgl. Abbildung 51), um eine optimale Vernetzung der verschiedenen Anspruchsgruppen erreichen zu können. Bei der Implementierung dieser Strategie zeigen sich allerdings sehr schnell Grenzen, da bei den Akteuren, die Bestandteil des Systems sein sollen, die Bereitschaft vorhanden sein muß, sich in dieses System zu integrieren. Diese Bereitschaft ist bisher in der touristischen Praxis noch nicht sehr weit verbreitet. Dabei läßt aber gerade diese Strategie den Akteuren den Raum für ihre eigenständige unternehmerische Tätigkeit. Der Einzelunternehmer entwickelt seine Leistungen und Produkte individuell und paßt sie der Philosophie der Systemmarke an. Der direkte Kundenkontakt als zentrales Element der Systemmarke ist gleichzeitig ein wesentlicher Bestandteil des Destinationsproduktes an sich. Da der einzelne Leistungsträger im direkten Kontakt zum Gast steht, kann er auf dessen individuelle Bedürfnisse eingehen und seine Leistungserstellung daran orientieren. Um die vielfältigen Gästeansprüche an den Aufenthalt in der Destination zu erfüllen, wird durch zusammenhängende Produkt-Leistungs-Ketten direkt auf den Kunden eingegangen, der somit im Mittelpunkt der Aktivitäten der Leistungsträger steht. Indem auf den einzelnen Kunden im direkten Kontakt eingegangen wird, zeichnet sich die Leistungsfähigkeit des Systemanbieters im Gegensatz zu fertigen Pauschalen aus (vgl. DUDENHÖFFER 2001: 415).

Die Destinationsmarke kann von bereits eingeführten Marken in der Destination profitieren. Sind beispielsweise eingeführte Hotelmarken ansässig, überträgt sich deren Image auch auf das Destinationsangebot. Durch diese Marken gewinnt die Destinationsmarke an Stärke. Mittelfristig werden diese Häuser auch vom Destinationsimage profitieren, wenn es gelungen ist, die Destinationsmarke eigenständig im Wettbewerb zu positionieren und mit einem entsprechenden Image zu versehen. Durch die direkten Beziehungen zwischen Leistungsersteller und Gast wird eine enge persönliche Bindung aufgebaut, die sich im Idealfall durch wiederkehrende Besuche und eine positive Kommunikation ausdrückt. Schlußendlich folgt daraus, daß sich touristische (Destinations-)Marken konsequent nur für Stammgäste aufbauen lassen, da nur der wiederkommende Gast Ansatzpunkte für eine langfristige Interaktion und Kundenbindung bietet. Ohne erfolgreiche Maßnahmen zur Stammkundenbindung können auch die Bemühungen, Destinationsmarken zu etablieren, nur bedingt erfolgreich sein.

In der nachfolgenden Abbildung 52 ist das Ergebnis einer Expertenbefragung dargestellt, in der Touristiker (i. S. von Experten) danach gefragt wurden, welche Markenstrategie ihrer Meinung nach für den Raum Ostfriesland realisiert werden kann. Mit ca. 56 % wird eindeutig die *Dachmarkenstrategie* präferiert, wobei unklar geblieben ist, wie dieses Dach ausgestaltet werden kann, und was sich hinter der *„starken Führungsmarke"* verbirgt. Begründet wird diese Auswahl damit, daß die Dachmarkenstrategie den Akteuren noch ausreichend Raum für eigenständige Aktivitäten bietet. Allerdings existiert zur Zeit noch keine Organisation zur Führung und Ausgestaltung der Dachmarke, so daß sich Überlegungen zu einer Destinationsmarke *Ostfriesland* noch auf einem theoretischen Feld bewegen. Ohne eine einheitliche Markenführung kann der Aufbau einer Dachmarke nicht erfolgreich umgesetzt werden, da es ansonsten zu Wahrnehmungsverzerrungen auf Seiten der Konsumenten kommen kann, wenn unterschiedliche inhaltliche Schwerpunkte in der Kommunikation gesetzt werden.

Grundsätzlich besitzt der Raum Ostfriesland das Potential für die Gestaltung einer Systemmarke. Bisher sind mehrere Organisationen mit der teilräumlichen Vermarktung betraut, die bereits in mehreren Bereichen kooperativ zusammenarbeiten. Zur Führung der Systemmarke könnten sich diese Organisationen zu einer virtuellen Organisation zusammenschließen, deren

**Abbildung 52: Realisierbare Markenstrategien für den Raum Ostfriesland aus Sicht der Touristiker im Raum**

(Quelle: FONTANARI/SCHERHAG/PARTALE 2002: 18)

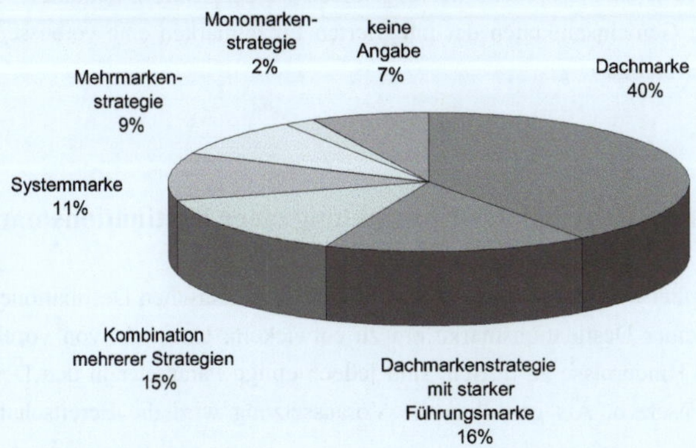

Zweck in der Gestaltung der Markeninhalte (inklusive Qualitätsstandards), der Koordination der Aufgaben und der Kommunikation der Marke an den Endverbraucher bestehen kann. Eine wichtige Aufgabe ist die Definition der Schnittstellen zwischen Leistungsanbieter und Gast, d. h., es werden Standards definiert, wie mit einem Gast umgegangen werden soll, wie seine Bedürfnisse an den Aufenthalt erfaßt werden können und wie sich die Leistungsträger bei Problemen verhalten sollen. Der Vorteil der virtuellen Organisation liegt in diesem Falle auch darin, daß die Mitarbeiter der bestehenden Organisationen an den bisherigen Standorten verbleiben können. Die anfallenden Aufgaben werden an die jeweiligen Organisationen vergeben, die diese Aufgaben bisher am effizientesten wahrgenommen haben.

**Zusammenfassend** wird festgehalten, daß als optimales Markenmodell vor dem Hintergrund der Destinationsabgrenzung (vgl. auch Kapitel 2.1 ab S. 11) die **Systemmarke** angesehen werden kann. In ihr werden die Einzelleistungen der verschiedenen Betriebe und Unternehmen gebündelt und unter einem Namen vermarktet. Der direkte Kontakt zwischen Anbieter und Nachfrager unterstützt dabei den Gedanken der Systemmarke, da so die Leistungserstellung interaktiv erfolgen kann. Für diese Vermarktung wird eine neue, möglicherweise auch virtuelle Organisation gegründet. Bis diese Strategie allerdings umgesetzt werden kann, ist noch ein arbeitsreicher Weg für die Destinationsmanager zu beschreiten, da die Situation in den Zielgebieten mit ihren vielen Interessengruppen die Umsetzung bisher nicht erlaubt. Bis dahin wird sich für die meisten Destinationen eine **Dachmarkenstrategie** empfehlen, da so die Aktivitäten innerhalb der Destination gebündelt und unter einem einheitlichen Namen und einer einheitlichen Corporate Identity vermarktet werden können. Dabei treten die einzelnen Akteure nach wie vor als eigenständige Unternehmer auf, deren Leistungen lediglich unter dem Destinationsdach eine Einheit bilden und mit einem ähnlich positionierten Image versehen sind (vgl. JACOBI 1996: 149). Der Mehrwert für den Konsumenten, der bei der Systemmarke durch die individuelle und persönliche Kundenansprache erfolgt, fehlt bei der Dachmarkenstrategie. Hier kann lediglich die gemeinsame Herkunft der Leistungsbestandteile kommuniziert werden. Allerdings bietet auch die Dachmarkenstrategie gegenüber der individuellen Vermarktung Vorteile, indem Ressourcen gebündelt und Gemeinsamkeiten für eine umfangreichere Kundenansprache hervorgehoben werden. Eine Destination kann in diesem Falle über die Gemeinsamkeiten der integrierten Einzelmarken eine verbesserte Position im Wettbewerb erreichen.

## 6.3 Vorgehensweise bei der Entwicklung einer Destinationsmarke

In diesem Kapitel wird ein Ansatz dargestellt, der es touristischen Destinationen ermöglichen soll, sich zu einer Destinationsmarke hin zu entwickeln. Um nicht von vornherein auf unüberwindbare Hindernisse zu treffen, sind jedoch einige Parameter in den Destinationen als gegeben festzusetzen. Als grundlegende Voraussetzung wird die Bereitschaft der Akteure innerhalb der Destination vorausgesetzt, sich an einem Markenbildungsprozeß zu beteiligen. Mit der Annahme, daß diese Bereitschaft vorhanden ist[113], werden Maßnahmen des internen Marketings jedoch nicht überflüssig. Vielmehr begleiten und unterstützen sie den gesamten Prozeß der Markenbildung. Ein weiterer Parameter ist, daß mit der Markenentwicklung und -führung eine Organisation beauftragt wird, die für die Destination als Ganzes sprechen kann. Vor dem Hintergrund der Ausführungen zur *Systemmarke* kann es sich dabei durchaus um eine virtuelle Organisation handeln, sofern repräsentative und administrative Aufgaben durch andere Mitglieder im Destinationssystem wahrgenommen werden können. Welche konkrete Rechtsform und Struktur diese Organisation annehmen soll, kann in der hier geführten Diskussion zunächst vernachlässigt werden, da sie für die grundsätzlichen Überlegungen, die mit der Gestaltung eines Markensystems für touristische Destinationen zusammenhängen, eine nachgeordnete Bedeutung hat. Für die praktische Umsetzung ist diese Frage allerdings von vergleichsweise hoher Bedeutung, da die Reaktionsfähigkeit und die Kompetenzen dieser Organisation den Erfolg der Destinationsmarke wesentlich beeinflussen können. Auch die Integration der Leistungsträger kann je nach Rechtsform auf unterschiedliche Art erfolgen.

Die Vorgehensweise bei der Ausgestaltung eines Markenkonzeptes für touristische Destinationen kann grob in sechs Schritte untergliedert werden, die in der nachfolgenden Abbildung 53 skizziert werden. Dabei wird davon ausgegangen, daß die (Beispiel-)Destination bisher keine Markenattribute aufweist, bzw. daß diese bisher unkoordiniert kommuniziert werden und somit kein einheitliches Vorstellungsbild der Destination besteht.

Bisher werden Destinationen bereits als Marken bezeichnet, auch wenn wesentliche Kriterien der Markentheorie nicht erfüllt werden, wie die Auflistungen der aktuellen „Destinationsmarken" in Tabelle 14 und Tabelle 25 verdeutlichen. Zu den wichtigsten Merkmalen, um eine touristische Destination als Marke zu positionieren, werden Angebotsstruktur und -vielfalt gezählt (vgl. Abbildung 32, S. 178). Erst mit Abstand folgen identitätsstiftende Merkmale, die aber wesentlich zu einem eigenständigen Image und einer Markenpersönlichkeit beitragen. Vor diesem Hintergrund erscheint es im Sinne des bisherigen Umgangs mit Markendefinitionen notwendig (vgl. HERRMANN/HUBER/BRAUNSTEIN 2001: 107), eine entsprechende Anpassung vorzunehmen, um eine Destination mit dem Markenbegriff identifizieren zu können. Betrachtet man die Entwicklung der Markenführung im Zeitablauf unter Berücksichtigung der jeweiligen Marktentwicklungen, so kann man feststellen, daß es einem großen Teil der touristischen Destination noch an den Voraussetzungen für eine erfolgreiche Markenführung fehlt. Die Markengestaltung steht noch am Anfang der Entwicklung, was jedoch nicht bedeutet, daß alle Entwicklungsschritte der Konsumgüter in einer ähnlichen Art und Weise durchschritten werden müssen. Vor allem die weltweite Transparenz der Informationen und die damit verbundene Entwicklung fordert eine eigenständige Markenführung für touristische Destinationen.

113 Die Bereitschaft zur kooperativen Zusammenarbeit wird in der Praxis oftmals nur teilweise vorhanden sein. Daher kann es sich anbieten, mit externer Unterstützung einen Change Management Prozeß zu initiieren und so die Bereitschaft bei den Leistungsträgern zu erreichen.

**Abbildung 53: Vorgehensweise bei der Bildung von Destinationsmarken**
(Quelle: eigene Erstellung)

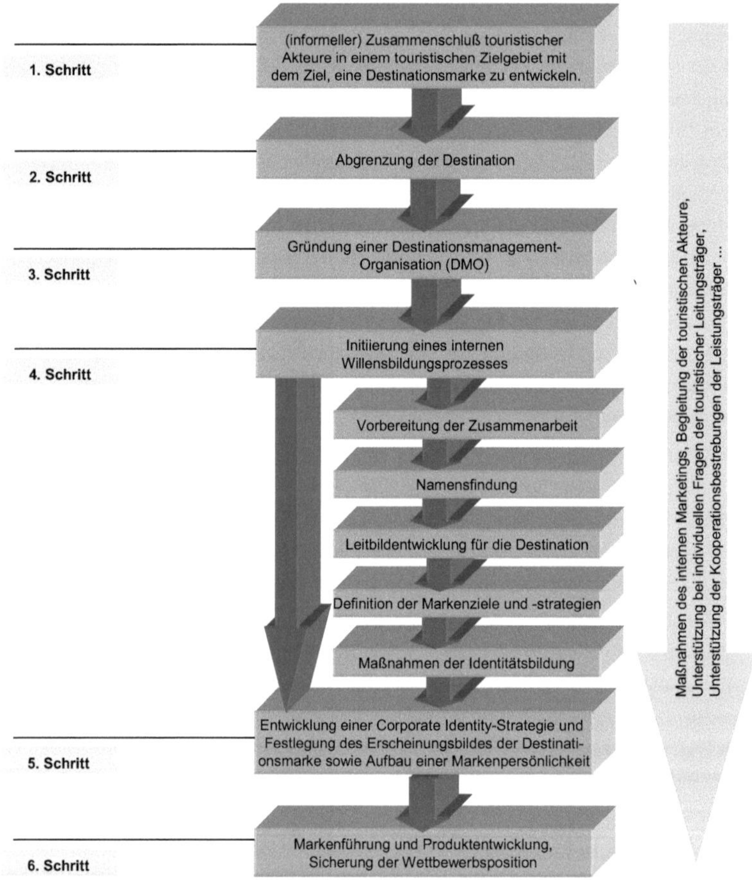


Daher ist als **1. Schritt** im Rahmen der Destinationsmarkenbildung der Zusammenschluß der touristischen Akteure in einem touristischen Zielgebiet, mit dem Ziel der Markenbildung für ihre Destination, notwendig. Es kann sich dabei durchaus um einen informellen Zusammenschluß handeln, wenn bisher noch keine formalen Organisationsstrukturen bestehen. Ist bereits eine Organisation oder Tourismusverein mit der Vermarktung der Destination beauftragt, kann die Entscheidung für eine Markenstrategie auch durchaus in dieser Organisation gefällt werden. Die Leistungsträger müssen sich grundsätzlich darauf verständigen, für ihre Destination eine Markenstrategie umzusetzen. Um diese Entscheidung eindeutig fällen zu können, ist es wiederum notwendig, daß sich die Leistungsträger mit dem Thema Marke, Markenführung und Markenstrategie auseinandersetzen, um eine einheitliche Wissensbasis aufzubauen. Dieser Punkt wird in der Praxis allerdings häufig vernachlässigt, was dazu führt, daß die Leistungsträger und touristische Akteure mit unterschiedlichem Wissen über das gleiche Thema sprechen, beispielsweise das Gleiche sagen, aber etwas Unterschiedliches meinen. Wird aber der erste Schritt bereits nicht in die richtige Richtung gemacht, wird es im Verlauf des Prozesses immer wieder Probleme bei der Koordination der unterschiedlichen Interessen geben.

Gleich zu Anfang besteht das Problem der Destinationsabgrenzung. Wie in Kapitel 6.1 am Beispiel Ostfrieslands gezeigt werden konnte, werden durchaus unterschiedliche Radien für diese Region angegeben. Somit ist es eine Grundvoraussetzung, daß eine einheitliche Abgrenzung der Destination erfolgt, bevor ein Markenprofil aufgebaut und eine Markenstrategie erarbeitet werden kann. Die Destinationsabgrenzung aus Sicht des Gastes (vgl. Kapitel 2.1 ab S. 11) kann aber für die Abgrenzung des Raumes hinsichtlich der Gestaltung einer Destinationsmarke nur bedingt herangezogen werden. Es wird davon ausgegangen, daß der Konsument die Destination nach seinen individuellen Kriterien abgrenzt. Dies widerspricht aber dem Gedanken der Markentheorie. Die Destinationsmarke soll dem Gast ein Wiedererkennen ermöglichen, ihm ein individuelles Image vermitteln und ihm somit eine Orientierungshilfe für seine Entscheidungsfindung sein. Die Destinationsmarke soll nicht der Anbieterseite verdeutlichen, welchen Raum sie vermarkten soll. Eine Marke sollte ihre Identität selbst erschaffen und diesen Schritt nicht dem Verbraucher überlassen (vgl. KAPFERER 1992: 39). Die Sichtweise des Gastes muß aber herangezogen werden, wenn es darum geht, seinen Aktionsradius während des Aufenthaltes und so die mit dem Aufenthalt verbundenen Bedürfnisse und Ziele zu erfassen.

Daher muß der **2. Schritt** bereits die *Abgrenzung der Destination* beinhalten, damit an einer frühen Stelle in diesem Prozeß schon definiert ist, für welchen Raum die Destinationsmarke gelten soll. Gleichzeitig wird auf diese Weise der Kreis der Akteure bereits vorbestimmt, die in den Prozeß der Markenbildung involviert werden müssen. Es ist sinnvoll und auch notwendig, daß möglichst viele der Akteure innerhalb der Destination an der Markenbildung mitarbeiten. Daher ist ihre frühe Einbindung in diesen Prozeß ein wichtiger Erfolgsfaktor.

Der folgende **3. Schritt** führt zu einer Institutionalisierung des Prozesses, indem eine *Destinationsmanagement-Organisation* gegründet wird. Da die mit der Markenentwicklung verbundenen Aufgaben i. d. R. über das bisherige Aufgabenspektrum der meisten Touristiker hinausgeht, ist es wichtig, eine Verantwortlichkeit für diese Entwicklung festzulegen. Gibt es in der Destination bereits eine entsprechende Organisation, kann die Aufgabe der Markenbildung auch an diese delegiert werden. Die Notwendigkeit dieses Schrittes liegt darin begründet, daß für die Markenführung eine koordinierte und abgestimmte Vorgehensweise innerhalb der Destination notwendig ist, ohne die dieser Prozeß langfristig nicht erfolgreich sein kann, da zu viele Akteure mit unterschiedlichen Zielvorstellungen in den Markenaufbau hineinreden.

Der **4. Schritt** kann als der entscheidende Schritt angesehen werden, indem er einen *internen Willensbildungsprozeß* innerhalb der Destination initiiert. Darin enthalten sind alle Teilschritte, die für die Markenbildung und vor allem die Umsetzung der Markenstrategie in der Destination notwendig sind. Eingeleitet wird dieser Schritt mit der *Vorbereitung der Zusammenarbeit* der einzelnen Akteure auf den unterschiedlichen Ebenen. Dazu gehört auch, den unterschiedlichen Leistungsträgern in der Destination Wege der Zusammenarbeit mit Partnern aufzuzeigen. Ebenfalls erfolgt eine Verteilung der Kompetenzen hinsichtlich der Markenführung auf die verschiedenen Mitglieder der Destination.

Ein weiterer Inhalt dieses Schrittes ist die Festlegung des *Destinationsnamens*, wobei dieser in den meisten Fällen mit der regionalen Bezeichnung übereinstimmen wird. Auf diese Weise kann am ehesten eine Identifikation der Leistungsträger mit der Destination erreicht werden, die für eine glaubhafte Vermittlung des Markenkerns an Gäste und Geschäftspartner außerhalb der Destination notwendig ist.

Ein weiterer wichtiger Bestandteil in diesem Prozeß ist die Durchführung eines *Leitbildentwicklungsprozesses*, der wesentlich zur Identitätsbildung und zum Aufbau eines Selbstverständnisses innerhalb der Destination beiträgt. Ebenso wird das Selbstverständnis der Destination mit den Touristikern zusammen erarbeitet. Gleichzeitig kann dieser Entwicklungsprozeß dazu genutzt werden, die eigenen unternehmerischen Ziele zu überdenken und mit den neuen Zielsetzungen abzustimmen, die ein Ergebnis der Leitbildentwicklung darstellen. Die Festlegung der *Markenziele* und der damit zusammenhängenden *Strategien* gibt den Touristikern in der Destination den Rahmen vor, in dem sie sich mit ihren eigenen unternehmerischen Aktivitäten bewegen können. Aus diesen Zielen lassen sich Maßnahmen zur *Identitätsbildung* ableiten.

Die Inhalte in diesem Schritt sind insgesamt sehr vielschichtig und steuern das zukünftige Geschick der Destination. Bei der Umsetzung der einzelnen Komponenten sollte darauf geachtet werden, daß ein möglichst großer Teil der touristischen Akteure involviert werden kann, da ansonsten nur eine geringe Identifikation mit den vereinbarten Zielen erreicht wird. Die Realisierung der vorgestellten Teilschritte kann durch unterschiedliche Faktoren erschwert werden.

Zunächst muß die Destinationsmarke einen eigenständigen Begriffsinhalt erhalten. Gerade die begriffliche Verwendung in der Praxis, wie z. B. Marke *Mosel* oder Marke *Nordsee*, erfolgt oftmals ohne einen konkreten Markeninhalt definiert zu haben. Die Bekanntheit einer Urlaubsregion wird als ausreichendes Merkmal verstanden, um den Markenbegriff zu verwenden. Dabei fehlt es insbesondere im Innenverhältnis der touristischen Akteure dieser Regionen oftmals an einem einheitlichen Verständnis und einer gemeinsamen Zielvorstellung für die zukünftige gemeinsame Entwicklung. Soll davon Abstand genommen werden, das gängige Markeninstrumentarium auf touristische Destinationen zu übertragen, wird es notwendig sein, den Begriff der Destinationsmarke neu zu definieren. Auch um eine methodische Abgrenzung der zu ergreifenden Maßnahmen zu ermöglichen, wäre dann ein fundierter begrifflicher Inhalt zu erarbeiten. Vor diesem Hintergrund müßte eine Destination, um die Bezeichnung Marke tragen zu können, lediglich über eine nachweisbare Beliebtheit oder Bekanntheit bei den Konsumenten verfügen, einen eigenen Marketingetat verwalten und darüber hinaus in der Lage sein, ein eigenes Marketing zu gestalten. Sobald die Region in der Lage ist, für sich selbst ein Marketingkonzept umzusetzen und auf eine genügend große Resonanz bei den Verbrauchern zu stoßen, könnte sie dann als Marke bezeichnet werden. Als Kriterien könnten bspw. die bereits in Tabelle 3 auf S. 21 angeführten Werte zur Destinationsabgrenzung herangezogen werden. Allerdings wird bei dieser Abgrenzung als wesentliches Merkmal die Identifikation der Leistungsträger und Einwohner der Destination mit den Markeninhalten – die bei einer derartigen Vorgehensweise i. d. R. auch vernachlässigt werden – außer acht gelassen. D. h., die Leistungsträger arbeiten nach wie vor für ihren eigenen Betrieb, ohne ihre Handlungsweise an einem Markenkern ausrichten zu können, der für alle Akteure Gültigkeit hat. Eine Definition der Destinationsmarke auf Basis der vorstehenden Ausführungen wird jedoch nicht als zielführend angesehen, daher werden weitere Überlegungen zum Aufbau von Destinationsmarken angeführt.

Hinzu kommt, daß die so gestaltete *Marken*destinationen oftmals nicht natürlich gewachsen sind, sondern aus anderen, z. B. administrativen oder auch finanziellen Gründen, zusammengefaßt wurden. In der touristischen Praxis wird dann bereits von einer Dachmarkenbildung gesprochen, obwohl in den meisten Fällen noch keine profilierten Angebotselemente bestehen, die unter diesem Dach angeboten werden können. Darüber hinaus erscheint es erfolgversprechender zu sein, wenn ausgehend von einer eingeführten und bekannten Destination deren Image auf benachbarte Teilregionen transferiert wird und so über diesen Imagetransfer die Verkehrsgeltung der Destination insgesamt erhöht wird. Geht man von einer kooperativen Zusammenarbeit der beteiligten Leistungsträger aus, kann hier der erste Schritt in Richtung einer Markenfamilie gegangen werden. Wird die Ausdehnung der Destination schrittweise durchgeführt, sollten die Akteure ausreichend Zeit haben, sich mit der veränderten strategischen Ausrichtung auseinanderzusetzen und in ihr eigenes Unternehmenskonzept zu integrieren.

Ein weiterer Punkt ist die bisherige Namensproblematik: Solange mit dem Destinationsnamen ein geographischer Bezug hergestellt wird, ist es grundsätzlich schwer, eine Markenpolitik erfolgreich umzusetzen, da der geographische Name als räumliche Bezeichnung an sich nicht schützenswert i. S. des Markengesetzes ist. Mit einem räumlichen Bezug im Namen kann kein Alleinstellungsmerkmal aufgebaut werden. Wie bereits ausgeführt, werden meist Bezeichnungen ausgewählt, die den Bewohnern einer Region seit langem vertraut sind und ihnen so eine eindeutige Identifizierung des Raumes ermöglichen. Gleichzeitig wird so ein wichtiger Beitrag für das Wir-Gefühl in der Region geleistet, allerdings wird nur die regionsinterne Sicht berücksichtigt. Selten wird überprüft, ob die Regionsbezeichnung auch außerhalb Assoziationen weckt (vgl. KIRCHGEORG 2002: 383). Mit dieser Vorgehensweise ist der Vorteil verbunden, daß der potentielle Gast die Destination direkt in sein räumliches Vorstellungsbild einordnen kann – allerdings fehlen dabei oftmals identitäts- oder nutzenstiftende Zusätze.

Wie die Ergebnisse der Marktforschung gezeigt haben, ist der größte Teil der Destinationsmanager dagegen, einen Namen durch eine Marketingagentur kreieren zu lassen (vgl. Abbildung 33 auf S. 180). Läßt sich der auf geographischen Merkmalen oder historischen Zusammenhängen und Überlieferungen basierende Destinationsname nicht eindeutig mit einem Nutzenprofil und somit einem Image oder einer Markenpersönlichkeit verbinden, kann nicht von einem Markennamen gesprochen werden. Im Zusammenhang mit der identitätsorientierten Markenführung wurde dargestellt, daß gerade die Markenpersönlichkeit ein wichtiges Identifizierungsmerkmal für den Konsumenten bei der Auswahl von Marken darstellt. Ohne eine eigene Identität kann die Marke nicht i. S. von OGILVY (vgl. auch S. 41) als das in der Vorstellung des Konsumenten bestehende Produktbild angesehen werden. Diese wesentliche Funktion der Marke kann mit geographischen Namensbezeichnungen alleine aber nur schwer erreicht werden. Teilweise sind die mit dem Namen verbundenen Beziehungen zu unspezifisch, z. T. werden über den geographischen Namensbezug weitaus größere oder auch kleinere Einheiten bezeichnet. Beispielsweise sind die Namen Nordsee oder Ostsee denkbar ungeeignete Namen für Destinationsmarken. Zu unterschiedlich sind die Vorstellungsbilder von diesen Regionen, die bei den jeweiligen Einwohnern bestehen. Alleine die Zahl der jeweiligen Anrainerstaaten mit ihren unterschiedlichen kulturhistorischen Hintergründen lassen keine Destinationsbildung i.S. der Markentheorie zu. Bei Städten oder Inseln (z. B. Nordseeinseln) ist mit dem gewachsenen Namen eine eindeutige geographische Zuordnung möglich, teilweise steht mit dem Ortsnamen bereits ein Image in direktem Zusammenhang, so daß aufgrund der damit verbundenen Persönlichkeit eine Reiseentscheidung ermöglicht wird. In diesen Fällen ist die räumliche Angrenzung vorgegeben und muß nicht erst in einem langwierigen partizipativen Prozeß, mit einem i. d. R. kompromißbelasteten Ergebnis, erarbeitet werden.

Aus Sicht der Destination erfüllt die Verwendung des regionalen oder geographischen Namens allerdings eine wichtige Funktion im internen Marketing und somit für den Zusammenhalt der touristischen Akteure in einer Region. Aufgrund des historischen oder überlieferten Namens fällt es ihnen leichter, sich mit der Destination zu identifizieren, da es sich oftmals auch um ihre Heimat handelt. Da die Erlebnisse und Vorstellungen, die die Individuen mit der Destination verbinden, sehr unterschiedlich sind, wird eine Vielzahl an Selbstbildern der Destination aufgebaut werden.

Bei Stammgästen wird der Destinationsname ebenfalls zu einer dauerhaften Identifizierung der Destination beitragen. Sollen aber mehrere Orte oder Städte gemeinsam unter einem Namen vermarktet werden, erscheint es sinnvoll, einen marktfähigen Namen zu entwickeln, der mit einer eigenständigen Identität versehen werden kann und so mit einer individuellen Persönlichkeit in den Wettbewerb eintreten kann. In Tabelle 5 (S. 60) sind bereits wesentliche Merkmale bei der Entwicklung von Markennamen dargestellt worden, die in ähnlicher Weise auch für Destinationsmarken gelten. Aus marketingtechnischer Sicht ist damit der wesentliche Vorteil verbunden, daß der Name eine emotionale und inhaltliche Bedeutung bekommen kann, die eine eindeutige Identifizierung des Markenkerns erlaubt und zum Aufbau einer Markenpersönlichkeit genutzt werden kann.

Im **5. Schritt** geht es um das *Erscheinungsbild* der Marke. Einerseits ist es notwendig, ein *Corporate Identity-Konzept* zu entwickeln, in dem die Verwendung der Markenattribute auf den unterschiedlichen Wertschöpfungsstufen innerhalb der Destination festgelegt sind. Die Corporate Identity unterstützt darüber hinaus den Aufbau einer Markenpersönlichkeit und trägt so zur Festigung des Selbstbildes der Destination bei. Mit der Markenpersönlichkeit wird i. d. R. eine feste Aussage gekoppelt, die im Wettbewerbsumfeld dazu beiträgt, daß die Konsumenten ihr Vorstellungsbild von der Destination konkretisieren können. Dieses Bild spielt bei der Reiseentscheidung und somit bei der Auswahl des Zielgebietes eine wichtige Rolle.

Erst jetzt kann der **6. Schritt** erfolgen, der für die *täglichen Aufgaben* steht, die mit der Markenführung verbunden sind und zu einer *Festigung der Wettbewerbsposition* beitragen. Wenn der Prozeß an dieser Stelle angelangt ist, kann man davon sprechen, daß die Gestaltung einer Destinationsmarke erfolgreich umgesetzt werden konnte.

Mit der Auswahl von bestimmten Marken versucht der Konsument, seine Persönlichkeit nach außen zu kommunizieren. Durch die Auswahl einer Urlaubsdestination mit einem feststehenden Image drückt der Gast einerseits sein eigenes Lebensgefühl aus, andererseits gibt er einen Hinweis auf seine eigene Person. Von AAKER (1997) konnte eine Übereinstimmung von fünf wesentlichen Persönlichkeitsmerkmalen[114] und Merkmalen der Markenpersönlichkeit (vgl. Tabelle 33) festgestellt werden, die bei der Markengestaltung berücksichtigt werden sollten. Es handelt sich dabei um die Dimensionspaare *Liebenswürdigkeit – Aufrichtigkeit*, *Gewissenhaftigkeit – Kompetenz* und *Extrovertiertheit – Erregung/Spannung*, bei den beiden übrigen sind dagegen deutliche Unterschiede feststellbar. Dies deutet wiederum darauf hin, daß Markenpersönlichkeiten auf unterschiedlichen Ebenen funktionieren und die Konsumpräferenzen aus verschiedenen Gründen beeinflussen. Während die drei genannten Dimensionen angeborene Bereiche der menschlichen Persönlichkeit ansprechen, handelt es sich bei den Markendimensionen *Kultiviertheit* und *Robustheit* um Eigenschaften, die ein Individuum begehrt, aber nicht unbedingt besitzt (vgl. AAKER 2001: 98f.).

Aus diesen Zusammenhängen lassen sich Implikationen für den Aufbau von Markenpersönlichkeiten ableiten. Indem bspw. die mit der *Kultiviertheit* verbundenen Attribute kommuniziert werden, kann das bei dem Konsumenten vorhandene Bedürfnis nach eben diesen Attributen geweckt werden. Dadurch wächst sein Interesse an der jeweiligen Marke. Die in Kapitel 3 angesprochene statische Orientierung des Individuums im Rahmen der Reisezielauswahl kann dazu führen, daß Destinationen ausgewählt werden, die in ihrer Persönlichkeit Attribute

114 Es konnten fünf Persönlichkeitswesenszüge des Menschen, die sogenannten *Big Five*, identifiziert werden (vgl. NORMAN 1963). Bei dem verwendeten *Self-Expression-Model* kommen Methoden der Persönlichkeitsforschung zum Einsatz (vgl. hierzu ALLPORT 1937; EYSENCK 1952; CATTELL 1959). Mit Hilfe dieser Methoden entwickelte Aaker (1997) fünf Persönlichkeitsmerkmale einer Marke, die sie einander gegenüberstellt.

aufweisen, die der Kategorie *Kultiviertheit* zugeordnet werden können, um so durch die Auswahl einer Destination, die sich durch ihr spezifisches Image aus der Masse hervorhebt, etwas vorweisen zu können, was nicht dem alltäglichen Umgang entspricht.

**Tabelle 33: Dimensionen der Persönlichkeit eines Individuums und der Markenpersönlichkeit**

(Quelle: vgl. AAKER 1997: 351; vgl. HERRMANN/HUBER/BRAUNSTEIN 2001: 115)

<table>
<tr><th>Dimensionen der menschlichen Persönlichkeit<br>(Big Five des Menschen)</th><th>Dimensionen der Markenpersönlichkeit<br>(Big Five der Marke)</th></tr>
<tr><td>• Extrovertiertheit<br>(gesprächig, offen, abenteuerlustig, gesellig)<br>• Liebenswürdigkeit<br>(gutmütig, nicht eifersüchtig, nett, sanftmütig, hilfsbereit)<br>• Gewissenhaftigkeit<br>(ordentlich, verantwortungsvoll, gewissenhaft, ausdauernd)<br>• Emotionale Stabilität<br>(gelassen, ruhig, beherrscht)<br>• Kultur<br>(künstlerisch, sensibel, intellektuell, vornehm, phantasievoll)</td><td>• Aufrichtigkeit<br>(konventionell, konservativ, traditionsbewußt, familienorientiert, freundlich, warmherzig, glücklich, bodenständig)<br>• Erregung/Spannung<br>(zeitgemäß/trendy, aufregend, provokativ, cool, jung, lebhaft, humorvoll, künstlerisch, unabhängig, innovativ)<br>• Kompetenz<br>(hart arbeitend, sicher, glaubwürdig, effizient, technisch, ernst, erfolgreich, einflußreich, intelligent)<br>• Kultiviertheit<br>(glamourös, gutaussehend, charmant, weltoffen, gewandt, vornehm, sexy, weiblich)<br>• Robustheit<br>(aktiv, athletisch, stark, männlich, abenteuerlich, naturverbunden)</td></tr>
</table>

Ein Nachteil dieser methodischen Vorgehensweise liegt darin, daß die Persönlichkeitsmerkmale durch den Forscher vorgegeben sind und somit lediglich die der Forschungsfrage zugrundeliegenden Annahmen bestätigt werden können. Daher sollten die Elemente der Markenpersönlichkeit untersucht werden, die aus Konsumentensicht die Reiseentscheidung positiv beeinflussen. Dabei ist zu berücksichtigen, daß eine Markenpersönlichkeit nicht für alle Zielgruppen in gleicher Form einen positiven Einfluß auf die Konsumentscheidung hat. Als methodisches Instrument bietet sich für eine derartige Untersuchung der *means-end*-Ansatz an, der bei HERRMANN (1996) ausführlich vorgestellt wird. Die mit diesem Instrument gewonnenen *means-end*-Ketten geben Hinweise auf die persönlichkeitsrelevanten Merkmale einer Marke, die von der Destination bei der Gestaltung der Markenpersönlichkeit produkt- und kommunikationspolitisch umgesetzt werden müssen. Dabei ist es jedoch wichtig, daß nicht nur die dem Konsumenten bereits bewußten Eigenschaften abgefragt werden. Es sollte danach gefragt werden, welche Möglichkeiten sie sehen, die von ihnen gesuchten Werte und Bedürfnisse im Sinne von Zielen zu erreichen (vgl. HERRMANN/HUBER/BRAUNSTEIN 2001: 120f.). Dazu wird von GUTMAN ein *top-down-laddering*-Interview vorgeschlagen, bei dem die Probanden angeben sollen, welche Möglichkeiten und Wege sie persönlich für die Erreichung von möglichen Zielen sehen, die mit der Inanspruchnahme einer Leistung verbunden sein können (vgl. GUTMAN 1997). D. h., die Probanden sollen im Falle des Reiseziels angeben, welche Ansprüche und Bedürfnisse sie mit einem Urlaub in dieser Destination befriedigen wollen. Mit dieser Methode ist eine langfristige Ausrichtung einer Destination an spezifischen Konsumentenbedürfnissen möglich, die dazu beiträgt, der Destinationsmarke eine eigenständige Persönlichkeit zu vermitteln und eine Annäherung des Fremdbildes an das Selbstbild der Destination zu erreichen. Die Destinationspersönlichkeit trägt wiederum dazu bei, im *evoked set* der Reisezielalternativen eine feste Position einzunehmen und zur Erfüllung bestimmter Reisebedürfnisse ausgewählt zu werden.

Wie diese Markenpersönlichkeit aufgebaut werden soll, muß für jede Destination individuell analysiert werden. Dabei spielen das aktuelle Image der Destination, die aktuellen Reisebedürfnisse sowie das vorhandene Angebotspotential eine wichtige Rolle, da die vorhandenen Ressourcen berücksichtigt werden müssen. Hier ist es insbesondere von Bedeutung, daß diese so eingesetzt werden, daß sie mit dem vorhandenen bzw. dem angestrebten Image korrespondieren und zu dem Aufbau einer verteidigbaren Position im Wettbewerb beitragen.

Grundsätzlich ist es für die Kundenansprache notwendig, daß sich die Markenmanager in den Destinationen damit auseinandersetzen, welche Zielgruppe direkt von ihnen angesprochen werden soll. Wird eine Markenpersönlichkeit für eine Destination aufgebaut, müssen sich die Verantwortlichen von vorneherein darüber im klaren sein, daß sie nicht mehr – wie dies in den meisten Destinationen zur Zeit aber noch der Fall ist – „alles für jeden" anbieten können. D. h., mit der Entscheidung, eine Destinationsmarke aufzubauen, erfolgt eine gewisse Einschränkung hinsichtlich der Zielgruppenansprache. Da das Urlaubsziel bei Reiseentscheidungsprozessen eine vorrangige Bedeutung besitzt (vgl. SCHRATTENECKER 1984: 24 sowie Kapitel 3.2 ab S. 104), wird so das bevorzugte Gästeklientel direkt angesprochen. Die Marke muß mit Merkmalen ausgestattet werden, die von der oder den anvisierten Zielgruppe(n) gesucht wird bzw. werden. Gleichzeitig erfolgt ein Imageaufbau, der zu der anvisierten Zielgruppe paßt und die Kernaussagen der Marke transportieren kann. Dabei werden zunehmend Erlebniswerte in die Markenkommunikation einfließen (vgl. OPASCHOWSKI 2001: 114). Um diesen Trend der postulierten Erlebnisorientierung der Konsumenten eine fundierte Basis zu geben, empfehlen SILBERER und JAEKEL, *Stimmungen* im Marketing zu transportieren, da diese erst dazu beitragen, daß eine Erlebnisorientierung gelingt. Denn Erlebnisse sind Vorgänge im Individuum, die Stimmungen auslösen, aber auch stützen können. Gleichzeitig sind Stimmungen in der Lage, die Intensität von Erlebnissen zu beeinflussen und zu verändern (vgl. SILBERER/JAEKEL: 11996: 9f.).

Gemäß der durch die definierte Zielgruppe genutzten Informationskanäle werden die entsprechenden Marketingmedien ausgewählt. Darüber hinaus ist trotz der festgestellten Bedürfnisse potentieller Gäste in einem internen Prozeß die Bereitschaft der Akteure zu festigen, sich für den Aufbau der Markenpersönlichkeit einzusetzen. Ohne diese Bereitschaft können die notwendigen Maßnahmen und Schritte nicht umgesetzt werden, die zu einer glaubwürdigen Positionierung der Destination führt. An dieser Stelle kommt noch einmal die eingangs zu diesem Kapitel formulierte Prämisse zum tragen, daß sich die Akteure innerhalb der Destination an der Markenbildung beteiligen und ihre individuellen Aktivitäten i. S. der Markenpersönlichkeit ausrichten müssen.

Darüber hinaus ist es wichtig, daß sich die touristischen Akteure und die Markenmanager in der Destination bewußt sind, daß eine Markenstrategie grundsätzlich *nicht* dazu geeignet ist, kurzfristige Erfolge und Gewinne zu erzielen. Vielmehr sind die Aussicht auf eine gefestigte Position im Wettbewerb sowie eine langfristig gesicherte Gewinnbasis die Motivatoren zur Ausgestaltung einer Markenstrategie. Gerade aus finanzieller Sicht kann der Erfolg einer Markenstrategie nur mit einer langfristigen Perspektive beurteilt werden (vgl. WIEDMANN/ SCHMIDT 1999: 16).

Eine wichtige Aufgabe der DMO ist in diesem Zusammenhang der Aufbau von Vertrauen und Reputation. Diese hat eine vorbeugende Wirkung, insbesondere bei komplexen Leistungen, bei deren Erstellung die Interaktion zwischen Anbieter und Nachfrager notwendig ist und einmal begangene Fehler nachträglich nur schwer kompensiert werden können. Gleiches gilt, wenn die Leistungserstellung von der aktuellen Leistungsfähigkeit des Mitarbeiters abhängig ist, was bei der Erstellung touristischer Leistungen i. d. R. der Fall ist. Durch das Ansehen, daß die Destination im Wettbewerb der Destinationen bereits erworben hat, werden die in Anspruch genommenen Leistungen vom Gast z. T. in einem anderen Licht gesehen. Verfügt die Destination insgesamt über ein hohes Ansehen, werden kleinere Fehler bzw. Fehlleistungen eher verziehen, als wenn das Vertrauen beim Konsumenten erst aufgebaut werden muß (vgl. SPREMANN 1988: 624). Ziel der DMO und aller an der Leistungserstellung in der Destination Beteiligter muß es sein, eine enge und intensive Beziehung zu den relevanten Bezugsgruppen – das sind in erster Linie die Gäste der Destination – aufzubauen und zu unterhalten, wobei das markenkonforme Verhalten im Mittelpunkt stehen sollte (vgl. FRIGGE/HOUBEN 2002: 28f.). Auch wird durch eine hohe Reputation der eigenen Destination der Zusammenhalt der an der Leistungserstellung Beteiligten gestärkt und ein „*Wir*“-Gefühl gefördert, das die Leistungsfähigkeit des einzelnen unterstützt. Dabei ist es wichtig, daß die wesentlichen identitätsbildenden Merkmale im Zeitverlauf relativ stabil bleiben und somit zur Identifizierung der Markenpersönlichkeit beitragen.

Vor diesem Hintergrund erhalten *Maßnahmen des internen Marketings* für die Gestaltung von Destinationsmarken eine wichtige Funktion, da sie zur Meinungsbildung innerhalb der Destination beitragen. Unterschiedliche Maßnahmen sollten den Markenbildungprozeß begleiten, und so die Konsensfindung unterstützen. Gleichzeitig können Aktivitäten, die zur Implementierung von Markenverhalten innerhalb der Destination führen, gezielt umgesetzt werden. Dazu ist ein abgestimmtes Handeln der einzelnen Akteure notwendig, ohne die keine erfolgreiche Destinationsmarke aufgebaut und geführt werden kann. JACOBI spricht in diesem Zusammenhang auch davon, daß eine DMO zu einem „Full Service Provider“ werden muß, um den Ansprüchen sowohl der Gäste als auch der touristischen Akteure gerecht zu werden. Zu den wichtigsten Aufgaben gehört die Kooperationsgestaltung zwischen einzelnen Leistungsträgern, aber auch ein umfangreiches Beziehungsmanagement sowohl zu den Gästen als auch unter den Leistungsträgern selbst (vgl. JACOBI 1996: 222f.).

Eine weitere Aufgabe der DMO ist es, den Leistungsträgern in der Destination zu verdeutlichen, in den anderen Anbietern nicht nur den Konkurrenten zu sehen, sondern gleichberechtigte Kooperationspartner. Da sich bspw. alle Hotelbetriebe in einer Destination um Übernachtungsgäste bemühen, ist es allerdings eine schwierige Aufgabe, einem Hotelier nahezubringen, die Mitwettbewerber auch als Kooperationspartner anzusehen. Für den potentiellen Gast ist es in erster Linie wichtig, daß er ein umfangreiches und vielseitiges Angebot vorfindet, aus dem er das für sich am besten geeignete Leistungspaket auswählen kann. Dabei ist es für den sich informierenden Gast wichtig, daß er die notwendigen Informationen aus einer Hand bekommt und nicht bei den in Frage kommenden Leistungsträgern separat nachfragen muß. Für die Anbieter bedeutet dies, daß sie neben dem Konkurrenzdasein gleichzeitig auch kooperativ zusammenarbeiten müssen. Diese Zusammenarbeit ist insbesondere dann notwendig, wenn eine Destinationsmarke im Wettbewerb positioniert werden soll.

Um einen Weg für die Leistungsträger zu finden, Kooperation und Konkurrenz zusammenzubringen, haben NALEBUFF und BRANDENBURGER (1996: 17) die Grundgedanken der Spieltheorie zur Erläuterung herangezogen. Sie bezeichnen die kooperierende Zusammenarbeit konkurrierender Unternehmen als *Coopetition*. Der Hintergrund ist, daß konkurrierende Unternehmen in einigen Bereichen durchaus zusammenarbeiten können, obwohl sie am Markt direkte Konkurrenten sind. Durch die Kooperation lassen sich für alle Beteiligten Vorteile herausarbeiten, bspw. durch einen gemeinsamen Einkauf, einen gemeinsamen Vertrieb oder durch den Aufbau einer Destinationsmarke. Für die beteiligten Unternehmen ergibt sich aus diesem Verhalten eine *Win-Win*-Situation, d. h., solange sie kooperativ zusammenarbeiten, können alle Beteiligten Vorteile aus dieser Verbindung erzielen. Demnach können die beteiligten (konkurrierenden) Leistungsträger durch die Zusammenarbeit, bspw. bei der Vermarktung der Destination, einen größeren Adressatenkreis ansprechen und somit insgesamt von einer größeren Nachfrage profitieren. Welchen der beteiligten Anbieter der Gast letztendlich auswählt, hängt wesentlich von seinen individuellen Bedürfnissen und Ansprüchen ab. Hier sind die individuellen und sich voneinander abgrenzenden Problemlösungen der einzelnen Anbieter gefragt. Allerdings werden alle beteiligten Leistungsträger als Teil der Destination angesehen und bauen ihre Identität somit auf einer einheitlichen Markenbasis auf.

Die Destination als Marke stellt sich als ein komplexes Geflecht unterschiedlicher Beziehungsebenen dar (vgl. Abbildung 54), die miteinander in Einklang gebracht werden müssen, wenn eine Markenstrategie erfolgreich umgesetzt werden soll. Neben den primär wirtschaftlich ausgerichteten Interessen der Leistungsträger sind darüber hinaus ebenfalls gesellschaftliche und politische, aber auch Freizeitinteressen der Einwohner zu berücksichtigen. Aus den vielfältigen internen Interessen der Persönlichkeiten, die Teil der Destination sind, resultieren ebenfalls unterschiedliche Imagebilder, die von den verschiedenen Personen kommuniziert werden. Ziel der identitätsorientierten Markenführung ist es, aus diesen vielfältigen Selbstbildern, die durch eine Vielzahl an Fremdbildern ergänzt werden, den Konsens zu ermitteln, der zu einer eindeutigen Positionierung im Wettbewerb beiträgt (vgl. MEFFERT/BIERWIRTH 2002: 197). Gelingt dieser Prozeß nicht, kann es zu einem Scheitern der Markenstrategie kommen, da keine eindeutige Wettbewerbsposition eingenommen werden kann.

**Abbildung 54: Die Destinationsmarke als Marketinginstrument für ein komplexes Leistungsbündel**

(Quelle: in Anlehnung an KIRCHGEORG 2002: 381)

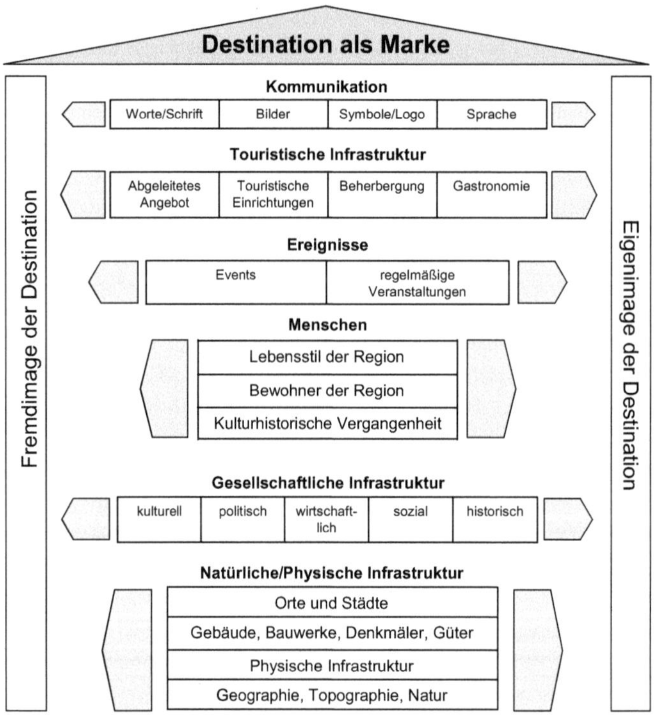


Wie im vorherigen Kapitel bereits beschrieben wurde, erscheint die Gestaltung einer Systemmarke für touristische Destinationen sinnvoll zu sein, da unterschiedliche Betriebe und Leistungsträger auf unterschiedlichen Wertschöpfungsstufen an der Gestaltung des Destinationsproduktes beteiligt sind. Neben einer kooperativen Zusammenarbeit der konkurrierenden Unternehmen innerhalb der Destination wird die Markenführung von der DMO durchgeführt. Dabei werden neben der Außenkommunikation als wichtige Funktion im internen Marketing kooperationsfördernde Maßnahmen durchgeführt. Der *Coopetition*-Ansatz kann für die Gestaltung einer Systemmarke für touristische Destinationen als eine wichtige, vorbereitende Überlegung angesehen werden.

Auch sucht der Konsument i. d. R. einen Gesamtanbieter, wenn er eine Leistung nachfragt, die aus einer umfassenden Kombination von Einzelleistungen kombiniert wird (vgl. JOHANNSEN 1971: 134). Auf diese Art können sowohl Suchaufwand und somit Suchkosten, als auch die Unsicherheit, bspw. bezüglich der Gesamtqualität einzelner Leistungsbestandteile, erheblich reduziert werden. Gleichzeitig steigen aber die Ansprüche an die Organisation, die mit der Markenführung betraut ist, da sie die Verantwortung für die adäquate Leistungserstellung übernimmt. Der kommunizierte Markenkern muß in der Lage sein, eine eindeutige Identifikation der Destination zu ermöglichen. Eine unterstützende Funktion für die Orientierung des Konsumenten haben Images, insbesondere bei Produkten, die sich objektiv nicht oder nur geringfügig voneinander unterscheiden. Diese Orientierungsfunktion ist insbesondere für die intangiblen Dienstleistungen und somit auch für Destinationen von Bedeutung. Aufgrund eines feststehenden Images weiß der Konsument, wie er eine Destination bewerten soll und welche Eigenschaften er ihr zusprechen kann (vgl. VON ROSENSTIEL/EWALD 1979: 38). Für die Verankerung eines Destinations-Images bei potentiellen Gäste ist die eigene Erfahrung der Konsumenten eine wichtige Größe. Ohne diese Erfahrungen haben die Konsumenten oftmals ein unvollständiges oder verzerrtes Bild des Angebotes und der Leistungsmöglichkeiten einer Destination vor Augen (vgl. WOHLMANN 1998: 226). Daher scheint es unabdingbar zu sein, daß dieses unvollständige Bild durch Ersatzindikatoren oder Informationen von außen an den Konsumenten herangetragen wird.

Als Ersatzindikator bietet sich der Aufbau eines Markenbildes an, durch das ein spezifisches Image transportiert wird, das dem Konsumenten Hinweise für eine Reiseentscheidung gibt. Von der Angebotsseite her gestaltet sich der Aufbau einer Destinationsmarke insgesamt aufwendig. Hinzu kommt, daß sich die Leistungsträger innerhalb der Destination, die bisher meist alleine für ihre Geschicke verantwortlich waren, miteinander abstimmen und eine gemeinsame Identität aufbauen müssen.

Wie die Marktforschungsergebnisse in Kapitel 5.3 gezeigt haben, ist die Wahrnehmung von Destinationsmarken durch die Konsumenten noch nicht sehr hoch. Hinzu kommt, daß bei der Auswahl von Reisezielen die sachlichen Informationen von vergleichsweise höherer Bedeutung sind als markenähnliche Merkmale. Empfehlungen von Freunden, Bekannten oder anderen Familienmitgliedern sind eine wichtige Komponente bei der Entscheidungsfindung hinsichtlich der Auswahl eines Urlaubszieles. Die Qualität und Kontinuität der Leistungserstellung innerhalb der Destination wird zu einem erfolgsrelevanten Faktor, da nur der in seiner Erwartungshaltung bestätigte Gast mit dem Leistungsergebnis zufrieden ist und zu einem positiven Image der Destination beitragen kann. Da jeder Gast ein potentieller Multiplikator für die Destination ist, kann eine positive Kommunikation dazu beitragen, neue Gäste zu gewinnen.

Die vergleichsweise intensive Informationssuche der Probanden im Umgang mit der Information Display Matrix verdeutlicht, daß es sich bei der Reisezielauswahl um eine *High-Involvement*-Entscheidung handelt. Dieser Zusammenhang verdeutlicht, daß Destinationsmarken grundsätzlich das Entscheidungsverhalten von Konsumenten hinsichtlich ihrer Reisezielauswahl durchaus unterstützen können. Allerdings sind neben imageträchtigen Aussagen, die für eine erste Wahrnehmung der Destination bzw. ihrer Marktkommunikation sorgen, Informationen bzgl. der landschaftlichen und touristischen Ausstattung im Fokus der Informationsaufnahmen. Dabei nimmt der Beherbergungsbetrieb nach wie vor eine zentrale Rolle bei den Informationsbestandteilen ein.

Die Markenpolitik kann als ideales Konzept betrachtet werden, um der zunehmenden Austauschbarkeit der Destinationsprodukte entgegenzutreten. Da sich die Leistungsangebote der touristischen Destinationen nur noch sehr gering unterscheiden, kann die Marke sie aus der Masse herausheben und ihr zu einer eigenständigen, unverwechselbaren Persönlichkeit verhelfen. Allerdings kommt der emotionale bzw. der psychologische Produktnutzen in der Regel erst dann zur Wirkung, wenn sich Qualitäts- und Preisniveau zumindest die Waage halten und nicht als Differenzierungskriterien herangezogen werden können. Gerade die Preissensibilität ist bei Urlaubsreisen, zumindest in der Vor-Reise-Phase bei einem großen Teil der Probanden recht hoch, so daß bereits geringe Preisunterschiede neue Überlegungen hinsichtlich des Reiseziels oder einzelner Reisebestandteile bewirken. Diese Kriterien verlieren im Konsumgüterbereich zunehmend an Bedeutung, da es kaum noch wahrnehmbare Qualitätsunterschiede gibt.

Eine weitere Schwierigkeit bei dem Aufbau einer Destinationsmarke ist, daß sich eine Destination nicht auf ein Kernprodukt konzentrieren kann, sondern unterschiedliche Anspruchsgruppen zufriedenstellen muß. Aufgrund der Vielzahl einzelner Akteure in einer Destination, die an der Gestaltung des touristischen Produktes der Destination beteiligt sind (vgl. die Ausführungen in Kapitel 2.1 (ab S. 11), sollten deren unterschiedliche Einzelaktivitäten zusammengeführt werden. So kann eine dynamische Interpretation des Unternehmens *Destination* beim Konsumenten erreicht werden, die der Vielfalt und Dynamik der Einzelbetriebe gerecht wird (vgl. BELZ 1998: 45f.) Es ist bei der Umsetzung darauf zu achten, daß die Grundaussage der Destination und des Markenkerns kontinuierlich und langfristig kommuniziert werden.

Bei der Übertragung des Markenbegriffes auf das Leistungsspektrum touristischer Destinationen, wird diese qualitätsorientierte Betrachtungsweise jedoch ungleich schwieriger. Da die Destinationsleistung aus einem Bündel von Einzelleistungen besteht, die von den unterschiedlichen Gästen in vielfältiger Weise unterschiedlich kombiniert wird, kann ein einheitlicher Qualitätseindruck bei den Gästen vom Grunde her nur in Teilbereichen aufgebaut und gefestigt werden. Es ist daher notwendig, die Individualität bei der Leistungserstellung als wesentliches Merkmal herauszustellen und für die Positionierung zu nutzen (vgl. STAUSS 1998: 18). Nicht die Konstanz der Leistungserstellung, sondern die Fähigkeit, auf Kundenbedürfnisse und -wünsche individuell eingehen zu können, wird in diesem Fall das Wesen der Destinationsmarke ausmachen und zu ihrer Positionierung am Markt beitragen. Die Unterschiedlichkeit der an der Leistungserstellung, aber auch am Verbrauch der Destinationsleistung beteiligten Charaktere und Persönlichkeiten hat einen unvermeidbaren Einfluß auf die Ausgestaltung der Markenführung (vgl. KAPFERER 1992: 37), die nur durch ein funktionierendes internes Marketing gesteuert und i. S. der Destinationsmarke eingesetzt werden.

**Zusammenfassend** wird festgehalten, daß ein einheitliches Markenkonzept für touristische Destinationen derzeit nur sehr schwer erarbeitet werden kann. Zu unterschiedlich sind die Strukturen in einer Destination, damit verbunden auch die Ansprüche der einzelnen touristischen Akteure und Leistungsträger. Zu erwähnen ist, daß in den wenigsten Bereichen der an der Leistungserstellung beteiligten Betriebe eine einheitliche Leistungsqualität erbracht wird. Darüber hinaus ist das Konkurrenzdenken der Leistungsträger noch sehr stark ausgeprägt. Mit dem Ansatz des kooperativen Konkurrierens (*Coopetition*) kann eine funktionierende Zusammenarbeit unter den touristischen Akteuren erreicht werden, die im Aufbau einer Systemmarke münden kann. Diese Markenstrategie gibt einerseits ausreichenden Spielraum für die individuelle Ausrichtung der bestehenden Unternehmen, auf der anderen Seite trägt sie zur Zusammenarbeit der Leistungsträger bei, die mittelfristig die Zusammengehörigkeit stärkt und zum Imageaufbau wesentlich beitragen kann.

Die Markenpositionierung hängt wesentlich vom Quellmarkt der Konsumenten ab, die durch die Marktkommunikation angesprochen werden. Je weiter entfernt dieser ist, desto eindeutiger und umfassender sollte die Markengestaltung sein. Den Entscheidern muß ein eindeutiges Markenprofil präsentiert werden, welches ihren Reisebedürfnissen entsprechen kann. Gerade darin liegt aber die Chance der Destinationsmanager: Ist die Destination in der Lage, auf weiter entfernten Quellmärkten geschlossen aufzutreten, steigen die Chancen, von diesen Konsumenten als Marke wahrgenommen zu werden. Je kürzer die notwendige Reisezeit ist, desto klarer ist i. d. R. das Destinationsbild der Konsumenten. Daher sind für diese Zielgruppen inhaltsbezogene Angebote notwendig, um in der Reiseentscheidung berücksichtigt zu werden.

Als wichtigstes Instrument für den Aufbau einer Destinationsmarke ist ein funktionierendes internes Marketing, ohne das ein Destinationsmanager nicht in der Lage sein wird, seine Destination als Marke zu positionieren. Die interne Überzeugungsarbeit und der Abgleich der unternehmerischen Ziele der einzelnen touristischen Akteure mit dem übergeordneten Markenziel der Destination ist eine grundsätzliche Voraussetzung für eine glaubhafte Markenkommunikation. Im Gegensatz zu Unternehmen und Konzernen ist die Konsensfindung und die Einsicht in die Notwendigkeit der erarbeiteten Maßnahmen bei den einzelnen Akteuren eine notwendige Voraussetzung für eine erfolgreiche Markenpolitik.

Als wesentliches Problem bei der Umsetzung einer Markenpolitik für touristische Destinationen stellt sich meist die Uneinsichtigkeit einzelner Leistungsträger hinsichtlich der Umsetzung eines einheitlichen Kommunikationskonzeptes und einer oftmals unklaren Vorstellung, was mögliche Chancen angeht, die mit einer Destinationsmarke verbunden sind. Erschwert wird die Umsetzung einer Markenstrategie durch die uneinheitliche Vorgehensweise der einzelnen Akteure sowie die Tatsache, daß die DMO meist keinerlei Handhabe gegenüber Leistungsträgern hat, die sich weder mit der Markenstrategie identifizieren noch i. S. der Destination selbst agieren.

Abschließend ist festzuhalten, daß derzeit nur wenige Destinationen das Potential aufweisen, um als Markenpersönlichkeit im Wettbewerb der Destinationen auftreten zu können. Einerseits verfügt nur ein geringer Teil der potentiellen Destinationsmarken über eine ausreichende finanzielle Ausstattung, so daß eine Markenpolitik überhaupt umgesetzt werden kann. Andererseits weisen nur wenige Zielgebiete Alleinstellungsmerkmale auf, die dazu beitragen, der Destination eine einzigartige Position in der Wahrnehmung durch die Konsumenten zu vermitteln. Neben diesen Merkmalen ist eine starke Organisation notwendig, die in der Lage ist, die touristischen Akteure von einem Verhalten zu überzeugen, daß die Markenpersönlichkeit zum Ausdruck bringt und vom Gast auch in der gewünschten Form wahrgenommen wird.

## 6.4 Zusammenführung

Der Prozeß der Markenbildung für touristische Destinationen weist Parallelen zu allgemeinen *Change Management*-Prozessen auf. In der Anfangsphase ist daher mit starken Widerständen und änderungshemmenden Kräften zu rechnen, die den Prozeß der Markenentwicklung stören (vgl. Abbildung 45). Der Hintergrund ist dabei, daß der einzelne Leistungsträger i. d. R. etwas von seinem unternehmerischen Freiraum aufgeben muß, wenn er sich in das Markenkonzept der Destination einfügt. Erst im Zeitverlauf, wenn die Erfolgsfaktoren der Marke zu greifen beginnen, gewinnen die änderungsfördernden Kräfte langsam an Gewicht und führen die Destination letztendlich auf ein höheres Leistungsniveau. Internes Marketing und eine offene Kommunikation der Leistungsträger untereinander tragen dazu bei, daß eine Markenbildung überhaupt durchgeführt werden kann.

Als grundsätzliche Voraussetzung für die Gestaltung von Destinationsmarken wird die Bereitschaft der touristischen Akteure in der Destination angesehen, sich an diesem Prozeß zu beteiligen und sich mit dem Markenkern zu identifizieren. Für den Gast ist es wichtig, daß er die Markenmerkmale der Destination während seines Aufenthaltes wiedererkennt. Im Prozeß der Markenentwicklung ist es daher zunächst wichtig, daß sich die einzelnen Leistungsträger und touristischen Akteure zusammenschließen und gemeinsam an der Entwicklung der Destinationsmarke arbeiten. Um dieses Ziel zu erreichen, sollte eine Organisation mit der Markenführung betraut werden. Dabei kann es sich sowohl um eine neu gegründete Destinationsmanagement-Organisation als auch um eine bereits bestehende Organisation handeln.

Im weiteren Verlauf ist insbesondere ein interner Willensbildungsprozeß von Bedeutung, der ein Zusammenwachsen der Leistungsträger zur Folge hat. Kann der Schulterschluß der Leistungsträger jedoch nicht erreicht werden, wird es für die DMO schwer sein, die Markeninhalte an die Konsumenten zu kommunizieren, da zumindet ein Teil der Leistungsträger innerhalb der Destination sich nicht mit der Destinationsmarke identifiziert. Möglicherweise verfolgen diese Akteure auch konträre Strategien, was dazu führt, daß der potentielle Gast lediglich ein verzerrtes Bild der Destination wahrnehmen kann.

Zur Ausbildung der Destinationsmarke wurde die Systemmarke als ideales Markenmodell identifiziert, da die bestehenden Einzelmarken in diese integriert und somit gebündelt werden können, ohne daß sie ihre Identität aufgeben müssen. Der direkte Kontakt zwischen Anbieter und Nachfrager unterstützt den Gedanken der Systemmarke, da die Leistungserstellung i. d. R. interaktiv erfolgt. Dieser Mehrwert für den Konsumenten, der bei der Systemmarke durch die individuelle und persönliche Kundenansprache erfolgt, fehlt bei der Dachmarkenstrategie. Allerdings kann diese Markenstrategie durchaus auch für touristische Destinationen umgesetzt werden, da so die Aktivitäten innerhalb der Destination gebündelt und unter einem einheitlichen Namen sowie einer einheitlichen Corporate Identity vermarktet werden können.

An dieser Stelle wird noch einmal betont, daß es – unabhängig davon, welche Markenstrategie realisiert werden soll – in erster Linie eines umfangreichen Abstimmungsprozesses bedarf, um eine Markenstrategie bei der Vielzahl an Einzelunternehmen innerhalb einer Destination umsetzen zu können und die Leistungsträger in dieses System zu integrieren. In Abbildung 53 wurde eine Vorgehensweise skizziert, in der die notwendigen Schritte zur Gestaltung einer Destinationsmarke zusammengefaßt sind. Auch in diesem Modell wird die Bedeutung des internen Marketings für eine erfolgreiche Markengestaltung betont.

# 7 Zusammenfassung und Ausblick

Ziel der vorliegenden Arbeit war es, anhand empirischer Daten zu überprüfen, welchen Stellenwert Destinationsmarken in der touristischen Reiseentscheidung besitzen. Darüber hinaus sollte überprüft werden, welche Bedeutung ihnen von Seiten der Destinationsmanager bei der Vermarktung ihrer Destinationen zugesprochen wird. Die entsprechenden empirischen Untersuchungen wurden vom Verfasser durchgeführt und analysiert (vgl. Kapitel 5). Ergänzend dazu wurde sekundärstatistisches Material ausgewertet (vgl. Kapitel 4.2). In diesem Zusammenhang wurde kurz auf die Kritik an der aktuellen touristischen Marktforschungspraxis eingegangen (Kapitel 4.1).

Die empirischen Daten unterstützen die aus den Vorüberlegungen resultierende Annahme, nach der Marken die Kaufentscheidung erleichtern. Voraussetzung ist allerdings, daß die Konsumenten Marken grundsätzlich positiv gegenüberstehen. Die mit Markenmerkmalen beschriebene Alternative *Insel B* kann von den jeweiligen Probanden schneller ausgewählt werden. Die Komplexität der Reisezielentscheidung wird tendenziell durch das wiederholte Betrachten der Informationsfenster in der IDM zum Ausdruck gebracht, ebenso wie die vergleichsweise hohe Zahl der Probanden, die sich alle verfügbaren Informationen angesehen haben. Gleichzeitig verdeutlichen die Ergebnisse, daß die allgemeinen Destinationsmerkmale einen mindestens genauso hohen Einfluß auf die Reisezielwahl besitzen. Im direkten Vergleich mit den Markenmerkmalen wurden diese im Durchschnitt von den Probanden häufiger abgerufen. Lediglich 10,5 % der Probanden der Endverbraucherbefragung (Kapitel 5.3) wollen *auf jeden Fall* Reiseziele mit Markencharakter berücksichtigen. Weitere knappe 44 % wollen *unter Umständen* ebenfalls Markendestinationen berücksichtigen. Ziel einer späteren Untersuchung sollte es sein, diese Umstände zu untersuchen.

Um den Rahmen für die Interpretation der empirischen Ergebnisse abstecken zu können, erfolgte einleitend eine Abgrenzung des Destinationsbegriffs und die Darstellung wesentlicher Inhalte des Dienstleistungsmanagements. Es folgte eine Auseinandersetzung mit der Markenthematik, insbesondere mit der Abgrenzung der Marke selbst sowie Aufgaben der Markenführung (Kapitel 2).

Es wurde dargestellt, daß das Management touristischer Destinationen, wie es in der Praxis umgesetzt wird, bisher wenig Voraussetzungen für eine Markenführung mitbringt. Zu heterogen ist die Angebotsstruktur und die damit verbundenen Aufgaben. Die Interessensvielfalt beeinflußt die Markengestaltung in erheblichem Umfang. Zum Teil wirken bereits eingeführte Marken von in der Destination ansässigen Betrieben und Leistungsanbietern auf das zu entwickelnde Gesamtkonzept, so daß die Destinationsmarke letztendlich ein komplexes System darstellt, in dem unterschiedlich profilierte Elemente auf das Ganze zurückwirken und in der Summe ein eigenständiges Profil ergeben sollen. In vielen Regionen fehlt es neben den finanziellen Mitteln an den organisatorischen Voraussetzungen. Den mit der Vermarktung der Destination beauftragten Einrichtungen fehlen die Kompetenzen, um einheitliche Strukturen für eine erfolgreiche Markenführung zu realisieren.

Abgerundet wurde der theoretische Teil durch eine knappe Darstellung der Grundlagen zur Reiseentscheidung und dem Einfluß des Images. Diese beiden Faktoren sind für die Markenentwicklung wichtige Elemente, die einen wesentlichen Einfluß auf die Funktion der Marke besitzen (Kapitel 3). Es konnte gezeigt werden, daß das Reiseziel an sich einen erheblichen Stellenwert innerhalb der Reiseentscheidung einnimmt. Imagekomponenten können diesen Stellenwert positiv beeinflussen. Insbesondere der psychische Zustand der Konsumenten und die daraus resultierenden aktuellen Bedürfnisse können dazu beitragen, daß Destinationsmarken stärker nachgefragt werden.

In Kapitel 6 wurden die Essenzen der theoretischen und empirischen Analyse zur Rahmengebung eines Markensystems für touristische Destinationen zusammengeführt und die Vorgehensweise bei der Markenbildung skizziert. Dabei handelt es sich um ein Idealmodell, daß mit einigen Annahmen ausgestattet ist. Insbesondere wird vorausgesetzt, daß die touristischen Akteure innerhalb der Destination willens sind, sich an dem Prozeß der Markenbildung zu beteiligen. Gerade an diesem Punkt scheitern aber bisher die Bemühungen in den Destinationen, sofern nicht eine zusätzliche Ebene installiert wurde, die als eigenständige Organisation agieren konnte. Allerdings ist zu dieser Vorgehensweise anzumerken, daß die Beteiligung der Akteure auf eine kleine, i. d. R. wirtschaftlich stabile Gruppe innerhalb der Destination beschränkt ist.

Es wurden unterschiedliche Markenführungsstrategien vorgestellt und auf ihre Anwendbarkeit für die Gestaltung von Destinationsmarken diskutiert. Im Ergebnis stellt sich die *Systemmarke* als tragfähige Strategieoption dar, auch wenn deren Realisierung durch Destinationsorganisationen mit Skepsis begegnet wird. Die unterschiedlichen Interessengruppen innerhalb der Destination und die zum Teil mit Markenmerkmalen versehenen Leistungsträger auf den verschiedenen Leistungsstufen innerhalb der Destination unterstützen das Konzept der *Systemmarke*. Eine konzentrierte Kundenansprache und -pflege, die als wesentliche Bestandteile der Systemmarkenstrategie angesehen werden, lassen sich aus Sicht des Verfassers nur schwer umsetzen.

Als alternatives Konzept der Markenführung kann die Dachmarkenstrategie angeführt werden, die auch von einem überwiegenden Teil von Touristikern für die einheitliche Vermarktung einer Destination vorgeschlagen wird. Allerdings beschränken sich die Markenführungsaktivitäten in der touristischen Praxis meist auf ein gemeinsames Logo und einen gemeinsamen Katalog. Damit werden jedoch noch keine wesentlichen Schritte in Richtung eines Markensystems umgesetzt. In der Tourismuspraxis ist der Begriff der Destinationsdachmarke mittlerweile eine gebräuchliche Vokabel geworden, wenn auch in den meisten Fällen nicht von einem Markenkonzept im eigentlichen Sinne gesprochen werden kann. Eine erfolgreiche Dachmarkenstrategie setzt voraus, daß die gebündelten Leistungen und die unter dem Dach zusammengefaßten Einzelmarken ein ähnlich positioniertes Image aufweisen, was aber aufgrund der komplexen Leistungspalette von touristischen Destinationen oftmals nicht gegeben ist. Hinzu kommt, daß die Imagebildung für eine Destination, die letztendlich zu einer eindeutigen Identifizierung im Wettbewerb beitragen soll, nicht zu einer eindeutigen Positionierung beiträgt.

Unterstützt wird dieser Zusammenhang durch die schwierige Namensfindung für Destinationsmarken. Die meisten Destinationsnamen weisen einen räumlichen Bezug auf, woraus sich zwei wesentliche Probleme für die Markenführung ergeben: Namen mit einem geographischen Bezug lassen sich rechtlich nicht schützen, woraus das größere Problem unmittelbar folgt. Diese Namen können i. d. R. nicht für den Aufbau eines einzigartigen Images herangezogen werden. Zur eindeutigen Identifizierung durch den Konsumenten sind daher ergänzende Slogans und graphische Elemente notwendig. Allerdings hat die Befragung der Destinationsmanager (Kapitel 5.2) verdeutlicht, daß man aus Anbietersicht für den Markennamen einen geographischen Bezug als notwendig erachtet.

Die ersten Schritte einer DMO für den Aufbau einer Destinationsmarke werden daher Maßnahmen des internen Marketings zur Entwicklung eines Bewußtseins für eine Destinationsmarke bei den Mitgliedern der Destination sein müssen. Dieses Bewußtsein muß in den Handlungen und im Umgang mit den Gästen deutlich zum Ausdruck kommen, denn das Kundenkontaktpersonal ist der direkte Multiplikator der unternehmerischen Einstellung, somit auch der Attribute, die mit einer Marke kommuniziert werden. Zum Stellenwert des internen Marketings im Management von touristischen Destinationen wird derzeit im Fachbereich VI der Universität Trier eine Promotionsarbeit verfaßt, deren Ergebnisse aktuell noch nicht vorlagen.

Für die Gestaltung von Markensystemen für touristische Destinationen müssen zunächst die internen Voraussetzungen geschaffen werden. Damit wird erst an zweiter Stelle an die finanziellen Grundlagen für die Markenführung gedacht, die sicherlich nicht zu vernachlässigen sind. Im Vordergrund steht aber die Bereitschaft der Akteure, sich für eine Destinationsmarke stark zu machen. Insbesondere bei den deutschen Destinationen und Tourismusgemeinden ist diese Bereitschaft allerdings noch nicht sehr ausgeprägt vorhanden.

Weiterer Forschungsbedarf besteht darin, die Entscheidungsketten, die zur Auswahl eines Reiseziels führen, mit geeigneten Methoden zu untersuchen. Für die Erforschung von Reisemotiven ist es notwendig, die Probanden mit einer umfangreichen Itembatterie zu konfrontieren, statt mit einigen standardisierten Fragen, wie es gängige Praxis ist. Mit dem Modell der IDM wurde ein Instrument vorgestellt, mit dessen Unterstützung, unter Berücksichtigung der durch die Methode implizierten Einschränkungen, wichtige Informationen zum Informations- und Entscheidungsverhalten gewonnen werden können. In diesem Bereich bieten sich für die Zukunft noch vielseitige Untersuchungsfelder in der touristischen Marktforschung. Implizit werden Marken, ausgedrückt durch das Destinationsimage, bei der Reisezielwahl berücksichtigt. Allerdings sind die dahinter stehenden Beweggründe und Zusammenhänge bisher nicht oder nur unzureichend erforscht worden.

Vor dem Hintergrund einer steigenden Qualitätsorientierung und wachsenden Informationsflut werden Marken als Instrumente zur Komplexitätsreduzierung zunehmend wichtiger. Dabei können auch eindeutig positionierte Destinationsmarken dazu beitragen, die Reisezielentscheidung zu erleichtern und den Konsumenten bei dem Aufbau von Präferenzen zu unterstützen. Bis es allerdings soweit ist, muß noch ein weiter Weg beschritten werden, der insbesondere auf der Seite der einzelnen Akteure die Bereitschaft erfordert, sich zu öffnen und sich als Teil des Ganzen – der Destination – zu betrachten.

# Literaturverzeichnis

**- A -**

Aaker, David A.: Managing Brand Equity, New York: Free Press 1991

Aaker, David A.: Mit einer Marke in einen neuen Markt, in: Harvard Business Manager 20. Jg., 3/1998, S. 43-52

Aaker, David A./Joachimsthaler, Erich: Brand Leadership, New York: Free Press 2000

Aaker, David A./Keller, Kevin Lane: Consumer Evaluations of Brand Extensions, in: Journal of Marketing 54. Jg., 1/1990. S. 27-41

Aaker, Jennifer L.: Dimensions of Brand Personality, in: Journal of Marketing Research, 34 Jg. 8/1997, S. 347-356

Aaker, Jennifer L.: Dimensionen der Markenpersönlichkeit, in: Esch (Hrsg.): a. a. O. 2001, S. 91-102

Adam, Dietrich et al. (Hrsg.): Integration und Flexibilität: Eine Herausforderung für die Betriebswirtschaftslehre, Wiesbaden: Gabler 1990

Aderhold, Peter: Die Reiseanalyse RA 2002, Kiel: F.U.R Forschungsgemeinschaft Urlaub und Reisen e. V. 2002

ADM – Arbeitskreis Deutscher Markt- und Sozialforschungsinstitute e. V./AD.MA Arbeitsgemeinschaft Media-Analyse e. V. (Hrsg.): Stichproben-Verfahren in der Umfrageforschung, Opladen: Leske + Budrich 1999

AG *Neue Strukturen im Schweizer Tourismus* des VSTD: Neue Strukturen im Schweizer Tourismus – Das Konzept, in: Bieger/Laesser (Hrsg.): a. a. O. 1998, S. 15-49

Alkjaer, Eljer: Marktforschung im Fremdenverkehr. In: Behrens (Hrsg.): a.a.O., 1977, S. 1297-1304

Allison, Ralph I./Uhl, Kenneth P.: Influence of Beer Brand Identification on Taste Perception, in: Journal of Marketing Research, 1. Jg. Nr. 3/1964, S. 36-39

Allmer, Henning: Urlaub – Erholung oder Streß?, in: Keul/Bachleitner/Kagelmann (Hrsg.): a. a. O. 2000, S. 54-60

Allport, Gordon W.: Personality: A psychological interpretation, New York: Holt 1937

Altmann, Gila: Ostfriesland wird Modellregion, Gila-Altmann.com 2002, download: www.gila-altmann.com/print.php3?sid=80 vom 6. Februar 2003

AMA: Kollektionen, in: http://www.ama-optik.de/kollektionen.php?seiten_id=2 vom 11. September 2002

Anders, Stephan/Franz, Stephan/Eising, Susanne: Milka – Das Jahrhundertbuch der Schokolade, München: Zabert Sandmann 2001

Anderson, Beverlee B. (Hrsg.): Advances in Consumer Research Vol. 3. Proceedings of Association for Consumer Research Sixth Annual Conference, Cinncinnati: Association for Consumer Research 1976

Andrews, J.C./Durvasala, S.: A Framework of Conceptualizing and Measuring the Involvement Construct in Advertising Research, in: Journal of Advertising, 19. Jg., 4/1990, S. 27-40

Angleitner, Alois/Riemann, Rainer: Selbstberichtdaten: Fragebogen, Erlebnisanalyse, in: Pawlik (Hrsg.): a. a. O. 1996, S. 427-462

Ankomah, Paul K./Crompton, John L./Baker, Dwayne: Influence of Cognitive Distance in Vacation Choice, in: Annals of Tourism Research, 23. Jg., 1/1996, S. 138-150

Arnault, Bernard/Wetlaufer, Suzi: Das perfekte Paradox von Star-Marken – Bernard Arnault im Gespräch mit Suzi Wetlaufer, in: Harvard Business Manager 24. Jg, Nr. 3/2002, S. 20-29

Arnold, David: Modernes Markenmanagement – Geheimnisse erfolgreicher Marken, Wien: Ueberreuter 1992

Aschenbrenner, K. Michael: Entscheidung und Urteil, in: Hoyos u. a. (Hrsg.): a. a. O. 1990, S. 151-161

Ashworth, Gregory/Goodall, Brian (Hrsg.): Marketing tourism places, London/New York: Routledge 1990

Axel Springer Verlag AG – Marketing Anzeigen (Hrsg.): Tourismus 2001, Hamburg/Berlin: Springer 2001

**- B -**

Bachl, Thomas: Preispromotion: Des einen Freud, des anderen Leid, Nürnberg: GfK-Pressemeldung vom 21.06.2002

Backhaus, Klaus: Industriegütermarketing, München: Vahlen 6. Auflage 1999

Backhaus, Klaus et al.: Multivariate Analysemethoden. Eine anwendungsorientierte Einführung, Berlin u. a.: Springer 9. Auflage 2000

Backhaus, Klaus/Weiber, Rolf: Entwicklung einer Marketingkonzeption mit SPSS/PC$^{+}$, Berlin u. a.: Springer 1989

Bädergemeinschaft Sylt GmbH: www.topofgermany.de vom 17. August 2002

Baumgarth, Carsten: Markenpolitik, Markenwirkung – Markenführung – Markenforschung, Wiesbaden: Gabler 2001

BAT Freizeit-Forschungsinstitut GmbH (Hrsg.): Freizeit aktuell, 21. Jg. Nr. 152 vom 14. Februar 2000[a]

Beach, Lee Roy (Hrsg.): Image Theory – Theoretical and Empirical Foundations, Mahwah: Lawrence Erlbaum Associates 1998

Becker, Christoph: Destinationsmanagement, 2003 (Vorabdruck)

Becker, Jochen: Typen von Markenstrategien in: Bruhn (Hrsg.): a. a. O. 1994, S. 463-498

Becker, Jochen: Marketing-Konzeption: Grundlagen des strategischen und operativen Marketing-Managements, München: Vahlen 6. Auflage 1998

Behrens, Karl Christian (Hrsg.): Handbuch der Marktforschung, 2. Halbband, Wiesbaden: Gabler 1977

Belz, Christian: Agile Markenführung, in: Tomczak/Schögel/Ludwig (Hrsg.): a. a. O. 1998, S. 38-47

Benkenstein, Martin: Qualitätsverbundbeziehungen zwischen unabhängigen Dienstleistungsanbietern, in: Die Betriebswirtschaft 56 Jg., 6/1996, S. 777-789

Benkenstein, Martin: Ansätze zur Steuerung von Dienstleistungsqualität, in: Meyer (Hrsg.): a. a. O., 1998, S. 444-454

Berekoven, Ludwig: Die Werbung für Investitions- und Produktionsgüter, ihre Möglichkeiten und Grenzen, München: Verlag Moderne Industrie 1961

Berekoven, Ludwig: Der Dienstleitungsbetrieb. Wesen – Struktur – Bedeutung, Wiesbaden: Gabler 1974

Berekoven, Ludwig: Zum Verständnis und Selbstverständnis des Markenwesens, in: Gabler Verlag (Hrsg.): a. a. O. 1978, S. 35-48

Berekoven, Ludwig: Der Dienstleistungsmarkt in der Bundesrepublik Deutschland – Theoretische Fundierung und empirische Analyse (Band 1), Göttingen: Vandenhoeck und Ruprecht 1983

Berekoven, Ludwig: Von der Markierung zur Marke, in: Dichtl/Eggers (Hrsg.): a. a. O. 1992, S. 25-45

Berekoven, Ludwig/Eckert, Werner/Ellenrieder, Peter: Marktforschung. Methodische Grundlagen und praktische Anwendungen, Wiesbaden: Gabler 8. Auflage 1999

Bergler, Reinhold: Psychologie des Marken- und Firmenbildes, Göttingen 1963

Beritelli, Pietro: Qualität im Destinationsmanagement, in: Mussner/Pechlaner/Schönhuber (Hrsg.): a. a. O., 1999, S. 31-43

Berry, Leonard L.: The Employee as Customer, in: Lovelock Hrsg.): a. a. O. 1984, S. 271-278

Berry, Leonard L./Parasuraman, Anantharanthan: Service-Marketing, Frankfurt/New York 1992

Berry, Leonard L./Parasuraman, Anantharanthan: Dienstleistungsmarketing fängt beim Mitarbeiter an, in: Bruhn (Hrsg.): a. a. O. 1999, S. 69-92

Berth, Rolf: Marktforschung zwischen Zahl und Psyche, Stuttgart: Fischer 1959

Berth, Rolf: Wähler- und Verbraucherbeeinflussung – Empirische Grundlagen und theoretische Ansätze, Stuttgart: Fischer 1963

Bettman, James R.: An information processing theory of consumer choice, Reading (Mass.): Addison-Wesley, 1979

Bettman, James R./Park, C. Whan: Effects of Prior Knowledge and Experience and Phase of the Choice Process on Consumer Decision Processes: A Protocol Analysis, in: Journal of Consumer Research, 7. Jg. Dezember 1980, S. 234-248

Bieberstein, Ingo: Dienstleistungs-Marketing, Ludwigshafen: Kiehl 3. Auflage 2001

Bieger, Thomas: Dienstleistungsmanagement – Einführung in Strategische Prozesse bei persönlichen Dienstleitungen, Bern/Stuttgart/Wien: Haupt 2. Auflage 2000a

Bieger, Thomas: Destinationsmanagement, in: Gewald (Hrsg.).: a. a. O., 2000b, S. 56-59

Bieger, Thomas: Management von Destinationen, München/Wien: Oldenbourg 5. Auflage 2002a

Bieger, Thomas: Dienstleistungsmanagement in der Offensive, Vortrag anläßlich der Fachtagung Evolution im Dienstleistungsmanagement des FTM Trier e. V. in Trier am 3. Mai 2002b

Bieger, Thomas/Laesser, Christian (Hrsg.): Neue Strukturen im Tourismus – Der Weg der Schweiz, Bern/Stuttgart/Wien: Haupt 1998

Bieger, Thomas/Pechlaner, Harald/Steinecke, Albrecht (Hrsg.): Erfolgskonzepte im Tourismus: Marken – Kultur – neue Geschäftsmodelle, Wien: Linde 2001

Bierhoff, Hans Werner: Sozialpsychologie – Ein Lehrbuch, Stuttgart: Kohlhammer 5. Auflage 2000

Bleile, Georg: Neue Tourismus Landkarte „D" – Leitfaden für ein marktorientiertes Destination Management, Freiburg: Akademie für Touristik 2001

Bleile, Georg: Marktorientiertes Destinationsmanagement erfordert neue Organisationsformen des Tourismus, in Fontanari/Scherhag (Hrsg.): a. a. O., 2000, S. 101-113

Bogaschewsky, Ronald/Rollberg, Roland: Prozeßorientiertes Management, Berlin u. a.: Springer 1998

Boulding, Kenneth E.: The Image, Michigan 1956

Bortz, Jürgen: Statistik für Sozialwissenschaftler, Berlin u. a.: Springer, 5. Auflage 1999

Bortz, Jürgen/Döring, Nicola: Forschungsmethoden und Evaluation für Sozialwissenschaftler, Berlin u. a.: Springer 2. Auflage 1995

Bratl, Hubert/Schmidt, Franz: Destination Management – Ein Weg für starke Tourismusregionen mit dem Mut wie „ein Unternehmen" zu werden, Wien 1998

Braun, Ottmar L.: Reiseentscheidungsstudie des ETI 1994, Trier: Europäisches Tourismus Institut GmbH an der Universität Trier 1994 (unveröffentlichte Studie)

Braun, Ottmar L.: Vom Alltagsstreß zur Urlaubszufriedenheit – Untersuchungen zur Psychologie des Touristen, München: Quintessenz 1993 [1993a]

Braun, Ottmar L.: (Urlaubs-)Reisemotive, in: Hahn/Kagelmann (Hrsg.): a. a. O. 1993, S. 199-207 [1993b]

Braun, Ottmar L.: Reiseentscheidung, in: Hahn/Kagelmann (Hrsg.): a. a. O. 1993, S. 302-307 [1993c]

Braun, Ottmar L.: Reisezufriedenheit, in: Hahn/Kagelmann (Hrsg.): a. a. O. 1993, S. 308-311 [1993d]

Braun, Ottmar L./Lohmann, Martin: Die Reiseentscheidung. Einige Ergebnisse zum Stand der Forschung, Starnberg: Studienkreis für Tourismus 1989

Breidenbach, Raphael: Freizeitwirtschaft und Tourismus, Wiesbaden: Gabler 2002

Brittner, Anja: Zur Natürlichkeit künstlicher Ferienwelten - Eine Untersuchung zur Bewertung, Wahrnehmung und Bewertung von ausgewählten Ferienparks in Deutschland, Trier: Geographische Gesellschaft 2002 (Materialien zur Fremdenverkehrsgeographie, Heft 57)

Bruhn, Manfred (Hrsg.): Marketing-Erfolgsfaktoren im Handel, Frankfurt/New York: Campus 1987

Bruhn, Manfred: Qualitätssicherung im Dienstleistungsmarketing – Eine Einführung in die theoretischen und praktischen Probleme, in: Bruhn/Stauss (Hrsg.): a. a. O. 1991, S. 19-48

Bruhn, Manfred: Markenartikel, in: Diller (Hrsg.): a. a. O. 1992, S. 640-641 [1992a]

Bruhn, Manfred: Markenname, in: Diller (Hrsg.): a. a. O. 1992, S. 642-643 [1992b]

Bruhn, Manfred (Hrsg.): Handbuch Markenartikel, Stuttgart: Schäffer-Poeschel 1994

Bruhn, Manfred: Begriffsabgrenzung und Erscheinungsformen von Marken, in: Bruhn (Hrsg.): a. a. O. 1994, S. 3-41 [1994a]

Bruhn, Manfred (Hrsg.): Handelsmarken im Wettbewerb – Entwicklungstendenzen und Zukunftsperspektiven der Handelsmarkenpolitik, Stuttgart: Schäffer-Poeschel 1996

Bruhn, Manfred: Bedeutung der Handelsmarke im Markenwettbewerb – eine Einführung in den Sammelband, in: Bruhn (Hrsg.): a. a. O. 1996, S. 3-35 [1996a]

Bruhn, Manfred: Interne Kommunikation, in: Meyer (Hrsg.): a. a. O. 1998, S. 1045-1062

Bruhn, Manfred (Hrsg.): Internes Marketing – Integration der Kunden- und Mitarbeiterorientierung. Grundlagen, Implementierung, Praxisbeispiele, Wiesbaden: Gabler 2. Auflage 1999

Bruhn, Manfred: Internes Marketing als Forschungsgebiet der Marketingwissenschaft – Eine Einführung in die theoretischen und praktischen Probleme, in: Bruhn (Hrsg.): a. a. O. 1999, S. 15-44

Bruhn, Manfred/Stauss, Bernd (Hrsg.): Dienstleistungsqualität – Konzepte, Methode, Erfahrungen, Wiesbaden: Gabler 1991

Brysch, Armin: Markenbildung im Deutschlandtourismus – Beispiele, Erfahrungen, Herausforderungen, in: Bieger/Pechlaner/Steinecke (Hrsg.): a. a. O. 2001, S. 35-40

Buchholz, Andreas/Wördermann, Wolfram: Was Siegermarken anders machen – Wie jede Marke wachsen kann, München/Düsseldorf: Econ 1998

Bullinger, Hans-Jörg (Hrsg.): Dienstleistung der Zukunft – Märkte, Unternehmen und Infrastrukturen im Wandel. Ergebnisse der Tagung des BMBF vom 28. und 29. Juni 1995 in Berlin, Wiesbaden: FBO, Office Media und Wiesbaden: Gabler 1995

Burger, Wolfgang: Wertvolle Schätze – Der Wert von Marken für Unternehmen nimmt beständig zu, in: Touristik Report Extra: Marketing und Vertrieb, Dezember 2001, S. 83-86

Bussmann, Wolf/Unger, Fritz: Kognitive sozialpsychologische Theorien in ihrer Bedeutung für das Konsumgüter-Marketing, in: Unger (Hrsg.): a. a. O. 1986, S. 56-96

**- C -**

Cacioppo, John, T./Harkins, Stephen G./Petty, Richard E.: The Nature of attitudes and Cognitive Responses and Their Relationship to Behavior, in: Petty/Ostram/Brock (Hrsg.): a. a. O. 1981, S. 31-54

Cattell, Raymond B.: Personality theory growing from multivariate quantitative research, in: Koch (Hrsg.): a. a. O. 1959, S. 257-327

Champy, James: Reengineering Management. The Mandate for new Leadership, New York: Harper Business 1995

Comelli, Gerhard/von Rosenstiel, Lutz: Führung durch Motivation: Mitarbeiter für Organisationsziele gewinnen, München: Vahlen 2. Auflage 2001

Conner, Daryl R.: Leading at the Edge of Chaos. How to create the nimble Organization, New York: John Wiley & Sons 1998

Corsten, Hans: Die Produktion von Dienstleistungen – Grundzüge einer Produktionswirtschaftslehre des tertiären Sektors, Berlin: Erich Schmidt Verlag 1985

Corsten, Hans: Dienstleistungsmanagement, München/Wien: Oldenbourg 4. Auflage 2001

Corsten, Hans/Hilke, Wolfgang (Hrsg.): Dienstleitungsproduktion. Absatzmarketing – Produktivität – Haftungsrisiken – Serviceintensität – Outsourcing, Wiesbaden: Gabler 1994

Crompton, John L.: Structure of Vacation Destination Choice Sets, in: Annals of Tourism Research 19. Jg. 1992, S. 420-432

Crompton, John L./Ankomah, Paul K.: Choice Set Propositions in Destination Decisions, in: Annals of Tourism Research 20. Jg. 1993, S. 461-476

**- D -**

Danuser, Hanspeter: Berufliche Quereinsteiger im Destinationsmanagement – Chancen zu mehr Professionalität? Vortrag anläßlich des Tourismustags Rheinland-Pfalz „Neue Impulse im Tourismus – welche Akzente setzen Quereinsteiger?“ Haßloch/Pfalz, 10. September 2002

Danuser, Hanspeter/Meisser, J. David: St. Moritz – ein Ortsname wird zur Qualitätsmarke, in: Frankfurter Allgemeine Zeitung vom 26. Mai 1987, S. B10

de Chernatony, Leslie/McDonald, Malcolm H.B.: Creating Powerful Brands, Oxford u. a.: Butterworth-Heinemann 2. Auflage 1998

Deichsel, Alexander: Namensfindung und Markengestaltung, in: Tomczak/Schögel/Ludwig (Hrsg.): a. a. O., 1998, S. 94.103

della Schiava, Manfred/Hafner, Harald: Service-Marketing im Tourismus. Kunden gewinnen und behalten; strategische Marketingplanung, Produkt- und Vertriebspläne, Akquisition im Tourismus, Kundendatenbanken, Response, Kundenzufriedenheit und Servicequalität, Wien: Wirtschaftsverlag Ueberreuter 1995

Dettmer, Harald et al.: Tourismus-Marketing Management, München/Wien: Oldenbourg 1999

Deutsche Psychologen Akademie (Hrsg.): Psychologie am Puls der Zeit - Beiträge zum Psychologentag 2001: Kongreß für Angewandte Psychologie des BDP in Bonn, Bonn: Deutscher Psychologen Verlag GmbH, 2001

Deutsches Patent- und Markenamt (Hrsg.): Marken - Eine Informationsbroschüre des Deutschen Patent- und Markenamts, München 1998 (aus dem Internet bezogen http://www.dpma.de/infos/broschuere/marken01.html, vom 4. April 2001)

Deutsches Patent- und Markenamt (Hrsg.): Jahresbericht 2001, München 2002

Dichtl, Erwin: Grundidee, Varianten und Funktionen der Markierung von Waren und Dienstleistungen, in: Dichtl/Eggers (Hrsg.): a. a. O. 1992, S. 1-23

Dichtl, Erwin/Eggers Walter (Hrsg.): Marke und Markenartikel als Instrumente des Wettbewerbes, München: dtv 1992

Diller, Hermann (Hrsg.): Vahlens Großes Marketinglexikon, München: Vahlen/Beck 1992

Disch, Wolfgang K.A.: Markenartikel – den Nutzen für Verbraucher und Handel (wieder)entdecken, in: Marketing Journal 17. Jg. 4/1984, S. 302-306

Domizlaff, Hans: Die Gewinnung des öffentlichen Vertrauens – Ein Lehrbuch der Markentechnik, Hamburg: Marketing Journal 1982

Dreyer, Axel (Hrsg.): Kulturtourismus, München/Wien: Oldenbourg 1996

Drucker, Peter Ferdinand: Managing in a Time of Great Change, New York: Truman Tally Books/ Dutton 1995

Dudenhöffer, Ferdinand: Abschied vom Massenmarketing – Systemmarken und Beziehungen erobern Märkte, Düsseldorf/München: Econ 1998

Dudenhöffer, Ferdinand: Systemmarken – Vernetzung produktnaher Angebote und Marken, in: Esch (Hrsg.) 2001: a. a. O., S. 413-433

**- E -**

Eisendle, Reinhard/Miklautz, Elfie (Hrsg.): Produktkulturen. Dynamik und Bedeutungswandel des Konsums, Frankfurt/New York: Campus 1992

Esch, Franz-Rudolf: Kommunikation 2005 – die neue Macht der Markenbilder, in: Absatzwirtschaft – Zeitschrift für Marketing 4/2001, S. 66-68

Esch, Franz-Rudolf: Wirksame Markenkommunikation bei steigender Informationsüberlastung der Konsumenten, in: Köhler/Majer/Wiezorek (Hrsg.): a. a. O. 2001, S. 71-89

Esch, Franz-Rudolf (Hrsg.): Moderne Markenführung – Grundlagen, innovative Ansätze, praktische Umsetzungen, Wiesbaden: Gabler, 3. Auflage 2001

Esch, Franz-Rudolf/Wicke, Andreas: Herausforderungen und Aufgaben des Markenmanagements, in: Esch (Hrsg.): a. a. O. 2001, S. 3-55

ETI – Europäisches Tourismus Institut an der Universität Trier GmbH: Trends im Destinationsmanagement, Trier 1999 (unveröffentlichte Studie)

ETI – Europäisches Tourismus Institut an der Universität Trier GmbH: Touristisches Leitbild und Entwicklungskonzept für den Raum Ostfriesland – Präsentation zur Lenkungsgruppensitzung am 26. September 2002a, Trier: 20. Oktober 2002 (http://www.eti.de/Ostfriesland-Forum/welcome.html/lenkungsgruppe.pdf)

ETI – Europäisches Tourismus Institut an der Universität Trier GmbH: Ergebnisdokumentation der 1. Workshopreihe Leitbild- und Konzeptentwicklung für den Raum Ostfriesland, Trier: ETI Oktober/November 2002b (http://www.eti.de/Ostfriesland-Forum/1-Workshoprunde.pdf)

Eysenck, Hans Jürgen: The scientific study of personality, London: Routledge&Kegan Paul 1952 4.Aufl.1968

**- F -**

Felser, Georg: Werbe- und Konsumentenpsychologie, Heidelberg/Berlin: Spektrum, Akademischer Verlag und Stuttgart: Schäffer-Poeschel 2. Auflage 2001

Felser, Georg/Kaupp, Peter/Pepels, Werner: Käuferverhalten, Köln: Fortis 1999

Ferner, Fritz-Karl/Pötsch, Walter: Markenlust und Markenfrust im Tourismus, Wien: Österreichischer Wirtschaftsverlag 1998

Festinger, Leon: A theory of cognitive dissonance, Evanston: Row, Peterson 1957

Festinger, Leon: Theorie der kognitiven Dissonanz, Bern/Stuttgart/Wien: Huber 1978

Findeisen, Franz: Die Markenartikel im Rahmen der Absatzökonomie der Betriebe, Berlin: Industrieverlag Spaeth und Linde 1924, Nachdruck Frankfurt a. M./Tokio: Keip/Yushodo 1980

Fishbein, Martin/Ajzen, Icek: Belief, Attitude, Intention and Behavior: An Introducion to Theory and Research, Reading (Mass.) u. a.: Addison-Wesley Publishing Company Inc. 1975

Fontanari, Martin L.: Trends und Perspektiven für das Destinationsmanagement – Erste empirische Ergebnisse, in: Fontanari/Scherhag (Hrsg.): a. a. O., 2000, S. 73-93

Fontanari, Martin L./Scherhag, Knut/Streitz, Steffen: Niedersächsisches Staatsbad Norderney – Analyse zum Image, zur Branchenstruktur und des touristischen Warenkorbes, Trier: ETI 2000 (unveröffentlichter Projektbericht)

Fontanari, Martin L. et al.: Marktforschungsstudie zum Entscheidungsverhalten von Flugpauschaltouristen für Luxair S.A., Trier: ETI 2001a (unveröffentlichter Projektbericht)

Fontanari, Martin L. et al.: Touristische Entwicklung des Fuxian-Sees. Masterplan zur touristischen Entwicklung und Inwertsetzung der Region um den Fuxian-See in der Provinz Yunnan (VR China), Trier: ETI 2001b (unveröffentlichter Projektbericht)

Fontanari, Martin L./Fontanari, Markus A. (Hrsg.): Tourismus im Europa der Regionen – ETI-Jubiläumsband 1991-2001, Trier: ETI 2001

Fontanari, Martin L./Scherhag, Knut (Hrsg.): Wettbewerb der Destinationen, Erfahrungen – Konzepte – Visionen, Wiesbaden: Gabler 2000

Fontanari, Martin L./Scherhag, Knut/Partale, Kai: Touristisches Leitbild und Entwicklungskonzept für den Raum Ostfriesland – Zwischenpräsentation am 10. Juli 2002, ETI 2002 (http://www.eti.de/Ostfriesland-Forum/praesentation/zwpraesentation_100702.pdf download vom 17. August 2002)

Forschungsgruppe Konsum und Verhalten (Hrsg.): Innovative Marktforschung, Würzburg/Wien: Physika-Verlag 1983

Forschungsgruppe Konsum und Verhalten (Hrsg.): Konsumentenforschung, München: Vahlen 1994

Franke, Reimund/Kötzle, Alfred (Hrsg.): Controlling der Unternehmensbereiche – Zielorientierte Steuerung betrieblicher Funktionen, Frankfurt a. M.: Frankfurter Allgemeine Zeitung 1995

Frey, Dieter/Irle, Martin: Theorien der Sozialpsychologie Band III: Motivations- und Informationsverarbeitungstheorien, Bern/Stuttgart/Toronto: Haupt 1985

Frey, Hans-Peter/Haußer, Karl (Hrsg.): Identität – Entwicklungen psychologischer und soziologischer Forschung, Stuttgart: Enke: 1987

Frey, Hans-Peter/Haußer, Karl: Entwicklungslinien sozialwissenschaftlicher Identitätsforschung, in: Frey/Haußer (Hrsg.): a. a. O. 1987, S. 3-26

Frey, Bruno/Osterloh, Margit (Hrsg.): Managing Motivation: Wie Sie die neue Motivationsforschung für Ihr Unternehmen nutzen können, Wiesbaden: Gabler 2. Auflage 2002

Frey, Dieter/Hoyos, Carl Graf/Stahlberg (Hrsg.): Angewandte Psychologie – ein Lehrbuch, München u. a,: Psychologie-Verlags-Union 1988

Freyer, Walter: Tourismus-Marketing, München/Wien: Oldenbourg 3. Auflage 2001

Freyer, Walter/Scherhag, Knut (Hrsg.): Zukunft des Tourismus – Tagungsband zum 2. Dresdner Tourismus-Symposium, Dresden: FIT 1996

Frigge, Carsten/Houben, Anabel: Mit der Corporate Brand zukunftsfähig werden, in: Harvard Business Manager 1/2002, S. 28-35

Frömbling, Simone: Zielgruppenmarketing im Fremdenverkehr von Regionen, Frankfurt a. M. u. a.: Peter Lang 1993

- G -

Gabler Verlag (Hrsg.): Markenartikel heute – Marke, Markt und Marketing, Wiesbaden: Gabler 1978

Gabler Verlag (Hrsg.): Gabler Wirtschaftslexikon, Wiesbaden: Gabler, 15. Auflage 2000

Gallarza, Martina G./Gill Saura, Gil/Calderón García, Haydée: Mesurer l'image d'une destination – une approche par les attributs perÇus, in : Tourism Review, 56 Jg, 1+2/2001, S. 13-22

Gardner, Burleight B/Levy, Sidney J.: The Product and the Brand, in: Harvard Business Review Vol. 33 2/1955, S. 33-39

Garvin, David A.: What Does "Product Quality" Really Mean?, in: Sloan Management Revue, 20. Jg. Herbst 1984a, S. 25-43

Garvin, David A.: Product Quality – An Important Strategy Weapon, in: Business Horizons, 27. Jg. Mai/Juni 1984b, S. 40-43 George, William R./Grönroos, Christian: Internes Marketing: Kundenorientierte Mitarbeiter auf allen Unternehmensebenen, in: Bruhn (Hrsg.): a. a. O.1999, S. 45-68

Gerken, Gerd: Die fraktale Marke, Düsseldorf: Econ 1994

Gerken, Gerd: Cyber-Branding. Aus Marken werden virtuelle Welten, Düsseldorf/Berlin: Metropolitan 2001

Gewald, Stefan (Hrsg.): Handbuch des Touristik- und Hotelmanagements, München/Wien: Oldenburg 2. Auflage 2000

Girtler, Roland: Methoden der qualitativen Sozialforschung. Anleitungen zur Feldarbeit, Wien/Köln/Weimar: 3. Auflage 1992

Goffman, Erving: The Presentation of Self in Everyday Life, Garden City, New York: Doubleday 1959, deutsche Ausgabe unter dem Titel: Wir alle spielen Theater – Die Selbstdarstellung im Alltag, München: Piper 1969

Goodall, Brian: How Tourists choose their Holidays: an analytical framework, in: Goodall/Ashworth (Hrsg.): a. a. O. 1990, S. 1-17

Goodall, Brian/Ashworth, Gregory (Hrsg.): Marketing in the Tourism Industry: The Promotion of Destination Regions, London: Routledge 1990

Grafe, Christoph: Handelsmarken von Einkaufsvereinigungen des Einzelhandels, Köln: Müller Botermann 1991

Grant, Robert M.: The Resourced-Based Theory of Competitive Advantage: Implications for Strategy Formulation, in: California Management review, 33. Jg., Frühjahr 1991, S. 114-135

Graumann, Jens: Die Dienstleitungsmarke – Charakterisierung und Bewertung eines neuen Markentypus aus absatzwirtschaftlicher Sicht, München: Florentz 1983

Grönroos, Christian: Strategic Management and Marketing in the Service Sector, Research Report No. 8, Helsingfors: Swedish School of Economics and Business Administration 1982

Grönroos, Christian: A Service Quality Model and its Marketing Implications, in: European Journal of Marketing, 18. Jg., 4/1984, S. 36-44

Gutman, J.: Means-End Chains as Goal Hierarchies, in: Psycholgy and Marketing, 14 Jg., September 1997, S. 545-560

**- H -**

Haedrich, Günther: Branding und Positionierung von Destinationen, in: Bieger/ Pechlaner/Steinecke (Hrsg.): a. a. O. 2001, S. 41-50

Haedrich, Günther: Kommunikationspolitik, in: Haedrich et al. (Hrsg.): a. a. O., 1998, S. 379-403

Haedrich, Günther et al. (Hrsg.): Tourismus-Management – Tourismus-Marketing und Fremdenverkehrsplanung, Berlin/New York: de Gruyter 1998

Haedrich, Günther/Berger, Roland: Angebotspolitik, Berlin/New York: de Gruyter 1982

Haedrich, Günther/Tomczak, Torsten: Erlebnis-Marketing: Angebotsdifferenzierung durch Emotionalisierung, in: Thexis 1/1988, S. 35-41

Haedrich, Günther/Tomczak, Torsten: Strategische Markenführung. Planung und Realisierung von Marketingstrategien für eingeführte Produkte, Bern/Stuttgart/ Wien: Haupt 2. Auflage 1996

Hätty, Holger: Der Markentransfer, Heidelberg: Physica 1989

Hahn, Heinz/Hartmann, Klaus D.: Reiseinformation, Reiseentscheidung, Reisevorbereitung – Einige Ergebnisse der psychologischen Tourismusforschung, Starnberg: Studienkreis für Tourismus e.V. 1973

Hahn, Heinz/Kagelmann, H. Jürgen (Hrsg.): Tourismuspsychologie und Tourismussoziologie – Ein Handbuch zur Tourismuswissenschaft, München: Quintessenz 1993

Haller, Sabine: Handels-Marketing, Ludwigshafen: Kiehl 1997

Hallerbach, Bert/Scherhag, Knut: Merkmale der Reiseentscheidung – Ergebnisse einer Marktforschungsstudie in ausgewählten europäischen Ländern, in: Fontanari/Fontanari (Hrsg.): a. a. O. 2001, S. 157-168

Hammann, Peter: Der Wert einer Marke aus betriebswirtschaftlicher und rechtlicher Sicht, in: Dichtl/Eggers (Hrsg.): a. a. O. 1992, S. 205-245

Hammer, Michael/Champy, James: Reengineering the Corporation. A Manifesto for Business Revolution, New York: Harper Business 1993

Hartmann, Petra: Wunsch und Wirklichkeit: Theorie und Empirie sozialer Erwünschtheit. Wiesbaden: Dt. Univ.-Verlag 1991

Hartmann, Klaus-Dieter/Koeppler, Karlfritz (Hrsg.): Fortschritte der Marktpsychologie – Band 2: Grundlagen – Methoden – Anwendungen, Frankfurt a. M.: Fachbuchhandlung für Psychologie GmbH Verlagsabteilung 1980

Hebestreit, Dieter: Touristik Marketing. Grundlagen, Ziele Basis-Informationen, Instrumentarien, Strategien, Organisation und Planung des Marketing von Reiseveranstaltern – Ein Handbuch für Praktiker, Berlin: Berlin Verlag 3. Auflage 1992

Heckhausen, Heinz: Motivation und Handeln, Berlin u. a.: Springer 2. Auflage 1989

Hentschel, Bert: Dienstleistungsqualität aus Kundensicht – Vom merkmals- zum ereignisorientierten Ansatz, Wiesbaden: Dt. Univ.-Verlag 1992

Hermanns, Arnold/Meyer, Anton (Hrsg.): Zukunftsorientiertes Marketing für Theorie und Praxis – Festschrift zum sechzigsten Geburtstag von Paul W. Meyer, Berlin: Duncker und Humblot 1984

Herrmann, Andreas: Nachfrageorientierte Produktgestaltung: Ein Ansatz auf Basis der ‚means end' Theorie, Wiesbaden: Gabler 1996

Herrmann, Andreas/Huber, Frank/Braunstein, Christine: Gestaltung der Markenpersönlichkeit mittels der „means-end"-Theorie, in: Esch (Hrsg.): a. a. O. 2001, S. 103-133

Herzig, Oliver A.: Markenbilder/Markenwelten – Neue Wege in der Imageforschung, Wien: Service-Fachverlag 1991 Hesket, James L. et al.: Putting the Service-Profit Chain to Work, in: Harvard Busienss Review, 2/1994, S. 164-174

Hesse, Wolfgang: Markenformen in der Ernährungswirtschaft, Nürnberg 1952 (Diplomarbeit, veröffentlicht)

Heubach, Friedrich W.: Produkte als Bedeutungsträger: Die Heraldische Funktion von Waren, in: Eisendle/Miklautz (Hrsg.): a. a. O. 1992, S. 177-197

Hildebrandt, Klaus: Neuer Glanz mit dem Traditionsnamen Thomas Cook, in: FVW International, 11/2001, S. 10-11

Hilke, Wolfgang (Hrsg.): Dienstleistungs-Marketing: Banken und Versicherungen – Freie Berufe – Handel und Transport – Nicht-erwerbswirtschaftlich orientierte Organisationen, Wiesbaden: Gabler 1989a (Schriften zur Unternehmensführung, Band 35)

Hilke, Wolfgang: Grundprobleme und Entwicklungstendenzen des Dienstleistungs-Marketing, in: Hilke (Hrsg.). a. a. O. 1989b, S. 5-44

Hirtenlehner, Helmut/Mörth, Ingo/Steckenbauer, G. Christian: Reisemotivmessung – Überlegungen zu und Erfahrungen mit der Operationalisierung, in: Tourismus Journal, 6. Jg. 1/2002, S. 93-115

Höcklin, Susanne: Analyse der deutschen Fremdenverkehrsstruktur und ihrer Entwicklung als Ausgangsbasis zum Messen tourismusinduzierter Umweltbelastungen, Trier: Geographische Gesellschaft 1999 [Materialien zur Fremdenverkehrsgeographie, Band 50]

Höhl, Johanna: Zweitmarken – ein entscheidungsorientierter Ansatz aus der Sicht des Markenartikelherstellers, Gelsenkirchen: Mannhold 1982

Hofacker, Thomas: Entscheidung als Informationsverarbeitung, Eine empirische Untersuchung zur Produktentscheidung von Konsumenten, Frankfurt a. M./Bern/New York: Lang 1985

Howard, John A./Sheth, Jagdish N.: The Theory of Buyer Behavior, New York u. a.: John Wiley & Sons 1969

Hoyos, Carl Graf u. a. (Hrsg.): Wirtschaftspsychologie in Grundbegriffen: Gesamtwirtschaft – Markt – Organisation – Arbeit, München/Weinheim: Psychologie Verlags Union 2. Auflage 1990

Howard, John A./Sheth, Jagdish N.: The Theory of Buyer Behavior, New York u. a.: John Wiley & Sons, Inc. 1969

Huber, Wilfried R.: Markenpolitische Strategien des Konsumgüterherstellers, dargestellt an Gütern des täglichen Bedarfs, Frankfurt a.M. u.a.: Lang 1988

Hunt, H. Keith (Hrsg.): Advances in Consumer Research Band 5, Ann Arbor: Association of Consumer Research 1978

**- I, J -**

Ibielski, Erich: Markenbegriffe im Neuland – zur Situation im kommenden EG-Binnenmarkt, in: Markenartikel 9/1990, S. 413-419

Imai, Massaki: Kaizen – Der Schlüssel zum Erfolg der Japaner im Wettbewerb, Berlin/Frankfurt am Main: Ullstein 6. Auflage 1994

Irle, Martin/Möntmann, Volker: Die Theorie der kognitiven Dissonanz – Ein Resümee ihrer theoretischen Entwicklung und empirischen Ergebnisse 1957-1976, in: Festinger (Hrsg.): a. a. O. 1978, S. 274-365

Jacobi, Friedrich: Ansatzpunkte zur Bewertung von Kooperationen im Tourismus am Beispiel ausgewählter Ferienorte des Alpenraums, Bamberg: Difo-Druck 1996 (zugl. Dissertation Hochschule St. Gallen)

Jacobs, Holger M.: Die Karte in den Köpfen – Nur wenige Städte und Regionen haben sich bei potentiellen Gästen profiliert, in: FVW International 36. Jg., 4/2002, S. 81

Jacoby, Jacob et al.: Pre-Purchase Information Acquisition: Description of a Process Methodology, Research Paradigm, and Pilot Investigation, in: Anderson (Hrsg.): a. a. O. 1976, S. 306-314

Jäckel, Michael: Wahlfreiheit in der Fernsehnutzung. Eine soziologische Analyse zur Individualisierung der Massenkommunikation, Opladen: Westdeutscher Verlag 1996

Jahrfeld, Martin: Marken? – Welche Marken?, in: FVW International und Horizont – Zeitung für Marketing, Werbung und Medien, Sonderheft Tourismus und Werbung, 2. Dezember 1999, S. 28-31

Jenner, Thomas: Markenführung im Zeitalter des Shareholder-Value. In: Harvard Business Manager 3/2001, S. 54-63

Jost, Peter-J.: Organisation und Motivation. Eine ökonomisch-psychologische Einführung, Wiesbaden: Gabler 2001

**- K -**

Kaas, Klaus Peter: Zeitbezogene Untersuchungspläne – Neue Analysemethoden der Marktforschung, in: Marketing – Zeitschrift für Forschung und Praxis, 4. Jg. Nr. 4/1982, S. 237-245

Kaas, Klaus Peter: Marketing als Bewältigung von Informations- und Unsicherheitsproblemen im Markt, in: Die Betriebswirtschaft 50. Jg., 4/1990, S. 539-548

Kaas, Klaus Peter/Hofacker, Thomas: Informationstafeln und Denkprotokolle – Bestandsaufnahme und Entwicklungsmöglichkeiten der Prozeßverfolgungstechniken, in: Forschungsgruppe Konsum und Verhalten (Hrsg.): a. a. O. 1983, S. 75-103

Kaiser, Henry F.: A Second Generation Little Jiffy, in: Psychometrika 35. Jg., 4/1970, S. 401-415

Kaiser, Henry F./Rice, John: Little Jiffy Mark IV, in: Educational and Psychological Measurement 34. Jg., 1/1974, S. 111-117

Kamber, Urs: Von der Tourismusregion zum Markenartikel – Das Beispiel Heidiland, Sargans: Ferienregion Heidiland 2002 (Presseinformation)

Kamber, Urs: Heidiland – Ein Erfolgsmärchen?, Sargans: Ferienregion Heidiland 2000 (Presseinformation)

Kärnten Werbung: Dachmarke Kärnten – Ein ganzes Land als Marke, Kärnten Spezial Mai 2001

Kagelmann, H. Jürgen: Tourismus. in Frey/Hoyos/Stahlberg (Hrsg.): a. a. O. 1988, S. 498-517 .

Kapferer, Jean-Noël: Die Marke – Kapital des Unternehmens, Landsberg am Lech: Verlag Moderne Industrie 1992

Kappler, Arnold: Konzept Marketing Heidiland-Tourismus, Kurzfassung für den eiligen Leser, Luzern/Bad Ragaz: Kappler Unternehmensberatung 1996

Karloff, Boris: Markenpolitik und Markenstrukturen, in: Unger (Hrsg.): a. a. O. 1986, S. 177-196

Kaspar, Claude: Management im Tourismus – Eine Grundlage für die Führung von Tourismusunternehmungen und -organisationen, Bern/Stuttgart/Wien 2. Auflage 1995

Kaspar, Claude: Die Tourismuslehre im Grundriss, Bern/Stuttgart: Haupt 5. Auflage 1996

Katona, George: Psychological Analysis of Economic Behavior, New York: McGraw-Hill 1951

Katona, George: Das Verhalten der Verbraucher und Unternehmer – Über die Beziehung zwischen Nationalökonomie, Psychologie und Sozialpsychologie, Tübingen: Mohr 1960

Keller, Peter (Hrsg.): Destination Marketing – Scopes and limitations, St. Gallen: AIEST 1998 (Publikationen der AIEST Vol. 40)

Kelz, Andreas: Die Weltmarke, Idstein: Schul-Kirchner 1989

Kern, Alexandra: Profil und Profilierung deutscher Urlaubsregionen unter besonderer Berücksichtigung der Mittelgebirge, Trier: Geographische Gesellschaft 2001 (Materialien zur Fremdenverkehrsgeographie Band 54)

Keul, Alexander G./Bachleitner, Reinhard/Kagelmann, H. Jürgen (Hrsg.): Gesund durch Erleben? Beiträge zur Erforschung der Tourismusgesellschaft, München/Wien: Profil 2000

Kemper, Anne Christin: Strategische Markenpolitik im Investitionsgüterbereich, Köln: Eul 2000

Kiefl, Walter: Wo du nicht bist, dort ist das Glück – Überlegungen zur Vielschichtigkeit touristischer Motive, in: Tourismus Journal 1. Jg., 2/1997, S. 207-224

Kieser, Alfred/Kubicek, Herbert: Organisation, Berlin: de Gruyter 3. Auflage 1992

Kircher, Sybille: Gestaltung von Markennamen, in: Esch (Hrsg.): a. a. O., 2001, S. 475-493

Kirchgeorg, Manfred: Aufbau und Gestaltung von Regionenmarken, in: Meffert/Burmann/Koers (Hrsg.): a. a. O. 2002, S. 375-400

Kliemt, Hartmut: Antagonistische Kooperation. Elementare spieltheoretische Modelle spontaner Ordnungsentstehung, Freiburg/München: Alber 1986

Knoblich, Hans: Image, in: Diller (Hrsg.): a. a. O. 1992, S. 434-435

Koch, Sigmund (Hrsg.): Psychology: The study of science, New York u.a.: McGraw-Hill 1959

Koers, Martin: Steuerung von Markenportfolios – Ein Beitrag zum Mehrmarkencontrolling am Beispiel der Automobilwirtschaft, Frankfurt a. M. u. a.: Lang 2001

Köhler, Richard/Majer, Wolfgang/Wiezorek, Heinz: Erfolgsfaktor Marke – Neue Strategien des Markenmanagements, München: Vahlen 2001

Körfgen, Ralph: Prozeßoptimierung in Dienstleistungsunternehmen, Wiesbaden: DUV 1999

Kohli, Chiranjeev/LaBahn, Douglas W.: Observations: Creating Effective Brand Names: A Study of the Naming Process, in: Journal of Advertising Research 1/1997, S. 67-75 Kohli, Chiranjeev/LaBahn, Douglas W./Thakor, Mrugank: Prozeß der Namensgebung, in: Esch (Hrsg.): a. a. O. 2001, S. 451-474

Konken, Michael: Stadtmarketing Handbuch für Städte und Gemeinden, Limburgerhof: FBV Medien Verlag 2000

Kotler, Philipp/Bliemel, Friedhelm: Marketing-Management: Analyse, Planung und Verwirklichung, 10. Auflage Stuttgart: Schäffer-Poeschel 2001

Kaft Foods Deutschland GmbH & Co KG: Broschüre zur Milka Nostalgiedose anläßlich des 100jährigen Bestehens von Milka-Tafelschokolade 2001

Kreilkamp, Edgar: Strategische Planung im Tourismus, in: Haedrich et al. (Hrsg.): a. a. O. 1998a, S. 287-324

Kreilkamp, Edgar: Produkt- und Preispolitik, in: Haedrich et al. (Hrsg.): a. a. O. 1998b, S. 325-356

Krichbaum, Jörg (Hrsg.): Deutsche Standards: Produkte und Objekte in Deutschland, die als prominenter Teil für das Ganze stehen. Namen und Begriffe, von Aspirin bis Zeiss, in Bild und Wort, Köln: Arcum 10. Auflage 1997

Krippendorf, Jost: Die Ferienmenschen – Für ein neues Verständnis von Freizeit und Reisen, Bern: Zytglogge (vom Autor leicht gekürzte Neuauflage) 1996 (1. Auflage 1984)

Kroeber-Riel, Werner/Weinberg, Peter: Konsumentenverhalten, München: Vahlen 7. Auflage 1999

Kubetschka, Edgar: Kleine Überraschung – große Wirkung. Emotional Branding: Die Kür – Ihre Interessen sind ihr Markenwert, in: FVW International 36. Jg., 7/2002, S. 92-94

Künzel, Hansjörg: Management interner Kunden-Lieferanten-Beziehungen, Wiesbaden: Deutscher Universitäts-Verlag 1999

Kuß, Alfred: Information und Käuferverhalten: Methoden und Ergebnisse empirischer Konsumentenforschung, Berlin/New York: de Gruyter 1987

Kuß, Alfred/Tomczak, Torsten: Käuferverhalten – Eine marketingorientierte Einführung, Stuttgart: Lucius und Lucius 2. Auflage 2000

**- L -**

Lambertz, Michael/Meffert, Claudia: Management von komplexen Markenportfolios – Markenführung bei der TUI Group, in: Meffert/Burmann/Koers (Hrsg.): a. a. O., 2002, S. 567-590

Latour, Susanne: Der treffende Name: Ein strategischer Faktor für den internationalen Erfolg, in: Markenartikel 4/1992, S. 140-145

Lehmann, Donald R./Moore, William L.: Validity of Information Display Boards: An Assessment Using Longitudinal Data, in: Journal of Marketing Research, 17. Jahrgang 4/1980, S. 450-459

Lehmann, Axel: Dienstleistungsmanagement – Strategien und Ansatzpunkte zur Schaffung von Servicequalität, Stuttgart: Schäffer-Poeschel und Zürich: Verlag Neue Züricher Zeitung 2. Auflage 1995

Leitherer, Eugen: Die Entwicklung des Markenwesens – Von den Ursprüngen bis zum Beginn der fünfziger Jahre. Dissertation Nürnberg 1954, Nachdruck Wiesbaden: Markenartikel Verlag GmbH/Gesellschaft zur Erforschung des Markenwesens e. V. 1988 [Die Dissertation von Leitherer ist in zwei Artikeln in der Zeitschrift Markenartikel im Jahrgang 1956 abgedruckt worden.]

Lettl-Schröder, Maria/Spielberger, Monika: Wer gewinnt den Kampf um die Klappen?, in: FVW International 1/2000, S. 8-9

Lenz, Rainer: Die Entwicklung von Handelsmarken – Untersuchungen und Zukunftsperspektiven im Gebrauchsgüterbereich, in: Bruhn (Hrsg.): a. a. O. 1996, S. 149-169

Lewin, Kurt: 1926

Lewin, Kurt: Die psychologische Situation bei Lohn und Strafe, Leipzig: Hirzel 1931 (unveränderter reprografischer Nachdruck Stuttgart: Hirzel 1974)

Lewin, Kurt: Frontiers in group dynamics – Concept, Method and Reality in Social Science; Social Equilibria and Social Change, in: Human Relations 1/1947, S. 5-41

Lewin, Kurt: Verhalten und Entwicklung als eine Funktion der Gesamtsituation, in: Lewin: a. a. O. 1963, S. 271-329, deutsche Übersetzung des Beitrages: *Behavior and development as a funktion of the total situation*, in: Charmichael, L.: Manual of Child Psychology, New York: Wiley and Sons 1946, S. 791-844

Lewin, Kurt: Feldtheorie in den Sozialwissenschaften, Bern/Stuttgart: Huber 1963

Löffler, Ute: Ein Kurz-Überblick über die gebräuchlichsten Stichprobenverfahren in der Marktforschung, in: ADM/AG.MA (Hrsg.): a. a. O. 1999, S. 17-21

Lovelock, Christopher H.: Service Marketing – text, cases and readings, Engelewood Cliffs, N. J.: Prentice-Hall 1984

Lübbert, Claudia: Qualitätsorientiertes Umweltschutzmanagement im Tourismus – Empirische Untersuchung und Entwurf eines nachfrageorientierten Modells zur Umweltkennzeichnung touristischer Leistungen, München: VVF 1999

Lücke, Michael: Der Harz – Immer ganz oben. Marketingpolitik einer deutschen Urlaubsregion, Goslar: HVV 2001

Lürssen, Jürgen: Produktwissen und Kaufentscheidung. Einbeziehung des Produktwissens bei der Analyse von Kaufentscheidungen mit der Information Display Matrix, Frankfurt am Main u. a: Lang 1989

Luft, Hartmut: Destination „OstFriesland Ferien": ein konzentrierter Aktionsvollzug von „unten nach oben", in: Tourismus Jahrbuch 3. Jg., 1/1999, S. 45-57

Luft, Hartmut: Organisation und Vermarktung von Tourismusorten und Tourismusregionen: Destination Management, Meßkirch: Gmeiner 2001

**- M -**

MacKenzie, Scott B./Lutz, Richard J.: An Empirical Examination of the Structural Antecedents of Attitude Towards the Ad in an Advertising Pretesting Context, in: Journal of Marketing 53 Jg., April 1989, S. 48-65

Maes, Jürgen: Tourismus als vernachlässigtes Anwendungsfeld und Zukunftsaufgabe für PsychologInnen im neuen Jahrhundert, in: Deutsche Psychologen Akademie (Hrsg.): a. a. O. 2001, S. 547-550

Maes, Jürgen: Ein weites Feld: Über den Bedarf an und Möglichkeiten von Tourismuspsychologie, in: Report Psychologie 27. Jg., 4/2002, S. 238-239

Maes, Jürgen/Wallerius, Anja: …zum Beispiel Reisemotive: Psychologische Aufgaben in der touristischen Marktforschung, in: Wirtschaftspsychologie 9. Jg., 3/2002, S. 69-75

Magrath, A. J.: When Marketing Services, 4 Ps are not Enough, in: Business Horizons 29. Jg., 3/1986, S. 44-50

Makens, James C.: Effect of Brand Preference Upon Consumers' Perceived Taste of Turkey Meat 1965: 262 in: Journal of Applied Psychology, 49. Jg., 4/1965, S. 261-263

Malerie, Rudolf: Grundlagen der Dienstleistungsproduktion, Berlin u. a.: Springer 4. Auflage 1997

Mansfield, Yoel: From Motivation to Actual Travel, in: Annals of Tourism Research, 19. Jg. 1992, S. 399-419

Margreiter, Josef G.: Die Marke Tirol: Ziele – Strategien – Maßnahmen, in: Bieger/Pechlaner/Steinecke (Hrsg.): a. a. O. 2001, S. 29-34

Matthes, Detlef: Die Markentreue – eine Analyse ihres Wesens und dessen Bestimmungsfaktoren, Dissertation Erlangen-Nürnberg 1967

Mazanec, Josef A.: Image Measurement with Self-Organizing Maps: A Tentative Application to Austrian Tour Operators, in: Revue de Tourisme 49. Jg., 3/1994, S. 9-18

McIntyre, George/Hetherington, Arlene/Inskeep, Edward: Sustainable Tourism Development, Guide for Local Planners, Madrid: World Tourism Organization 1993

Meffert, Claudia: Profilierung von Dienstleistungsmarken in vertikalen Systemen – ein präferenzorientierter Beitrag zur Markenführung in der Touristik, Wiesbaden: Deutscher Universitäts-Verlag 2002

Meffert, Heribert: Der Markenartikel und seine Bedeutung für den Verbraucher, Hamburg: Gruner und Jahr 1979

Meffert, Heribert: Strategische Unternehmensführung und Marketing. Beiträge zur marktorientierten Unternehmenspolitik, Wiesbaden: Gabler 1988

Meffert, Heribert: Klassische Funktionenlehre und marktorientierte Führung – Integrationsperspektiven aus der Sicht des Marketing, in: Adam et al. (Hrsg.): a. a. O., 1990, S. 373-408

Meffert, Heribert: Strategien zur Profilierung von Marken, in: Dichtl/Eggers (Hrsg.).: a. a. O. 1992, S. 129-156

Meffert, Heribert: Markenführung in der Bewährungsprobe; in: Markenartikel 10/1994, S. 478-481

Meffert, Heribert: Marketing – Grundlagen marktorientierter Unternehmensführung, Wiesbaden: Gabler 9. Auflage 2000

Meffert, Heribert/Biermann, Andreas: Corporate Branding – Führung der Unternehmensmarke im Spannungsfeld unterschiedlicher Zielgruppen, in: Meffert/Burmann/Koers (Hrsg.): a. a. O., 2002, S. 181-200

Meffert, Heribert/Bruhn, Manfred: Markenpolitik als Erfolgsfaktoren im Handel, in: Bruhn (Hrsg.): a. a. O. 1987, S. 101-131

Meffert, Heribert/Bruhn, Manfred: Dienstleistungsmarketing, Grundlagen – Methoden – Konzepte, Wiesbaden: Gabler 3. Auflage 2000

Meffert, Heribert/Burmann, Christoph: Identitätsorientierte Markenführung – Grundlagen für das Management von Markenportfolios, Münster: Wissenschaftliche Gesellschaft für Marketing und Unternehmensführung e.V. (Arbeitspapier Nr. 100) 1996

Meffert, Heribert/Burmann, Christoph: Identitätsorientierte Markenführung – Konsequenzen für die Handelsmarke, in: Bruhn (Hrsg.): a.a.O. 2001, S. 49-69 UBT → nicht zitiert

Meffert, Heribert/Burmann, Christoph (2002a): Identitätsorientierte Markenführung – vom instrumentellen zum identitätsorientierten Markenverständnis, in: Meffert/Burmann/Koers (Hrsg.): a. a. O., 2002, S. 17-33

Meffert, Heribert/Burmann, Christoph (2002b): Theoretisches Grundkonzept der identitätsorientierten Markenführung, in: Meffert/Burmann/Koers (Hrsg.): a. a. O., 2002, S. 35-72

Meffert, Heribert/Burmann, Christoph (2002c): Managementkonzept der identitätsorientierten Markenführung, in: Meffert/Burmann/Koers (Hrsg.): a. a. O., 2002, S. 73-97

Meffert, Heribert/Burmann, Christoph (2002d): Controlling von Markeninvestitionen – Abnutzbarkeit und Nutzungsdauer von Marken, in: Meffert/Burmann/Koers (Hrsg.): a. a. O., 2002, S. 459-474

Meffert, Heribert/Burmann, Christoph/Koers, Martin (Hrsg.): Markenmanagement – Grundlagen der identitätsorientierten Markenführung, Wiesbaden: Gabler 2002

Meffert, Heribert/Burmann, Christoph/Koers, Martin (2002a): Stellenwert und Gegenstand des Markenmanagement, in: Meffert/Burmann/Koers (Hrsg.): a. a. O., 2002, S. 3-15

Meffert, Heribert/Twardawa, Wolfgang/Wildner, Raimund: Aktuelle Trends im Verbraucherverhalten – Chancen und Risiken für den Markenartikel, Münster: Wissenschaftliche Gesellschaft für Marketing und Unternehmensführung e. V. (Arbeitspapier 137) 2000

Meffert, Heribert/Schröder, Jürgen/Perry, Jesko: B2C-Märkte – Lohnt sich Ihre Investition in die Marke? in: Absatzwirtschaft – Zeitschrift für Marketing 45. Jg., 10/2002, S. 28-35

Meier, Gerd/Hansen, Jochen: Die Quotenstichprobe, in: ADM/AG.MA (Hrsg.): a. a. O. 1999, S. 103-111

Mei-Pochtler, Antonella: Markenmanagement für Dienstleistungs-Anbieter, in: Meyer (Hrsg.): a. a. O. 1998, S. 665-678

Meissner, Hans Günther: Internationale Markenstrategien, in: Bruhn (Hrsg.): a. a. O., 1994, S. 673-685

Mellerowicz, Konrad: Der Markenartikel – Die ökonomischen Gesetze ihrer Preisbildung und Preisbindung, München/Berlin: C. H. Beck 2. Auflage 1963 Merbold, Claus: Unternehmen als Marken, in: Bruhn (Hrsg.): a. a.O. 1994, S. 105-119

Meyer, Anton: Marketing für Dienstleistungsanbieter, in: Hermanns/Meyer (Hrsg.): a. a. O. 1984, S. 197-213

Meyer, Anton (Hrsg.): Handbuch Dienstleistungs-Marketing, Stuttgart: Schäffer-Poeschel 1998 (2 Bände) Meyer, Anton/Blümelhuber, Christian: Interdependenzen zwischen Absatz und Produktion in Dienstleistungsunternehmen und ihre Auswirkungen auf konzeptionelle Fragen des Absatzmarketing, in: Corsten/Hilke (Hrsg.): a. a. O., 1994, S. 5-41

Meyer, Anton/Oppermann, Kerstin: Bedeutung und Gestaltung des Internen Marketing, in: Meyer (Hrsg.): a. a. O. 1998, S. 991-1009

Meyer, Anton/Tostmann, Tom: Die nur erlebbare Markenpersönlichkeit, in: Harvard Business Manager 17. Jg., 4/1995, S. 9-15

Meyer, Gudrun: Methoden und Verfahrensweisen qualitativer Tourismusforschung, in: Hahn/Kagelmann (Hrsg.): a. a. O. 1993, S. 529-532

Meyer, Paul W.: Marketing des industriellen Markenartikels

Meyer, Paul W.: Die machbare Wirtschaft, Grundlagen des Marketing, Essen: Girardet 1973: 40ff.

Meyer, Wolfgang: Touristische Images (Reiseländerimages), in: Hahn/Kagelmann (Hrsg.): a. a. O. 1993, S. 321-325

Middleton, Victor T.C.: Marketing in Travel and Tourism, Oxford u. a.: Butterworth-Heinemann 2. Auflage 1994

Mitchell, Andrew (Hrsg.): Advances in Consumer Research Band 9, Ann Arbor (Mich.): Association of Consumer Research 1981

Möntmann, Volker: Kognitive Dissonanz und Gewinn von Information als Konsequenzen eines kognitiven Hypothesentests, Pfaffenweiler: Centaurus-Verlagsgesellschaft 1985

Moore: What is Brand-Image? In: Art Direction 10/1957

Moser, Klaus: Die Psychologie der Marke, in: Wirtschaftspsychologie 3/2001, S. 10-17

Mussner, Rudolf/Pechlaner, Harald/Schönhuber, Andreas (Hrsg.): Destinationsmanagement/Management della destinazione, Chur/Zürich: Rüegger 1999

**- N -**

Nalebuff, Barry/Brandenburger, Adam: Coopetition – kooperativ konkurrieren: mit der Spieltheorie zum Unternehmenserfolg, Frankfurt: Campus 1996

Nerdinger, Friedemann W.: Zur Psychologie der Dienstleistung – Theoretische und empirische Studien zu einem wirtschaftspsychologischen Forschungsgebiet, Stuttgart: Schäffer-Poeschel 1994

Nerdinger, Friedemann W./von Rosenstiel, Lutz: Die Umgestaltung der Führungsstruktur im Rahmen der Implementierung des Internen Marketing, in: Bruhn (Hrsg.): a. a. O. 1999, S. 175-190

Niedner, Manfred: Markenpolitik für Städte und Regionen, in: Bruhn, Manfred (Hrsg.): a.a.O. 1994, S. 1645-1658]

Nieschlag, Robert/Dichtl, Erwin/Hörschgen, Hans: Marketing, Berlin: Duncker und Humblot 19. Auflage 2002

Norman, Warren T.: Toward an Adequate Taxonomy of Personality Attribute: Replicated Factor Structure in Peer Nomination Personality Ratings, in: Journal of Abnormal and Social Psychology, 66. Jg. 1963, S. 574-583

**- O -**

Ogilvy, David: Speech to American Marketing Association, Chicago: AMA 1951

Ogilvy, David: Ogilvy über Werbung, Düsseldorf/Wien: Econ 1984

Opaschowski, Horst W.: Deutschland 2010: Wie wir morgen arbeiten und leben – Voraussagen der Wissenschaft zur Zukunft unserer Gesellschaft, Hamburg: German Press 2. Auflage 2001

Ott, Hans Jürgen: Produktqualität von: http:/www.kecos.de/script/24qualitaet.htm vom 27. Mai 2002

Otte, Thomas: Die Macht der Marke, in: tm – Das Tourismus-Magazin 10/1998, S. 26-30

o. V.: The Year of the Brand, in: The Economist Nr. 7582/7583 vom 24.12.1988, S. 93-98

o. V.: Industrieökonomik, in: Gablers Wirtschaftslexikon, Wiesbaden: Gabler 15. Auflage 2000a, S. 1505

o. V.: Markentreue – eine Frage des Alters? Aus: http://www.gfk.de/produkte/produkt.php?sprache=1&rubrik=2&geschaeft=4&seite=86 vom 25.06.2002

**- P -**

Page, Stephen J.: Tourism Research, in: Annals of Tourism Research, 21. Jg. 1/1994, S. 204-206

Park, C. Whan/Milberg, Sandra/Lawson, Robert: Beurteilung von Markenerweiterungen, in: Esch (Hrsg.): a. a. O. 2001: 825-842

Paperlein, Juliane: Preussag fliegt in die schöne neue TUI-Welt. Mit der Dachmarke World of TUI verabschiedet sich Preussag aus dem Stahlgeschäft, in: Horizont 36/2001, S. 24

Pawlik, Kurt (Hrsg.): Grundlagen und Methoden der differentiellen Psychologie, Göttingen u. a.: Hogrefe 1996 (Enzyklopädie der Psychologie C, VIII, 1)

Payne, John W.: Task Complexity and Contingent Processing in Decision Making: An Information Search and Protocol Analysis, in: Organizational Behavior and Human Performance, 16. Jg. 1976, S. 366-387

Payne, John W./Ragsdale, E. K. E.: Verbal Protocols and direct observation of supermarket shopping behavior: Some findings and adiscussion of methods, in: Hunt, H. Keith (Hrsg.): a. a. O. 1978, S. 571-577

Pearce, Douglas G./R. W. Butler, Richard W. (Hrsg.): Tourism Research. Critiques and challenge, London u. a.: Routledge 1993

Pearce, Philip L.: Fundamentals of tourist motivation, in: Pearce/Butler (Hrsg.): a. a. O. 1993, S. 113-134

Penrose, Edith Tilton: The Theory of the Growth of the Firm, Oxford: Blackwell 2. Auflage 1980

Perlitz, Manfred: Wettbewerbsvorteile durch Innovation, in: Simon (Hrsg.): a. a. O., 1988, S. 47-65

Petermann, Franz: Psychologie des Vertrauens, München: Quintessenz, 2. Auflage 1992

Peter, Tom: A passion for Excellence; Melrose Video 1986

Peters, Thomas J./Waterman, Robert H.: In search of excellence: lessons from America's best-run companies, New York u. a.: Harper & Row 1982

Peters, Thomas J./Waterman, Robert H.: Auf der Suche nach Spitzenleistungen. Was man von den bestgeführten US-Unternehmen lernen kann, München: mvg 6. Auflage 1997

Petty, Richard E.: The Rule of Cognitive Responses in Attitude Change Processes, in: Petty/Ostram/Brock (Hrsg.): a. a. O. 1981, S. 135-139

Petty, Richard E./Ostram, Thomas M./Brock, Timothy C. (Hrsg.): Cognitive Responses in Persuation, Hillsdale, N. J.: Lawrence Erlbaum 1981

Pompl, Wilhelm: Luftverkehr – Eine ökonomische und politische Einführung, Berlin u. a.: Springer 4. Auflage 2002

Pompl, Wilhelm: Touristik-Management Band 2: Qualitäts-, Produkt-, Preismanagement, Berlin u. a.: Springer 1996

Porter, Michael E.: Wettbewerbsvorteile: Spitzenleistungen erreichen und behaupten, Frankfurt/New York: Campus 5. Auflage 1999a

Porter, Michael E.: Wettbewerbsstrategie: Methoden zur Analyse von Branchen und Konkurrenten, Frankfurt/New York: Campus 10. Auflage 1999b

Prahald, Coimbatore K./Hamel, Gary: The Core Competence of Corporation, in: Harvard Business Review, 68. Jg., 3/1990, S. 79-91

Prahl, Hans-Werner/Steinecke, Albrecht (Hrsg.): Arbeitstexte für den Unterricht – Tourismus, Stuttgart: Philipp Reclam jun. 1981/1995

Prahl, Hans-Werner/Steinecke, Albrecht: Echte und falsche Bedürfnisse. Zur Problematik der Reise-Motivforschung. in: Prahl/Steinecke (Hrsg.): a. a. O. 1981/ 1995, S. 73-78

Preussag AG: Kennzahlen und Kontakte zur Touristik, Stand Juni 2001

**- Q, R -**

Quelch, John A./Harding, David: Marken: Der Kampf ist nicht verloren, in: Harvard Business Manager 3/1996, S. 41-51

Quelch, John A./Kenny, David: Extend Profits, Not Product Lines, in: Harvard Business Review September/Oktober 1994, S. 153-160

Redwitz, Gunter: Handelsentwicklung – Wertewandel-Perspektiven für die Handelslandschaft, in: Szallies/Wiswede (Hrsg.): a. a. O. 1991, S. 257-282

Reinecke, Jost: Interviewer- und Befragtenverhalten – theoretische Ansätze und methodische Konzepte, Opladen: Westdeutscher Verlag, 1991

Richter, Michael/Werner, Gerhild: Marken im Bereich Dienstleistungen: Gibt es das überhaupt?, in: Tomczak/Schögel/Ludwig (Hrsg.): a. a. O., 1998, S. 24-35

Rieger, Bodo: Die Kunst sich zwischen die Stühle zu setzen, in: Absatzwirtschaft 10/1984, S. 156-165

Ries, Al/Ries, Laura: The 22 immutable laws of branding – How to build a Product or Service into a world-class brand, New York: HarperCollins Publishers 1998

Ritchie, J.R. Brent/Ritchie, Robin J.B.: The Branding of Tourism Destinations: Past Achievments and Future Challenges, in: Keller (Hrsg.): a. a. O., 1998, S. 89-116

Rosada, Michael: Kundendienststrategien im Automobilsektor – Theoretische Fundierung und Umsetzung eines Konzeptes zur differenzierten Vermarktung von Sekundärdienstleistungen, Berlin: Duncker und Humblot 1990

Rosenberg, Milton J.: Cognitive Structure and Attitudinal Affect, in: Journal of Abnormal and Social Psychology, 53 Jg. 1956, S. 367-372

Rosenkranz, Doris/Schneider, Norbert F. (Hrsg.): Konsum – Soziologische, ökonomische und psychologische Perspektiven, Opladen: Leske und Budrich 2000

Rothärmel, Bettina: Management von Musical-Unternehmen – am Beispiel der Stella Musical AG, in: Dreyer (Hrsg.): a. a. O. 1996, S. 243-266

Rudolph, Thomas/Schweizer, Markus: Kunden wieder zu Käufern machen, in: Harvard Business Manager 2/2003, S. 23-33

Ruhfus, Rolf Erwin: Kaufentscheidungen von Familien – Ansätze zur Analyse des Kaufentscheidungsverhaltens im privaten Haushalt, Wiesbaden: Gabler 1976

**- S -**

Salcher, Ernst F.: Psychologische Marktforschung, Berlin/New York: de Gruyter 2. Auflage 1995

Sander, Matthias: Die Bestimmung und Steuerung des Wertes von Marken – Eine Analyse aus Sicht des Markeninhabers, Heidelberg: Physica-Verlag 1994

Scharrer, Jürgen: Macher mit globalem Profil, in: Touristik Report 11/2001, S. 6-10

Scherhag, Knut: Der komparative Konkurrenzvorteil im zukünftigen touristischen Wettbewerb – Beispielhaft dargestellt für die Reiseveranstalter-Branche, in: Freyer/Scherhag (Hrsg.): a. a. O. 1996, S. 101-117

Scherhag, Knut: Destinationsmarken, in: Tourismus Jahrbuch 1/1999, S. 18-44

Scherhag, Knut: Profilierungsstrategien für touristische Regionen, in: Fontanari/Scherhag (Hrsg.): a. a. O. 2000a, S. 149-162

Scherhag, Knut: Ausgewählte empirische Ergebnisse zum Thema Städtereisen, Vortrag anläßlich des 4. Tourismus-Kolloquiums der Deutschen Gesellschaft für Tourismuswissenschaften e.V. am 1./2. Dezember 2000b

Scherhag, Knut/Schneider Swen: Vernetzung als Wettbewerbsfaktor im Destinationsmanagement, in: Tourismus Jahrbuch 1/1998, S. 79-102

Scherhag, Knut/Schneider, Swen: Strategische Herausforderungen an ein zukunftsweisendes Kooperationsmanagement. In: DWIF (Hrsg.): Jahrbuch für Fremdenverkehr 1998, München: Verlag des DWIF 1999, S. 5-30

Scherhag, Knut/Partale, Kai/Fischer, Ines: BBE-Branchenreport Hotels Jahrgang 2001, Köln: BBE-Unternehmensberatung GmbH 2001

Schertler, Walter: Einsatz von neuen Technologien im Marketingmanagement von Tourismusorganisationen, in: Keller (Hrsg.): a. a. O., 1998, S. 117-152

Scheuch, Fritz: Dienstleistungsmarketing, München: Vahlen 2. Auflage 2002

Schimmelpfeng, Anke/Maes, Jürgen: Psychologische Imageforschung im Tourismusbereich – Eine Studie zum Image der Insel Sylt, in: Deutsche Psychologen Akademie (Hrsg.): a. a. O. 2001, S. 555-558

Schmücker, Dirk J.: IDM Visual Processor – Version 1.02 (User Manual), Lüneburg 2002

Schneider, Klaus/Schmalt, Heinz-Dieter: Motivation, Stuttgart/Berlin/Köln: Kohlhammer, 3. Auflage 2000

Schrattenecker, Gertraud: Die Beurteilung von Urlaubsländern durch Reisekonsumenten – Die Anwendung von Konsumverhaltensmodellen in der Tourismusforschung, Wie: Service, Fachverlag der Wirtschaftsuniversität Wien 1984

Schwarzer Ralf (Hrsg.): Self-related cognitions in anxiety and motivation, Hillsdale, New Jersey: Erlbaum 1986

Schweiger, Günter: Österreichs Image in der Welt – Ein weltweiter Vergleich mit Deutschland und der Schweiz, Wien: Service Fachverlag 1992

Schweiger, Güter: Image und Imagetransfer, in: Tietz/Köhler/Zentes (Hrsg.): a. a. O. 1995, Sp. 915-928

Seibt, Dietrich: Dienstleistungsqualität und Personal, in: Bullinger (Hrsg.): a. a. O. 1995, S. 551-553

Seitz, Erwin/Meyer, Wolfgang: Tourismusmarktforschung: ein praxisorientierter Leitfaden für Touristik und Fremdenverkehr, München: Vahlen 1995

Selznick, Philipp: Leadership in Administration, New York/Tokio: Harper & Row 1957

Seyffert, Rudolf: Die Reklame des Kaufmanns, Leipzig 1914,

Silberer, Günter/Jaekel, Michael: Marketingfaktor Stimmungen – Grundlagen, Aktionsinstrumente, Fallbeispiele, Stuttgart: Schäffer-Poeschel 1996

Simon, Heinz-Joachim: Die Marke ist die Botschaft – Über die Magie der Marke im Zeitalter der Informationsüberflutung, in: Marketing-Journal 4/1991, S. 339-344

Simon, Heinz-Joachim: Das Geheimnis der Marke – ABC der Markentechnik, München: Wirtschaftsverlag Langen Müller/Herbig 2001

Simon, Hermann (Hrsg.): Wettbewerbsvorteile und Wettbewerbsfähigkeit, Stuttgart: Schäffer 1988

Sirgy, M. Joseph: Self-Concept in Consumer Behaviour: A Critical Review, in: Journal of Consumer Research, 9. Jg., Dezember 1982, S. 287-300

Sommer, Rudolf: Psychologie der Marke – die Marke aus Sicht des Verbrauchers, Frankfurt: Deutscher Fachverlag 1998

Sorrentino, Richard M./Higgins, E. Tory (Hrsg.), Handbook of motivation and cognition: Foundations of social behavior, New York: Guilford 1986

Spiegel, Bernt: Die Struktur der Meinungsverteilung im sozialen Feld – Das psychologische Marktmodell, Bern/Stuttgart: Huber 1961

Spiegel, Bernt: Das Automobil – ein ganzheitliches Produkterlebnis; Vortrag zur Verleihung des Paul-Pietsch-Preises und der Siegerehrung „Die besten Autos 1998“, Stuttgart 4. Februar 1998

Spremann, Klaus: Reputation, Garantie, Information, in: Zeitschrift für Betriebswirtschaft 58 Jg., 5-6/1988, S. 613-629

Staehle, Wolfgang H./Conrad, Peter/Sydow, Jörg: Management – eine verhaltenswissenschaftliche Perspektive, München: Vahlen 8. Auflage 1999

Stauss, Bernd: Dienstleistungen als Markenartikel – etwas besonderes? in: Tomczak/Schögel/Ludwig (Hrsg.): a.a.O., 1998, S. 10-23

Stauss, Bernd: Dienstleistungsmarken, in: Bruhn (Hrsg.): a. a. O. 1994, S. 79-103

Stauss, Bernd: Internes Marketing, in: Diller (Hrsg.): a. a. O. 1994, S. 477-479

Stauss, Bernd/Schulze, Henning S.: Internes Marketing, in: Marketing Zeitschrift für Forschung und Praxis (Marketing ZFP), 12. Jg. 3/1990, S. 148-158

Steinberg, Claus: Reenginering kommunaler Unternehmen, Stuttgart: Schäffer-Poeschel 1996

Steinecke, Albrecht: Markenbildung für Destinationen: Erfahrungen – Herausforderungen – Perspektiven, in: Bieger/Pechlaner/Steinecke (Hrsg.): a. a. O. 2001, S. 9-27

Sterzenbach, Rüdiger: Luftverkehr – Betriebswirtschaftliches Lehr- und Handbuch, München/Wien: Oldenbourg 2. Auflage 1999

Szallies, Rüdiger: Wesen und Struktur einer anwendungsorientierten Marktforschung – Von der Methodenorientierung zur Bereitstellung von Entscheidungshilfen für die Marketingpraxis; in: Rosenkranz/Schneider (Hrsg.): a. a. O., 2000, S. 327-346

Szallies, Rüdiger/Wiswede, Günter (Hrsg.): Wertewandel und Konsum – Fakten, Perspektiven und Szenarien für Markt und Marketing, Landsberg a, Lech: Verlag Moderne Industrie 2. Auflage 1991

- T -

Tescari, Michael: Nicht effizient, aber teuer – Werbung: Nicht jede Kampagne verspricht Erfolg, in: Touristik Report Extra: Marketing und Vertrieb, Dezember 2001, S. 99-100

Thurmann, Peter: Grundformen des Markenartikels – Versuch einer Typologie, Berlin: Duncker und Humblot 1961

Tietz, Bruno (Hrsg.): Handbuch der Absatzwirtschaft, Enzyklopädie der Betriebswirtschaft Band 4, Stuttgart: Poeschel 1974

Tietz, Bruno/Köhler, Richard/Zentes, Joachim (Hrsg.): Handwörterbuch des Marketing, Stuttgart: Schäffer-Poeschel 2. Auflage 1995

Tödter, Norbert: Nicht jeder Urlaubsort kann ein Markenartikel werden – Warum Marketing von Urlaubsorten und Regionen scheitert, in: Fontanari/Scherhag (Hrsg.): a. a. O., 2000, S. 175-185

Tomczak, Torsten/Ludwig, Eva: Strategische Markenführung für Dienstleistungen, in: Tomczak/Schögel/Ludwig (Hrsg.): a. a. O., 1998, S. 48-65

Tomczak, Torsten/Schögel, Marcus/Ludwig, Eva (Hrsg.): Markenmanagement für Dienstleistungen, St. Gallen: Thexis 1998

Trommsdorff, Volker: Die Messung von Produktimages für das Marketing – Grundlagen und Operationalisierung, Köln u.a.: Heymanns 1975

Trommsdorff, Volker: Involvement, in: Tietz/Köhler/Zentes (Hrsg.): a. a. O. 1995, Sp. 1067-1078

Trommsdorff, Volker: Image als Einstellung zum Angebot, in: Hoyos u. a. (Hrsg.): a. a. O. 1990, S. 117-128

Trommsdorff, Volker: Wettbewerbsorientierte Image-Positionierung, in: Markenartikel 54. Jg., 10/1992, S. 458-463

Trommsdorff, Volker: Markenmanagement und Kommunikation, in: Werbeforschung und Praxis, 4-5/1997, S. 1-12

Trommsdorff, Volker: Konsumentenverhalten, Stuttgart/Berlin/Köln: Kohlhammer 4. Auflage 2002

**- U, V -**

Unger, Fritz (Hrsg.): Konsumentenpsychologie und Markenartikel, Heidelberg/Wien: Physica-Verlag 1986

Unger, Fritz: Die Markenartikel-Konzeption, in: Unger (Hrsg.): a. a. O. 1986, S. 1-17

van Raaij, W. Fred: Die Erleichterung von Wahlentscheidungen der Konsumenten durch optimale Informationsdarbietung, in: Hartmann/Koeppler (Hrsg.): a. a. O. 1980, S. 259-279

van Raaij, W. Fred: Consumer Research on Tourism Mental and Behavioral Constructs, in: Annals of Tourism research, 13. Jg. 1986, S. 1-9 (Sonderausgabe)

Veblen, Thorstein B.: A theory of the Leisure Class, New York: Huebsch 3. Auflage 1922

von Bismarck, Wolf-Bertram/Baumann, Stefan: Markenmythos. Verkörperung eines attraktiven Wertesystems, Frankfurt a. M. u. a.: Lang 1995

von Matt, Dominique: Markenpolitik in der schweizerischen Markenartikelindustrie, Bern u. a.: Haupt 1988

von Matt, Dominique: Nützt die Dach-Marke dem Image Ihres Angebotes – oder nur Ihrem eigenen?, in: Marketing Journal 2/1990, S. 170-172

von der Heyde, Christian: Allgemeine Theorie von Random-Stichproben, in: ADM/AG.MA (Hrsg.): a. a. O. 1999, S. 23-33

von Rosenstiel, Lutz: Entwicklung und Training von Führungskräften, in: von Rosenstiel/Regnet/Domsch (Hrsg.): a. a. O. 1993, S. 59-74

von Rosenstiel, Lutz/Ewald, Guntram: Marktpsychologie Band II, Psychologie der absatzpolitischen Instrumente, Stuttgart u. a.: Kohlhammer 1979

von Rosenstiel, Lutz/Neumann, Peter: Einführung in die Markt- und Werbepsychologie, Darmstadt: Wissenschaftliche Buchgesellschaft, 2. Auflage 1991

von Rosenstiel, Lutz/Regnet, Erika/Domsch, Michael (Hrsg.): Führung von Mitarbeitern – Handbuch für erfolgreiches Personalmanagement, Stuttgart: Schäffer-Poeschel 2. Auflage 1993

**- W -**

Wagner, Friedrich A.: Die organisierte Reise: Thomas Cook, in: Prahl/Steinecke (Hrsg.): a. a. O. 1981/1995, S. 29-32

Wallerius, Anja: Psychologische Marktforschung im Tourismus – Eine Studie zur inhaltlichen und methodischen Problematik der Erfassung von Reisemotiven. Diplomarbeit im Fachbereich 1 – Psychologie – der Universität Trier 2001

Wallerius, Anja/Maes, Jürgen: Psychologische Marktforschung im Tourismus – sind Reisemotive „im Feld“ untersuchbar? in: Deutsche Psychologen Akademie (Hrsg.): a. a. O. 2001, S. 551-554

Weinberg, Peter: Das Entscheidungsverhalten der Konsumenten, Paderborn u. a.: Schöningh 1981

Weinberg, Peter: Emotionale Aspekte des Entscheidungsverhaltens. Ein Vergleich von Erklärungskonzepten. In: Forschungsgruppe Konsum und Verhalten (Hrsg.): a. a. O 1994, S. 171-181

Weinberg, Peter/Diehl, Sandra: Erlebniswelten für Marken, in: Esch (Hrsg.): a. a. O. 2001, S. 185-207

Weinberg, Peter/Diehl, Sandra: Aufbau und Sicherung von Markenbindung, in: Köhler/Majer/Wiezorek (Hrsg.): a. a. O. 2001, S. 23-35

Weinberg, Peter/Gottwald, Wolfgang: Impulsive consumer buying as a result of emotions, in: Journal of Business Research, 10 Jahrgang 1/1982, S. 43-57

Weinberg, Peter/Schulte-Frankenfeld, Helmut: Informations-Display-Matrizen zur Analyse der Informationsaufnahme von Konsumenten, in: Forschungsgruppe Konsum und Verhalten (Hrsg.): a. a. O., 1983, S. 63-74

Weißhaar, Karen: Drei Buchstaben bleiben haften, in: FVW International und Horizont – Zeitung für Marketing, Werbung und Medien, Sonderheft Tourismus & Werbung 2. Dezember 1999, S. 24-26

Wendlandt, Astrid/Harnischfeger, Uta: C & N to trade as Thomas Cook, in: Financial Times Europe vom 4. Mai 2001, S. 15

Wicklund, Robert A.: Orientation to the Environment vs. Preoccupation with Human Potential, in: Sorrentino/Higgins (Hrsg.): a. a. O. 1986, S. 64-95 [1986a]

Wicklund, Robert A.: Fitting to the Environment and the Use of Dispositions, in Schwarzer (Hrsg.): a. a. O. 1986, S. 143-169 [1986b]

Wicklund, Robert A./Gollwitzer, Peter M.: Symbolische Selbstergänzung. in: Frey/Irle (Hrsg.): a. a. O. 1985, S. 31-55

Wiedmann, Klaus-Peter et al.: Multivariate Methoden der Imageanalyse. Verfahren und Ergebnisse einer Studie zum Image des Fachbereichs Wirtschaftswissenschaften an der Universität Hannover, Hannover: Universität Hannover Lehrstuhl Marketing II 1997

Wiedmann, Klaus-Peter/Schmidt, Holger: Erfolgsfaktoren des Markenmanagements. Hintergrund und Ergebnisse einer empirischen Studie, Hannover: Universität Hannover Lehrstuhl Marketing II 1999

Wittke-Kothe, Cornelia: Interne Markenführung: Verankerung der Markenidentität im Mitarbeiterverhalten, Wiesbaden: DUV 2001

Wöhler, Karlheinz: Marktorientiertes Tourismusmanagement, Band 1: Tourismusorte – Leitbild, Nachfrage- und Konkurrenzanalyse, Berlin u. a.: Springer 1997

Wohlmann, Rainer: Image-Analysen, in Haedrich et al. (Hrsg.): a. a. O. 1998, S. 219-229

Wunderer, Rolf: Führung und Zusammenarbeit: eine unternehmerische Führungslehre, Neuwied: Luchterland 4. Auflage 2001

**- X, Y, Z -**

Zeithaml, Valarie A./Parasuraman, Anantharanthan/Berry, Leonard L.: Communication and Control Processes in the Delivery of Service Quality, in: Journal of Marketing, 52. Jg., 2/1988, S. 35-48

Zeithaml, Valarie A./Parasuraman, Anantharanthan/Berry, Leonard L.: Delivering Quality Service – Balancing Customer Perception and Expectations, New York: Free Press 1990

Zentek, Sabine: ProduktProzesse. Entwicklung und Rechtsgeschichten bekannter deutscher Marken, Ludwigsburg: av-Edition 1999

Zimbardo, Philip G.: Psychologie, Berlin u. a.: Springer 6. Auflage 1995

Zündorf, Barbara et al.: BBE-Branchenreport Tourismus, Köln: BBE Unternehmensberatung GmbH 1999

Rüdiger Patrick Przybilla
**Benchmarking als Wettbewerbssurrogat in der öffentlichen Abfallwirtschaft**
Lohmar – Köln 2002 • 312 S. • € 48,- (D) • ISBN 3-89012-990-0

Stephan Lowis
**Bewertung des Kontrahentenrisikos bei OTC-Derivaten**
Lohmar – Köln 2002 • 334 S. • € 49,- (D) • ISBN 3-89012-991-9

Horst Baier
**Operative Planung in Kommunen** – Neukonzeption auf der Basis einer Kosten- und Leistungsrechnung
Lohmar – Köln 2002 • 368 S. • € 53,- (D) • ISBN 3-89012-992-7

Klaus Frank/Steffen Müller
**Offsetgeschäfte im Internationalen Marketing**
Lohmar – Köln 2002 • 162 S. • € 39,- (D) • ISBN 3-89012-994-3

Eda Pientak/Gerda Sieben/Vera Timmerberg
**Neue Dienstleistungen und Kultur**
Lohmar – Köln 2002 • 276 S. • € 46,- (D) • ISBN 3-89012-996-X

Uwe Heck
**Integrationskonzepte zur Einbindung externer Informationsquellen des WWW in Data Warehouses**
Lohmar – Köln 2002 • 158 S. • € 37,- (D) • ISBN 3-89936-011-7

Jürgen Abrams
**Vertikale elektronische Marktplätze** – Empirische Untersuchung und Gestaltungsanforderungen
Lohmar – Köln 2002 • 300 S. • € 47,- (D) • ISBN 3-89936-014-1

Christoph Partsch
**Die Freiheit des Zugangs zu Verwaltungsinformationen** – Akteneinsichtsrecht in Deutschland, Europa und den USA
Lohmar – Köln 2002 • 338 S. • € 49,- (D) • ISBN 3-89936-018-4

Jens Ortmanns
**Zum neuen Recht der Banküberweisung** – Überweisungsvertrag und Haftung des überweisenden Kreditinstituts
Lohmar – Köln 2002 • 436 S. • € 56,- (D) • ISBN 3-89936-025-7

Heinrich Müller-Godeffroy und Thomas Rautenstrauch (Hrsg.)
**Wirtschaftliches Handeln im Kontext von Politik, Betrieben und Gesellschaft** – Festschrift für Prof. Dr. Gustav Kucera anläßlich seines 65. Geburtstages
Lohmar – Köln 2002 • 372 S. • € 53,- (D) • ISBN 3-89936-031-1

Oliver Eitelberg
**Lebensversicherung und Drittrechte**
Lohmar – Köln 2002 • 252 S. • € 45,- (D) • ISBN 3-89936-032-X

Dirk Lammerskötter
**Strategie in turbulenten Märkten** – Überprüfung und Ergänzung klassischer Strategiekonzepte
Lohmar – Köln 2002 ◆ 282 S. ◆ € 47,- (D) ◆ ISBN 3-89936-039-7

Arndt Röchling
**Loan-Backed Securities** – Verbriefung von Firmenkundenkrediten in einem Verbund von Kreditinstituten am Beispiel der deutschen Sparkassen
Lohmar – Köln 2002 ◆ 330 S. ◆ € 49,- (D) ◆ ISBN 3-89936-041-9

Harald Weyel
**Internationale Betriebswirtschaftslehre und kulturelle Evolution** – Internationalität, Wirtschaft und Kultur im 21. Jahrhundert
Lohmar – Köln 2002 ◆ 204 S. ◆ € 27,- (D) ◆ ISBN 3-89936-049-4

Andreas Ratzel
**Umsatzbesteuerung grenzüberschreitender Dienstleistungen** – Unter besonderer Berücksichtigung der Bereiche Telekommunikation und Electronic Commerce
Lohmar – Köln 2003 ◆ 222 S. ◆ € 44,- (D) ◆ ISBN 3-89936-050-8

On-Myung Shin
**Portfolio Diversifikation und Hedging**
Lohmar – Köln 2002 ◆ 166 S. ◆ € 39,- (D) ◆ ISBN 3-89936-053-2

Alexander C. Linsi
**Internal Audit Excellence** – Interne Revision in der Schweiz unter besonderer Berücksichtigung des Faktors Qualität und des EFQM-Modells
Lohmar – Köln 2003 ◆ 320 S. ◆ € 49,- (D) ◆ ISBN 3-89936-061-3

Mario Zakrewski
**Zinsdifferenzgeschäfte** – Die Bank sind Sie
Lohmar – Köln 2003 ◆ 166 S. ◆ € 19,- (D) ◆ ISBN 3-89936-063-X

Christoph Glatzel
**Börsliche Desinvestitionen mittels Equity Carve-Out, Spin-Off und Tracking Stock**
Lohmar – Köln 2003 ◆ 344 S. ◆ € 52,- (D) ◆ ISBN 3-89936-064-8

Jörn-Axel Meyer (Hrsg.)
**Unternehmensbewertung und Basel II in kleinen und mittleren Unternehmen** – Jahrbuch der KMU-Forschung und -Praxis 2003
Lohmar – Köln 2003 ◆ 392 S. ◆ € 64,- (D) ◆ ISBN 3-89936-071-0

Oliver Janz
**Integriertes Transportnetzmanagement** – Angebots- und nachfrageorientierte Planung und Steuerung komplexer Transportnetze
Lohmar – Köln 2003 ◆ 340 S. ◆ € 49,- (D) ◆ ISBN 3-89936-072-9

Volker Steude
**PPS-Systeme auf Basis von Simulation**
Lohmar – Köln 2003 ◆ 328 S. ◆ € 49,- (D) ◆ ISBN 3-89936-078-8

Klaus Freitag
**Zeitreihenanalyse** – Methoden und Verfahren
Lohmar – Köln 2003 • 396 S. + CD-ROM • € 62,- (D) • ISBN 3-89936-083-4

Gun-Chun Ryu
**Über die Wurzeln der Kostenexplosion im sozialen System der Krankenversicherung** – Eine systemtheoretische Analyse
Lohmar – Köln 2003 • 428 S. • € 56,- (D) • ISBN 3-89936-093-1

Andreas Kronz
**Verteiltes Workflow-Management** – Konzepte und Architektur
Lohmar – Köln 2003 • 302 S. • € 48,- (D) • ISBN 3-89936-094-X

Nicole Tesche
**Probleme der Implementierung von PPS-Systemen**
Lohmar – Köln 2003 • 232 S. • € 44,- (D) • ISBN 3-89936-098-2

Hans-Georg Kemper und Wilhelm Mülder (Hrsg.)
**Informationsmanagement** – Neue Herausforderungen in Zeiten des E-Business – Festschrift für Prof. Dr. Dietrich Seibt anlässlich seines 65. Geburtstages
Lohmar – Köln 2003 • 668 S. • € 69,- (D) • ISBN 3-89936-105-9

Claus Hüsselmann
**Fuzzy-Geschäftsprozessmanagement**
Lohmar – Köln 2003 • 358 S. • € 52,- (D) • ISBN 3-89936-107-5

Thorsten Peske und Randolf Schrank (Hrsg.)
**Strategie, Innovation und Internationalisierung** – Für Prof. Dr. Manfred Perlitz anlässlich seines 60. Geburtstages
Lohmar – Köln 2003 • 366 S. • € 53,- (D) • ISBN 3-89936-108-3

Klaus Müller und Ralf Paquin (Hrsg.)
**Kleine und mittlere Unternehmen in einer globalisierten Welt** – Festschrift für Prof. Dr. Wolfgang König anlässlich seines 65. Geburtstages
Lohmar – Köln 2003 • 342 S. • € 52,- (D) • ISBN 3-89936-109-1

Raquel Fuentes Iriarte
**Der Humankapitalansatz zur Gestaltung staatlicher Rentensysteme** – Theoretische Konzeption und potentielle Umsetzung in Deutschland, Chile und Malaysia
Lohmar – Köln 2003 • 184 S. • € 42,- (D) • ISBN 3-89936-112-1

Carsten E. Meyer
**Fernbahnhöfe an Flughäfen** – Empirische Untersuchung der verkehrlichen Wirkungen und ihrer Bedeutung aus der Sicht der Hauptakteure
Lohmar – Köln 2003 • 348 S. • € 52,- (D) • ISBN 3-89936-115-6

Gerhard Igl und Werner Merkle
**Management der Dienstleistungs-Interaktion**
Lohmar – Köln 2003 • 280 S. • € 27,- (D) • ISBN 3-89936-117-2

Karsten Hoppe
**Patentklagen als „Überlebensbarrieren" für Hochtechnologie Start-ups am Beispiel der Halbleiterindustrie**
Lohmar – Köln 2003 • 340 S. • € 52,- (D) • ISBN 3-89936-119-9

Bertels, Fahle, Hokemeier, Klomp, Knauth, Rott und Templin
**Partizipative Personaleinsatzplanung für den Ambulanten Pflegedienst** – Abschlussbericht des BMBF-Forschungsprojektes PARPAP
Lohmar – Köln 2003 • 288 S. • € 49,- (D) • ISBN 3-89936-122-9

Michael Weishäupl
**Strategien zur Erreichung von Wettbewerbsvorteilen** – Ein systematischer und kritischer Überblick über die Welt des Strategischen Managements
Lohmar – Köln 2003 • 300 S. • € 49,- (D) • ISBN 3-89936-125-3

Nikola Halding-Hoppenheit
**Verbot der Drittbestimmung im Erbrecht**
Lohmar – Köln 2003 • 258 S. • € 47,- (D) • ISBN 3-89936-128-8

André Jacques Dicken
**Gewinnermittlungsrecht** – Steuerrechtliches Plädoyer für die Einnahmen-Ausgaben-Rechnung
Lohmar – Köln 2003 • 208 S. • € 45,- (D) • ISBN 3-89936-136-9

Hans-Peter Leßweng
**Einsatz der Internet-Technologie im betrieblichen Berichtswesen** – Eine prozessbezogene Analyse unter besonderer Berücksichtigung der Empfängerorientierung
Lohmar – Köln 2003 • 574 S. • € 66,- (D) • ISBN 3-89936-138-5

Karoline Simonitsch
**Mobile Business** – Geschäftsmodelle und Kooperationen
Lohmar – Köln 2003 • 278 S. • € 38,- (D) • ISBN 3-89936-140-7

Hanifa Jusić
**Analyse von nichtlinearen Fließproduktionssystemen**
Lohmar – Köln 2003 • 210 S. • € 44,- (D) • ISBN 3-89936-143-1

Sascha Uelpenich
**Wissensmanagement in Unternehmensberatungen**
Lohmar – Köln 2003 • 206 S. • € 44,- (D) • ISBN 3-89936-156-3

Stephan Achenbach, Thomas Borghoff und Anja Schulte (Hrsg.)
**Strategische und internationale Perspektiven des Managements** – Festschrift zum 60. Geburtstag von Prof. Dr. Martin K. Welge
Lohmar – Köln 2003 • 384 S. • € 54,- (D) • ISBN 3-89936-157-1

Knut Scherhag
**Destinationsmarken und ihre Bedeutung im touristischen Wettbewerb**
Lohmar – Köln 2003 • 328 S. • € 52,- (D) • ISBN 3-89936-160-1